Brinkschulte: Macintosh Programmieren in C

Carsten Brinkschulte

Macintosh Programmieren in C

Mit 124 Abbildungen

Springer-Verlag Berlin
Heidelberg GmbH

Carsten Brinkschulte
Friedelstraße 8
W-1000 Berlin 44

ISBN 978-3-540-54910-9 ISBN 978-3-662-12408-6 (eBook)
DOI 10.1007/978-3-662-12408-6

Ursprünglich erschienen bei Springer-Verlag Berlin Heidelberg New York 1992.

Umschlagsentwurf und Layout: Konzept & Design, Ilvesheim
Satz: Reproduktionsfertige Vorlagen vom Autor
47/3140/543210 - Gedruckt auf säurefreiem Papier

Vorwort des Autors

Dieses Buch gibt eine Einführung in die Programmierung des Macintosh mit Hilfe der Programmiersprache "C". C wurde als Grundlage für dieses Buch gewählt, da sich diese Programmiersprache wachsender Popularität erfreut und auf vielen Systemen mittlerweile zur Standardprogrammiersprache erhoben worden ist.
Das Buch hat den Anspruch, möglichst schnell und ohne große Umwege in die Macintosh-Programmierung einzuweisen. Es ist für diejenigen geschrieben, die bereits über Erfahrungen mit der Programmierung anderer Systeme verfügen und nun ihre Aktivitäten auf den Macintosh erweitern möchten. Das Buch ist praxisorientiert und demonstriert die besprochenen Routinensammlungen stets an Beispielprogrammen oder Programmfragmenten. Es ist auf die Leser ausgerichtet, die möglichst schnell zu konkreten Projekten übergehen möchten, jedoch auf eine solide Wissensbasis großen Wert legen. Diese Wissensbasis soll durch das Buch vermittelt werden; es enthält sozusagen das "abc" der Macintosh-Programmierung, dessen Kenntnis für die ersten eigenen Projekte absolut notwendig ist. Es ist als Einführungswerk gedacht, welches den "roten Faden" zur Erstellung einer Macintosh-Applikation vermittelt.

Das Buch ist in drei Teile gegliedert:

Der erste Teil gibt zunächst einen Überblick über die Macintosh-Programmierung bzw. über die Macintosh-Systemarchitektur und bildet damit die Basis für die nachfolgenden Teile, welche sich konkret mit der Programmierung des Macintosh beschäftigen.

Der zweite Teil ist bereits stark praxisorientiert. In diesem Teil werden die Grundlagen der Macintosh-Programmierung vorgestellt. Hier werden die Speicherverwaltung, der Dateizugriff und andere wichtige Bausteine eines Macintosh-Programms erläutert.

Der dritte Teil des Buches stellt die wichtigsten Routinensammlungen zur Erstellung einer grafischen Benutzeroberfläche vor. Parallel zur Vorstellung dieser Bibliotheken wird schrittweise ein Beispielprogramm aufgebaut, welches jeweils die Funktionalitäten der vorgestellten Bibliotheken integriert und so den Praxisbezug herstellt. Die Entwicklung dieser Beispielprogramm-Reihe führt schließlich zu einer Rahmenapplikation, welche als Basis für Ihre eigenen Projekte verwendet werden kann. Dieses Programm enthält alle wichtigen Elemente einer typischen Macintosh-Applikation (z.B. Verwaltung mehrerer Fenster, Scrollbars, Dateizugriff, Dialoge etc.) und bildet eine solide Basis für komplexe Projekte.

Ich hoffe, daß dieses Buch Ihnen den Einstieg in die Macintosh-Programmierung erheblich erleichtert und daß Sie genauso viel Spaß bei der Erkundung der inneren Bereiche des Macintosh bzw. der Realisierung eigener Projekte haben, wie ich es in den letzten Jahren hatte.

Carsten Brinkschulte,
Februar 1992

Merci

Ein Buch schreiben ist nicht ganz so einfach, wie ich dachte. Der Prozeß entspricht im Prinzip der Erstellung eines kommerziellen Programms; es werden Alpha- und Beta-Tester, Supporter und andere Hilfen benötigt, um ein solches Projekt zu realisieren. Ich möchte den folgenden Personen für ihre Mitarbeit, Anregungen und Korrekturen danken:

Beate Bedurke
Sie hat die Zeit, während ich dieses Buch geschrieben habe, gut überstanden und mich durch Korrekturen und andere Hilfestellungen sehr gut unterstützt.

Wolfgang Fischlein / Bernd Schürmann
Sie haben die "logische" Überprüfung übernommen und viele wichtige Anmerkungen und Anregungen zum Inhalt gegeben.

Dr. Joachim Wiedemann-Heinzelmann
Er hat durch seine strenge Kontrolle des C-Codes und der Terminologie erheblich zur Konsistenz des Sprachgebrauches und der Quelltexte beigetragen.

Gerhard Roßbach / Dr. Michael Barabas
Sie haben durch ihre Anmerkungen und den logistischen Support die Realisierung dieses Projektes möglich gemacht.

Inhaltsverzeichnis

Teil 1 Einführung

Teil 2 Grundlagen

Teil 3 Einstieg in die Praxis

Teil 1 Einführung

Der erste Teil des Buches ist eine Einführung in die Welt der Macintosh-Programmierung. Hier wird auf die wichtigsten Konzepte des User-Interface-Designs eingegangen, und ein Überblick über die Systemarchitektur des Macintosh gegeben.

Kapitel 1 stellt eine Einführung und Analyse der auf dem Macintosh gültigen User-Interface-Standards dar. Dieses Kapitel gibt Hinweise und Regeln zur Implementierung dieser wichtigen Standards. Weiterhin gibt es einen Überblick über die speziellen Konzepte der Macintosh-Programmierung.

Kapitel 2 gibt einen Überblick über die Macintosh-Systemarchitektur. Hier wird beschrieben, wie die einzelnen Teile des komplexen Betriebssystems zusammenarbeiten und wie ein Programm auf diese Teile zugreifen kann. In diesem Kapitel sind auch wichtige Hinweise zur Erstellung kompatibler Applikationen enthalten.

Kapitel 1

Überblick über die Macintosh-Programmierung

Dieses Kapitel beschreibt die wichtigsten Konzepte der Macintosh-Programmierung. Zunächst werden Richtlinien für die Erstellung der Mensch-Maschine-Schnittstelle gegeben. Die Benutzeroberfläche ist eines der wichtigsten Elemente des Macintosh, ihre Erstellung erfordert ein gutes Verständnis der hier vorgestellten Konzepte.
Im zweiten Teil des Kapitels wird die Konzeption eines Macintosh-Programms mit Programmiereraugen betrachtet. Der zweite Teil zeigt die Unterschiede im Vergleich zur "konventionellen" Programmierung auf und stellt die Konzeption eines typischen Macintosh-Programms vor.

1.1 "Human Interface Guidelines"

Der Macintosh ist mit dem Anspruch angetreten, den Computer zum einfach zu bedienenden Werkzeug zu machen und der "Versklavung der Benutzer" ein Ende zu bereiten. Bei Apple Computer gibt es eine Gruppe von Programmierern, Designern und Psychologen, die sich mit der Erstellung und ständigen Aktualisierung der sogenannten "Human Interface Guidelines" befassen. Diese Richtlinien beinhalten die "Regeln", an die sich ein Programmierer halten sollte, wenn er ein *echtes* Mac-Programm schreiben will. Sie definieren die Standards der Mensch-Maschine-Schnittstelle in bezug auf die Gestaltung von Menüs, geben Hinweise zum Design der grafischen Benutzeroberfläche und legen das Verhalten einer Applikation in Standardsituationen fest. Es ist diese Konsistenz des Gesamtsystems, die dem Mac den Erfolg brachte, den er heute hat. Die Einheitlichkeit der Macintosh-Benutzeroberfläche entstand, weil Macintosh-Programmierer die "Human Interface Guidelines" konsequent eingehalten haben.

Ein Macintosh-Programm muß sich unbedingt an die gültigen Standards halten. Programme, die versuchen, ihre eigenen Standards durchzusetzen, werden erfahrungsgemäß von der Macintosh-Gemeinschaft nicht angenommen.

Ein erstaunlicher Effekt dieser Einheitlichkeit ist die negative Einstellung von Mac-Benutzern gegenüber Programmen, die sich nicht an die gültigen Standards halten. Man könnte dieses Verhalten als "arrogant" bezeichnen, ich halte es jedoch für einen recht positiven Effekt, eine Art "natürlicher" Selektion unter den Programmen. Nur die Programme, die sich an die Forderungen der Benutzer nach einheitlicher Bedienoberfläche anpassen, haben eine Chance. So fällt es z.B. einigen CAD-Applikationen, die ursprünglich auf Workstations entwickelt wurden und jetzt auf den Mac portiert wurden, recht schwer, sich auf dem Macintosh-Markt durchzusetzen. Viele dieser Portierungen halten sich nicht an die "Human Interface Guidelines", und unterscheiden sich in bezug auf die Bedienoberfläche erheblich von Standard-Macintosh-Programmen. Die meisten Macintosh-Benutzer ziehen es vor, mit einem Programm zu arbeiten, welches den gültigen Standards entspricht, auch wenn es vielleicht nicht so viel Funktionalität wie die Portierung eines "professionellen" Programms besitzt.

Hält sich ein Programm an die Richtlinien, so "fühlen sich neue Benutzer sofort wohl", und sind eher geneigt, das Produkt zu verwenden (und zu kaufen). Die Forderung der Benutzer nach Einheitlichkeit wird vielleicht dadurch erklärbar, daß ein durchschnittlicher Mac-Benutzer ca. 4-10 Programme verwendet, um seine täglichen Aufgaben zu erledigen. Es ist durchaus verständlich, daß er wenig Lust verspürt, ständig mit den Handbüchern von zehn Programmen zu arbeiten, noch sich jeweils die Eigenheiten des einzelnen Programms zu merken. Sind alle Programme ähnlich zu bedienen, so ist der Lernaufwand, der investiert werden muß, um eine neues Programm zu benutzen, wesentlich geringer, als wenn jedes Programm seine eigene "Philosophie" durchsetzt. So ist auf dem Macintosh ein einheitliches, intuitives User-Interface ohne Modi das erste Ziel. Ein intuitives User-Interface ist eine Bedienoberfläche, die es einem Benutzer erlaubt, ohne in die Dokumentation zu sehen, mit den meisten Funktionalitäten des Programms zu arbeiten. Der Benutzer kann also seine Erfahrungen, die er mit anderen Programmen gemacht hat, direkt auf die Anwendung eines neuen Programms übertragen. Erreicht werden kann dies einerseits durch die strikte Einhaltung der "Human Interface Guidelines", andererseits durch die Verwendung von bekannten Strukturen aus Standard-Mac-Programmen sowie grafischen Elementen in der Benutzeroberfläche.

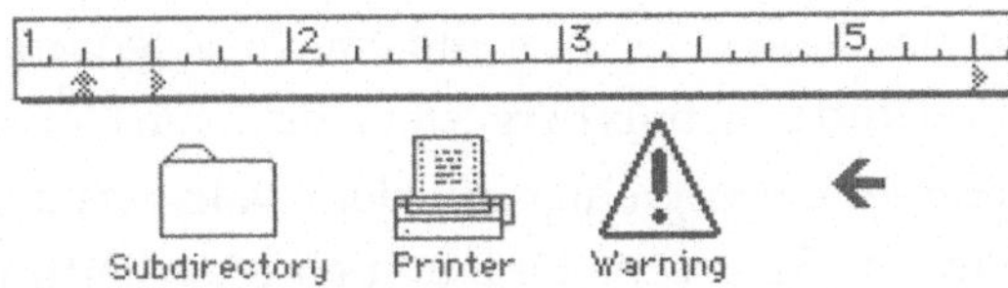

Abb. 1-1 Grafische Elemente in Macintosh-Applikationen.

Grafische Elemente, die die Funktionalität des Programms steuern, sollten aus der realen Welt des Benutzers oder der Problemstellung übernommen werden, da nur so die Möglichkeit der Assoziation, der intuitiven Benutzung geboten wird. Beispiele für solche Elemente lassen sich in nahezu jedem Mac-Programm finden. So stellt der Finder des Macs beispielsweise Directories mit einem Ordnersymbol dar; ein Lineal zur Formatierung von Text wird in MacWrite und anderen Textverarbeitungsprogrammen eben auch als ein solches dargestellt.

1.2 Die 5 Gebote der Macintosh-Programmierung

Es existieren 5 Gebote, die bei der Programmierung des Macintosh unbedingt beachtet werden sollten. Diese Gebote stellen grobe Richtlinien dar, die Hinweise zur Erstellung benutzerfreundlicher, zukunftskompatibler und stabiler Programme geben.

1.2.1 Das 1. Gebot: Responsiveness

Ein typisches Macintosh-Programm sollte dem Benutzer unmittelbar das Ergebnis einer Aktion präsentieren. Hat er beispielsweise in einer Textverarbeitung ein Wort selektiert, und wählt aus dem "Stil"-Menü den Unterpunkt "Kursiv" aus, so sollte das

Programm sofort die Veränderung anzeigen, nämlich das ausgewählte Wort kursiv darstellen. Diese unmittelbare Antwort des Programms (response) auf den Befehl des Benutzers erleichtert die Benutzung des Programms vergleichbar mit der eines Werkzeuges. Das Programm wird durch Implementierung des Responsiveness-Gebots zu einem leicht zu erlernenden Werkzeug, da es in kleinen, einfachen und gut verständlichen Schritten zu bedienen ist. Responsiveness ermöglicht auch das "spielerische" Erlernen der Funktionalitäten eines Programms, da die Funktionsabläufe überschaubar bleiben und eine direkte Verknüpfung zwischen Aktion und Ergebnis hergestellt wird. Ein Gegenbeispiel wäre die Implementierung einer auf dem Mac verpönten "Abfragekette". Eine Abfragekette bedeutet eine Verkettung modaler Dialoge, die den Benutzer daran hindert, die Auswirkungen der durchgeführten Einstellungen zu sehen bis er die Kette durchlaufen hat. Beispiele für solche Abfrageketten lassen sich in zahlreichen Programmen finden, die für ältere Betriebssysteme konzipiert wurden. In diesen Abfrageketten akkumuliert das Programm eine Reihe von Einstellungen, um diese nach Beendigung der Abfragekette auf die Daten anzuwenden. Diese Abfrageketten haben den eindeutigen Nachteil, daß dem Benutzer das Ergebnis seiner Änderungen erst nach Durchlaufen zahlreicher Dialoge präsentiert wird. Dabei tritt oft ein Verständnisproblem auf; hat der Benutzer mehrere Einstellungen auf einmal vorgenommen und ist nicht mit dem Ergebnis zufrieden, so kann es recht schwierig werden, die fehlerhafte Einstellung zu korrigieren. Das Konzept der Responsiveness sollte immer über dem der Abfrageketten stehen, auch wenn solche Abfrageketten in einigen Fällen sinnvoll erscheinen. Abfrageketten degradieren den Benutzer zu einer Dateneingabe-Maschine für das Programm. Sie stellen undurchsichtige, oft weit verzweigte "Höhlensysteme" dar, in denen sich ein Benutzer sehr schnell verlaufen kann, und deren Komplexität vorher nicht überschaubar ist. Eine menügesteuerte Macintosh-Applikation präsentiert dem Benutzer zu jeder Zeit (und ohne das Handbuch zu Rate zu ziehen) fast die gesamte Funktionalität, da bereits das Herunterklappen der Menüs die Möglichkeiten des Programms offenbart.

Responsiveness bedeutet, daß das Programm unmittelbar auf Benutzeraktionen reagieren sollte. Der Benutzer muß direkt nach der Ausführung eines Befehls eine visuelle Rückmeldung bekommen.

Zum Thema der Responsiveness gehört auch das Konzept WYSIWIG ("What You See Is What You Get"). Die Implementie-

WYSIWIG bedeutet, daß die Bildschirmdarstellung von Text oder Grafik dem Ergebnis beim Drucken exakt entspricht.

rung dieses Prinzips ist bei der Erstellung eines echten Macintosh-Programms unbedingt notwendig. Der Benutzer eines Textverarbeitungsprogramms sollte in dem vorangegangenen Beispiel den kursiv formatierten Text auch wirklich kursiv gezeichnet sehen und sich nicht erst beim Drucken über das Ergebnis wundern. Es ist nicht tragbar, Text in unformatierter Weise zu präsentieren, ohne daß der Benutzer die Möglichkeit hat, sich sein Ergebnis vor dem Ausdruck anzusehen und eventuelle Korrekturen vorzunehmen. Diese Forderung führt dazu, daß es auf dem Mac sozusagen "verboten" ist, Text mit Escape-Sequenzen oder ähnlichen Steuersequenzen zu formatieren.

1.2.2 Das 2. Gebot: Freiheit des Benutzers

Was sich wie ein Motto aus der französischen Revolution anhört, ist ein weiterer, wesentlicher Teil der "Human Interface Guidelines". Die "Freiheit des Benutzers" bedeutet, daß der Benutzer über den Programmablauf bestimmt, und es demzufolge mehrere Wege zum selben Ziel geben muß. Jeder Benutzer hat seine eigene Art, eine bestimmte Problemstellung zu lösen. Er fühlt sich unwohl, wenn das Programm ihm vorschreibt, in welcher Reihenfolge er beispielsweise einen Text zu formatieren hat. Übertragen auf die oben beschriebene Situation beim Formatieren von Text bedeutet das, daß die menügesteuerte Textformatierung dem Benutzer die Wahl läßt, ob er *erst* die Schriftart auf "Helvetica" und *dann* den Stil auf "Kursiv" setzt oder ob er die umgekehrte Reihenfolge vorzieht. Eine Abfragekette *zwingt* ihn, zuerst das eine und dann das andere zu tun. Die Freiheit des Benutzers wird von Programmierern oft unwissentlich, und ohne böse Absichten beschnitten. Dies geschieht dadurch, daß der Programmierer auch immer der erste Benutzer des Programms ist, und dieser "Programmierer-Benutzer" höchstwahrscheinlich kaum Probleme bei der Benutzung seiner eigenen Applikation haben dürfte. Das Erkennen dieses Problems verpflichtet einen Mac-Programmierer, schon während der Design-Phase der Oberfläche *intensiv* mit potentiellen Benutzern über das Projekt zu sprechen. Bei solchen Vorgesprächen werden oft Schwierigkeiten in der Bedienoberfläche des Programms sichtbar, die zu

Während der Design-Phase der Bedienoberfläche sollte die "Benutzbarkeit" der Oberfläche mit Benutzern besprochen werden.
Eine sorgfältige Planung bei der Erstellung der Oberfläche ist unbedingt notwendig.

einem späteren Zeitpunkt kaum noch zu korrigieren sind. Nur durch Diskussion mit Benutzern kann vermieden werden, daß der Programmierer dem Benutzer seine Denkweise "aufzwingt". Eine wichtige Voraussetzung für die Freiheit des Benutzers ist die Konzipierung des Programms nach der sogenannten "Event Driven Architecture", da sie praktisch automatisch dazu führt, daß dem Benutzer mehrere Wege zum gleichen Ziel offenstehen. Das Konzept der "Event-Driven-Architecture", auf dem alle Macintosh-Programme aufgebaut sind, wird unter Punkt 1.4 beschrieben.

1.2.3 Das 3. Gebot: Konsistenz

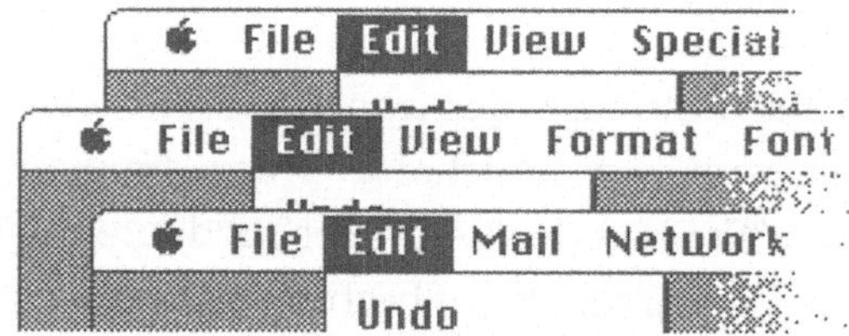

Abb. 1-2 Konsistenz zwischen Macintosh-Applikationen.

Die Konsistenz der Macintosh-Oberfläche ist (wie bereits beschrieben) äußerst wichtig. Es gibt mehrere Wege, um ein Programm in die auf dem Macintosh bestehende Konsistenz einzufügen bzw. es an die gültigen Standards anzupassen.

1. Man kann die Konsistenz durch das Kopieren von bekannten User-Interface-Elementen aus Standard-Programmen sowie durch die konsequente Einhaltung der "Human Interface Guidelines" erreichen. Die Publikation "Macintosh User Interface Guidelines" von Apple Computer gibt wertvolle, detaillierte Hinweise zu der Konzeption des Macintosh-User-Interfaces. Sie beinhaltet Richtlinien und Beispiele für die Kunst des User-Interface-Designs. Ich möchte Ihnen die Lektüre dieses Buches dringend empfehlen, wenn Sie den Macintosh noch nicht "in- und auswendig" kennen, da für die Erstellung eines User-Interfaces ein hundertprozentiges Verständnis der Macintosh-Standards Voraussetzung ist.

2. Ein weiterer Weg zur Konsistenz ist die Benutzung der sogenannten "ToolBox" des Macintosh, eine umfangreiche Routinen-

sammlung, von der sich weite Teile mit der Generierung von User-Interface-Elementen wie Buttons oder Scrollbars etc. beschäftigen. Die Benutzung dieser Standardelemente garantiert, daß verschiedene Programme gleichartig zu bedienen sind. Dies ist auch nicht verwunderlich, denn die ToolBox-Routinen, die von Macintosh-Programmen verwendet werden, erzeugen immer dasselbe "Look and Feel".

1.2.4 Das 4. Gebot: Modi vermeiden

Modi sind ein unnatürliches User-Interface. Sie stellen praktisch die "Zwangsjacke" eines Benutzers dar, denn sie zwingen ihn, die Arbeitsweise des Programms auf seine Denkweise zu übertragen. Sie hindern ihn daran, von einem Programmteil aus die Funktionalitäten eines anderen zu benutzen. (Siehe Abb. 1-3 Struktur eines modalen Programms)
Wird ein Programm in der Event-Driven-Architecture aufgebaut, so ist dies der erste Schritt zur Vermeidung von modalen Strukturen. Ein Problem stellt dieses Gebot jedoch für Portierungen von modal strukturierten Programmen dar, da die Umstellung auf eine nichtmodale Struktur, die event-getriebene Struktur, erfahrungsgemäß tiefe Eingriffe in das Programm erfordert.

1.2.5 Das 5. Gebot: Programmabhängigkeiten vermeiden

Ein Programm sollte sprachenunabhängig gehalten werden. Dies bedeutet, daß in einem Macintosh-Programm z.B. keine String-Konstanten verwendet werden dürfen. Anstelle der String-Konstanten verwendet man bei der Programmierung des Macintosh die sogenannten "Resources" (ein Teil der ToolBox). Das Konzept der Resources bedeutet eine Trennung von Programmcode und dem Text, den das Programm beispielsweise bei Fehlermeldungen ausgibt. Der Vorteil dieser Trennung liegt darin, daß das Programm einfacher und besser lokalisiert werden kann (z.B. ins Französische). Dies wird insbesondere zum Vorteil, da man durch die Verwendung von Resources anstelle von String-Konstanten

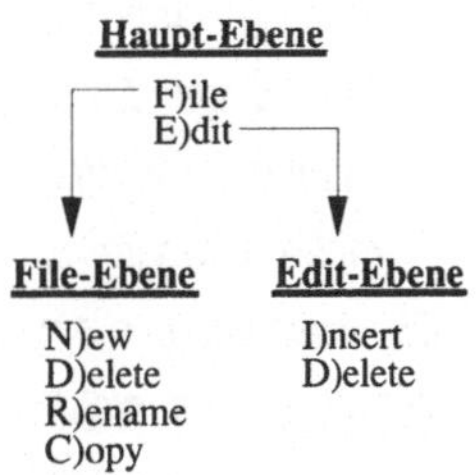

Abb. 1-3
Struktur eines modalen Programms.

Mac 128K

Abb. 1-4
Der Ur-Mac hatte nur 128 KB Hauptspeicher, ein 400KB Diskettenlaufwerk und kein SCSI-Interface.

die Lokalisierung von einem spezialisierten Übersetzungsbüro erledigen lassen kann. Ein Macintosh-Programm kann (wenn ausschließlich Resources anstelle von String-Konstanten verwendet wurden) lokalisiert werden, ohne daß es anschließend neu compiliert werden muß.

Es ist ebenfalls sehr wichtig, Hardware-Abhängigkeiten eines Programms zu vermeiden. Dies bedeutet, daß ein Mac-Programm *niemals* die Hardware direkt ansprechen sollte, auch wenn dies selbstverständlich möglich ist. Man sollte wenn immer möglich auf die umfangreichen ToolBox-Routinen zurückgreifen, um die Hardware praktisch indirekt anzusprechen, da so eine Zukunftskompatibilität gewährleistet ist. Ein Beispiel dafür: Es gibt Macintosh-Programme, die 1984 für den ersten Macintosh geschrieben worden sind und auch heute noch auf den neuesten Modellen der Macintosh-Familie problemlos funktionieren und auch neue Peripheriegeräte und Hardware-Konzepte unterstützen, obwohl deren Programmierer selbstverständlich bei der Einführung des Macintosh (1984) nichts über die Einbindung von CD-ROMs, SCSI-Bus-Systemen, Ethernet oder NuBus-Videokarten in die Macintosh-Linie wissen konnten. Diese Kompatibilität mit neuer Hard- und Software wird durch die Benutzung von ToolBox-Routinen erreicht, die auf dem Mac128K beispielsweise nur auf ein 400KB Diskettenlaufwerk zugreifen konnten, später jedoch so modifiziert wurden, daß sie auch über den SCSI-Bus z.B. ein CD-ROM Laufwerk ansprechen können. Die ToolBox-Routinen sind Teil des Macintosh-Betriebssystems, und werden jeweils den neuesten Hardware-Entwicklungen angepaßt. Sie befinden sich entweder im ROM des Rechners, oder werden beim Systemstart in den Speicher geladen. Apple hat im Laufe der Geschichte des Macintosh viele ursprüngliche ROM-ToolBox-Routinen durch verbesserte oder veränderte Versionen ersetzt. Verwendet ein Macintosh-Programm ToolBox-Routinen, so ist die Zukunftskompatibilität des Programms gesichert, da das Programm praktisch automatisch an neue Hardware-Umgebungen (neue Rechnergenerationen) angepaßt wird. Diese Zukunftskompatibilität der Macintosh-Software stellt einen Investitionsschutz für den Kunden dar, der von Macintosh-Benutzern sehr hoch eingeschätzt wird.

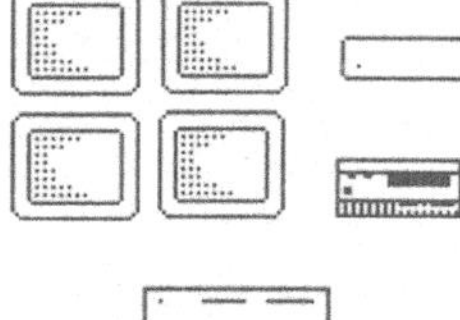

Mac II

Abb. 1-5
Die heutigen Macs haben ein NuBus, mehrere Monitore, SCSI-Anschluß und ein 1.4 MB Diskettenlaufwerk.

1.3 Nachteile konventioneller Programmarchitekturen

Ein "normales" Programm (z.B. ein MS-DOS Programm) ist stark modal aufgebaut, d.h. es besteht aus vielen einzelnen Schleifen, in denen Eingaben des Benutzers erwartet werden, um anschließend in tiefere Ebenen des Programms zu verzweigen, die wiederum solche "Abfrageschleifen" haben. Es ist dem Benutzer nicht möglich, ohne die Dokumentation zu Rate zu ziehen, zu erkennen, welche Funktionalität das Programm bietet oder in welcher Ebene welche Funktionalität geboten wird. Viele Benutzer haben Schwierigkeiten mit dieser klassischen Programmstruktur, da sie (vergleiche Abb. 1-3) z.B. von der Edit-Ebene aus nicht erkennen können, welche Funktionalitäten die File-Ebene bietet, noch wie sie dorthin gelangen. Diese Undurchsichtigkeit der Programmstruktur wird verstärkt zu einem Problem, wenn der Benutzer viele verschiedene Programme benutzt, insbesondere wenn die Menüstruktur der verschiedenen Programme unterschiedlich ist.

Konventionelle Programme sind stark modal aufgebaut. Sie sind daher oft schwer zu bedienen.

1.4 Event-Driven-Architecture

Ein typisches Macintosh-Programm ist in einer nichtmodalen Struktur aufgebaut. Es ist nach der sogenannten "Event-Driven-Architecture" strukturiert. Events sind Ereignisse, die in benutzergesteuerte Ereignisse (Mausklicks oder Tastatureingaben) und systemgesteuerte Ereignisse wie Update- oder Activate-Events unterteilt werden können. "Event Driven" bedeutet, daß das Programm auf Ereignisse *reagiert*. "Event-Driven" bedeutet weiterhin, daß sich das Programm zu jeder Zeit in der Lage befinden muß, sämtliche Arten von Events zu behandeln, was wiederum eine nichtmodale Programmstrukturierung voraussetzt.

Ein "echtes" Macintosh-Programm verzichtet auf Modi.

Um auf die Forderungen der Event-Driven-Architecture einzugehen, wird das Haupt-Programm eines Macintosh-Programms in Form einer Endlosschleife programmiert, in der es an *einer* Stelle gefragt wird, ob ein Event vorliegt. Liegt ein Event vor, so entscheidet das Programm, um welche Art von Event es sich handelt, reagiert entsprechend und kehrt wieder in die sogenannte

"Main-Event-Loop" (die Endlosschleife) zurück. Diese Struktur eines Programms ist auf dem Macintosh zwingend notwendig, um die Konsistenz und Funktionalität des Gesamtsystems zu gewährleisten.

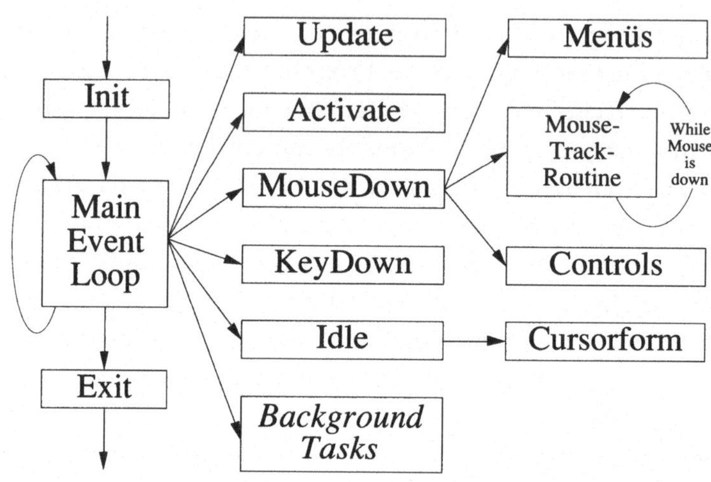

Abb. 1-6
Das Programm fragt das System in der Main-Event-Loop, ob ein Event vorliegt. Anschließend verzweigt es in die entsprechenden Event-Behandlungsroutinen, um auf den Event zu reagieren. Nachdem das Programm auf den Event reagiert hat, kehrt es sofort wieder in die Main-Event-Loop zurück, um auf weitere Events zu warten.

Eine Macintosh-Applikation sollte im Idealfall sämtliche Funktionalitäten des Programms zu jeder Zeit zugänglich machen, es sollte (wie beschrieben) auf Modi verzichten. Ein Beispiel: Es sollte dem Benutzer auch während der Texteingabe die Möglichkeit offenstehen, den Text abzuspeichern, ohne das Programm in einen anderen Modus zu versetzen. Diese Forderung läßt sich mit der event-getriebenen Struktur und der Verwendung von "Pull-Down"-Menüs realisieren. Der Benutzer kann in einer Macintosh-Textverarbeitung während der Texteingabe mit der Maus aus dem "Ablage"-Menü den Menüpunkt "Sichern" auswählen und so die Änderungen an seinem Text abspeichern. Unmittelbar nach dieser Aktion kann er, ohne dem Programm weitere Befehle geben zu müssen, mit der Texteingabe fortfahren.

Das Textverarbeitungsprogramm befindet sich in der Endlosschleife, der sogenannten "Main-Event-Loop" und wartet auf Ereignisse. Im gerade beschriebenen Beispiel bekommt es in dem Moment, in dem der Benutzer in die Menüleiste klickt, einen MouseDown-Event. Es entscheidet dann anhand der Maus-Klick-Koordinaten, daß es sich um einen Klick in die Menüleiste handelt und klappt das entsprechende Pull-Down-Menü herunter. Nachdem der Benutzer den Menüpunkt "Sichern" ausgewählt

hat, speichert das Programm die Daten ab, und begibt sich wieder in die Main-Event-Loop, um auf das nächste Ereignis zu warten. Gibt der Benutzer nun mit Hilfe der Tastatur Text ein, so bekommt das Programm einen oder mehrere KeyDown-Events und fährt mit der Texteingabe fort.
Es gibt zwei verschiedene Arten von Events; die benutzergesteuerten und die systemgesteuerten Events. Beide werden in der Main-Event-Loop empfangen und von dort an die entsprechenden Event-Behandlungsroutinen weitergegeben.

1.4.1 Benutzergesteuerte Events

KeyDown-Events

Diese Events werden vom Betriebssystem an das Programm geschickt, wenn der Benutzer Eingaben mit der Tastatur oder mit der Maus macht. Ein Beispiel für einen benutzergesteuerten Event ist der *KeyDown*-Event. Drückt der Benutzer eine Taste der Tastatur, so schickt das Betriebssystem dem Programm einen *KeyDown*-Event. Dieser enthält dann den ASCII-Code der gedrückten Taste. Diese Art von Events wird auf dem Macintosh zur Eingabe von Texten in Textverarbeitungsprogrammen verwendet.

MouseDown-Events

Mausklicks bewirken einen *MouseDown*-Event, wobei das System die Koordinaten des Mausklicks mit dem Event mitliefert. Anhand der Koordinaten der Mouse-Down-Events entscheidet das Programm, ob der Benutzer in die Menü-Leiste, oder auf die sogenannten "Controls" eines Fensters (z.B. die Scrollbars) geklickt hat. Eine weitere Möglichkeit besteht darin, daß er Text oder Objekte, die in dem Fenster dargestellt werden, selektieren möchte. Da nahezu sämtliche Funktionalitäten eines typischen Macintosh-Programms mit Hilfe der Maus erreicht werden können, ist der Teil eines Macintosh-Programms, welcher sich mit der Behandlung von MouseDown-Events befaßt, einer der aufwendigsten Programmteile. Eine ausgeklügelte und gut strukturierte MouseDown-Event-Behandlungsroutine ist daher von äußerster Wichtigkeit.

1.4.2 Systemgesteuerte Events

Update-Events

Systemgesteuerte Events sind Ereignisse, die das System generiert, um ein Programm auf bestimmte Veränderungen hinzuweisen. Zu diesen Events zählen z.B. die *Update*-Events, bei denen das System dem Programm mitteilt, daß ein bestimmter Bereich eines Fensters neu gezeichnet werden muß. Diese Situation kann z.B. eintreten, wenn Fenster, die einander überlappen, verschoben werden. Wird das im Vordergrund liegende Fenster verschoben, so wird ein bestimmter Teil des im Hintergrund liegenden Fensters freigelegt. Das System bemerkt dies und berechnet die freigelegte Fläche des im Hintergrund liegenden Fensters. Um das Programm aufzufordern, diesen freigelegten Fensterteil neu zu zeichnen, schickt das System einen Update-Event an das Programm. In diesem Update-Event beschreibt das System die freigelegte Fläche. Das Programm reagiert, indem es die Grafik oder den Text, an den freigelegten Stellen neu zeichnet. Das Programm ist also für das Neuzeichnen des Fensterinhaltes verantwortlich !

Das Konzept der Update-Events bedeutet für die Strukturierung eines Macintosh-Programms, daß es zu jeder Zeit in der Lage sein muß, den Inhalt seiner Fenster neu zu zeichnen.

Abb. 1-7 Zustandekommen und Ablauf eines Update-Events.

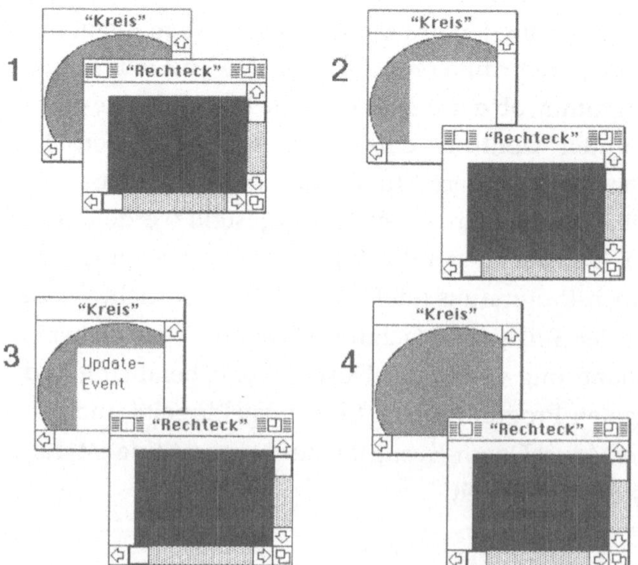

Die Abbildung 1-7 veranschaulicht den Prozeß, der zu einem Update-Event führt, bzw. die Reaktion des Programms:
Schritt 1 stellt zwei sich überlagernde Fenster dar. Das "Rechteck"-Fenster verdeckt einen Teil der Grafik aus "Kreis". In Schritt 2 hat der Benutzer das "Rechteck"-Fenster so verschoben, daß ein Teil der vorher verdeckten Kreis-Grafik freigelegt wurde. Das System zeichnet den freigelegten Teil zunächst mit weißer Farbe (es löscht diesen Teil des Bildschirms). Im dritten Schritt schickt das System einen Update-Event an das Programm. Dieser Update-Event beschreibt die freigelegte Fläche, die Fläche, die neu gezeichnet werden muß. Das Macintosh-Programm reagiert in Schritt 4 auf den Update-Event, indem es die Kreis-Grafik neu zeichnet.

Activate-Events

Im Zusammenhang mit Fenstern können auch die sogenannten "*Activate*-Events" auftreten. Wenn ein im Hintergrund liegendes Fenster durch einen Mausklick in das Fenster nach vorn geholt wird, so ordnet das System die Fensterhierarchie neu und generiert einen Activate-Event für das nun im Vordergrund liegende Fenster, sowie einen DeActivate-Event für das Fenster, welches jetzt im Hintergrund liegt. DeActivate-Events fordern das Programm auf, alles zu tun, um dem Benutzer zu verdeutlichen, daß ein Fenster nun nicht mehr aktiv ist, d.h. es sollte z.B. dafür sorgen, daß eventuell vorhandene Scrollbars unsichtbar gemacht werden und Selektionen aufgehoben werden. Umgekehrt soll ein Activate-Event dazu führen, daß das Programm die Scrollbars zeigt und selektierten Text oder Grafik kennzeichnet. Dieses Verhalten ist ein wichtiger Teil der Macintosh-"Human Interface Guidelines", da es dem Benutzer so wesentlich einfacher fällt, das Fenster zu erkennen, mit dem er gerade arbeitet. Dies wird insbesondere wichtig, wenn der Bildschirm mit Fenstern überfüllt ist. Der Macintosh ist aufgrund einer Fülle solcher User-Interface-Details intuitiver zu bedienen als andere grafische Benutzeroberflächen. Ein paar Fenster machen eben noch keinen Macintosh !

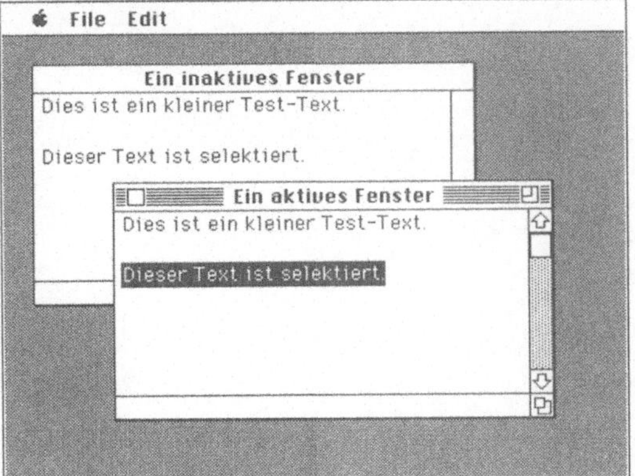

Abb. 1-8
Zwei Fenster.

Idle-Events

Zur Kategorie der systemgesteuerten Events gehören auch die Null-Events oder auch Idle-Events. Diese Events werden dem Programm geschickt, wenn der Benutzer mal wieder "schläft", d.h. wenn er weder Tastatureingaben macht, noch die Maustaste traktiert und auch sonst keine Events vorliegen. Das Programm kann sich bei diesen Idle-Events um Aufgaben kümmern, die wiederholt erledigt werden müssen, jedoch nicht von unmittelbarer Wichtigkeit sind wie z.B. das Blinken der Einfügemarke, oder die Form des Cursors, die bei vielen Programmen von der Position der Maus abhängig ist. So hat man typischerweise den normalen Pfeil-Cursor, wenn die Maus in der Menüzeile positioniert ist. Bewegt man den Cursor über einen Texteingabebereich, wird der Cursor zu einem Text-Cursor geändert.

Macintosh-Systemarchitektur

Dieses Kapitel geht auf die Systemarchitektur des Macintosh ein. Hier wird das Schichtenmodell OASIS vorgestellt, welches die Zusammenhänge zwischen Betriebssystem, ToolBox und Programmen erläutert. Dieses OASIS-Modell wird im Verlauf des Kapitels etwas verfeinert, um einen genaueren Einblick in die Konzeption des Macintosh-Gesamtsystems zu geben.
Im zweiten Teil des Kapitels wird die Konzeption des Cooperative-Multitaskings, die auf dem Macintosh das Zusammenspiel der verschiendenen Prozesse regelt, vorgestellt.

2.1 Das OASIS-Modell

Das OASIS-Modell ist eines der wichtigsten Konzepte des Macintosh-Gesamtsystems, welches aus mehreren Teilen besteht. OASIS bedeutet "Open Architecture System Integration Strategy" und ist ein klar untergliedertes Schichtenmodell, in dem jede Schicht über definierte Schnittstellen zur nächsten verfügt.
Das OASIS-Schichtenmodell beschreibt die Strukturierung des Gesamtsystems, also das Zusammenspiel zwischen Programm, Benutzeroberfläche, ToolBox, Betriebssystem und Hardware. Dieses Modell wurde von Apple geschaffen, um die Konzeption bzw. die Vorteile, die aus dieser Konzeption erwachsen, zu verdeutlichen. Weiterhin hat dieses Modell die Aufgabe, Programmierer durch ein besseres Verständnis der Gesamt-Konzeption die Erstellung zukunftskompatibler Programme zu erleichtern.

Die folgenden Punkte beschreiben die einzelnen Schichten dieses Modells.

Abb. 2-1
Das OASIS-Modell untergliedert das Gesamtsystem in einzelne Schichten. Die Anwendungsschicht greift stets indirekt über die darunterliegenden Schichten auf die Hardware zu.

2.1.1 Die Anwendungsebene

Die Anwendungsebene ist die Ebene, auf der ein Programm arbeitet. Es greift über die verschiedenen Pufferschichten indirekt auf die Hardware zu. Ein Macintosh-Programm ist praktisch isoliert von der Hardware, es kennt die Hardware-Umgebung, auf der es läuft, gar nicht. Ein Macintosh-Programm benutzt stets Routinen aus den oberen Ebenen, um auf den Bildschirm zu zeichnen, Eingaben des Benutzers abzufragen, oder auf das Dateisystem zuzugreifen. Die Verwendung der vordefinierten, standardisierten Routinen hat mehrere, offensichtliche Vorteile:

1. Die von Apple vordefinierten Routinen nehmen dem Programmierer sehr viel Arbeit bei der Erzeugung der grafischen Benutzeroberfläche ab.
Es existieren beispielsweise Routinen zur Implementierung und Verwaltung der Menüleiste, zur Generierung von Fenstern oder für die Verwaltung einfacher Texteingabefelder. Diese Routinen, die sonst nur mühsam zu implementieren wären, sind von Apple vordefiniert und befinden sich entweder im ROM des Computers, oder werden zur Systemstartzeit in den Speicher geladen.

2. Die Verwendung dieser standardisierten Routinen sichert ein einheitliches Verhalten aller Programme, die diese Routinen benutzen.
Da alle Macintosh-Programme dieselbe Routine benutzen, verhält sich z.B. ein Texteingabefeld in Programm A genauso wie das Eingabefeld von Programm B. Diese Vereinheitlichung bildet eine wichtige Säule für die Konsistenz der Benutzerschnittstelle.

3. Die Verwendung dieser Routinen sichert die Zukunftskompatibilität des Anwendungsprogramms.
Apple investiert viel in die Weiterentwicklung und Aktualisierung dieser Routinen, beläßt die Schnittstelle zu diesen Routinen jedoch in einer konstanten Form. Werden die Routinen benutzt, so profitiert ein Programm automatisch von einem Betriebssystem-Update, in dem sich verbesserte oder veränderte Versionen dieser Routinen befinden. Entwickelt Apple einen neuen Macintosh (dies kommt recht häufig vor) so läuft das Programm mit größter Wahrscheinlichkeit auch auf diesem neuen Gerät, da die Routinen im ROM des neuen Macintosh an die veränderte Hardware-Umgebung angepaßt wurden. Diese Zukunftskompatibilität mit neuer Hardware geht noch einen Schritt weiter: Werden beispielsweise neue Peripheriegeräte an den Macintosh angebunden, so geschieht dies, indem auf unterster Betriebssystemebene ein Treiber installiert wird. Handelt es sich bei diesem Peripheriegerät z.B. um ein magneto-optisches Speichermedium, so können alle Anwendungsprogramme sofort auf dieses neue Medium schreiben. Die Programme greifen über den File-Manager (einem Teil des Betriebssystems) *indirekt* auf den Treiber für das magneto-optische- Laufwerk zu, die Schnittstelle Programm ↔ File-Manager bleibt dieselbe. Das Programm merkt also gar nicht, daß es seine Daten auf einem neuen Medium ablegt.

Das OASIS-Schichtenmodell sichert die Zukunftskompatibilität der Anwendungssoftware, da die Programme niemals direkt auf die Hardware zugreifen.

2.1.2 Die Benutzeroberfläche

Die Ebene der Benutzeroberfläche beinhaltet hochintegrierte Routinen, die bereits eine komplette, eigene Benutzeroberfläche besitzen. Werden Routinen aus dieser Ebene aufgerufen, so übernehmen sie vollständig die Kontrolle über den Macintosh. Sie stellen praktisch komplette, standardisierte Programmteile dar, die von allen Programmen für denselben Zweck eingesetzt werden. Die Ebene der Benutzeroberfläche bietet dem Programmierer mit einem einzigen Aufruf Komplettlösungen für bestimmte, häufig auftretende Problemstellungen. So befinden sich in dieser Ebene Routinen, die eine standardisierte Eingabe-Oberfläche für die Farbauswahl bieten (siehe Abb. 2-1), Komplettlösungen für die Daten-Fern-Übertragung (DFÜ) implementieren oder standardisierte Dialoge, die beim Abspeichern einer Datei benötigt werden.

Abb. 2-2 Die Standard-Farbauswahl ist ein typisches Element der Ebene "Benutzeroberfläche".

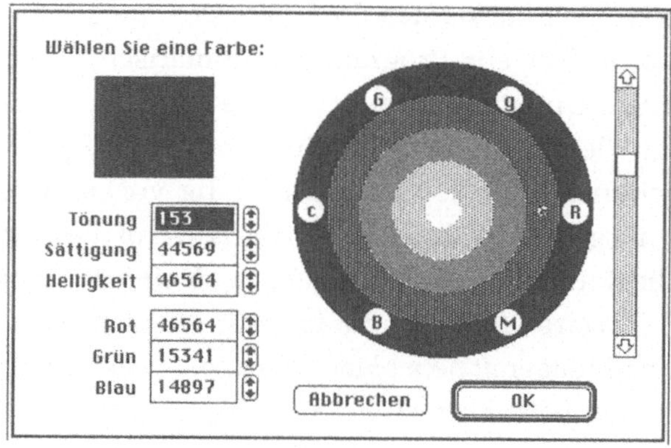

2.1.3 Die ToolBox-Ebene

Diese Ebene beinhaltet eine große Anzahl von Routinen, die sich mit den verschiedensten Aufgaben beschäftigen. Die Routinen sind jeweils in Routinensammlungen, den sogenannten "Managern" unter einem Themengebiet zusammengefaßt. Die ToolBox stellt den "Werkzeugkoffer" des Programmierers dar. Sie bietet keine Komplettlösungen (wie die Benutzeroberfläche), sondern stellt nach dem Baukastenprinzip flexibel einsetzbare Bausteine für die Implementierung einer grafischen Benutzeroberfläche zur Verfügung. Unter diesen Bausteinen befinden sich Routinensammlungen zur Implementierung von Fenstern, Menüs, Dialogen, Buttons, Scrollbars etc. Der Einsatz dieser Routinensammlungen stellt die Hauptaufgabe eines Macintosh-Programmierers dar. Im Gegensatz zur "klassischen" Programmierung mit Text-

Oberfläche beschäftigt sich ein Macintosh-Programmierer ca. 50-70 Prozent seiner Arbeitszeit mit der Aneinanderreihung von Aufrufen der unzähligen ToolBox-Routinen.

2.1.4 Die Betriebssystemebene

Diese Ebene beinhaltet das Grundgerüst des Macintosh. Hier befinden sich Routinensammlungen für die Speicherverwaltung, Dateizugriff und die Netzkommunikation. In dieser Ebene liegen auch die Treiber, die die Hardware-abhängige Kommunikation mit den Peripheriegeräten übernehmen. Die Betriebssystemebene stellt die letzte "Pufferschicht" zwischen Programm und Hardware dar. Die Routinen in dieser Ebene werden (abgesehen von der Speicherverwaltung) nur von wenigen Programmteilen benutzt, da sie sozusagen eine Ebene zu tief sind. Statt die "Low-Level"-Routinen des Betriebssystems zu verwenden, sollte ein Zugriff auf die höher integrierten (und einfacher zu benutzenden) ToolBox-Routinen vorgezogen werden.

Das OASIS-Schichtenmodell des Gesamtsystems, bzw. die definierten Schnittstellen von einer Schicht zur nächsten erlaubt es Apple, nachträglich Änderungen im System vorzunehmen, ohne dabei die Kompatibilität zu bestehender Anwendungssoftware zu verlieren. Diese "Rückwärtskompatibilität" sichert Investitionen der Benutzer in Hard- und Software, da auch alte Software noch weitestgehend auf neue Betriebssysteme und Hardware-Architekturen übernommen werden kann, ohne (wie bei anderen Betriebssystemen üblich) jedesmal einen Update bezahlen zu müssen.
Woher kommt nun diese Kompatibilität ? Sie basiert im wesentlichen auf der Schnittstellenarchitektur im OASIS-Modell und der Trennung von Programmen und Bibliotheken. Die ToolBox-Ebene ist im Prinzip eine "shared" Library, eine umfangreiche Routinensammlung, auf die alle Macintosh-Programme zurückgreifen, wenn sie beispielsweise ein Menü oder einen Button darstellen wollen oder in eine Textdatei schreiben möchten. Diese ToolBox-Routinen greifen dann über das Betriebssystem oder über

installierte Treiber auf die Hardware zu, um die Aufgabe zu erledigen.
Legt ein Anwendungsprogramm eine Datei an, so ist es dem Programm dabei egal, ob die Datei letztendlich auf einer Diskette, oder über das Netz hinweg auf einem File-Server angelegt wird; die ToolBox-Routine und die Parameter, die an sie übergeben werden müssen, bleiben dieselben. Das Programm "merkt" also gar nicht, auf welchem Medium die Datei anlegt wird. Durch diese Struktur wird es möglich, die gesamte Software-Bibliothek über Jahre hinweg jeweils mit der neuesten Hardware einzusetzen. Funktionieren kann all dies allerdings nur, wenn die Programmierer sich ein wenig "zusammennehmen", und auch wirklich nur die von Apple definierten Schnittstellen und Routinen benutzen, um auf die Hardware zuzugreifen, wobei die Regel gilt:

Je höher in der Hierarchie der OASIS - Struktur zugegriffen wird, desto höher ist die Zukunftskompatiblilität !

2.2 Ein alternatives OASIS-Modell

Das oben vorgestellte Modell der OASIS-Struktur hat (wie alle Modelle) einen Nachteil: Es vermittelt einen etwas verzerrten Eindruck der Wirklichkeit. Das vorangegangene Modell hinterläßt den Eindruck, als ob einem Macintosh-Programm nur der Weg Benutzeroberfläche→ ToolBox→ Betriebssystem→ Hardware in der Zugriffshierarchie offenstünde. Das nachfolgende (von mir erstellte) Modell der OASIS-Struktur verdeutlicht die verschiedenen Möglichkeiten des Zugriffs in die Hierarchie der OASIS-Schichten bzw. den hierarchischen Aufbau des Gesamtsystems etwas wirklichkeitsgetreuer. Weiterhin ist in diesem Modell QuickDraw als eigenständiger Teil aufgeführt, da dieser Teil des Gesamtsystems zu komplex und von zu großer Wichtigkeit ist, um in der ToolBox-Ebene versteckt zu werden.

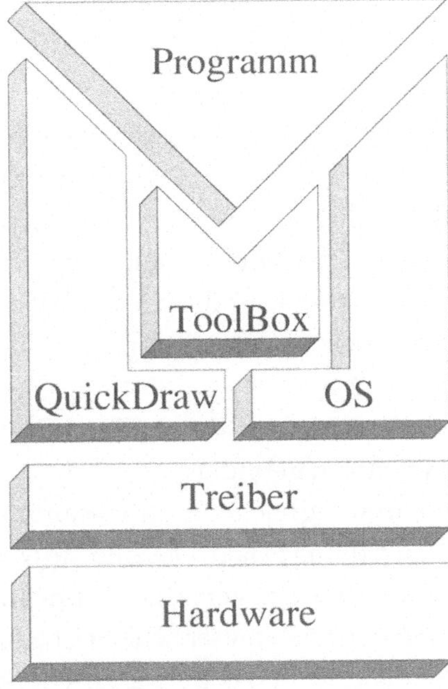

Abb. 2-3
Eine etwas differenziertere Sichtweise des OASIS-Modells. Dieses Modell stellt die verschiedenen Zugriffsmöglichkeiten in die Schichtstruktur des OASIS-Modells eindeutiger dar.

Diese Darstellung des OASIS-Modells untergliedert das Gesamtsystem in vier grobe Bereiche:

1. Die unterste Schicht wird durch die Treiber belegt. Hier befinden sich die Hardware-abhängigen Teile des Gesamtsystems wie die Videotreiber, die Treiber für die serielle Schnittstelle oder Treiber für SCSI-Geräte wie Festplatten oder CD-ROM-Laufwerke. Diese Schicht hat für jede Kategorie von Treibern eine definierte, konstante Schnittstelle zur darüberliegenden Betriebssystem- bzw. ToolBox-Schicht. Die fest definierte Schnittstelle zu den oberen Schichten erlaubt es Drittanbietern, ihre Peripheriegeräte mit 100 prozentiger Kompatibilität zu sämtlicher Anwendungssoftware in das Gesamtsystem einzubinden. Ein Beispiel: Macintosh-Benutzer kennen keine Kompatibilitätsprobleme zwischen neuen Videokarten und Anwendungssoftware, wie dies von MS-DOS bekannt ist. Da ein Macintosh-Programm immer über QuickDraw indirekt mit den Videotreibern bzw. mit der Videokarte kommuniziert, brauchen Macintosh-Programme nicht an neue Videokarten angepaßt werden. Dieses Beispiel läßt sich auf nahezu alle Peripheriegeräte erweitern.

Die Treiberschicht garantiert die homogene Einbindung neuer Peripheriegeräte.

2. Das reine Betriebssystem bildet eine der beiden Basis-Schichten; d.h. die Speicherverwaltung und das Dateisystem.
Diese Schicht stellt (ähnlich dem vorangegangenen Modell) eine Low-Level-Ebene dar. Diese Ebene beinhaltet die absolut lebenswichtigen Funktionalitäten des Gesamtsystems wie den Dateizugriff und die Speicherverwaltung.

3. Die zweite Basis-Schicht wird durch QuickDraw, das Basis-Grafikpaket des Macintosh gebildet.
QuickDraw ist eine umfangreiche Routinensammlung, die sich mit der grafischen Darstellung befaßt. Diese Ebene wird von nahezu allen Macintosh-Programmen verwendet, um Informationen darzustellen. Mit den Routinen dieser Schicht ist es möglich, Text, Linien, Rechtecke, Polygone und andere grafische Strukturen auf den Bildschirm zu zeichnen. Weiterhin bildet diese Schicht die Grundlage für viele ToolBox-Routinen.

Alles was auf dem Bildschirm dargestellt wird, wird mit Hilfe von QuickDraw-Routinen gezeichnet.

4. Die ToolBox, die den größten Teil des Gesamtsystems einnimmt, und beispielsweise für die Verwaltung und Darstellung von Menüs, Fenstern, Dialogen, Buttons oder Scrollbars zuständig ist, bildet die am höchsten integrierte Schicht des Gesamt-Systems. Diese Ebene enthält den Baukasten, aus dem Macintosh-Applikationen aufgebaut sind. Teile der ToolBox-Routinen greifen über das Betriebssystem auf die Hardware zu, diese Teile stellen hochintegrierte Routinen für den Zugriff auf das Betriebssystem bereit. Andere Teile der ToolBox (wie z.B. der Menu- oder der Window-Manager) erzeugen Standardelemente einer grafischen Bedienoberfläche, indem sie QuickDraw-Routinen verwenden.

Jede der einzelnen Schichten ist wiederum untergliedert in die sogenannten "Manager"; Sammlungen von Routinen, die sich um ein gemeinsames Aufgabenfeld kümmern. So gibt es beispielsweise in der ToolBox-Ebene den Menu-Manager, der für die

Verwaltung und die Darstellung von Menüs zuständig ist. In der Betriebssystemebene befindet sich der Memory-Manager, welcher sich um die Speicherverwaltung kümmert. Für ein Macintosh-Programm gibt es mehrere Wege, indirekt auf die Hardware zuzugreifen: Es kann über ToolBox-Routinen indirekt auf QuickDraw zugreifen (z.B. beim Zeichnen von Menüs), welches dann über einen Videotreiber in die Videokarte schreibt. Es kann aber auch direkt mit QuickDraw kommunizieren, um beispielsweise eine Linie auf dem Bildschirm zu zeichnen. Der Zugriff auf Funktionalitäten des Betriebssystems (z.B. File I/O) kann ebenfalls entweder indirekt über die ToolBox oder in direkter Kommunikation mit dem Betriebssystem erfolgen. Generell sollte man, wie gesagt, direkte Zugriffe auf die Hardware vermeiden, und wenn möglich, die höher integrierten High-Level-Routinen der ToolBox benutzen.

2.3 Multitasking

Multitasking bedeutet das gleichzeitige Ausführen mehrerer Aufgaben oder auch Prozesse auf einem Rechner. Für den Benutzer besteht Multitasking hauptsächlich darin, daß er bestimmte Prozesse im Hintergrund ablaufen lassen kann, während er im Vordergrund beispielsweise einen Text eingibt. Solche Hintergrundprozesse können z.B. das Berechnen einer großen, komplizierten Tabelle, die Abfrage einer Datenbank oder das Abspulen eines Druckauftrages sein.
Es gibt drei verschiedene Arten von-Multitasking:

1. Preemptive-Multitasking
2. Cooperative-Multitasking
3. Interrupt-Multitasking

Auf dem Macintosh ist eine Kombination aus Cooperative- und Interrupt-Multitasking implementiert.

Auf dem Macintosh existiert eine Kombination von Cooperative- und Interrupt-Multitasking. Diese etwas eigenwillige Art des Multitaskings unterscheidet sich von dem allgemein üblichen Preemptive-Multitasking. Apple wurde in der Vergangenheit oft kritisiert, da auf dem Macintosh eine eigene Variante des Multitaskings implementiert wurde. Diese (leider oft recht unsachlich geführte) Diskussion möchte ich durch eine Gegenüberstellung der verschiedenen Arten des Multitaskings etwas versachlichen.

2.3.1 Preemptive-Multitasking

Das Preemptive-Multitasking verwendet das Zeitscheibenverfahren, um die Prozessorzeit auf die verschiedenen Prozesse zu verteilen. Bei diesem Verfahren bekommt jeder Prozeß eine feste Anzahl an Prozessor-Zyklen zugeteilt. Ist die Zeitscheibe eines Prozesses abgelaufen, so wird der Prozeß unterbrochen und ein anderer abgearbeitet.

Diese Variante des Multitaskings ist weit verbreitet, man bezeichnet sie auch als "echtes" Multitasking. Sie findet ihren Ursprung im UNIX-Betriebssystem bzw. in der Großrechnerarchitektur. Bei dieser Art des Multitaskings werden die verschiedenen Prozesse im Zeitscheibenverfahren abgearbeitet. Das Zeitscheibenverfahren bedeutet, daß einem Prozeß (z.B. einem Textverarbeitungsprogramm) 30 Prozent der gesamten Rechenzeit zur Verfügung gestellt wird. Der Rechner arbeitet eine gewisse Zeit diesen Prozeß ab, und unterbricht ihn, wenn die Zeitscheibe zu Ende ist. Die Unterbrechung des laufenden Prozesses geschieht auf unterster Ebene, sozusagen auf Hardware-Ebene mit Hilfe von Interrupts. Daher hat der unterbrochene Prozeß keinerlei Möglichkeiten, die Unterbrechung aufzuhalten, das Betriebssystem sorgt für eine gleichmäßige Bearbeitung aller konkurrierenden Prozesse. Historisch gesehen kommt diese Art von Multitasking (wie gesagt) von Multi-User-Betriebssystemen wie UNIX. Hier übernimmt das Preemptive-Multitasking die Aufgabe, mehreren, gleichzeitig an einem Rechner arbeitenden Benutzern entsprechend ihrer Privilegien Rechenzeit zuzuteilen. So ist es an Universitäten oft der Fall, daß ein kleiner Student sich mit wenigen Prozenten der Rechenzeit zufrieden geben muß, wenn ein Professor (natürlich mit höherer Priorität) gleichzeitig mit ihm an dem selben Rechner arbeitet. Preemptive-Multitasking bedeutet praktisch eine Zerteilung eines Rechners in beliebig viele Unterrechner. Die Prozesse eines höher eingestuften Benutzers belegen auch dann einen hohen Prozentsatz der Rechenleistung, wenn der Benutzer keine Eingaben macht, seine Prozesse sozusagen im "Leerlauf" sind.

Das Verfahren des Preemptive-Multitaskings wird in letzter Zeit immer häufiger auf Single-User-Workstations eingesetzt. Hier hat es die Aufgabe, im Hintergrund laufende Prozesse mit Rechenzeit zu versorgen, während sich der Benutzer z.B. mit einer Textverarbeitung beschäftigt. Ein Betriebssystem mit der Fähigkeit zum Preemptive-Multitasking sorgt dafür, daß ein im Hintergrund laufender Druckprozeß eine konstante Zeitscheibe zugeteilt bekommt, während im Vordergrund andere Prozesse abgearbeitet werden. Diese Konzeption vermittelt auf den ersten Blick eine faszinierende Möglichkeit, die Leistung eines Computers optimal ausnutzen zu können. Dies ist bei textorientierten Benutzeroberflächen wie z.B. UNIX auch sicherlich der Fall. Bei grafischen Benutzeroberflächen (wie X-Windows) bereitet diese Technologie jedoch in dem Moment Schwierigkeiten, wenn die Rechenleistung des Computers nicht mehr ausreicht, um alle Prozesse mit einer angemessenen Zeitscheibe auszustatten. Laufen auf einem Preemptive-Multitasking-Computer mehr Prozesse ab, als er verkraften kann, so werden die Zeitscheiben aller Prozesse verkürzt. Bei rechenintensiven Prozessen (z.B. Programmen mit grafischer Benutzeroberfläche) kann die Konzeption des Preemptive-Multitaskings schnell dazu führen, daß die Zeitscheibe der Vordergrund-Applikation so kurz wird, daß dem Benutzer unangenehme Nebeneffekte auffallen. Diese Nebeneffekte drükken sich durch ein Springen des Maus-Cursors oder durch die verspätete Reaktion auf Mausklicks oder Tastatureingaben aus. Die Verspätungen kommen daher, daß das Betriebssystem dem Vordergrundprozeß die Kontrolle entzogen hat, um Hintergrundprozessen Zeit zum Arbeiten zu geben. Während die Hintergrundprozesse abgearbeitet werden, kann das im Vordergrund liegende Programm nicht auf Benutzereingaben wie Mausklicks oder Tastatureingaben reagieren. Erst wenn es die Kontrolle zurückbekommt, wird es auf die Benutzereingaben reagieren können. Das Problem bei diesem Verhalten des Gesamtsystems liegt darin, daß ein Benutzer schnell verwirrt wird, wenn das Programm nicht auf seine Eingaben reagiert. Dies führt dann oft dazu, daß der Benutzer die Mausklicks wiederholt oder erneut die Tastatur betätigt, um seine Eingaben zu wiederholen. Bekommt der Vordergrundprozeß dann wieder die Kontrolle, so werden alle gespeicherten Eingaben auf einmal abgearbeitet. "Das Programm spielt verrückt!" ist eine häufige Reaktion der Benutzer auf dieses Verhalten von Programmen. Selbst geübten Benutzern fällt das Arbeiten mit einem überlasteten Preemptive-Multitasking-Computer mit grafischer Bedienoberfläche schwer, insbe-

Da das Preemptive-Multitasking eine starre Zeiteinteilung unter den verschiedenen Prozessen vornimmt, birgt es das Problem in sich, daß bei einer Überlastung des Systems wichtige Prozesse zu kurz kommen.

sondere, wenn der Maus-Cursor hinter der wirklichen Mausposition hinterherspringt. Es ist dann nahezu unmöglich, innerhalb einer annehmbaren Zeitspanne den Cursor genau zu positionieren, da man immer erst darauf warten muß, bis sich der Maus-Cursor beruhigt hat.

2.3.2 Cooperative-Multitasking

Das Cooperative-Multitasking verwendet eine variable Unterteilung der Prozessorzeit. Das im Vordergrund laufende Programm kann bestimmen, wieviel Zeit den im Hintergrund laufenden Prozessen zur Verfügung gestellt werden soll.

Diese Variante des Multitaskings (die auch auf dem Macintosh implementiert ist) beruht auf der Kooperation zwischen den einzelnen Prozessen, die auf einem Rechner laufen. Das Konzept des Cooperative-Multitaskings ist nur für Single-User-Workstations tragbar, da es in diesem Konzept keine eindeutige Zeitscheibenunterteilung gibt. Bei dieser Art des Multitaskings hat der Vordergrundprozeß solange die Kontrolle über den Rechner, bis er sie freiwillig abgibt. Der Vordergrundprozeß gibt von Zeit zu Zeit die Kontrolle an das Betriebssystem ab, und dieses versorgt die im Hintergrund laufenden Prozesse mit Rechenzeit. Dies geschieht in dem Moment, in dem das Programm in der Main-Event-Loop das Betriebssystem nach einen neuen Event fragt. Der Vordergrundprozeß kann dem Betriebssystem, wenn er die Kontrolle abgibt, eine "Wunsch-Hintergrundzeit" mitgeben, mit der festgelegt wird, wieviel Zeit den im Hintergrund laufenden Prozessen zur Verfügung gestellt werden soll. Der Vorteil dieses Konzeptes liegt darin, daß der Vordergrundprozeß anhand der Benutzeraktivitäten bestimmen kann, wieviel Zeit den im Hintergrund arbeitenden Prozessen (z.B. Hintergrunddruck) zur Verfügung steht. Während der Benutzer beispielsweise Tastatureingaben macht, setzt ein im Vordergrund laufendes Textverarbeitungsprogramm die Zeit für die Hintergrundprozesse auf ein Minimum zurück, damit es in angemessener Zeit auf die Benutzereingaben reagieren kann. Setzt der Benutzer mit den Tastatur- oder Maus-Eingaben aus, so erhöht der Vordergrund-Prozeß die "Wunsch-Hintergrundzeit" auf ein Maximum, so daß z.B. dem Hintergrunddruck 80 Prozent der Rechenleistung zur Verfügung steht. Im Allgemeinen entspricht diese Art von Multitasking dem, was der Benutzer erwartet: Er kann bestimmte Prozesse im Hintergrund ablaufen lassen (z.B. Drucken oder

eine Datenbankabfrage), die Vordergrund-Applikation wird jedoch nicht "zickig", sie reagiert weiterhin in angenehmer Zeitspanne auf Mausklicks oder Tastatureingaben.
Der Nachteil dieses Konzeptes liegt darin, daß die Hintergrundprozesse sich an die "Wunsch-Hintergrundzeit" des Vordergrund-Prozesses halten müssen. Im Gegensatz zum Preemptive-Multitasking bietet das Cooperative-Multitasking keine Möglichkeit einen Prozeß nach einer fest vordefinierten Zeit zu unterbrechen. Der Effekt: Wenn ein im Hintergrund laufender Prozeß die Kontrolle übernimmt und sich nicht an die vereinbarte Zeitspanne hält, so blockiert er den gesamten Rechner solange, bis er die Kontrolle wieder abgibt. Bei dieser Art des Multitaskings liegt also eine große Verantwortung bei den Programmierern von Hintergrundprozessen. Sie müssen sich unbedingt an die vorgegebenen Zeitscheiben halten, sonst unterlaufen sie das Konzept der Kooperation.

2.3.3 Interrupt-Multitasking

Das Interrupt-getriebene Multitasking ist eine "Sparvariante" des Preemptive-Multitaskings. Diese Art des Multitaskings beruht ursprünglich auf den zyklischen Interrupts für den Bildschirmaufbau. Durch diese "Vertical Blank Interrupts" wird der Prozessor (wie beim Preemptive-Multitasking) angehalten, und der Rechner verzweigt zu einer Interrupt-Behandlungsroutine. Das Betriebssystem verwaltet eine Liste der sogenannten "Interrupt Tasks", der Prozesse, die während der Interrupt-Zeit aufgerufen werden. Eine Interrupt-Task kann in 1/60 Sekunden-Einheiten spezifizieren, wie oft sie aufgerufen werden soll. Das Interrupt-getriebene Multitasking wird hauptsächlich für kurze, zeitabhängige Systemoperationen wie Netzkommunikation, Dateiübertragung im Netz oder das Zeichnen des Maus-Cursors verwendet. Einige Applikationen verwenden Interrupt-Tasks, um Zeitmessungen oder andere, zeitabhängige Operationen wie Meßwerterfassung zu implementieren. Da jedoch einige wesentliche Beschränkungen beim Programmieren einer Interrupt-Task bestehen, läßt sich das Interrupt-getriebene Multitasking nicht verwenden, um komplette Applikationen auf dieser Ebene auf-

Das Interrupt-Multitasking unterbricht die laufenden Programme, um die Abarbeitung systemnaher Prozesse (wie z.B. Netzkommunikation) zu ermöglichen.

zubauen. Eine Interrupt-Task ist meistens ein kleines, zeitabhängiges Glied einer Gesamtapplikation oder ein Teil des Betriebssystems.

Auf dem Macintosh existiert das Interrupt-Multitasking parallel zu dem oben beschriebenen Cooperative-Multitasking. Die Programmebene wird vom Cooperative-Multitasking beherrscht, das Interrupt-getriebene Multitasking wird häufig für Netzkommunikation und Zeitmessung etc. auf Betriebssystemebene verwendet.

Teil 2 Grundlagen

Mit diesem Teil des Buches beginnt der Einstieg in die Programmierung des Macintosh. Im Wesentlichen werden in diesem Teil das Betriebssystem (Speicherverwaltung, Dateizugriff, Resources) und QuickDraw vorgestellt. Die hier vorgestellten Basis-Konzepte der Macintosh-Programmierung finden ihre Anwendung in den nachfolgenden Kapiteln, die sich mit der Anwendung der ToolBox beschäftigen.

Kapitel 3 gibt zunächst grundsätzliche syntaktische und konzeptionelle Hinweise für die Macintosh-Programmierung mit Hilfe der Programmiersprache C.

Kapitel 4 gibt dann eine Einführung in die Speicherverwaltungstechnik des Macintosh. Hier wird die neuartige Konzeption der flexiblen Speicherverwaltung anhand von Beispielprogrammen demonstriert.

Kapitel 5 beschreibt das Dateisystem des Macintosh bzw. den Dateizugriff mit Hilfe des File-Managers. Die Routinen und Datenstrukturen werden anhand von kurzen Programmfragmenten praxisbezogen vorgestellt.

Kapitel 6 erläutert das (schon öfter erwähnte) Konzept der Resources. In diesem Kapitel wird demonstriert, wie man das Konzept der Resources in die Erstellung eines Macintosh-Programms mit einbezieht. Die Routinen und Datenstrukturen, die dazu benötigt werden, sind an Beispielen erläutert.

Kapitel 7 beschreibt die Grafikbibliothek des Macintosh. Dieses Kapitel stellt die wichtigsten Datenstrukturen und Routinen von QuickDraw, dem Basis-Grafikpaket des Macintosh, vor.

Kapitel 3

Macintosh und C

Dieses Kapitel gibt einen Überblick über, bzw. Lösungsmöglichkeiten für, die Problematik der Macintosh-Programmierung mit Hilfe der Programmiersprache C. Es ist als vorbereitender Einstieg in die Macintosh-Programmierung gedacht.

3.1 Eigenheiten des Macintosh

Der Macintosh ist eigentlich eine Pascal-Maschine. Die Schnittstellen der einzelnen OASIS-Schichten beruhen auf der Programmiersprache Pascal, ein Großteil der ToolBox- und Betriebssystem-Routinen sind in dieser Programmiersprache implementiert.

Auch die Dokumentation über die Programmierschnittstelle (ToolBox und Betriebssystem) ist im wesentlichen auf die Programmiersprache Pascal ausgerichtet. Die sechsbändige Standard-Dokumentation "Inside Macintosh", welche die Beschreibung dieser Schnittstellen und Datenstrukturen beinhaltet, beschreibt ausschließlich das Pascal-Interface der Routinen bzw. die Pascal-Versionen der Datenstrukturen.

Die Schnittstellen zu ToolBox- und Betriebssystemroutinen basieren auf Pascal, sie können jedoch auch mit Hilfe der Programmiersprache C benutzt werden.

Trotzdem programmieren etwa 50 Prozent der Macintosh-Programmierer in der populären Sprache C. Apple bemüht sich daher in letzter Zeit, die Unterstützung für die C-Programmierer-Gruppe unter den Macintosh-Programmierern zu verbessern. Dieses Buch soll ebenfalls einen Beitrag dazu leisten.

Die meisten Entwicklungsumgebungen für den Macintosh unterstützen die Programmierung des Macs mit Hilfe von C. Zu diesem Zweck bietet die Entwicklungsumgebung MPW-Shell (auf die in diesem Buch bezug genommen wird) einen ANSI-C-Compiler sowie Interface-Dateien, die die Schnittstellendeklaration

zu den ToolBox-Routinen bzw. Datenstrukturen in C enthalten. Man kann die Pascal-ToolBox-Routinen des Macintosh ohne weiteres aus einem in C geschriebenen Programm aufrufen. Auch die Debugging-Umgebungen unterstützen diese Programmiersprache, so daß fast von einem Rundum-Support für C gesprochen werden kann.
Ein Problem bleibt jedoch bestehen; die Dokumentation zu den ToolBox-Routinen bzw. zum Betriebssystem ist ausschließlich für Pascal vorhanden. Es existiert also keine C-Version des "Inside Macintosh". Mit etwas Übung kann man jedoch auch mit dieser kleinen Hürde fertigwerden. Die C-Versionen der Schnittstellen bzw. Datenstrukturen unterscheiden sich nur wenig von den Pascal-Versionen.
Einige Probleme entstehen jedoch durch die Verwendung von Pascal-Strings in der Schnittstelle einiger ToolBox-Routinen.

3.2 C- und Pascal-Strings

Ein Pascal-String besteht aus einem Length-Byte und bis zu 255 Zeichen.

Ein Pascal-String ist ein Array bestehend aus einem Length-Byte und 255 Zeichen. Das Length-Byte enthält die Anzahl der nach diesem Byte folgenden Zeichen. Ein Pascal-String unterscheidet sich daher erheblich von der C-Version eines Strings, in der es anstelle des vorangestellten Length-Bytes einen Null-Terminator am Ende des Strings gibt. Weiterhin besteht ein Unterschied in der maximalen Länge der Strings: Während ein Pascal-String maximal 255 Buchstaben enthalten kann, gibt es durch die Verwendung eines Null-Terminators in C keine Begrenzung der String-Länge. Ein anderer Konzeptionsunterschied liegt darin, daß ein Pascal-String (zumindest ein Str255) immer 256 Bytes im Speicher belegt (auch wenn er nur drei oder vier Zeichen lang ist). Damit Pascal-Programmierer auch mal Speicherplatz sparen können, gibt es verschiedene Versionen eines Pascal-Strings:

```
Str255    1 Length-Byte, 255 Zeichen
Str63     1 Length-Byte, 63 Zeichen
Str32     1 Length-Byte, 32 Zeichen
Str27     1 Length-Byte, 27 Zeichen
Str15     1 Length-Byte, 15 Zeichen
```

Pascal Str255

5	H	a	l	l	o			//					
0	1	2	3	4	5								255

C-String

H	a	l	l	o	Null
0	1	2	3	4	5

Abb. 3.1
Der Unterschied zwischen einem Pascal- und einem C-String.

Viele ToolBox- und Betriebssystem-Routinen verlangen einen solchen Pascal-String als Parameter. So ist zum Beispiel die QuickDraw-Funktion DrawString, die Text auf den Bildschirm ausgeben kann, wie folgt deklariert:

```
pascal void DrawString (Str255 *s);
```

Das "pascal"-Keyword bedeutet, daß die Variablenübergabe bei einem Aufruf dieser Funktion im Pascal-Stil erfolgen soll (die Reihenfolge, in welcher die Variablen auf den Stack gelegt werden). Sämtliche ToolBox- und Betriebssystemroutinen sind als "Pascal"-Routinen deklariert, der C-Compiler übergibt die Variablen bei einem Aufruf dieser Routinen in der Reihenfolge, wie sie von den Routinen erwartet wird.

Diese Funktion erwartet die Adresse eines Pascal-Strings, der auf dem Bildschirm ausgegeben werden soll. Ein in C geschriebenes Macintosh-Programm muß sich an diese Übergabe-Parameter halten (auch wenn es den meisten C-Programmiereren etwas schwer fallen wird), es muß die Pascal-Stringverwaltung (zumindest bei ToolBox-Aufrufen) übernehmen.
Die oben beschriebenen Pascal-String-Versionen sind in den Interface-Dateien der Entwicklungsumgebungen deklariert, können also in C-Programmen direkt benutzt werden. Das folgende Programmfragment benutzt einen Pascal-String zur Ausgabe mit Hilfe von DrawString.

```
DrawString ("\pHallo mit C");
```

Hier wird die String-Konstante direkt an die Funktion DrawString übergeben. Wir brauchen nicht den Adreßoperator "&" zu verwenden, um die geforderte Adresse eines Str255 zu übergeben, da der C-Compiler dies bei einer String-Konstanten sowieso schon macht. Etwas ungewöhnlich ist der Anfang des Strings: das "\p" vor dem eigentlichen String veranlaßt den C-Compiler, einen "Zwitter-String" zu generierten. Ein solcher String hat sowohl ein Length-Byte vorweg, als auch einen NULL-Terminator am Ende. Er kann daher sowohl für Pascal-Aufrufe wie für C-Routinen verwendet werden. Durch diese Technik werden jedoch die Beschränkungen Pascals bezüglich der Länge eines Strings nicht aufgehoben; ein solcher "Zwitter-String" kann auch nur maximal 255 Zeichen enthalten !

Es besteht auch die Möglichkeit, Variablen vom Typ eines Pascal-Strings in einem C-Programm zu verwenden, die Pascal-Strings sind (wie beschrieben) in den Interface-Dateien der Entwicklungsumgebungen deklariert. Die folgenden typedef-Anweisungen sind der Macintosh-Entwicklungsumgebung "MPW-Shell" entnommen:

```
typedef unsigned char Str255[256], Str63[64],
Str32[33], Str31[32], Str27[28], Str15[16],
*StringPtr, **StringHandle;
```

Die C-Pascal-Strings sind als Array of Char deklariert. In diesen Arrays enthält das erste Zeichen (Str255[0]) das Pascal-Length-Byte. Ein StringPtr ist die Adresse eines solchen Pascal-String-Arrays. Die Deklaration eines StringHandles ist ein spezielles Konzept des Macintosh-Memory-Managements, welches im nachfolgenden Kapitel erklärt wird.
Für die Bearbeitung von Pascal-Strings stehen in der Entwicklungsumgebung MPW-Shell unter anderem die folgenden Pascal-String-Verwaltungsroutinen zur Verfügung, um dem C-Programmierer das Leben mit Pascal-Strings zu erleichtern:

PLstrcmp

```
pascal short PLstrcmp ( StringPtr   str1,
                        StringPtr   str2);
```

Die Funktion PLstrcmp vergleicht die beiden Pascal-Strings und gibt die Position des ersten unterschiedlichen Zeichens zurück. Sind beide Strings gleich, so gibt PLstrcmp den Wert 0 zurück.

PLstrcpy

```
pascal StringPtr PLstrcpy ( StringPtr   str1,
                            StringPtr   str2);
```

Kopiert den Inhalt des zweiten Strings in den ersten.

```
pascal void PLstrcat ( StringPtr    str1,
                       StringPtr    str2);
```

PLstrcat

Hängt den zweiten Pascal-String an den ersten an.

```
pascal short PLstrlen (StringPtr str);
```

PLstrlen

Gibt die Länge des Pascal-Strings zurück. Dies entspricht dem Wert des ersten Zeichens (Length-Byte).

Das folgende kleine Beispiel demonstriert die Verwendung eines Pascal-Strings als Variable:

```
1: void Ausgabe (void)
2: {
3:    Str255 myString;
4:
5:    PLstrcpy (myString, "\pHallo mit C");
6:    DrawString (myString);
7: }
```

Anmerkung: In diesem Beispiel müßte eigentlich die (später erklärte) Technik des Type-Castings angewandt werden, um die Adresse des Pascal-Strings in einen StringPtr zu verwandeln.

Hier wird die Variable myString als Str255 deklariert und mit Hilfe der Funktion PLstrcpy auf "Hallo mit C" gesetzt. Die Adresse dieser Variablen wird anschließend an die Funktion DrawString übergeben, die diesen String dann auf dem Bildschirm ausgibt.

3.3 C- und Pascal-Datenformate

Es existieren sehr viele Pascal-Datenstrukturen, die bei einem Aufruf von ToolBox-Routinen verwendet werden. Diese im "Inside Macintosh" deklarierten und erklärten Datenstrukturen werden auch von C-Programmen benutzt. In den C-Entwicklungsumgebungen existieren äquivalente C-Datenstrukturen, die an die

ToolBox-Routinen übergeben werden können. Beispielsweise gibt es die folgende Pascal-Deklaration eines Event-Records:

```
1: TYPE EventRecord = RECORD
2:    what:          INTEGER;
3:    message:       LONGINT;
4:    when:          LONGINT;
5:    where:         Point;
6:    modifiers:     INTEGER;
7: END;
```

Die äquivalente C-Datenstruktur sieht dann so aus:

```
1: struct EventRecord {
2:      short    what;
3:      long     message;
4:      long     when;
5:      Point    where;
6:      short    modifiers;
7: };
```

Die beiden Datenstrukturen belegen exakt dieselbe Anzahl an Bytes im Speicher, die einzelnen Felder befinden sich auch an den gleichen Positionen. Daher kann die C-Datenstruktur auch an ToolBox-Routinen übergeben werden (die ja in Pascal geschrieben worden sind).
Generell gibt es die folgenden Pascal-Basis-Typen bzw. ihre C-Äquivalente:

Pascal	**C**
Char	char
Integer	short
LongInt	long
Str255	Str255
Pointer	Ptr
@	&

Anstelle des in vielen Pascal-Beispiel-Programmen verwendeten Pascal-Adreßoperators "@" wird in C "&" verwendet, um die Adresse einer Variablen zu übergeben.

3.4 Der VAR-Parameter in Pascal

Viele ToolBox-Routinen haben mehrere Ergebniswerte. Da auch eine Pascal-Funktion nur *einen* direkten Ergebniswert haben kann, existiert in Pascal zusätzlich zu dem Funktionsergebniswert die Möglichkeit, einen Übergabe-Parameter als VAR-Parameter zu deklarieren. Die folgende Pascal-Deklaration der ToolBox-Funktion GetNextEvent benutzt diese Möglichkeit:

```
FUNCTION GetNextEvent (
            eventMask:     INTEGER;
            VAR theEvent:  EventRecord): BOOLEAN;
```

Ein VAR-Parameter ist ein zusätzlicher Ergebniswert einer Funktion.

Hier ist der Parameter theEvent, der vom Typ EventRecord sein muß, als VAR-Parameter deklariert. Diese VAR-Deklaration bedeutet, daß die Funktion den Inhalt der übergebenen Variablen ändert. Dieser Parameter stellt also einen zusätzlichen Ergebniswert dar.

Die korrespondierende C-Deklaration der Funktion GetNextEvent sieht folgendermaßen aus:

```
pascal Boolean GetNextEvent (
                    short          eventMask,
                    EventRecord    *theEvent);
```

In der C-Version wird die Funktion so deklariert, daß ihr die Adresse eines EventRecords übergeben werden muß. Die Funktion GetNextEvent kann daher auch auf die übergebene Variable zugreifen und deren Werte verändern.

Das folgende Programmfragment zeigt die Übergabe eines VAR-Parameters in C:

```
1: void DoEvent (void)
2: {
3:   EventRecord myEvent;
4:   Boolean   gotEvent;
5:
6:   gotEvent = GetNextEvent (everyEvent,
        &myEvent);
7:   ...
8: }
```

Hier wird in Zeile 6 die Adresse des EventRecords myEvent übergeben, indem der Adreßoperator "&" vor die Variable gesetzt wird. GetNextEvent kann so den Inhalt der Variablen ändern. Immer wenn Sie in der Pascal-Deklaration einen VAR-Parameter sehen (im "Inside Macintosh"), so können Sie davon ausgehen, daß sie bei einem Aufruf der C-Version den Adreßoperator "&" vor den Parameter setzen müssen. Sie können natürlich auch bei der C-Deklaration der Routine in der entsprechenden Interface-Datei nachsehen. Mit der Zeit gewöhnt man sich aber automatisch an, zu erkennen, wie man von C aus eine Pascal-Routine aufruft.

3.5 Dereferenzierung

Dereferenzierung ist eine sehr häufig verwendete Technik bei der Macintosh-Programmierung. Die Dereferenzierung stellt keine besondere Hürde bei der Macintosh-Programmierung dar, ich möchte jedoch trotzdem kurz darauf eingehen.
Bei der Dereferenzierung eines Pointers bestehen zwei verschiedene Möglichkeiten:

1. Verwendung des "->"-Operators.
2. Benutzung des "*"-Operators in Verbindung mit Klammern.

Die folgenden Zeilen bewirken das Setzen derselben Variablen im selben struct. Nur die Schreibweise unterscheidet sich ein wenig:

*In Zeile 12 und 13 wird die lokale Variable **myRectPtr** dereferenziert, um auf das Feld top zuzugreifen.*

```
 1: struct Rect {
 2:    short  top, left, bottom, right;
 3: }
 4:
 5: typedef Rect Rect;
 6:
 7: Rect *myRectPtr;
 8:
 9: void main (void)
10: {
11:    myRectPtr = &Rect;
12:    myRectPtr->top = 5;
13:    (*myRectPtr).top = 5;
14: }
```

In Zeile 1 bis 3 wird die Struktur Rect deklariert und angelegt. Zeile 7 deklariert die Variable **myRectPtr** als Adresse eines Rects. In Zeile 11 wird **myRectPtr** die Adresse des Rects zugewiesen. Zeile 12 und 13 bewirken beide dasselbe. Beide setzen das Feld top in dem struct Rect auf den Wert 5. Zeile 12 tut dies mit Hilfe des "->" Operators, Zeile 13 mit Hilfe des "*"-Operators. Bei der letzten Schreibweise muß der zu dereferenzierende Pointer in Klammern gesetzt werden. Mit Hilfe von "**.top**" begibt man sich zu der entsprechenden Variablen innerhalb des structs.
Die etwas umständlichere Schreibweise mit Hilfe des "*"-Operators wird bei den im nächsten Kapitel beschriebenen Handle-Strukturen benötigt.

3.6 Type-Casting

Type-Casting ist eine auf dem Macintosh sehr häufig verwendete Technik, den Compiler von der Überlegenheit des menschlichen Gehirns zu überzeugen.
Das folgende Beispiel führt (ohne Type-Casting) zu einer Compiler-Warnung "long assigned to short":

Der C-Compiler akzeptiert nur Zuweisungen zwischen Variablen gleichen Typs.

```
1: short      myShort;
2: long       myLong;
3:
4: void main (void)
5: {
6:    myLong = 1;
7:    myShort = myLong;
8: }
```

Die Warnung "long assigned to short" ist korrekt. In Zeile 7 wird der längere (32-Bit-) Wert (long) einem kürzerem (16-Bit-) Wert (short) zugewiesen. Da die beiden Typen verschieden sind, reagiert der Compiler mit der angesprochenen Warnung.
Um C von der Richtigkeit dieses Programms zu überzeugen, kann man in Zeile 7 Type-Casting verwenden, um dem Compiler klar zu machen, daß wir wirklich dem short einen long zuweisen wollen. Dies geschieht, indem der erwartete Typ in Klammern vor die

zu konvertierende Variable gesetzt wird. Nun ist der Compiler zufrieden.

In Zeile 7 wird der long mit Hilfe von Type-Casting in einen short umgewandelt.

```
1: short     myShort;
2: long      myLong;
3:
4: void main (void)
5: {
6:    myLong = 1;
7:    myShort = (short) myLong;
8: }
```

Diese Technik wird bei der Programmierung des Macintosh sehr häufig verwendet, da viele Datenstrukturen bestehen, die ständig ausgetauscht, einander zugewiesen oder an Funktionen übergeben werden, die etwas anders deklariert sind als die Daten, die ihnen übergeben werden. In den nachfolgenden Kapiteln werden einige Beispiele auftauchen, die u.a. die Technik des Type-Castings beim Aufruf von ToolBox-Routinen demonstrieren.

Kapitel 4

Die - Speicherverwaltung

Dieses Kapitel ist eine Einführung in die Speicherverwaltungstechniken des Macintosh. Es stellt den "Basis-Pfeiler" der Macintosh-Programmierung dar, da die hier vorgestellten Methoden bei der Benutzung von QuickDraw und ToolBox sehr häufig verwendet werden.
Das Speicherverwaltungskonzept des Macintosh ist etwas eigenwillig, jedoch sehr flexibel. Es wurde als universeller Lösungsansatz der Speicherverwaltungsproblematik entwickelt. So ist es auf Rechnern, die keine Hardware-Unterstützung für virtuelle Speicherverwaltung bieten (dies sind immer noch die meisten) nur durch hohen Programmieraufwand möglich, den Speicherbereich optimal auszunutzen. Klassische Betriebssysteme bieten als Möglichkeit der dynamischen Speicherverwaltung nur das Konzept der Pointer, und erlauben das Anlegen und Freigeben von Speicherblöcken mit Hilfe von malloc und free.

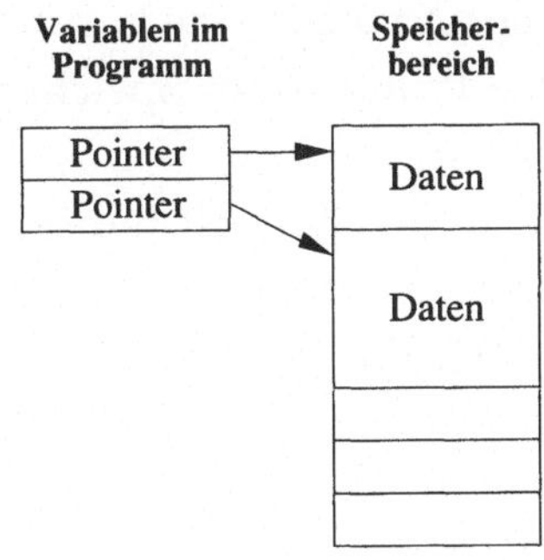

Abb. 4-1
Dynamische Datenverwaltung mit Hilfe von Pointern.
Der Pointer beinhaltet die Adresse der Daten.

Dieses Konzept birgt jedoch ein wesentliches Problem: Wird im Laufe der Programmabarbeitung häufig Speicher angelegt und wieder freigegeben, so wird der Speicherbereich des Rechners fragmentiert. Dies bedeutet, daß dem Programm nach einiger Zeit nicht mehr der gesamte freie Speicherbereich als kontinuierlicher Bereich zur Verfügung steht. Der freie Speicherbereich ist in kleine, voneinander getrennte Bereiche unterteilt (fragmentiert). Möchte das Programm nun einen großen, zusammenhängenden Speicherbereich reservieren, so ist dies eventuell nicht möglich, obwohl die Summe aller freien Speicherbereiche noch ausreichen könnte.

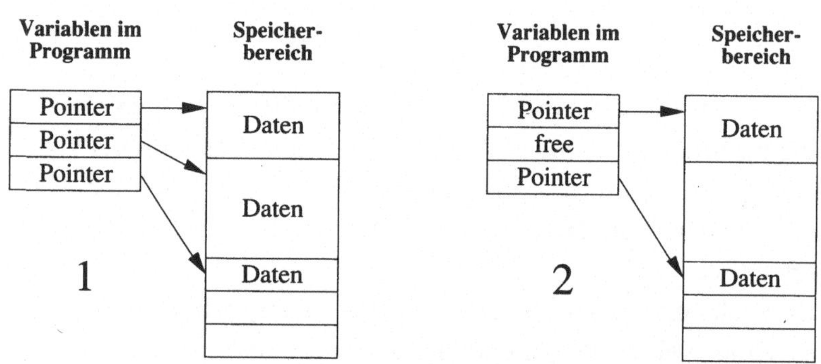

Abb. 4-2 Die Fragmentierung des Speicherbereiches durch Pointer: In Schritt 1 werden 3 Datenblöcke angelegt. Schritt 2 gibt den 2. Datenblock wieder frei. Möchte das Programm jetzt einen großen, zusammenhängenden Datenblock anlegen, so liegt der 3. Block im Weg. Das Programm kann den Speicherbereich nicht optimal nutzen.

4.1 Der Memory-Manager

Die Speicherverwaltung wird auf dem Macintosh von dem sogenannten "Memory Manager" übernommen. Die Routinen dieses Managers erlauben das Anlegen bzw. Freigeben von Speicherblöcken. Die Konzeption dieses Managers geht über die klassische Konzeption der dynamischen, indirekten Speicherverwaltung mittels Pointern hinaus und bietet eine Lösungsmöglichkeit für das oben beschriebene Problem der Speicherbereichfragmentierung.

Diese Lösung besteht in der doppelt indirekten Speicherverwaltung, einer Speicherverwaltung über sogenannte "Handles" bzw. "relocatable Blocks". Ein typisches Macintosh-Programm verwaltet fast alle dynamischen Daten mit Hilfe dieser Handles.

4.2 Relocatable-Blocks

Handles sind im Grunde genommen nichts anderes als Pointer (also Adressen von Speicherstellen im RAM) mit dem Unterschied, daß sie die Adresse eines weiteren Pointers beinhalten. Erst dieser sogenannte "Master Pointer" beinhaltet die wirkliche Adresse der Daten.

Ein Handle ist ein Pointer auf einen Pointer.

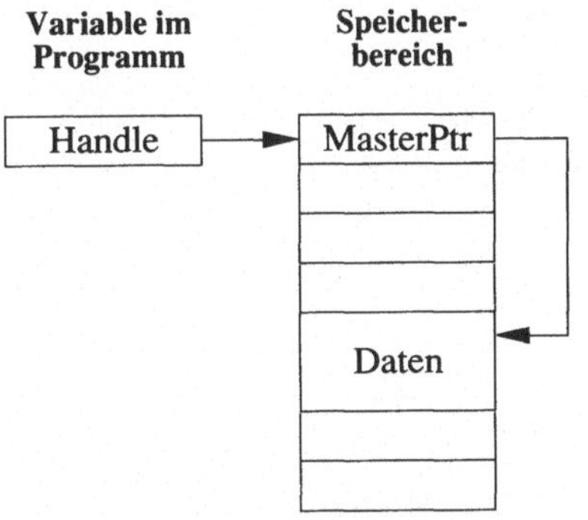

Abb. 4-3
Die Grafik illustriert die doppelt indirekte Datenverwaltung mit Hilfe von Handles. Der Handle zeigt auf den Master-Pointer, welcher letztendlich auf die eigentlichen Daten zeigt.

Der Sinn der doppelt indirekten Speicherverwaltung mit Hilfe von Handles liegt darin, daß die Speicherblöcke, die mit einem Handle verwaltet werden, verschiebbar sind. Diese mit einem Handle verwalteten Datenblöcke werden daher auch "relocatable Blocks" genannt. Wird der Speicherbereich einer Macintosh-Applikation durch häufiges Anlegen und Freigeben von Speicherplatz fragmentiert, so kann der Memory-Manager die Datenblöcke neu ordnen, und somit die Fragmentierung des Speicherbereichs beheben. Der Vorteil dieser Technologie liegt auf der Hand; egal wie oft und in welcher Reihenfolge ein Macintosh-Programm Speicher anlegt oder freigibt, es läuft nie Gefahr, den Speicherbereich permanent zu fragmentieren. Auf diese Weise kann ein Macintosh-Programm den Speicherbereich optimal ausnutzen.
Die folgende Abbildung demonstriert den Vorgang, der bei der Verschiebung eines Datenblocks abläuft:

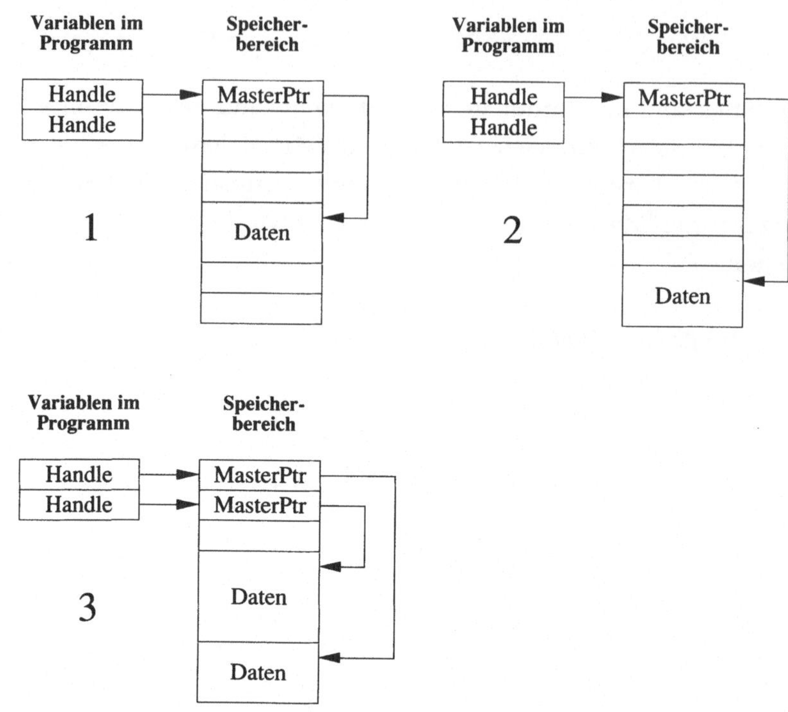

Abb. 4-4 Schritt 1 zeigt einen im Speicherbereich der Applikation liegenden Datenblock, der mit einem Handle verwaltet wird. Im zweiten Schritt verlangt das Programm einen neuen Datenblock. Da der erste Block in der Mitte des Speicherbereiches liegt, existiert nicht mehr genügend freier, kontinuierlicher Speicherbereich, um den neuen Datenblock anzulegen. Der Memory-Manager verschiebt jetzt den ersten Datenblock, um einen kontinuierlichen freien Speicherbereich freizulegen. In Schritt 3 wird der neue Datenblock in dem freigelegten Bereich angelegt.

Interessant an dieser Technologie ist, daß der Memory-Manager die Datenblöcke verschieben kann, ohne das Programm davon zu informieren. Wenn der Memory-Manager einen Block verschiebt, so ändert er den Wert des Master-Pointers, sodaß dieser nun die neue Adresse des verschobenen Blocks beinhaltet. Greift das Programm das nächste Mal auf den Block zu, so wird es automatisch auf den verschobenen Block zugreifen, da der Zugriff über den Master-Pointer erfolgt.

Der Zugriff auf die mit Handles verwalteten Datenblöcke erfolgt indirekt über die Master-Pointer. Dadurch können relocatable-Blocks verschoben werden, ohne das Programm davon zu informieren.

Diese doppelt indirekte Datenverwaltung mit Hilfe von Handles und Master-Pointern bedeutet, daß im Gegensatz zur klassischen Datenverwaltung mit Pointern ein Handle doppelt dereferenziert werden muß, um zu den Daten zu gelangen. Das folgende Beispiel demonstriert die Dereferenzierung eines Handles, um auf die Daten eines relocatable-Blocks zuzugreifen:

```
 1:  struct Rect {
 2:      short    top, left, bottom, right;
 3:  };
 4:
 5:  typedef Rect Rect;
 6:
 7:  Rect     **myRectHandle;
 8:
 9:  void main (void)
10:  {
11:      /* Hier würde der Speicherbereich für
         den Handle mit Hilfe von Memory
         Manager-Routinen angelegt */
12:
13:      (**myRectHandle).top = 5; /*Zuweisung*/
14:  }
```

Um auf die Daten, die mit einem Handle verwaltet werden, zuzugreifen, muß doppelt dereferenziert werden.

Im diesem Beispiel existiert die Variable myRectHandle, die als Handle auf einen Datenblock von Typ Rect deklariert ist; die Größe des von diesem Handle verwalteten Datenblocks entspricht der Größe der in den Zeilen 1 bis 3 deklarierten Rect-Struktur. Es wird zur Vereinfachung des Beispiels davon ausgegangen, daß der Datenblock in Zeile 13 bereits angelegt ist.
Die Variable myRectHandle wird in Zeile 13 doppelt dereferenziert, um zu der Rect-Struktur zu kommen, und dort dem Feld top den Wert 5 zuzuweisen. Doppelte Dereferenzierung kann in C nur mittels des "*"-Operators erreicht werden, wobei der zu dereferenzierende Handle in Klammern gesetzt werden muß.

4.3 Arbeiten mit relocatable-Blocks

Das Anlegen und Freigeben von relocatable-Blocks im Speicherbereich einer Applikation (dem sogenannten "Heap") geschieht über die Memory-Manager-Funktionen NewHandle und DisposeHandle.

NewHandle

NewHandle reserviert einen Speicherblock, trägt die Adresse des angelegten Blocks in einem Master-Pointer ein und gibt die Adresse des Master-Pointers (den Handle) als Ergebniswert zurück. NewHandle ist deklariert als:

```
pascal Handle NewHandle (Size byteCount);
```

Der Parameter **byteCount** definiert die Größe des anzulegenden Blocks.
Im folgenden Beispiel soll ein relocatable-Block angelegt werden, der einen Pascal-String verwaltet, und dieser String soll auf "Hallo" gesetzt werden:

Das Beispiel verwendet die Memory-Manager-Funktion NewHandle, um einen relocatable-Block mit der Größe eines Pascal-Strings anzulegen.

```
1: StringHandle   myStringHandle;
2:
3: void main (void)
4: {
5:    myStringHandle = (StringHandle)
        NewHandle (sizeof (Str255));
6:    PLstrcpy (*myStringHandle, "\pHallo");
7:    Ausgabe (myStringHandle);
8: }
```

Der Typ StringHandle ist deklariert als Handle auf einen Typ Str255 (ein Pascal-String). Es muß in Zeile 5 Type-Casting verwendet werden, um den Compiler davon zu überzeugen, daß ein Handle (den die Funktion **NewHandle** zurückgibt) dasselbe ist wie ein StringHandle. Andernfalls würde der Compiler mit "Type Conflict of Operands" abbrechen. Das sizeof-Statement bewirkt, daß während der Übersetzung des Quelltextes herausgefunden wird, wie groß ein Str255 ist (natürlich 256 Bytes : 255 Buchstaben + 1 Length-Byte) und anstelle des sizeof-Statements eingesetzt wird. **NewHandle** legt so einen Block mit der Größe von 256 Bytes im Speicherbereich der Applikation an. In Zeile 6 wird schließlich unser StringHandle auf "Hallo" gesetzt. Dies geschieht mit der Funktion **PLstrcpy**, die die Adressen von zwei Pascal-Strings erwartet, und den zweiten String in den ersten kopiert. Die Verwendung dieser Funktion wird notwendig, da es in der Programmiersprache C nicht möglich ist, einen String einem anderen zuzuweisen. Wir geben daher als ersten Parameter den dereferenzierten StringHandle, also die Adresse unseres Strings an und als zweiten Parameter "\pHallo". Das "\p" ist (wie im vorangegangenen Kapitel beschrieben) ein "Trick", um in der Programmiersprache C einen Pascal-String zu erzeugen.

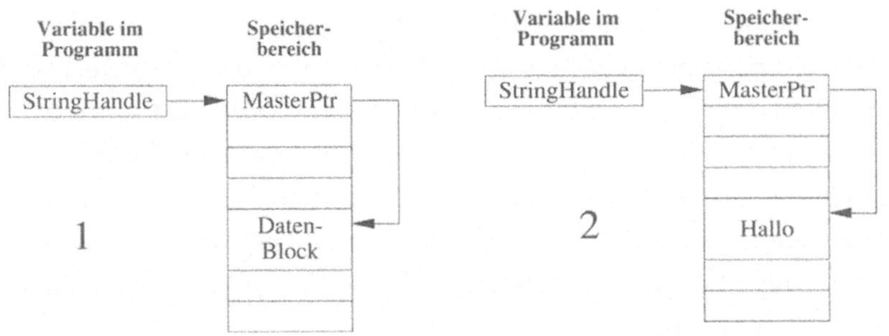

Abb. 4-5
Die Grafik illustriert den beschriebenen Vorgang. Zunächst wird in Schritt 1 ein Handle mit der Größe von 256 Bytes im Speicherbereich der Applikation angelegt. Dieses Anlegen des relocatable-Blocks geschieht über den Aufruf der Funktion NewHandle. In Schritt 2 wird mit Hilfe der Funktion PLstrcpy der Pascal-String "\pHallo" in den Datenblock geschrieben. Der StringHandle verwaltet jetzt einen Pascal-String mit dem Inhalt "Hallo".

Das kleine Programm hat noch ein Problem: Es wird ein Block im Speicherbereich der Applikation angelegt, jedoch nach Benutzung nicht wieder freigegeben. Wenn ein mit NewHandle angelegter relocatable-Block wieder freigeben werden soll, kann die Memory-Manager-Funktion DisposeHandle verwendet werden, die wie folgt deklariert ist:

```
pascal void DisposeHandle (Handle h);
```

Die Funktion DisposeHandle gibt den relocatable-Block frei, der mit dem Parameter **h** spezifiziert wird. Der Memory-Manager kann den Speicherbereich des Blocks beim nächsten NewHandle-Aufruf überschreiben.
Die verbesserte Version des vorangegangenen Beispiels benutzt DisposeHandle, um den Block nach der Ausgabe wieder freizugeben.

Wenn die Daten eines relocatable-Blocks nicht mehr benötigt werden, dann wird die Funktion DisposeHandle aufgerufen.

```
1: StringHandle   myStringHandle;
2:
3: void main (void)
4: {
5:    myStringHandle = (StringHandle)
         NewHandle (sizeof (Str255));
6:    PLstrcpy (*myStringHandle, "\pHallo");
7:    Ausgabe (myStringHandle);
8:    DisposeHandle ((Handle) myStringHandle);
9: }
```

Wenn der Speicherbereich einer Applikation nicht mehr genügend freien Speicherplatz enthält, um einen Block von der angeforderten Größe anzulegen, so gibt **NewHandle** den Wert NULL zurück. Dies würde in der bisherigen Form des Beispiel-Programms wahrscheinlich zu einem Absturz führen, da dann in Zeile 6 der Inhalt der Speicherstelle NULL an **PLstrcpy** übergeben würde. Da der Inhalt der Speicherstelle 0 undefiniert ist, würde **PLstrcpy** den String "Hallo" irgendwo in den Speicherbereich des Rechners schreiben (ein sicherlich ungesundes Verhalten). Eine Lösung für dieses häufig auftretende Problem ist die Abfrage des Ergebniswertes der Funktion **NewHandle**. Die verbesserte Version des kleinen Programms:

In dieser Version der Beispielfunktion wird der Ergebniswert von NewHandle mit NULL verglichen, um festzustellen, ob die Alloziierung erfolgreich war.

```
 1: StringHandle   myStringHandle;
 2:
 3: void main (void)
 4: {
 5:    myStringHandle = (StringHandle)
          NewHandle (sizeof (Str255));
 6:    if (myStringHandle == NULL)
 7:       Fehlerbehandlung (kNoMemory);
 8:    else
 9:    {
10:       PLstrcpy (*myStringHandle, "\pHallo");
11:       Ausgabe (myStringHandle);
12:       DisposeHandle ((Handle)myStringHandle);
13:    }
14: }
```

In Zeile 6 wird jetzt zunächst abgefragt, ob die Alloziierung des relocatable-Blocks erfolgreich war. Ist die Alloziierung nicht erfolgreich verlaufen (**myStringHandle** ist NULL), so wird in eine Fehlerbehandlungsroutine verzweigt.

Um Sie auf ein weiteres, recht kompliziertes Problem des Memory-Managements mit Handles hinzuweisen, wird die Funktion Ausgabe implementiert:

```
1: void Ausgabe (StringHandle theStringHandle);
2: {
3:    DrawString (*theStringHandle);
4: }
```

Die Funktion Ausgabe nimmt einen StringHandle als Parameter und benutzt die QuickDraw-Funktion **DrawString**, um den String auf den Bildschirm zu zeichnen. **DrawString** ist deklariert als:

```
pascal void DrawString (Str255 *s);
```

In Zeile 3 wird der StringHandle **theStringHandle** dereferenziert, um die QuickDraw-Funktion **DrawString** mit der geforderten Adresse eines Pascal-Strings zu füttern.

Wir übergeben an dieser Stelle also weder den String selbst, noch den StringHandle, sondern die Adresse des Strings im RAM.

*Wenn man einer Routine, die während ihrer Ausführung Datenblöcke alloziiert, die **Adresse** eines relocatable-Blocks übergibt, dann kann dies zu Fehlern führen, da der relocatable-Block während der Abarbeitung der Funktion verschoben werden kann.*
*Da die Funktion mit der **Adresse** des relocatable-Blocks arbeitet, greift sie, nachdem der Block verschoben wurde, immer noch auf die alte Adresse des Blocks zu.*

DrawString hat die Eigenschaft, während der Ausführung temporär Speicherplatz im Speicherbereich der Applikation anzulegen. Nehmen wir einmal an, unser Speicherbereich ist schon ziemlich voll, und die Prozedur DrawString verlangt mittels NewHandle vom Memory-Manager einen temporären Block.
Ist in unserem Speicherbereich nicht mehr genügend kontinuierlicher, freier Speicherplatz vorhanden, so wird der Memory-Manager versuchen, durch das Verschieben von relocatable-Blocks einen kontinuierlichen, freien Speicherbereich freizulegen. Genau da liegt jedoch das potentielle Problem; wir haben DrawString die Adresse unseres mit einem Handle verwaltetem Strings gegeben, der String selbst ist also relocatable, verschiebbar. Wird der String verschoben, weil DrawString temporären Speicherplatz anfordert, so wird DrawString falsche Buchstaben ausgeben, da DrawString immer noch die alte Adresse des Strings benutzt, um auf die Daten zuzugreifen.
Dieses Problem ist eine der größten Fehlerquellen bei der Programmierung des Macintosh. Verschärft wird dieses Problem dadurch, daß es sehr schwierig ist, diese Fehler zu finden, denn sie treten eben nur in den Situationen auf, in denen der Memory-Manager nicht mehr genügend Speicherplatz hat, um den temporär angeforderten Bereich zu alloziieren. Ist noch genügend Speicherplatz vorhanden, so wird der Memory-Manager den Block, in dem sich der String befindet, nicht verschieben und alles funktioniert blendend.

HLock

Um dem Problem Herr zu werden, kann man dafür sorgen, daß sich der String während der Ausführung von DrawString nicht verschiebt. Dies erreicht man mit der Memory-Manager-Funktion HLock. HLock sorgt dafür, daß ein verschiebbarer Block für den Memory-Manager als nonrelocatable (nicht verschiebbar) gekennzeichnet wird. Der Memory-Manager wird dann nicht versuchen, den Block zu verschieben, und das Problem mit DrawString ist elegant gelöst.

Die Funktion HLock ist wie folgt deklariert:

```
pascal void HLock (Handle h);
```

Diese Funktion des Memory-Managers kennzeichnet den Block, auf den der übergebene Handle zeigt, als nonrelocatable (nicht verschiebbar). Der Memory-Manager wird diesen Block nicht mehr verschieben.

HUnlock

Das Gegenstück zu HLock heißt HUnlock. Diese Funktion hebt die Wirkung von HLock wieder auf.

```
pascal void HUnlock (Handle h);
```

Ein vorher als locked gekennzeichneter Block wird nach dem Aufruf von HUnlock wieder relocatable (verschiebbar).

Die verbesserte Version der Funktion Ausgabe:

```
1: void Ausgabe (StringHandle theStringHandle);
2: {
3:    HLock ((Handle) theStringHandle);
4:    DrawString (*theStringHandle);
5:    HUnlock ((Handle) theStringHandle);
6: }
```

In Zeile 3 sorgt die verbesserte Version mit Hilfe der Funktion **HLock** dafür, daß sich der relocatable-Block während der Ausführung von DrawString nicht verschieben kann. Auf diese Weise kann in Zeile 4 unbesorgt die Adresse des relocatable-Blocks an **DrawString** übergeben werden. In Zeile 5 wird schließlich dafür gesorgt, daß der "gelockte" Block wieder verschiebbar wird, indem die Funktion **HUnlock** aufgerufen wird.
Man sollte einen Handle, den man "gelockt" hat, möglichst bald wieder "unlocken", damit einer Fragmentierung des Speicherbereichs vorgebeugt wird. Ein als gelockt markierter Block frag-

mentiert den Speicherbereich, da dieser Block vom Memory-Manager nicht verschoben werden kann, wenn er den Speicherbereich neu organisieren will.
Zusammengefaßt kann man sagen:

Immer wen man einer Funktion, die eventuell Speicher alloziiert, die Adresse eines relocatable-Blocks übergibt, so muß dieser Block vorher gelockt und hinterher ungelockt werden.

Die ToolBox-Funktionen, die während ihrer Ausführung temporären Speicher anlegen, sind im "Inside Macintosh" Appendix B "Routines that may move or purge memory" enthalten.

4.4 Nonrelocatable-Blocks

Es gibt auf dem Macintosh auch nonrelocatable-Blocks, also Blocks, die nicht per Handle, sondern direkt mit einem Pointer verwaltet werden. Diese nonrelocatable-Blocks entsprechen der klassischen dynamischen Datenverwaltung mit Hilfe von malloc und free.
Mit Hilfe von NewPtr kann man einen nonrelocatable-Block im Speicherbereich der Applikation anlegen.

NewPtr

```
pascal Ptr NewPtr (Size byteCount);
```

Die Anzahl der anzulegenden Bytes wird mit dem Parameter **byteCount** angegeben.

Die Funktion DisposePtr gibt den nonrelocatable-Block, dessen Adresse als Parameter übergeben wird, wieder frei.

DisposePtr

```
pascal void DisposePtr (Ptr p);
```

Der von diesem Block belegte Speicherplatz steht dem Memory-Manager zum Überschreiben zur Verfügung.

Wie das Attribut "nonrelocatable" schon sagt, sind die mit NewPtr angelegten Blöcke nicht verschiebbar und bergen damit das Problem der permanenten Fragmentierung des Speicherbereichs in sich. Diese nonrelocatable-Blocks stören den Memory-Manager beim "Platzschaffen". In einigen wenigen Fällen kann es nötig werden, nonrelocatable-Blocks anzulegen. Wenn möglich, sollte die Verwendung von relocatable-Blocks zur Datenverwaltung der Verwendung von nonrelocatable-Blocks vorgezogen werden.

Man sollte nonrelocatable-Blocks wenn möglich vermeiden oder nur kurzzeitig anlegen und dann sofort wieder freigeben.

Sollten Sie in Ihrem Programm nonrelocatable-Blocks benötigen, die über längere Zeit bestehen sollen, so sollten diese möglichst früh angelegt werden, da sie zu diesem Zeitpunkt nicht zu einer permanenten Fragmentierung des Speicherbereiches führen. Der Memory-Manager versucht, Blöcke, die mit NewPtr angelegt werden möglichst weit "oben" anzulegen und verschiebt relocatable-Blocks, die im Wege liegen. Liegt ein nonrelocatable-Block "ganz oben", so fragmentiert er den Speicherbereich nicht; der Memory-Manager hat den restlichen Speicherbereich als kontinuierlichen Speicherplatz zu seiner freien Verfügung.

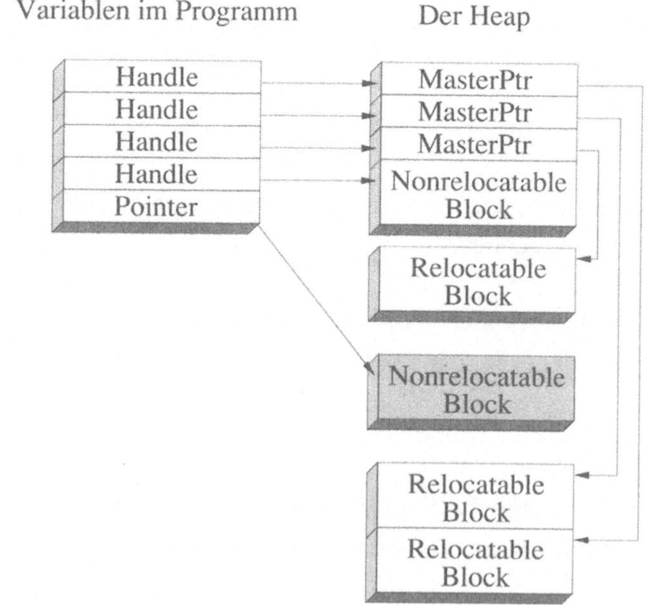

Abb. 4-6 Der Speicherbereich einer Applikation, der durch einen nonrelocatable-Block (grau gekennzeichnet) permanent fragmentiert ist. Diese Fragmentierung bewirkt, daß der Memory-Manager nicht den gesamten Speicherplatz zur Verfügung hat, um relocatable-Blocks neu zu ordnen, wenn dies nötig ist.

Kapitel 5

Das Dateisystem

Dieses Kapitel beschäftigt sich mit dem Aufbau und dem Zugriff auf das Macintosh-Dateisystem. Zunächst wird die Verbindung zwischen Ikonen und Dateien erläutert bzw. erklärt, wie die verschiedenen Dateiformate unterschieden werden. Anschließend werden Routinen und Datenstrukturen für den Zugriff auf das Dateisystem vorgestellt. Dieser Zugriff wird dann anhand von Programmfragmenten erläutert.

Das Macintosh-Dateisystem unterscheidet sich auf unterer Ebene nur wenig von anderen Dateisystemen. Es ist ein hierarchisches Dateisystem, daß keine Begrenzungen bezogen auf die hierarchische Tiefe der Ordner hat. Das Macintosh-Betriebssystem erlaubt jedoch, im Gegensatz zu vielen anderen Systemen, die Vergabe von langen Dateinamen (bis zu 31 Zeichen), die auch so gut wie alle Sonderzeichen enthalten können. Eine Macintosh-Datei ist, wie bei anderen Betriebssystemen, ein Byte-Stream, der Schreib/Lese-Zugriff auf eine Datei erfolgt über einen File-Pointer, welcher die momentane Schreib/Lese-Position innerhalb der geöffneten Datei markiert.
Der Typ einer Macintosh-Datei wird durch einen sogenannten "File Type" (vier Zeichen) charakterisiert. Dieser File-Type ist nicht Teil des Dateinamens (wie bei MS-DOS .txt oder .bat), sondern wird vom Betriebssystem, sozusagen im Hintergrund, verwaltet. Anhand dieses File-Types kann das Betriebssystem unterscheiden, ob es sich bei einer Datei um eine Applikation, oder z.B. um eine Textdatei handelt. Die folgende Auflistung stellt die verschiedenen Standard-File-Types und ihre Bedeutung dar:

Auf dem Macintosh wird der Dateityp durch vier (Case-Sensitive) Zeichen unterschieden.

'APPL'	- Eine Applikation
'TEXT'	- Eine Textdatei
'EPSF'	- Eine PostScript-Grafikdatei
'PICT'	- Eine Macintosh-spezifische Grafikdatei

Weiterhin kann jede Macintosh-Applikation einen oder mehrere eigene File-Types besitzen, unter denen Dateien abgespeichert werden, die dann von anderen Programmen nicht gelesen werden können. Unter einem privaten File-Type speichern Macintosh-Applikationen Daten, die in einem eigenen, nicht standardisierten Datenformat aufgebaut sind.
Neben dem File-Type assoziiert das Macintosh-Betriebssystem zu jeder Datei vier weitere Zeichen, den sogenannten "Creator Type". Dieser Creator-Type einer Datei ist sozusagen die Unterschrift der Applikation, die diese Datei angelegt hat. Der Finder benutzt den Creator-Type und den File-Type, um aus einer, vom Betriebssystem verwalteten Datenbank die Ikone (Icon) herauszusuchen, welche er für diese Datei darstellen soll.
Die folgende Auflistung veranschaulicht die Beziehung zwischen File-Type, Creator-Type und den Icons der Grafikapplikation MacDraw:

Die Verbindung zwischen File-Type, Creator-Type und Icon. Die Ikone, welche im Finder dargestellt wird, ergibt sich aus der Kombination von File-Type und Creator-Type.

File-Type	+	Creator-Type	=	Icon
'PICT'	+	'MDRW'	=	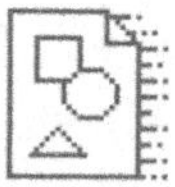
'APPL'	+	'MDRW'	=	

Der Creator-Type einer Datei wird auch dazu verwendet, um die Applikation zu finden, welche gestartet werden soll, wenn der Benutzer auf die Datei doppelklickt. Ein Creator-Type sowie ein privater File-Type (falls benötigt) sollte vor Auslieferung einer Applikation bei Apple beantragt werden, da sonst (verständlicherweise) Konflikte mit anderen Applikationen möglich sind, wenn diese denselben Creator-Type verwenden. In der Entwicklungsphase einer Applikation kann man möglichst unübli-

che Zeichenkombinationen wie 'XP1U' für den Creator-Type bzw. für einen eigenen File-Type verwenden.
An dieser Stelle wird wieder einmal deutlich, daß das Macintosh-Gesamtsystem wesentliche Vorteile gegenüber Betriebssystemen hat, auf die nachträglich eine grafische Benutzeroberfläche aufgesetzt wurde. Das Betriebssystem des Macs wurde für die Implementierung einer grafischen Benutzeroberfläche konzipiert. Diese Verquickung von Benutzeroberfläche und Betriebssystem bewahrt den Macintosh-Benutzer davor, sich mit Pfadnamen, der Assoziation von Ikonen zu Dateien und anderen sehr unangenehmen Eigenschaften aufgesetzter grafischer Benutzeroberflächen wie Windows 3.0 herumzuschlagen.

5.1 Der File-Manager

Der File-Manager stellt die Schnittstelle zwischen einem Programm und dem Teil des Betriebssystems dar, der sich mit der Dateiverwaltung beschäftigt; der File-Manager ermöglicht dem Programmierer den Zugriff auf das Dateisystem des Macintosh.
Soll eine Datei zum Lesen oder Schreiben geöffnet werden, so wird die Datei durch ihren Namen und durch eine Referenz auf das Directory, in dem sie sich befindet (das Parent-Directory), spezifiziert. Die Referenz auf das Parent-Directory erfolgt auf dem Macintosh über eine sogenannte "Working Directory"-Nummer. Diese Working-Directory-Nummer ist eine temporäre INTEGER-Zahl, die das Betriebssystem auf Anfrage generiert. Man bekommt diese Referenz-Nummer, sowie den Dateinamen von einer Funktion, die den in Abb. 5-1 dargestellten Standard-Öffnen-Dialog (SFGetFile) auf den Bildschirm bringt. In diesem von allen Macintosh-Applikationen verwendeten Dialog kann der Benutzer die Datei auswählen, die er öffnen möchte. Der Verweis auf eine Datei mittels eines Pfadnamens, wie dies beispielsweise bei MS-DOS üblich ist, ist auch auf dem Macintosh implementiert, sollte aber dem Benutzer verborgen bleiben.

5.2 Routinen des File-Managers

Für den Zugriff auf das Dateisystem des Macintosh stehen folgende Funktionen und Datenstrukturen zur Verfügung:

SFGetFile

Die Funktion SFGetFile präsentiert den in Abb. 5-1 gezeigten Dialog, in dem der Benutzer eine Datei auswählen kann, die er öffnen möchte.

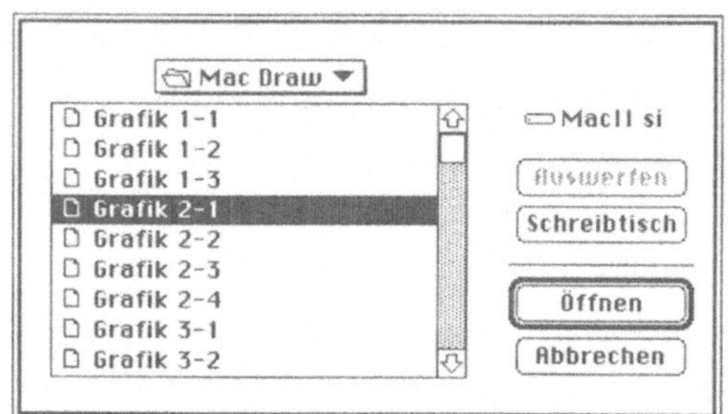

Abb. 5-1 Der Standard-Öffnen-Dialog wird von allen Macintosh-Applikationen verwendet, damit der Benutzer eine Datei auswählen kann, die geöffnet werden soll. Dieser Dialog wird meistens als Reaktion auf die Auswahl des "Öffnen"-Menüpunktes aus dem "Ablage"-Menü erzeugt.

```
pascal void SFGetFile (
                Point               where,
                Str255              *prompt,
                FileFilterProcPtr   fileFilter,
                short               numTypes,
                SFTypeList          typeList,
                DlgHookProcPtr      dlgHook,
                SFReply             *reply);
```

Der Parameter **where** gibt an, an welcher Stelle auf dem Bildschirm der Dialog gezeichnet werden soll.
Der Parameter **prompt** wird von den aktuellen Versionen des Betriebssystems ignoriert. Hier wird üblicherweise ein leerer String ("\p") übergeben.
Der Funktions-Pointer **fileFilter** kann ein Pointer auf eine Prozedur sein, die entscheidet, welche Dateien eines Ordners zur Auswahl zur Verfügung stehen. Viele Macintosh-Programme benutzen diese Möglichkeit dazu, dem Benutzer nur die Dateien zur Auswahl zu stellen, die das Programm auch öffnen kann. In der Regel werden Sie dieses Feature am Anfang Ihrer Macintosh-Programmierer-Karriere nicht benötigen, es wird daher hier nicht weiter beschrieben. Um dieses Feature nicht zu benutzen, übergibt man anstelle eines Funktions-Pointers den Wert NULL.

Die nächsten beiden Parameter erlauben ebenfalls eine (wenn auch etwas gröbere) Selektion der Dateien, die dem Benutzer zur Verfügung stehen. In dem Parameter **typeList** kann man eine Reihe von File-Typen angeben, die dem Benutzer zur Verfügung stehen, **numTypes** gibt dabei die Anzahl der Dateitypen an, die in der Liste enthalten sind. Dem Benutzer werden in der Liste, die SFGetFile anzeigt, nur die Dateien zur Auswahl angeboten, die einen in SFTypeList enthaltenen File-Type haben. Wenn unser Programm beispielsweise nur Dateien vom Typ 'TEXT' lesen kann, so trägt man diesen Dateityp in die Liste SFTypeList ein und übergibt als Listenlänge die Zahl 1. Es erscheinen dann nur die Dateien zur Auswahl, die dem Dateityp 'TEXT' entsprechen.
Der Parameter **dlgHook** stellt eine Möglichkeit dar, das Layout und die Funktionalität des Standard-Öffnen-Dialoges nach Belieben zu verändern. Viele Programme haben beispielsweise ein zusätzliches Pop-Up-Menü in ihrem Öffnen-Dialog, mit dem der Benutzer spezifizieren kann, welchen Dateityp er öffnen möchte. Diese Möglichkeit, einen sogenannten "Custom Dialog" anstelle des normalen Dialoges zu verwenden, werden Sie jedoch am Anfang noch nicht benötigen. Wir geben uns erst einmal mit dem ganz normalen Dialog zufrieden und übergeben anstelle von **dlgHook** den Wert NULL.
Der letzte Parameter (**reply**) beinhaltet nach Beendigung des SFGetFile-Aufrufs die Auswahl bzw. die Antwort des Benutzers auf den von SFGetFile dargestellten Dialog. SFGetFile trägt in dem übergebenen SFReply die Antworten des Benutzers ein. Hat der Benutzer eine Datei ausgewählt und auf den Öffnen-Button geklickt, oder die Auswahl mittels Abbrechen terminiert, so beinhaltet der struct, auf den **reply** zeigt, die entsprechenden Werte.
Die Struktur eines SFReplys sieht wie folgt aus:

```
1: struct SFReply {
2:     Boolean    good;
3:     Boolean    copy;
4:     OSType     fType;
5:     short      vRefNum;
6:     short      version;
7:     Str63      fName;
8: };
```

Der Boolean **good** gibt an, ob der Benutzer die Aktion abgebrochen hat (false) oder ob er eine Datei ausgewählt und den Öffnen-Button gedrückt hat (true). Ist der Wert dieses Feldes false, so sind alle anderen Felder ungültig.
Der zweite Boolean (**copy**) wird zur Zeit noch nicht benutzt, und ist für zukünftige Erweiterungen des Betriebssystems reserviert.
Das Feld **fType** gibt an, welchen File-Type die vom Benutzer ausgewählte Datei hat. Hier kann man erkennen, ob der Benutzer z.B. eine Textdatei ('TEXT') oder eine Bilddatei ('PICT') ausgewählt hat.
In **vRefNum** bekommen wir die Referenz-Nummer auf das Directory, indem sich die ausgewählte Datei befindet. Diese Referenz-Nummer muß beim Öffnen der Datei zusammen mit dem Dateinamen **fName** angegeben werden.

SFPutFile

Möchten Sie in Ihrem Programm die Möglichkeit des Abspeicherns bieten, so verwenden Sie die Funktion SFPutFile. Diese Funktion präsentiert dem Benutzer einen Standard-Dialog zum Abspeichern einer Datei. SFPutFile arbeitet ähnlich wie SFGetFile, sie generiert jedoch den in Abb. 5-2 dargestellten Standard-Sichern-Dialog.

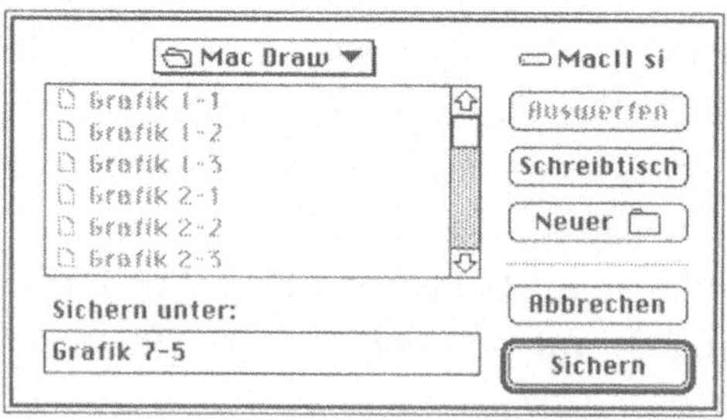

Abb. 5-2 Der Standard-Sichern-Dialog wird verwendet, wenn der Benutzer eine Datei abspeichern will. In diesem Dialog kann er den Dateinamen eingeben, sowie die Position im Dateisystem spezifizieren. Die Funktion SFPutFile wird meistens als Reaktion auf die Auswahl des "Sichern unter..."-Menüpunktes aus dem "Ablage"-Menü aufgerufen.

```
pascal void SFPutFile (Point           where,
                       Str255          *prompt,
                       Str255          *origName,
                       DlgHookProcPtr  dlgHook,
                       SFReply         *reply);
```

Das Feld **where** spezifiziert die Position des Dialogs (wie bei SFGetFile).
Der String, auf welchen der Parameter **prompt** zeigt, erscheint im Dialog über dem Texteingabefeld für den Dateinamen. Hier

übergibt man üblicherweise einen String wie "\pDatei sichern unter:" an.
Mit dem Parameter **origName** kann man einen voreingestellten (Default) -Namen angeben, der zu Beginn des Dialogs in dem Texteingabefeld eingetragen ist. Üblicherweise gibt man hier einen String wie "\pOhne Titel" (oder besser eine String-Resource) an.
Der Parameter **dlgHook** dient dazu, einen Custom-Dialog zu generieren, **reply** gibt (wie bei SFGetFile) die Antworten des Benutzers zurück.

Create

Um eine Datei im Macintosh-Dateisystem anzulegen, verwendet man die Funktion Create nachdem SFPutFile aufgerufen wurde.

```
pascal OSErr Create (Str255    *fileName,
                     short     vRefNum,
                     OSType    creator,
                     OSType    fileType);
```

Die Funktion erwartet zunächst einen Pascal-String als Dateinamen (**fileName**), bzw. eine Referenz-Nummer (**vRefNum**) auf das Directory in dem die neue Datei angelegt werden soll. Diese beiden Parameter werden von SFPutFile in dem reply-Parameter zurückgegeben, wir können sie beim Aufruf von Create verwenden. Der Parameter **creator** stellt den Creator-Type der zu eröffnenden Datei dar, **fileType** gibt den File-Type der anzulegenden Datei an (beispielsweise 'TEXT').

*Viele File-Manager-Funktionen haben einen Ergebniswert vom Typ **OSErr**. Ist dieser Ergebniswert (ein short) kleiner 0, so ist während der Ausführung der Routine ein Fehler aufgetreten. In diesem Fall wird der Fehler durch den Wert des zurückgegebenen **OSErrs** näher beschrieben. Mögliche Fehlermeldungen sind zum Beispiel: "File not found" oder "File-System Full".*

FSOpen

Soll eine Datei zu Lesen oder Schreiben geöffnet werden, so wird die Funktion FSOpen verwendet. Diese Funktion wird in der Regel in Kombination mit SFPutFile und Create (beim Anlegen einer neuen Datei) oder mit SFGetFile (beim Öffnen einer bestehenden Datei) verwendet.

```
pascal OSErr FSOpen (Str255    *fileName,
                     short     vRefNum,
                     short     *refNum);
```

Der Parameter **fileName** spezifiziert den Namen der zu öffnenden Datei, **vRefNum** ist die Referenz auf den Ordner, in dem sich die die Datei befindet. FSOpen gibt in dem Parameter **refNum** eine temporäre Referenz-Nummer auf die geöffnete Datei zurück. Diese Referenz-Nummer wird bei allen anderen File-Manager-Routinen angegeben, um dem File-Manager mitzuteilen, welche Datei bearbeitet werden soll. Durch die Verwendung dieser Referenz-Nummer ist es auf dem Macintosh möglich, bis zu 32768 Dateien gleichzeitig zum Schreiben oder Lesen geöffnet zu haben. Der File-Pointer (der Verweis auf die logische Position innerhalb der Datei) wird von FSOpen auf den Anfang der Datei gesetzt. Ein anschließender Lese- oder Schreibbefehl liest bzw. schreibt so automatisch vom Anfang der Datei an.

FSWrite

Um Daten in eine geöffnete Datei zu schreiben, wird die Funktion FSWrite verwendet. Sie entspricht in ihrer Grundfunktionalität den Standard-I/O-Routinen anderer Betriebssysteme.

```
pascal OSErr FSWrite ( short        refNum,
                       long         *count,
                       const void   *buffPtr);
```

FSWrite verlangt die Referenz-Nummer einer geöffneten Datei in dem Parameter **refNum**. Hier übergibt man üblicherweise die von FSOpen zurückgegebene temporäre Referenz-Nummer. Dieser Parameter spezifiziert die Datei, in die geschrieben werden soll. Der Parameter **count** spezifiziert die Anzahl der Bytes, die in die Datei geschrieben werden sollen. FSWrite wird hier die Adresse eines longs übergeben, damit die Funktion den Wert dieses longs ändern kann. FSWrite legt die Anzahl der wirklich herausgeschriebenen Bytes in diesem long ab. Normalerweise entspricht die Anzahl der geschriebenen Bytes natürlich der Anzahl der gewünschten Bytes (der Wert bleibt gleich). Wenn auf dem Medium, auf das geschrieben wird jedoch nicht genügend freier Speicherplatz existiert, so gibt FSWrite eine Fehlermeldung zurück und spezifiziert in der Variable auf die count zeigt, die Anzahl der Bytes, die noch auf das Medium gepaßt haben. Die Variable kann dann dazu verwendet werden, dem Benutzer in einem Dialog mitzuteilen, daß die Datei aus Platzmangel nicht auf das Volume geschrieben werden konnte, weil z.B. 530 Bytes fehlen. Eine solche Fehlermeldung wäre sicherlich sinnvoller (und hilfreicher) als "I/O Error". Der Pointer **buffPtr** zeigt auf die Daten, die in die Datei geschrieben werden sollen. Nach einem Aufruf von FSWrite steht der File-Pointer hinter dem zuletzt geschriebenen Zeichen. Auf diese Weise können mehrere Aufrufe von FSWrite hintereinander folgen, ohne daß der File-Pointer neu gesetzt werden muß; FSWrite hängt die zu schreibenden Daten automatisch hinter die zuletzt geschriebenen Daten an.

FSRead

FSRead stellt das Gegenstück zu FSWrite dar, diese Funktion ist für das Lesen von Daten aus einer Datei zuständig.

```
pascal OSErr FSRead (short     refNum,
                     long      *count,
                     void      *buffPtr);
```

Bei einem Aufruf dieser Funktion werden die Daten aus der durch **refNum** spezifizierten, geöffneten Datei gelesen. Der Parameter **count** gibt wieder die Anzahl der gewünschten Bytes an, **buffPtr** zeigt auf die Adresse im RAM, an der die Daten abgelegt werden sollen. FSRead legt *keinen* Pointer oder Handle an. Daher muß **buffPtr** auf eine gültige Adresse zeigen. Dies kann eine globale oder lokale Variable (z.B. ein Array oder Struct) sein, oder auch die Adresse eines mit NewHandle alloziierten Blocks. FSRead verschiebt, wie FSWrite, den File-Pointer hinter das zuletzt gelesene Zeichen. Daher kann man FSRead mehrere Male hintereinander aufrufen; FSRead liest die Datei Stück für Stück ein.

GetEOF

Oft möchte man, bevor eine Datei mit Hilfe von FSRead eingelesen wird, wissen, wie lang die Datei ist. Zu diesem Zweck kann man die Funktion GetEOF verwenden.

```
pascal OSErr GetEOF (short   refNum,
                     long    *logEOF);
```

GetEOF gibt die Länge der Datei in dem long zurück, dessen Adresse bei **logEOF** übergeben wird. Die Datei, auf die sich GetEOF bezieht, wird durch ihre Referenz-Nummer in **refNum** identifiziert.

GetFPos

Wie schon beschrieben, ist eine Macintosh-Datei ein Byte-Stream, gesteuert von einem File-Pointer. Die aktuelle Position dieses File-Pointers kann mit Hilfe der folgenden Funktion abgefragt werden:

```
pascal OSErr GetFPos ( short   refNum,
                       long    *filePos);
```

GetFPos gibt die Position des File-Pointers für die durch **refNum** spezifizierte Datei in der Variablen auf die **filePos** zeigt zurück. Der long, auf den **filePos** zeigt, wird dabei verändert, er ist (wie in den beiden vorangegangenen Funktionen) ein VAR-Parameter.

SetFPos

Die Funktion SetFPos stellt das Gegenstück zu GetFPos dar. Mit Hilfe der Funktion SetFPos kann man die Position des File-Pointers manipulieren. Soll beispielsweise ab dem 300. Byte einer geöffneten Datei gelesen werden, so benutzt man die Funktion SetFPos nach dem Öffnen der Datei, um den File-Pointer an die gewünschte Stelle zu bewegen. Anschließende FSRead-Aufrufe lesen dann ab dem 300. Byte.

```
pascal OSErr SetFPos ( short   refNum,
                       short   posMode,
                       long    posOff);
```

Die betroffene Datei wird bei einem Aufruf von SetFPos (wie immer) durch den Parameter **refNum** spezifiziert. Der Übergabe-Parameter **posMode** beschreibt, in welcher Weise der letzte Parameter (**posOff**) interpretiert werden soll. Je nachdem welchen Wert man bei **posMode** übergibt, wird die neue Position des File-Pointers relativ zum Anfang oder Ende der Datei bzw. relativ zur aktuellen Position des File-Pointers berechnet. An Stelle des Parameters **posMode** kann man die folgenden, vordefinierten Konstanten angeben:

```
#define  fsFromStart  1 // Vom Anfang der Datei
#define  fsFromLEOF   2 // Vom Ende
#define  fsfromMark   3 // Relativ zur aktuellen
                           Position
```

Der Parameter **posOff** spezifiziert, um wieviel Zeichen der File-Pointer verschoben werden soll.

FSClose

Ist die Bearbeitung einer Datei abgeschlossen, so schließt man die Datei mit Hilfe der Funktion FSClose.

```
pascal OSErr FSClose (short  refNum);
```

Die zu schließende Datei wird durch den Parameter **refNum** spezifiziert. Nachdem diese Funktion aufgerufen wurde, ist die temporäre Referenz-Nummer **refNum** ungültig, sie kann nicht mehr als Verweis auf die Datei verwendet werden.

FlushVol

Das Macintosh-Betriebssystem verwaltet einen Volume-Cache, dessen Größe vom Benutzer eingestellt werden kann. Dieser Cache puffert einen gewissen Teil des Input/Output - Streams für die an den Rechner angeschlossenen Volumes (Festplatten etc.). Der Vorteil dieses Caches ist klar: Finden (wie dies häufig geschieht) wiederholte Zugriffe auf denselben Teil einer Datei statt, so schreibt bzw. liest das Betriebssystem nur im Cache. Die I/O-Geschwindigkeit kann mit dieser Technik bei einigen Vorgängen um ein Mehrfaches schneller werden. Es liegt aber auch eine gewisse Gefahr in dieser Cache-Technik. Speichert ein Programm seine Daten in einer Datei ab und stürzt kurz nach diesem Abspeichern ab, so kann es passieren, daß die (noch im Cache befindlichen) Daten verloren gehen und damit die geschriebene Datei unvollständig ist. Dies geschieht dann, wenn der Absturz des Programms so fatal war, daß das gesamte System abstürzt, und der Macintosh neu gebootet werden muß.
Um diesem, für den Benutzer sehr ärgerlichen Effekt vorzubeugen, sollte man nachdem man eine Datei geschrieben hat, den Volume-Cache mit Hilfe von FlushVol auf das Volume hinausschreiben. Stürzt das Programm nach diesem Aufruf ab, so bleiben die Daten, die auf die Festplatte geschrieben wurden, erhalten.

```
pascal OSErr FlushVol ( StringPtr    volName,
                        short        vRefNum);
```

Das Volume, dessen gepufferter Inhalt geschrieben werden soll, kann man bei einem Aufruf von FlushVol auf zwei verschiedene Weisen angeben:

1. Durch den Namen des Volumes (Adresse eines Pascal-Strings) in **volName**.
Diese Methode hat den Nachteil, daß man zunächst den Namen des Volumes, auf das geschrieben wurde, herausfinden muß. Normalerweise übergibt man anstelle von **volName** den Wert NULL, und verwendet die nachfolgende Möglichkeit.

2. Das Volume kann durch die Volume-Reference-Number **vRefNum** spezifiziert werden. An dieser Stelle kann man auch die Referenz-Nummer eines Ordners angeben, wie man sie von SFPutFile oder SFGetFile zurückbekommt. Das System sucht sich dann automatisch das Volume heraus, zu dem der angegebene Ordner gehört.

FSDelete

Soll eine Datei gelöscht werden, so wird die Funktion FSDelete verwendet.

```
pascal OSErr FSDelete ( Str255    *fileName,
                        short     vRefNum);
```

Die zu löschende Datei muß durch ihren Namen im Parameter **fileName** und durch die Referenz-Nummer des Ordners, in welchem sie sich befindet, spezifiziert werden (**vRefNum**).

5.3 Anwendung des File-Managers

Die folgende Funktion stellt zunächst einen Standard-Sichern-Dialog auf dem Bildschirm dar, eröffnet eine neue Textdatei unter dem Namen, den der Benutzer eingetragen hat und schreibt dann einen String in diese Datei:

```
 1: void SaveMyText (void)
 2: {
 3:    SFReply      reply;
 4:    short        countBytes, fileRefNum;
 5:    OSErr        err;
 6:    Point        where;
 7:
 8:    where.h = where.v = 100;
 9:    SFPutFile (where, "\pSichern unter:",
          "\pOhne Titel", NULL, &reply);
10:    if (reply.good)
11:    {
12:      err = Create (reply.fName,
             reply.vRefNum, 'BLÖD', 'TEXT');
13:      err = FSOpen (reply.fName,
             reply.vRefNum, &fileRefNum);
14:      countBytes = 4;
15:      err = FSWrite (fileRefNum,
             &countBytes, "Text");
16:      err = FSClose (fileRefNum);
17:    }
18: }
```

Die Funktion SaveMyText legt eine neue Datei an und schreibt einen String in diese Datei.

Die Funktion beginnt damit, den üblichen Standard-Sichern-Dialog mit Hilfe der Funktion **SFPutFile** zu zeigen. Der Point **where** wird auf (100, 100) gesetzt, **SFPutFile** zeichnet den Dialog an dieser Position auf den Bildschirm. Der String "\pSichern unter:" erscheint in dem Sichern-Dialog über der Liste der Directories. Da wir keinen Custom-Dialog wollen, übergeben wir an der Stelle von dlgHook NULL. Als letzter Parameter wird die Adresse unserer lokalen Variablen **reply** übergeben, so daß **SFPutFile** die Antworten des Benutzers in diesem struct ablegen kann.
In Zeile 10 wird abgefragt, ob der Benutzer den Abbrechen-Button gedrückt hat, oder ob er die Datei speichern möchte. Zeile 12 legt dann mit **Create** unter Verwendung der Benutzereingaben die neue Datei an. Der Dateiname wurde vom Benutzer eingegeben und wir bekommen ihn in **reply.fName** zurück. Das vom Benutzer ausgewählte Directory (in dem die Datei abgespeichert werden soll) gibt **SFReply** in **reply.vRefNum** zurück. Diese **vRefNum** ist die temporäre Referenz-Nummer (Working-Directory-Reference-Number) des Directorys, in dem die Datei abgespeichert werden soll. Als Creator-Type übergeben wir hier

eine Zeichenkombination, die sonst sicherlich nicht verwendet wird; auf diese Weise vermeiden wir Konflikte mit den Creator-Types anderer Applikationen. Da wir eine Textdatei anlegen wollen, wird als letzter Parameter der File-Type 'TEXT' übergeben. **Create** legt also eine Textdatei an, und alle Textverarbeitungsprogramme werden die Datei lesen können.

Nun haben wir eine neue, leere Textdatei. Um etwas hineinschreiben zu können, müssen wir die neue Datei zum Schreiben öffnen. Die geschieht in Zeile 13 mit dem Aufruf von **FSOpen**. Dieser Funktion spezifizieren wir unter Verwendung derselben Parameter wie bei Create die zu öffnende Datei. Wir geben den Dateinamen und die Referenz-Nummer des Directorys an, in welchem sich unsere neu eröffnete Datei befindet. Als letzten Parameter geben wir **FSOpen** die Adresse unserer lokalen Variablen **fileRefNum**. **FSOpen** ändert den Inhalt dieser Variablen in eine temporäre Referenz-Nummer, die mit der Datei assoziiert wird.

Diese File-Referenz-Nummer wird in Zeile 14 bei **FSWrite** benutzt, um die Datei, in die unser String geschrieben werden soll, zu spezifizieren. **FSWrite** bekommt als zweiten Parameter die Adresse unserer Variablen **countBytes**, die die Anzahl der zu schreibenden Zeichen enthält. Der letzte Parameter schließlich entspricht der Adresse der zu schreibenden Daten, in diesem Fall eines Strings. Der C-Compiler generiert an dieser Stelle automatisch die Adresse unseres Strings.

Jetzt haben wir eine neu eröffnete Datei, die einen String enthält. Wir brauchen die Datei nur noch zu schließen, und Textverarbeitungsprogramme können die Datei lesen. Geschlossen wird die Datei mit Hilfe von **FSClose**, die zu schließende Datei wird durch unsere File-Referenz-Nummer spezifiziert.

Das kleine Beispiel hat noch zwei Probleme:

Wenn eine Datei angelegt wird, sollte sichergestellt werden, daß keine andere Datei mit gleichem Namen in dem Directory existiert.

1. Soll eine Datei überschrieben werden (der Benutzer hat einen Namen angegeben, der in dem Ordner bereits existiert), so tut **Create** überhaupt nichts und **FSOpen** öffnet die Datei. Wir schreiben dann munter in die Datei hinein und schließen sie wieder. Wenn die Datei eine lange Textdatei war, so ändern wir nur die ersten 4 Buchstaben, der Rest der Datei bleibt bestehen. Die Lö-

sung für dieses nicht ganz saubere Verhalten unserer Routine ist, eine bestehende Datei zunächst zu löschen, bevor wir eine neue anlegen.

2. Nach dem erfolgreichen Schreiben unserer Datei fehlt in dem Beispiel noch der Aufruf von **FlushVol**, um den Inhalt des Volume-Caches auf das Volume zu schreiben.

Die Verbesserte Version der Beispielroutine:

Diese Version der Routine löscht zunächst eine eventuell vorhandene Datei, welche denselben Namen wie die anzulegende Datei hat. Auf diese Weise wird Problemen beim Abspeichern vorgebeugt. Weiterhin sorgt diese Version dafür, daß der Volume-Cache (RAM) nach dem Abspeichern auf die Festplatte geschrieben wird.

```
 1: void SaveMyText (void)
 2: {
 3:    SFReply      reply;
 4:    short        countBytes, fileRefNum;
 5:    OSErr        err;
 6:    Point        where;
 7:
 8:    where.h = where.v = 100;
 9:    SFPutFile (where, "\pSichern unter:",
          "\pOhne Titel", NULL, &reply);
10:    if (reply.good)
11:    {
12:      err = FSDelete (reply.fName,
              reply.vRefNum);
13:      err = Create (reply.fName,
              reply.vRefNum, 'BLÖD', 'TEXT');
14:      err = FSOpen (reply.fName,
              reply.vRefNum, &fileRefNum);
15:      countBytes = 4;
16:      err = FSWrite (fileRefNum,
              &countBytes, "Text");
17:      err = FSClose (fileRefNum);
18:      err = FlushVol (NULL, reply.vRefNum);
19:    }
20: }
```

Die verbesserte Version der Routine stellt in Zeile 12 mit dem Aufruf von **FSDelete** sicher, daß die Datei, die in Zeile 13 angelegt wird, noch nicht existiert. Eventuelle Fehlermeldungen von **FSDelete** können hier ignoriert werden.
Der Aufruf von **FlushVol** in Zeile 18 stellt sicher, daß die geschriebenen Daten auch wirklich auf das Volume herausgeschrieben werden, und nicht mehr im Volume-Cache gepuffert

werden. Sollte unser Programm im weiteren Verlauf abstürzen, so wäre die angelegte Datei in Ordnung.

Ein paar weitergehende Anmerkungen zu diesem Beispiel:
Die Funktion ist immer noch nicht perfekt. So werden beispielsweise keinerlei Fehlermeldungen der File-Manager-Funktionen beachtet. Würde unsere Datei beispielsweise nicht mehr auf das Volume passen, so könnten wir den Benutzer nicht davon informieren, da die Funktion sämtliche Hilferufe des Macintosh-Betriebssystems ignoriert. Es ist absolut unerläßlich, daß ein Macintosh-Programm *sämtliche* Fehlermeldungen von System-Funktionen abfragt, und auch entsprechend reagiert. In dem beschriebenen Problemfall würden Datenverluste entstehen, in anderen Fällen kann solche Ignoranz auch zu Abstürzen des Gesamtsystems führen. In diesem (und anderen Beispielen) wird auf eine komplette Fehlerbehandlung verzichtet, um die Übersichtlichkeit der Beispiele zu erhalten.

*Ein Macintosh-Programm sollte **sämtliche** Fehlermeldungen abfragen und den Benutzer über den Fehler informieren.*

Die nachfolgende Beispielfunktion liest den Inhalt einer Textdatei in einen neu angelegen Handle und gibt diesen als Ergebniswert zurück:

Die Funktion LoadText demonstriert das Lesen einer Textdatei. Zunächst wird festgestellt, wie groß die Datei ist und entsprechend viel Speicherplatz reserviert. Die Datei wird dann in den neuen relocatable-Block eingelesen.

```
 1: Handle LoadText (void)
 2: {
 3:    SFReply          reply;
 4:    SFTypeList       typeList;
 5:    short            fileRefNum;
 6:    long             countBytes;
 7:    OSErr            err;
 8:    Point            where;
 9:    Handle           theTextHdl;
10:
11:    where.h = where.v = 100;
12:    typeList[0] = 'TEXT';
13:    theTextHdl = NULL;
14:    SFGetFile (where, "\p", NULL, 1,
            typeList, &reply);
15:    if (reply.good)
16:    {
17:       err = FSOpen (reply.fName,
                reply.vRefNum, &fileRefNum);
18:       err = GetEOF (fileRefNum, &countBytes);
```

```
19:       theTextHdl = NewHandle (countBytes);
20:       err = FSRead (fileRefNum, &countBytes,
               *theTextHdl );
21:       err = FSClose (fileRefNum);
22:    }
23:    return theTextHdl;
24: }
```

Die Funktion sorgt zunächst mit einem Aufruf von **SFGetFile** dafür, daß dem Benutzer der gewohnte Standard-Öffnen-Dialog gezeigt wird. Der von **SFGetFile** erzeugte Dialog erscheint bei den Kordianten (100, 100), da der Point **where** auf diese Werte gesetzt wurde. Der leere String "\p" wird von **SFGetFile** in den aktuellen Versionen des Betriebssystems ignoriert. Die Übergabe des Wertes NULL anstelle des File-Filter-Proc-Ptrs teilt **SFGetFile** mit, daß wir keine File-Filter-Function haben möchten. Die nächsten beiden Parameter beschäftigen sich mit der Auswahl an Datei-Typen, die dem Benutzer zur Auswahl gestellt werden. Da die Funktion zum Lesen von Textdateien implementiert ist, sollten wir dem Benutzer nur Textdateien zur Auswahl stellen. Daher übergeben wir als Anzahl der File-Types den Wert 1 und setzen in Zeile 12 das erste Feld des Arrays auf den Text-File-Type 'TEXT'. Nachdem der Benutzer eine Datei ausgewählt hat, befindet sich die Auswahl in **reply**. In Zeile 15 wird zunächst noch einmal abgefragt, ob der Benutzer die Datei auch wirklich öffnen wollte, oder ob er den "Abbrechen"-Button gedrückt hat. Zeile 17 öffnet die ausgewählte Datei unter Verwendung der in **reply** abgelegten Antworten des Benutzers.
In Zeile 18 wird nun zunächst mit Hilfe von **GetEOF** gefragt, wie lang die Textdatei ist, um in Zeile 19 einen Handle von der geforderten Größe anzulegen. Der Aufruf von **FSRead** in Zeile 20 liest die Textdatei in den angelegten Handle. Die Datei, aus der gelesen werden soll, wird durch die von **FSOpen** zurückgegebene File-Reference-Number spezifiziert, die Anzahl der zu lesenden Bytes in **countBytes**. Zum Schluß wird die Datei geschlossen und der angelegte Handle als Ergebniswert zurückgegeben.

Auch diese Beispielfunktion ist nicht perfekt: In Zeile 20 sollte der Ergebniswert von **NewHandle** auf NULL abgefragt werden, denn es könnte ja sein, daß unser Speicherbereich nicht mehr

Immer, wenn ein Macintosh-Programm Speicherbereiche anlegt, sollte überprüft werden, ob die Alloziierung erfolgreich war.

genügend Platz hat, um den Handle aufzunehmen. Falls die Funktion **NewHandle** NULL zurückgibt, sollte eine Fehlerbehandlungsroutine aufgerufen werden, die dem Benutzer mitteilt, daß nicht mehr genügend Speicherplatz vorhanden ist, um die Datei zu öffnen. Auf jeden Fall sollte der **FSRead**-Aufruf in Zeile 20 unterlassen werden, da bei diesem Aufruf der dereferenzierte Wert von **theText** übergeben wird. Wenn **theText** NULL ist, wird dabei der Inhalt der Speicherstelle 0 übergeben. **FSRead** denkt dann, daß es sich bei diesem Wert um eine gültige Adresse handelt, und schreibt die zu lesenden Daten dorthin. Dies würde mit hoher Wahrscheinlichkeit zu einen Systemabsturz führen.

*Übrigens: Der Handle **theText** braucht hier nicht gelockt zu werden, obwohl wir einen dereferenzierten Handle übergeben! Dies kommt daher, daß die Funktion **FSRead** keinen temporären Speicher anlegt. Die ToolBox-Funktionen, die während ihrer Ausführung Speicher anlegen, sind im "Inside Macintosh" Appendix B "Routines that may move or purge memory" enthalten.*

Resources

Dieses Kapitel stellt das Konzept der Resources vor. Hier wird das neuartige Verfahren der Trennung von Programmdaten und Programmcode vorgestellt. Der Konzeption folgt dann die Anwendung des Resource-Managers, der den Zugriff auf die Resources ermöglicht.

Apple hat mit Einführung des Macintosh-Betriebssystems ein neues Konzept der Datenverwaltung in einem Programm eingeführt, die sogenannten "Resources". Eine Macintosh-Datei, und damit auch ein Programm, besteht immer aus zwei Datei-Zweigen. Einerseits besteht eine Macintosh-Datei aus dem sogenannten "Data Fork", auf den mit Hilfe der oben beschriebenen File-Manager-Routinen zugegriffen werden kann. Andererseits erlaubt der sogenannte "Resource Manager" den Zugriff auf einen zweiten Fork (Zweig) der Datei: den "Resource Fork". Für den Benutzer erscheinen beide Datei-Zweige als eine Datei, für uns als Programmierer besteht jedoch eine eindeutige Trennung der beiden Datei-Zweige. Der Data-Fork wird, wie dies im vorangegangen Kapitel beschrieben wurde zum Speichern von Daten verwendet. So werden beispielsweise in einem Text-Dokument die Zeichen mit Hilfe des File-Managers im Data-Fork der Textdatei abgelegt. Bei einem Programm, welches ja auch eine Datei ist, sieht das etwas anders aus. Eine Programmdatei besteht hauptsächlich aus dem Resource-Zweig. Der Resource-Zweig einer Datei ist auf unterer Ebene ebenfalls ein Byte-Stream, gesteuert von einem File-Pointer. Auf Resource-Manager-Ebene ist der Resource-Zweig jedoch eine Art hierarchischer Datei mit "Unterabteilungen".

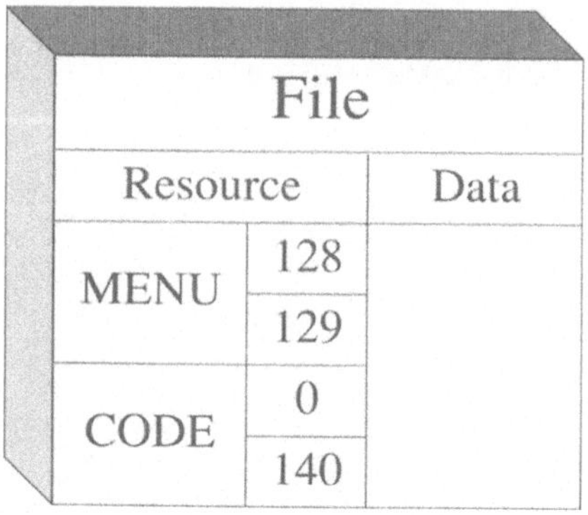

Abb. 6-1
Die Unterteilung einer Macintosh-Datei in Resource- und Data-Fork

File		
Resource		Data
MENU	128	
	129	
CODE	0	
	140	

Die Ordnung innerhalb des Resource-Forks wird mit Schlüsseln von vier Zeichen (Resource-Type) und innerhalb eines Resource-Types mit einer INTEGER-Identifikations-Nummer (Resource-ID) implementiert. Die hierarchische Unterteilung des Resource-Forks wird in Abb. 6-1 gezeigt. Macintosh-Programme bestehen aus einer Vielzahl von Resources, in denen Programmeldungen, Dialog-Layouts, der ausführbare Programm-Code und andere Informationen abgelegt sind.

Das Konzept der Resources hat viele Gründe und Vorteile: Zunächst erlaubt es beispielsweise die Trennung des Programmcodes von den Meldungen, die dem Benutzer präsentiert werden. Anstelle von String-Konstanten im Quelltext werden bei der Programmierung des Macintosh üblicherweise alle Strings in Resources gespeichert. Der Vorteil dieser Trennung von Quelltext und Strings liegt u.a. darin, daß man mit Hilfe von ResEdit (einem Programmierer-Werkzeug) auf den Resource-Fork einer Applikation zugreifen kann. ResEdit ist ein grafischer Resource-Editor, mit dem man Resources anlegen, ändern und auch löschen kann. Mit Hilfe von ResEdit ist es beispielsweise möglich, die in Resources enthaltenen Strings zu ändern, ohne den Quelltext des Programms zu besitzen. Dadurch wird es möglich, die Lokalisierung eines Programms (z.B. die Übersetzung ins Französische) von einem spezialisierten Übersetzungsbüro erledigen zu lassen, ohne daß das Programm anschließend neu compiliert werden muß. Im Resource-Zweig einer Applikation sind weiterhin auch die Layouts von Dialogen enthalten, einer weiteren Komponente, welche lokalisiert werden muß; wenn sich beispielsweise ein Button namens "Cancel" bei der Lokalisierung in "Abbrechen" ändert, so ist es wahrscheinlich, daß die Größe und eventuell

Das Macintosh-System wird in zahlreichen Sprachen ausgeliefert. Um erfolgreich in die Welt der Macintosh-Programme zu starten, sollte das Programm der jeweiligen Landessprache angepaßt werden. Um diesen Prozeß zu vereinfachen, sollten sämtliche Programmeldungen und Dialog-Layouts mit Hilfe von Resources definiert werden.

auch die Position des Buttons geändert werden muß. Diese, bei der Lokalisierung eines Programms notwendigen Modifikationen, können ebenfalls mit dem Resource-Editor ResEdit von dem Übersetzungsbüro durchgeführt werden. Da das veränderte Programm mit Hilfe des Resource-Managers auf die Resources zugreift, greift es nach der Änderung einer String-Resource auf die geänderte Resource zu und stellt den (jetzt vielleicht französischen Text) auf dem Bildschirm dar. Ein Macintosh-Programm ist so flexibel zu programmieren, daß es sprachunabhängig und damit universell einsetzbar bzw. lokalisierbar ist. Die Verwendung von String-Konstanten (die in den Einführungsbeispielen teilweise verwendet wird) sollte bei der Implementierung eines kommerziellen Programms unbedingt vermieden werden. Möchte ein Programm auf eine Resource (z.B. String-Resource) zugreifen, so übergibt man als Schlüssel zu dieser Resource den Resource-Type und die Resource-ID. Für das Beispiel einer String-Resource wäre dies der Resource-Type 'STR ' und die entsprechende Identifikations-Nummer der Resource (z.B. 128). Der Resource-Manager sucht dann innerhalb der 'STR '-Resources nach einer Resource mit der ID 128 und lädt diese in einen neu angelegten relocatable-Block im Speicherbereich der Applikation. Der Handle auf diese geladene String-Resource wird an das Programm zurückgegeben.

Um auf eine Resource zuzugreifen, übergibt das Programm dem Resource-Manager den Resource-Type bzw. die Resource-ID der gewünschten Resource. Der Resource-Manager lädt diese Resource und gibt einen Handle auf die geladene Resource an das Programm zurück.

Ein weiteres Beispiel für Resources sind die 'CODE'-Resources, so enthält der Resource-Zweig einer Applikation beispielsweise unter dem Schlüssel der 'CODE'-Resources den ausführbaren Maschinencode (Object-Code).

Oft greift ein Programm quasi indirekt auf den Resource-Manager bzw. auf die Resources zu. Das Darstellen eines Dialoges, welches über den Dialog-Manager geschieht, funktioniert beispielsweise so, daß man dem Dialog-Manager die Resource-ID eines darzustellenden Dialogs übergibt. Der Dialog-Manager ruft dann den Resource-Manager mit der Bitte auf, aus den Dialog-Resources (DLOGs) die Dialog-Resource mit der entsprechenden Resource-ID zu laden. Der Resource-Manager lädt die entsprechende Dialog-Beschreibungs-Resource in den Speicherbereich der Applikation und gibt dem Dialog-Manager einen Handle auf diese nun im RAM befindliche Resource zurück. Der Dialog-

Manager benutzt dann die in diesem Handle befindlichen Dialog-Beschreibungen, um den Dialog auf dem Bildschirm zu bringen.

6.1 Der Resource-Manager

Zu einigen Zwecken spricht man den Resource-Manager auch direkt an. Wenn beispielsweise eine String-Resource geladen werden soll, so muß man direkt mit dem Resource-Manager zusammenarbeiten. Sollen Resources zum Resource-Fork unserer Applikation hinzugefügt oder geändert werden (Beispiel: Voreinstellungen/Preferences), so ruft man ebenfalls Resource-Manager-Routinen auf, die für diesen Zweck implementiert worden sind.

6.2 Routinen des Resource-Managers

Rund um die Resources stehen ein paar nützliche Funktionen zur Verfügung:

Get1Resource

Möchte man eine Resource laden, so benutzt man die Routine Get1Resource.

```
pascal Handle Get1Resource ( ResType   theType,
                             short     theID);
```

Get1Resource sucht die Resource mit der Resource-ID **theID** innerhalb der Resources vom Typ **theType**. Get1Resource legt dann einen Handle mit der Größe der Resource im Speicherbereich der Applikation an und gibt den Handle als Ergebniswert zurück. Konnte die Resource nicht gefunden werden, oder ist nicht mehr genügend freier Speicherplatz im Speicherbereich der Applikation vorhanden, um den Handle anzulegen, so gibt Get1Resource NULL zurück. Die Fehler-Nummer (Beschreibung des Fehlers wie beim File-Manager) bekommt man in diesem Fall, indem man die Funktion ResError aufruft. Es ist unbedingt notwendig, daß der Ergebniswert von Get1Resource auf NULL abgefragt wird, da nachfolgende Programmteile, die mit dem Handle arbeiten

sollen, eventuell einen Absturz verursachen können, wenn sie auf die von dem Handle verwalteten Daten zugreifen wollen, und der Handle NULL ist.
Get1Resource trägt in einer vom Resource-Manager verwalteten Tablelle ein, daß die Resource bereits geladen worden ist, und merkt sich in dieser Tabelle auch den Handle auf die geladene Resource. Dies bewirkt, daß ein Aufruf von Get1Resource für eine bereits geladene Resource nur den Handle auf die bereits geladene Resource zurückgibt. Get1Resource legt also *keinen* zweiten Handle an, wenn diese Funktion zweimal hintereinander für dieselbe Resource aufgerufen wird.

AddResource

Mit Hilfe von AddResource kann man eine neue Resource im Resource-Fork der Applikation anlegen.

```
pascal void AddResource ( Handle    theResource,
                          ResType   theType,
                          short     theID,
                          Str255    *name);
```

Um eine neue Resource anzulegen, ist es notwendig, die Daten, die in der neuen Resource abgelegt werden sollen, mit einem Handle zu verwalten, da die Funktion AddResource in dem Parameter **theResource** einen Handle auf die Daten erwartet, die als Resource abgespeichert werden sollen. Der Parameter **theType** gibt an, welchen Resource-Type die neu anzulegende Resource haben soll. Hier ist es wichtig, daß man entweder standardisierte Resource-Typen, wie 'STR ' (String-Resource) oder 'MENU' (Menü-Resource) verwendet und sich dann auch an die mit diesem Resource-Type assoziierten Datenstrukturen hält, oder daß man einen eigenen, privaten Resource-Type benutzt.
Innerhalb der mit dem Parameter **theType** spezifizierten Resource-Typen wird die neue Resource unter der Identifikationsnummer **theID** abgelegt. Der letzte Parameter (**name**) kann einen String enthalten, der der Resource einen Namen gibt. Diese Vergabe von Namen für Resources ist einerseits zum besseren Verständnis zu verwenden, wenn man sich den Resource-Fork der Applikation mit Hilfe von ResEdit ansieht (dort kann man neben den Resource-ID einer Resource auch den Namen einer Resource sehen). Andererseits gibt es auch Funktionen innerhalb des

Resource-Managers, die den Zugriff auf eine Resource mit Hilfe des Resource-Types und des Resource-Namens ermöglichen. Der Resource-Name stellt bei dem Zugriff eine Alternative zur Resource-ID dar.
Wenn man z.B. eine Preference-Resource anlegen möchte, dann sollte man dazu einen privaten Resource-Type verwenden, da diese Datenstruktur wahrscheinlich keiner standardisierten Datenstruktur entsprechen wird. Ein privater Resource-Type sollte nur Uppercase-Letters (Großbuchstaben) enthalten, da alle Lowercase-Letters von Apple reserviert sind. Zusätzlich sollte man sicherstellen, daß der verwendete Resource-Type nicht einem der vielen vordefinierten Resource-Typen entspricht. Dies kann man mit Hilfe der Dokumentation und bestimmter Dateien der verwendeten Entwicklungsumgebung tun. Bei MPW (Macintosh Programmers Workshop), der Apple-eigenen Entwicklungsumgebung, sind die vordefinierten Resource-Typen in der Datei "MPW:Interfaces:RIncludes:Types.r" enthalten.

Unique1ID

Ein weiterer Punkt, der beim Anlegen einer Resource beachtet werden muß, ist die Tatsache, daß es innerhalb eines bestimmten Resource-Types nur eindeutige IDs geben darf; zwei Resources mit derselben ID und demselben Resource-Type sind unzulässig. Leider arbeitet der Resource-Manager in recht undefinierter Weise, wenn man versucht, eine Resource anzulegen, deren ID innerhalb des Resource-Types bereits existiert.
Daher gibt es die Funktion namens Unique1ID:

```
pascal short Unique1ID (ResType theType);
```

Unique1ID gibt für den angegebenen Resource-Type eine ID zurück, die von keiner anderen Resource verwendet wird. Diese Funktion wird oft beim Anlegen einer neuen Resource verwendet, um sicherzustellen, daß keine ID-Konflikte entstehen.

RmveResource

Wenn man eine Resource löschen möchte, so steht die Funktion RmveResource zur Verfügung. Zunächst muß die zu löschende Resource mit Hilfe von Get1Resource geladen werden.

```
pascal void RmveResource (Handle theResource);
```

Den von Get1Resource zurückgegebenen Handle auf die (nun geladene Resource) gibt man anstelle des Parameters **theResource** an. Die Resource wird dann aus dem Resource-Fork der Datei (normalerweise dem Programm) gelöscht. Bei der Benutzung von RmveResource ist zu beachten, daß nur die Resource gelöscht wird, der Handle aber nicht freigegeben (disposed) wird. RmveResource löscht lediglich den Eintrag in der Resource-Map der Datei. Soll der Speicherplatz im Speicherbereich freigegeben werden, so muß man zusätzlich noch die Memory-Manager-Funktion DisposeHandle aufrufen.

DetachResource

Wenn eine Resource geladen werden soll und die Daten dieser geladenen Resource eventuell verändert werden, dann verwendet man in der Regel die Funktion DetachResource, um Seiteneffekte dieser Änderungen zu vermeiden. DetachResource nimmt die geladene Resource dem Resource-Manager weg. Das bedeutet, daß er beim nächsten Aufruf von Get1Resource einen neuen Handle anlegen und die Resource in den Handle lesen wird. Auf diese Weise wird vermieden, daß andere Programmteile auf die geänderten Daten der Resource zugreifen, sondern stattdessen ihre eigene Kopie der Daten bekommen.

```
pascal void DetachResource (Handle theResource);
```

DetachResource löscht den Eintrag der Resource **theResource** in der vom Resource-Manager verwalteten Resource-Table. Wird das nächste mal Get1Resource aufgerufen, so denkt der Resource-Manager, daß die Resource noch nicht geladen ist, legt einen neuen Handle an und liest die Daten erneut von der Festplatte bzw. vom Resource-Fork der Applikation.

ChangedResource

Da der Resource-Manager seine geladenen Resources kennt, kann man ihm sagen, daß sich der Inhalt einer bestimmten, geladenen Resource geändert hat, und daß diese Resource bei Beendigung der Applikation vom RAM in den Resource-Fork der Applikation zurückgeschrieben werden soll. Dieses Verhalten ist z.B. beim Ändern der Preferences sehr nützlich.

```
pascal void ChangedResource (
                    Handle    theResource);
```

Hat der Benutzer die Voreinstellungen geändert, so reflektieren wir dies, indem der Inhalt der Preference-Resource im RAM geändert wird, und anschließend ChangedResource für diese geladene Resource aufgerufen wird. Wenn der Benutzer unser Programm beendet, so wird die geänderte Resource vom Resource-Manager automatisch in den Resource-Fork der Applikation zurückgeschrieben (falls vorher kein Absturz passiert).

WriteResource

Wenn man sich nicht damit zufrieden geben möchte, daß eine geänderte Resource erst bei Beendigung des Programms in den Resource-Fork der Applikation zurückgeschrieben wird (ChangedResource), so kann man die Funktion WriteResource aufrufen. Die geladene Resource **theResource** wird dann sofort in den Resource-Fork der Applikation zurückgeschrieben.

```
pascal void WriteResource (Handle  theResource);
```

CurResFile

CurResFile gibt die Referenznummer des Resource-Forks der aktuellen Datei zurück. Normalerweise entspricht diese Referenznummer dem Resource-Fork unserer Applikation. Wir können also CurResFile aufrufen, um eine Referenznummer auf den Resource-Fork unserer Applikation zu bekommen.

```
pascal short CurResFile (void);
```

UpdateResFile

Hat man mehrere Resources geändert, die auch sofort zurückgeschrieben werden sollen, so ruft man in der Regel für jede geänderte Resource ChangedResource auf und benutzt danach die Funktion UpdateResFile in Kombination mit CurResFile.

```
pascal void UpdateResFile (short  refNum);
```

UpdateResFile schreibt alle durch ChangedResource als geändert markierten Resources in den durch **refNum** spezifizierten Resource-Fork zurück. Diese Funktion verlangt dabei, ähnlich wie die File-Manager-Routinen, eine File-Reference-Nummer auf den Resource-Fork der Datei, die aktualisiert werden soll. Da der Resource-Fork unserer Applikation während der Ausführung des Programms ständig geöffnet ist (es müssen ja eventuell 'CODE'-Resources nachgeladen werden) brauchen wir den Resource-Fork unserer Applikation nicht erst "per Hand" zu öffnen, sondern können uns die File-Referenz-Nummer unseres Resource-Forks mit Hilfe von CurResFile geben lassen.

6.3 Anwendung des Resource-Managers

Es folgt ein kleines Beispiel für das Laden einer String-Resource aus dem Resource-Fork der Applikation:

```
 1: void DrawResourceString (void)
 2: {
 4:    StringHandle   ourStringHandle;
 5:
 6:    ourStringHandle = (StringHandle)
            Get1Resource ('STR ', 128);
 7:    HLock ((Handle) ourStringHandle);
 8:    DrawString (*ourStringHandle);
 9:    HUnlock ((Handle) ourStringHandle);
10: }
```

Die Funktion DrawResourceString lädt eine String-Resource in den Speicherbereich der Applikation. Dieser String wird dann auf den Bildschirm ausgegeben.

Die Funktion **DrawResourceString** zeichnet einen String, der aus einer Resource geladen wurde. Zum Laden der Resource wird die Funktion **Get1Resource** verwendet. Wir laden hier die String-Resource ('STR ') mit der ID 128. Der Resource-Manager wird einen Handle von der benötigten Größe anlegen (256 Bytes) und den Inhalt der Resource (unseren String) in den angelegten Handle einlesen. Wir bekommen einen Handle auf die geladene Resource als Ergebniswert geliefert. Da wir wissen, daß **Get1Resource** einen Handle auf einen String liefert, verwenden wir in Zeile 6 Type-Casting um den Handle in einen StringHandle zu verwandeln. Wie im Abschnitt über den Memory-Manager besprochen, haben wir ein Problem, wenn wir die Adresse einer mit einem Handle verwalteten Datenstruktur an eine Funktion übergeben, die temporär Speicher alloziiert. Hier haben wir wieder einmal diesen Problemfall: **DrawString** alloziiert temporär Speicher und verlangt die Adresse eines Pascal-Strings als Parameter. Da wir unseren String mit einem Handle verwalten, haben wir den beschriebenen klassischen Problemfall. **DrawString** würde während der Ausführung eventuell unseren Handle verschieben und damit undefinierte Zeichen auf den Bildschirm bringen. Die Lösung des Problems ist hier wieder das temporäre "Locken" des Handles mittels **HLock**, bzw. das "Unlocken" des Handles mit **HUnlock**.

Die Ergebniswerte von Funktionen, die Speicher anlegen, sollten unbedingt überprüft werden, um Programmabstürze zu vermeiden.

Ein weiteres Problem unseres kleinen Beispiel-Programmes ist in der bisherigen Version noch nicht gelöst: Hat der Resource-Manager beim Anlegen des Handles im Speicherbereich unserer Applikation nicht mehr genügen Platz, oder existiert die gewünschte Resource nicht, so gibt er den Wert NULL zurück. Da wir den Ergebniswert von **Get1Resource** nicht abfragen, würden wir in Zeile 7 versuchen, einen NULL-Handle zu locken, bzw. übergeben in Zeile 8 den dereferenzierten Wert von NULL. Beides ist ein recht ungesundes Verhalten. So würde **DrawString** in diesem Fall entweder undefinierte Zeichen auf den Bildschirm malen, oder aufgrund des Zugriffes auf eine nicht vorhandene Speicherstelle mit "Bus-Error" abstürzen. Man sollte daher den Ergebniswert der Funktion **Get1Resource**, wie jeden Ergebniswert einer Routine, die Speicher alloziiert, unbedingt abfragen. Die verbesserte Version der Funktion:

Diese Version von DrawResourceString überprüft, ob die Resource erfolgreich geladen wurde oder ob nicht mehr genügend Speicherplatz vorhanden war.

```
 1: void DrawResourceString (void)
 2: {
 4:    StringHandle   ourStringHandle;
 5:
 6:    ourStringHandle = (StringHandle)
            Get1Resource ('STR ', 128);
 7:    if (ourStringHandle != NULL)
 8:    {
 9:      HLock ((Handle) ourStringHandle);
10:      DrawString (*ourStringHandle);
11:      HUnlock ((Handle) ourStringHandle);
12:    }
13:    else DoError (ResError ());
14: }
```

In der verbesserten Version der Beispielfunktion wird der Ergebniswert von **Get1Resource** auf NULL abgefragt. Ist der Wert verschieden von NULL, so war der Resource-Manager beim Laden der String-Resource erfolgreich, und wir können mit der Ausgabe beginnen. Ist der Wert jedoch gleich NULL, so wird in Zeile 13 die (noch zu implementierende) Fehlerbehandlungsroutine **DoError** aufgerufen. Damit **DoError** dem Benutzer eine Fehlermeldung ausgeben kann, die etwas differenzierter ist als "Programm-Error", übergeben wir ihr den Ergebniswert von **ResError**, der Funktion die den Fehlercode der letzten Resource-Manager-Funktion zurückgibt. **DoError** könnte so entweder den Dialog "Nicht genügend Speicherplatz vorhanden !" oder "Eine benötigte Resource konnte nicht geladen werden, das Programm ist beschädigt !" ausgeben.

6.4 Der Segment-Loader

Dieser Teil des Betriebssystem führt ein stilles und oft unbemerktes Schattendasein. Während man sich oft mit dem Memory-Manager beschäftigt und manchmal auch den Resource-Manager zum Laden bestimmter Resources bemüht, beschäftigen sich nur wenige Teile eines Programms mit dem Segment-Loader. Dennoch ist ein Verständnis für diesen Manager recht wichtig, da das Wissen um die Funktionalität des Segment-Loader für die Erstellung einer stabilen, freundlichen Macintosh-Applikation benötigt wird.

Der Object-Code einer Macintosh-Applikation ist in einzelne CODE-Segmente unterteilt.

Der Object-Code einer Macintosh-Applikation wird während des Compilierens in verschiedene Code-Segmente unterteilt, die dann in jeweils einzelnen 'CODE'-Resources abgelegt werden. Diese Unterteilung (*Segmentierung*) eines Programms ermöglicht die flexible Verwaltung des ausführbaren Programmcodes. Während der Ausführung eines Programms befinden sich nur die Code-Segmente im RAM des Macintosh, die gerade benötigt werden. Programmteile, die nicht benötigt werden, bleiben auf der Festplatte und verschwenden so keinen Speicherplatz im Speicherbereich der Applikation. Ruft das Programm eine Funktion auf, deren Object-Code-Segment sich noch nicht im Speicherbereich der Applikation befindet, so wird diese 'CODE'-Resource automatisch geladen, bevor der Aufruf der Funktion durchgeführt wird. Dieses automatische Laden von 'CODE'-Resources wird von dem Segment-Loader in enger Zusammenarbeit mit dem Resource-Manager erledigt. Glücklicherweise brauchen wir uns nicht näher um diese Technik zu kümmern, sondern nur zu verstehen, daß es so funktioniert. Das Nachladen von 'CODE'-Resources wird vom Segment-Loader und Resource-Manager automatisch durchgeführt, ohne daß das Programm davon Notiz

Wenn das Programm eine Funktion aufruft, deren CODE-Segment noch nicht geladen ist, dann wird dieses Segment vom Segment-Loader automatisch nachgeladen.

Die Unterteilung des Object-Codes in CODE-Resources erfolgt nach ablaufspezifischen Kriterien.

nimmt. Die einzige Auswirkung dieser Technik auf uns, als Programmierer, besteht darin, daß wir unseren Programmcode mit Hilfe von Compiler-Direktiven sinnvoll segmentieren müssen. So ist es beispielsweise sinnvoll, die Segmentierung eines Programms nach logischen, programmablaufspezifischen Kriterien vorzunehmen. Üblicherweise steckt man zum Beispiel alle Programmteile (Funktionen), die sich mit dem Abspeichern einer Datei befassen, in dasselbe Code-Segment, alle Funktionen, die sich mit dem Drucken beschäftigen, in ein anderes. Diese programmablaufspezifische Segmentierung hat zur Laufzeit des Programms den Vorteil, daß beispielsweise die 'CODE'-Resource, die die Funktionen zum Drucken eines Dokuments enthält, nur dann geladen wird, wenn der Benutzer den Befehl zum Drucken gibt. Wenn er während der Laufzeit des Programms überhaupt nicht drucken möchte, so wird der entsprechende Programmteil bzw. die 'CODE'-Resource nie in den Speicherbereich der Applikation geladen, und wir haben mehr Speicherplatz für Programmdaten zur Verfügung.

QuickDraw

Dieses Kapitel stellt eine Einführung in die grafischen Möglichkeiten des Macintosh dar. Zunächst wird die mathematische Grundlage, auf welcher QuickDraw basiert, vorgestellt. Anschließend werden die Grafik-Primitives (z.B. Linien und Rechtecke) bzw. die korrespondierenden Datenstrukturen anhand von Programmfragmenten erklärt. In den letzten Abschnitten werden dann kompliziertere Strukturen wie Regions und GrafPorts behandelt.
Die Beschreibung der QuickDraw-Funktionen beschränkt sich hier auf die wichtigsten, sozusagen essentiellen Bereiche. QuickDraw bietet viele Utility-Funktionen und abgewandelte Formen von hier vorgestellten Routinen, deren Beschreibung jedoch den Rahmen des Buches sprengen würde. Für erste Gehversuche in der Programmierung des Macintosh werden Sie mit den hier vorgestellten Routinen gut zurecht kommen.

Auf dem Macintosh wird alles mit Hilfe von QuickDraw gezeichnet. Es gibt keinen Textmodus.

QuickDraw ist ein wesentlicher Bestandteil des Macintosh-Gesamtsystems. Auf dem Macintosh wird alles, was Sie auf dem Bildschirm sehen, mit Hilfe von QuickDraw gezeichnet; der Mac befindet sich sozusagen ständig im Grafikmodus. Es gibt auf dem Macintosh keinen Text-Modus, wie dies auf anderen Systemen (z.B. MS-DOS) üblich ist.
QuickDraw ist eine umfangreiche und sehr flexible Grafikbibliothek, die Funktionen zum Zeichnen von Grafik-Primitives wie Linien, Rechtecken, Ovalen oder Polygonen enthält. Sie enthält weiterhin Möglichkeiten zum Zeichnen von Text oder auch Bit-Maps (Photos) bzw. Pixel-Maps (farbige Photos). Da alle Programme die Funktionen von QuickDraw benutzen, um Bildschirmausgaben zu erzeugen, gibt es auf dem Macintosh keine Probleme mit unterschiedlichen Videokarten, wie dies von an-

deren System her bekannt ist. Macintosh-Programme greifen praktisch "doppelt indirekt" auf die Videokarte zu; sie geben QuickDraw einen Zeichenbefehl und QuickDraw schreibt dann mit Hilfe des Videotreibers der betroffenen Videokarte in den Bildschirmspeicher der Karte.

7.1 Die Mathematische Grundlage von QuickDraw

QuickDraw basiert auf einem INTEGER-Koordinatensystem, dessen Ursprung (0,0) in der linken oberen Ecke des Hauptbildschirms liegt. Der Hauptbildschirm ist der Bildschirm, auf dem sich die Menüleiste befindet. Die Konfiguration der Bildschirme, d.h. die Anordnung zueinander bzw. die Festlegung des Hauptbildschirmes kann vom Benutzer in dem Kontrollfeld "Monitore" (siehe Abb. 7-1) eingestellt werden. Wir können als Programmierer also nicht von einer festen Anordnung bzw. Priorität der Bildschirme ausgehen.

Abb. 7-1 Das "Monitore"-Kontrollfeld. Der Benutzer kann die logische Position der Bildschirme an die physikalische anpassen, indem er die Monitor-Ikonen verschiebt.

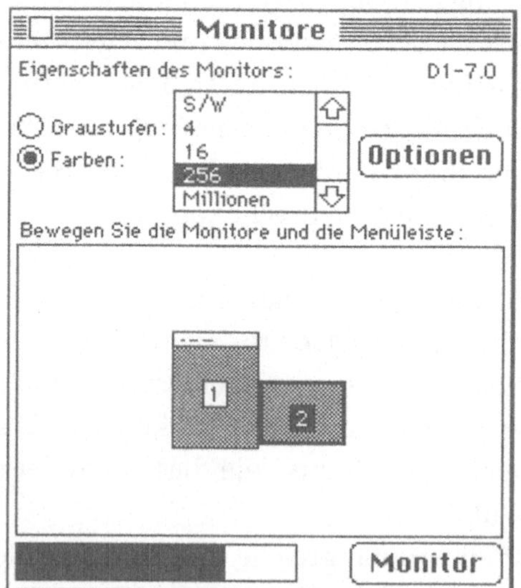

Die Position des Koordinatensystemursprungs wird in Abb. 7-2 gezeigt. Der positive Teil der Achsen zeigt immer nach rechts bzw. nach unten, der Koordinatensystemursprung liegt in der linken oberen Ecke des Hauptbildschirmes.

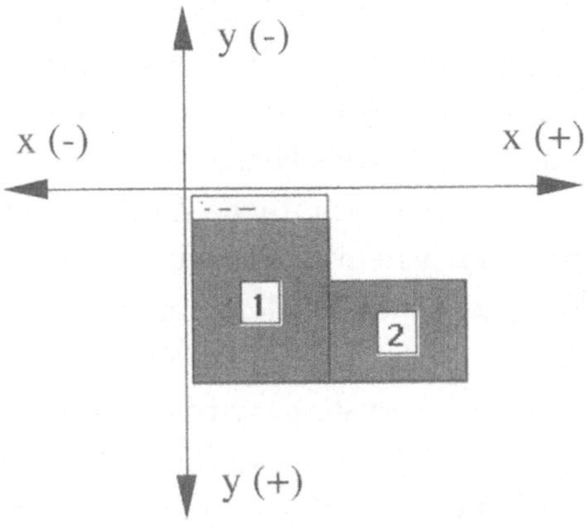

Abb. 7-2
Die Relation zwischen dem Koordinatensystem und den Bildschirmen. Der Ursprung des globalen Koordinatensystems befindet sich immer in der linken oberen Ecke des Hauptbildschirms.

Das in Abb. 7-2 dargestellte Koordinatensystem entspricht dem globalen Koordinatensystem. Das globale Koordinatensystem ist das Koordinatensystem, in dem die Position und Größe der Fenster definiert ist. Jedes Fenster hat wiederum sein eigenes Koordinatensystem, seine eigene Zeichenumgebung. Wird in ein Fenster gezeichnet, so gilt das lokale Koordinatensystem dieses Fensters, welches seinen Ursprung in der linken oberen Ecke des Fensters hat.

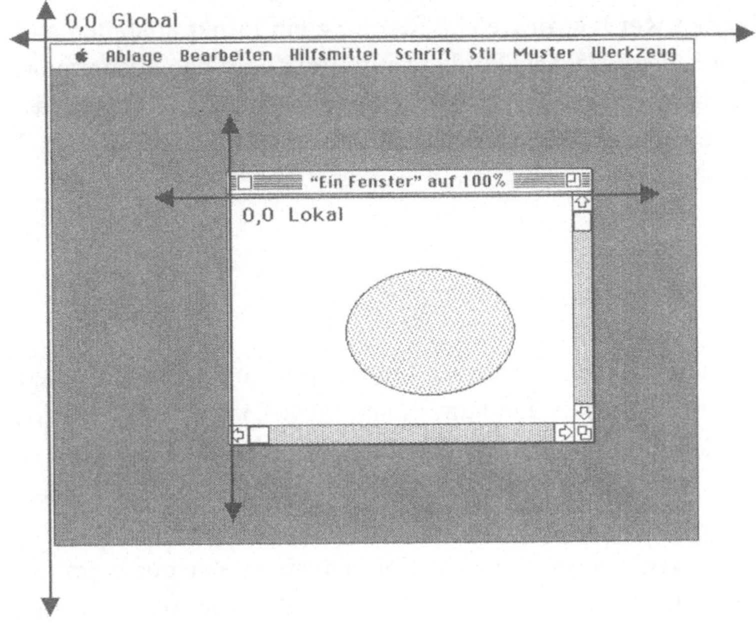

Abb. 7-3 Die Relation zwischen lokalem und globalem Koordinatensystem.
Da jedes Fenster sein eigenes Koordinatensystem besitzt, braucht die Position der Grafik nicht neu berechnet zu werden, wenn das Fenster verschoben wird.

Durch die Konzeption eines globalen bzw. eines lokalen Koordinatensystems ermöglicht QuickDraw das einfache Arbeiten mit Fenstern; der Programmierer braucht sich beim Zeichnen einer Grafik nicht um die Position des Fensters bezogen auf den Bildschirm zu kümmern, da sich sämtliche Zeichenoperationen auf das lokale Koordinatensystem des Fensters beziehen. Abb. 7-3 zeigt die Beziehung zwischen lokalem und globalem Koordinatensystem.

Ein Punkt des Koordinatensystems wird durch zwei INTEGER-Zahlen (shorts) definiert. Die Struktur Point, die einen Punkt im QuickDraw-Koordinatensystem beschreibt, ist daher wie folgt deklariert:

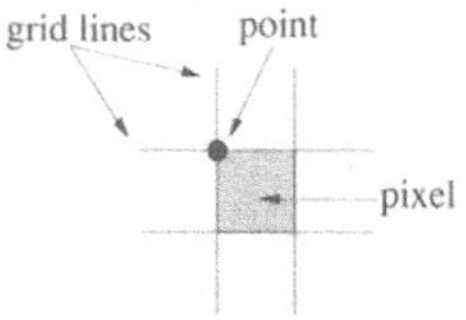

```
1:  struct Point {
2:      short   v;
3:      short   h;
4: };
```

Abb. 7-4 Die Beziehung zwischen Punkt und Koordinate. Der Punkt (Pixel) fällt immer nach rechts unten aus.

Ein QuickDraw-Koordinatenpaar ist als "mathematischer" Punkt zu verstehen. QuickDraw-Zeichenoperationen beziehen sich immer auf dieses "mathematische" Koordinatensystem. Bei linien-orientierten Grafiken wie Linien und Polygonen muß dann entschieden werden, in welche Richtung ein Punkt ausfallen soll. Bei QuickDraw fällt ein Punkt relativ zum Koordinatenpaar immer nach rechts unten aus. Das Verhältnis zwischen Koordinatenpaar und betroffenen Bildschirm- bzw. Druckerpunkt wird in Abb. 7-4 gezeigt.

7.2 Punkte und Linien

Will man auf dem Macintosh Linien oder Punkte malen, so geschieht dies mittels den Funktionen MoveTo und LineTo. Beide Funktionen verlangen als Eingabeparameter zwei shorts, welche einen Punkt im QuickDraw-Koordinatensystem beschreiben. Das Zeichnen von Linien mit QuickDraw kann man mit einem Plotter vergleichen; zunächst gibt man einen Startpunkt im Koordinatensystem an (der Plotter-Stift wird an die entsprechende Stelle bewegt), anschließend gibt man den Befehl, eine Linie zu einem Endpunkt zu zeichnen. Um QuickDraw zum Zeichnen einer

Linie zu bewegen, wird die Funktion MoveTo mit den Startkoordinaten, und anschließend die Funktion LineTo mit den Endkoordinaten aufgerufen. MoveTo und LineTo sind wie folgt deklariert:

LineTo

```
pascal void MoveTo (short h, short v);

pascal void LineTo (short h, short v);
```

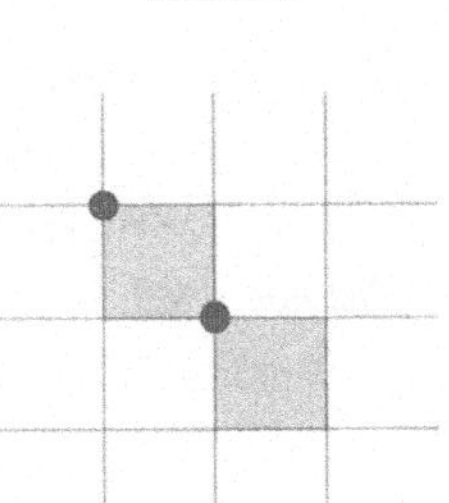

Abb. 7-5
Die Auswirkung des LineTo-Befehls.

Ein Beispiel:
Es soll eine Linie von der Koordinate 100,100 nach 200,200 gezeichnet werden.

```
1: MoveTo (100, 100);
2: LineTo (200, 200);
```

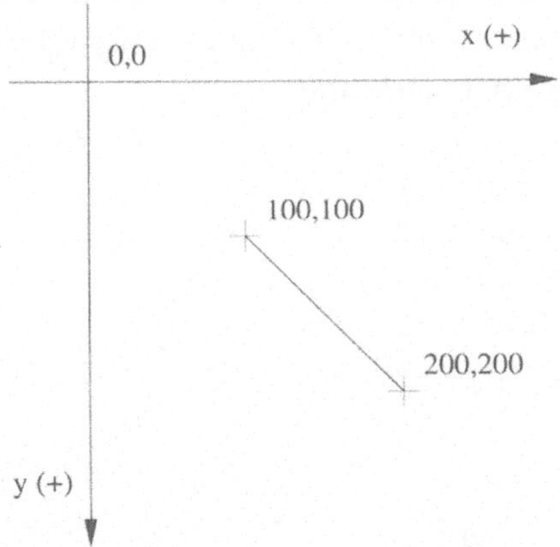

Abb. 7-6
Eine Linie im QuickDraw-Koordinatensystem.

LineTo verschiebt genauso wie MoveTo die aktuelle Position unseres Plotter-Stiftes, was bewirkt, daß die folgende Sequenz ein Dreieck zeichnet:

```
1: MoveTo (100, 100);
2: LineTo (200, 200);
3: LineTo (0, 200);
4: LineTo (100, 100);
```

Man kann die Art und Weise, wie QuickDraw Linien zeichnet, auf verschiedene Weise beeinflussen; es gibt die Möglichkeit, Breite oder Höhe des Zeichenstiftes zu verändern, man kann das Muster der "Tinte" verändern oder die Farbe, mit der gezeichnet wird, beeinflussen. Für diese Beeinflussungen stehen dem Programmierer unter anderem folgende Funktionen zur Verfügung:

PenSize

```
pascal void PenSize (short width, short height);
```

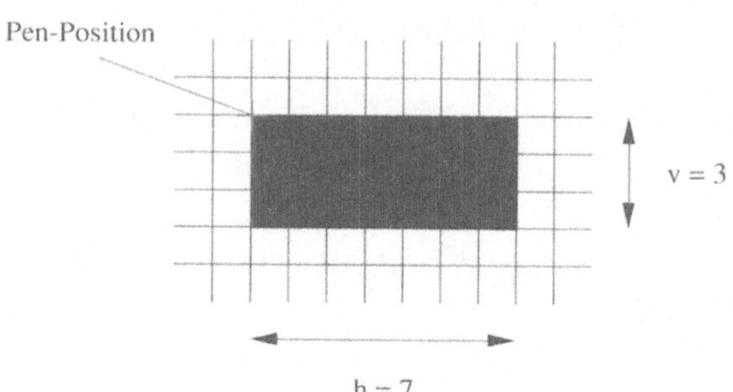

Abb. 7-7
Die Auswirkung des PenSize-Befehls.

Mit Hilfe von PenSize kann man die Breite bzw. die Höhe der "Zeichenfeder" verändern. Die "Feder" des Zeichenstiftes wird nach rechts unten vergrößert. So hat die folgende Sequenz die in Abb. 7-8 gezeigte Auswirkung:

```
1: PenSize (10, 1);
2: MoveTo (100, 100);
3: LineTo (100, 200);
4: LineTo (200, 200);
5: LineTo (100, 100);
```

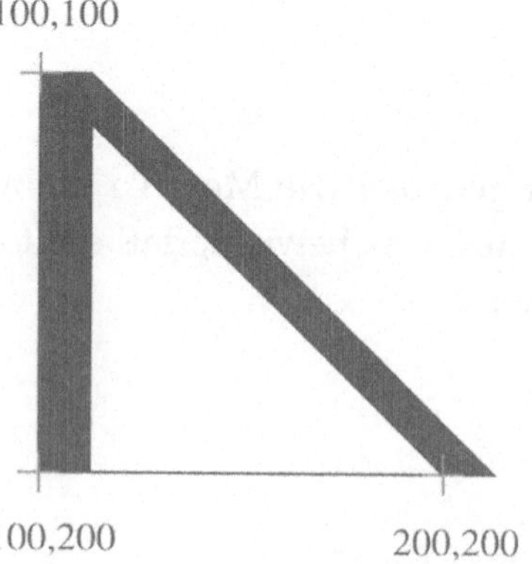

Abb. 7-8
Die Auswirkungen des PenSize-Befehls auf das Zeichnen von Linien. Hier wurde mit einer 1-Punkt hohen und 10-Punkt breiten "Zeichenfeder" gearbeitet.

PenMode

PenMode ändert den Zeichen-Modus. Der Zeichen-Modus bestimmt, in welcher Weise die zu zeichnenden Pixel mit den übermalten in Beziehung treten. Was sich so kompliziert anhört, wird meist lediglich dafür verwendet, um selektierten Text oder selektierte Grafik invertiert darzustellen. Dies geschieht, in dem die Grafik gezeichnet wird, der PenMode auf invertierend gesetzt wird, und das umschließende Rechteck der Grafik mit Hilfe von PaintRect gezeichnet wird. Das Resultat entspricht genau dem, wie Grafiken oder Texte beispielsweise in Layout-Programmen selektiert werden.

PaintRect zeichnet ein Rechteck (wird später erläutert).

```
pascal void PenMode (short mode);
```

Es stehen mehrere Modi zur Verfügung, von denen hier nur die wichtigsten beschrieben werden:

```
patXor   Invertierend
patOr    Oder
patCopy  Übermalend (normal)
```

Ein Beispiel zu patXOr:

```
1: PenMode (patXOr);
2: PenSize (10, 10);
3: MoveTo (100, 100);
4: LineTo (200, 200);
5: LineTo (150, 200);
6: LineTo (150, 100);
```

Dieses Programmfragment hat die in Abb. 7-9 gezeigte Auswirkung.

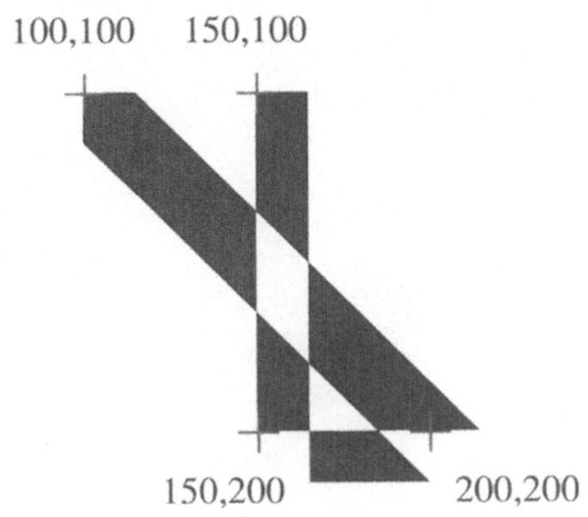

Abb. 7-9
Die Auswirkungen des PenMode-Befehls auf LineTo-Befehle. Die Bereiche, an denen der Stift zweimal zeichnet, werden wieder weiß.

PenPat

Mit Hilfe von PenPat kann man die "Tinte" des Zeichenstiftes verändern. Diese Tinte besteht aus einem Pattern, einem Array, welches aus 8 mal 8 Bits besteht. Jedes Bit in diesem Array entspricht einem Bildschirmpunkt beim Zeichnen mit diesem Pattern. Binär 1 bedeutet einen schwarzen, 0 einen weißen Punkt.

```
typedef unsigned char Pattern[8];
pascal void PenPat (Pattern *pat);
```

PenPat kann man ein vordefiniertes oder selbstdefiniertes Pattern übergeben. Dieses Pattern wird dann anstelle der Standard-Einstellung (black) verwendet.
Die vordefinierten Patterns wie black, white, gray, ltGray (light gray) oder dkGray (dark gray) befinden sich in einem globalen, von QuickDraw definierten struct namens "qd" und können direkt benutzt werden. Um ein selbstdefiniertes Pattern zu erzeugen, muß man sich eine Variable vom Typ Pattern anlegen und die Bits in diesem Pattern selbst setzen. In der Regel reichen die von QuickDraw vordefinierten Patterns für die meisten Aufgaben aus.
Ein kleines Beispiel :

```
1: PenPat (qd.gray);
2: PenSize (10, 10);
3: MoveTo (100, 100);
4: LineTo (200, 200);
```

Dieses Programmfragment zeichnet die Linie mit 50 Prozent grau, da die Funktion PenPat aufgerufen wird, und ihr das vordefinierte Pattern qd.gray übergeben wird.

100,100

200,200

7-10
Die Auswirkung des PenPat-Befehls auf das Zeichnen einer Linie. Bei PenPat (qd.gray) wird nur jeder zweite Pixel schwarz gezeichnet.

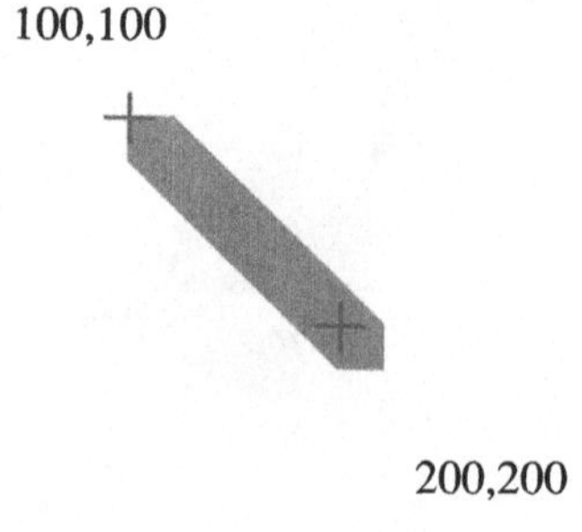

Funktionen, die die sogenannten "Pen Attributes" verändern (wie PenSize, PenMode und PenPat) haben die Eigenschaft, daß sie die Pen-Attribute permanent verändern. Das bedeutet, daß sie alle folgenden QuickDraw-Zeichenaktionen beeinflussen. Es werden beispielsweise alle Linien, Rechtecke oder Ovale, die nach dem Aufruf PenPat (qd.gray) gezeichnet werden mit einem grauen Pattern gezeichnet. Diese Eigenschaft ist recht nützlich, kann jedoch auch Verwirrung stiften. Normalerweise benutzt man daher bevor Zeichenroutinen aufgerufen werden, die QuickDraw-Funktion PenNormal, welche die Pen-Attribute auf ihre Standard-Werte zurücksetzt.

PenNormal

```
1: PenNormal ();
2: PenPat (qd.gray);
3: PenSize (10, 10);
4: MoveTo (100, 100);
5: LineTo (200, 200);
```

Auf diese Weise können wir sicher sein, daß eventuell vorangegangene Änderungen der Pen-Attribute unsere Zeichnung nicht beeinflussen.

HidePen / ShowPen

Da das Zeichnen von Linien (wie beschrieben) mit einem Plotter verglichen werden kann, bietet QuickDraw auch die Möglichkeit, den Plotter-Stift zu heben bzw. zu senken. Wird der Plotter-Stift angehoben, so hat keine QuickDraw-Zeichenfunktion Auswirkungen auf den Bildschirm. QuickDraw stellt für dieses Anheben bzw. Absenken des Plotter-Stiftes die Funktionen HidePen bzw. ShowPen zur Verfügung. Durch die Verwendung dieser Funktionen kann man die grafische Ausgabe von Unterroutinen unterdrücken. Die beiden Funktionen sind wie folgt deklariert:

```
pascal void HidePen (void);
```

Wenn während des Zeichnens einer Grafik der Zeichenstift hochgehoben werden soll, so kann man dies mit Hilfe der Funktion HidePen tun.

```
pascal void ShowPen (void);
```

Ein Aufruf der Funktion ShowPen hebt die Wirkung eines korrespondierenden HidePen-Aufrufs wieder auf.
Aufrufe von HidePen bzw. ShowPen müssen ausgeglichen sein. Wird zweimal hintereinander HidePen aufgerufen, und nur einmal ShowPen, so wird nicht gezeichnet !

7.3 Rechtecke und Ovale

Zu den Grafik-Primitives gehören auch die Rechtecke bzw. die Ovale. Diese Grafikelemente sind recht einfach und flexibel zu benutzen und basieren auf einer Datenstruktur namens Rect. Ein Rect beschreibt ein Rechteck und ist wie folgt deklariert:

FrameRect

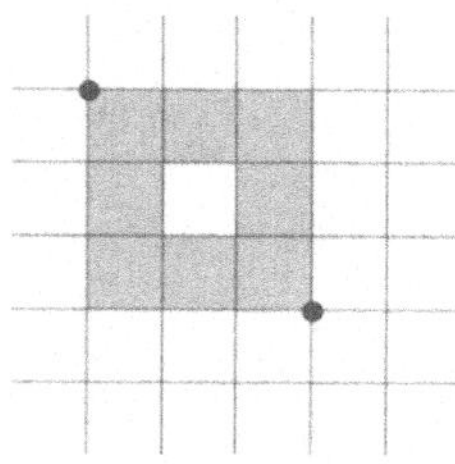

```
1: struct Rect {
2:      short    top;
3:      short    left;
4:      short    bottom;
5:      short    right;
6: };
7:
8: typedef struct Rect Rect;
```

PaintRect

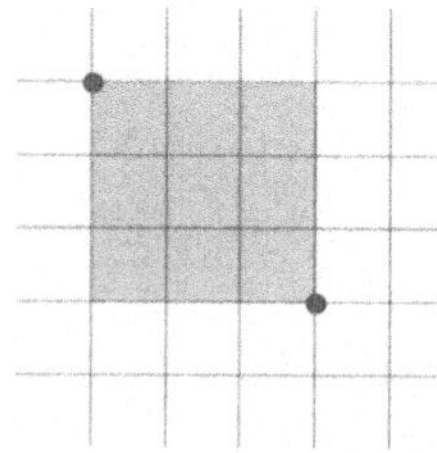

Abb. 7-11 FrameRect und PaintRect.

Die Felder **top, left, bottom** und **right** beschreiben das Rechteck im QuickDraw-INTEGER-Koordinatensystem. Will man nun ein Rechteck zeichnen, kann man die Funktion FrameRect oder PaintRect benutzen. Diese Funktionen erwarten jeweils einen Parameter vom Typ Rect.

```
pascal void FrameRect (const Rect *r);

pascal void PaintRect (const Rect *r);
```

Im Gegensatz zu den linien-orientierten Strukturen (wie LineTo) fallen die mit FrameRect oder PaintRect gemalten Rechtecke nicht nach rechts unten aus. Dies kommt daher, daß es bei diesen "mathematisch definierten" Objekten im Gegensatz zu linien-orientierten Strukturen eine eindeutig beschreibbare Fläche gibt.

Die folgende Funktion zeichnet die Umrandung (den Frame) eines Rechtecks:

```
 1: void DrawFigure (void)
 2: {
 3:    Rect myRect;
 4:
 5:    myRect.top     = 100;
 6:    myRect.left    = 100;
 7:    myRect.bottom  = 200;
 8:    myRect.right   = 200;
 9:    FrameRect (&myRect);
10: }
```

SetRect

Vereinfachen läßt sich die (etwas aufwendige) einzelne Zuweisung der Koordinaten mit der Hilfsfunktion SetRect, die QuickDraw zu diesem Zweck zur Verfügung stellt. SetRect übernimmt die Zuweisung der einzelnen Felder eines Rects, die wir im vorangegangenen Beispiel noch sozusagen "zu Fuß" durchführen mußten.

```
pascal void SetRect (  Rect    *r,
                       short   left,
                       short   top,
                       short   right,
                       short   bottom);
```

Dementsprechend verkürzt sich unsere kleine Funktion wie folgt:

```
1: void DrawFigure (void)
2: {
3:    Rect myRect;
4:
5:    SetRect (&myRect, 100, 100, 200, 200);
6:    FrameRect (&myRect);
7: }
```

PaintOval / FrameOval

Ovale werden wie Rechtecke behandelt; das angegebene Rechteck beschreibt dann das umschließende Rechteck des Ovals. Zum Zeichnen von Ovalen stehen die Funktionen FrameOval und PaintOval zur Verfügung.

```
pascal void FrameOval (const Rect *r);

pascal void PaintOval (const Rect *r);
```

Wenn wir unsere Funktion wie im nächsten Beispiel gezeigt erweitern, so resultiert dies in der in Abb. 7-12 dargestellten Grafik.

```
1: void DrawFigure (void)
2: {
3:     Rect myRect;
4:
5:     SetRect (&myRect, 100, 100, 200, 200);
6:     FrameRect (&myRect);
7:     PaintOval (&myRect);
8: }
```

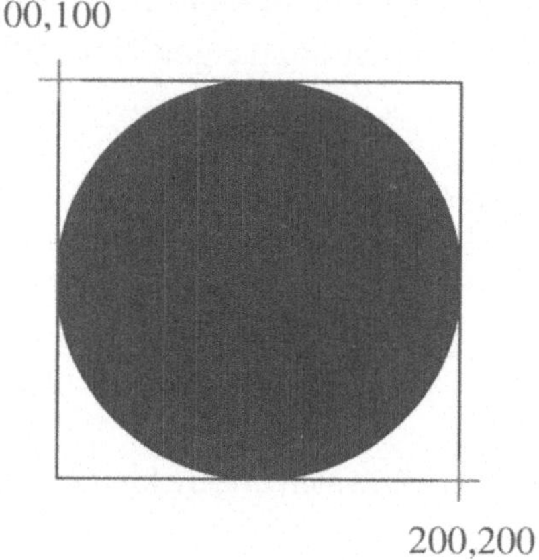

Abb. 7-12 FrameRect und PaintOval. PaintOval zeichnet das Oval, welches in das Rechteck paßt.

7.4 Polygone

Polygone sind eine etwas kompliziertere, jedoch sehr leistungsfähige Struktur von QuickDraw. Die Definition eines Polygons kann man mit dem Bespielen eines Tonbands vergleichen. Zunächst teilt man QuickDraw mit, daß man die Aufzeichnung eines Polygons beginnen möchte. Dies würde in etwa dem Drücken des Aufnahmeknopfes des fiktiven Tonbands entsprechen. Anschließend definiert man die Figur des Polygons durch den wiederholten Aufruf der LineTo-Funktion (auf das Tonband

sprechen) und schaltet zum Schluß die Aufzeichnung ab. Nun haben wir ein auf "Tonband" aufgezeichnetes Polygon und können es jederzeit mit *einem* Aufruf zeichnen.
Natürlich hinkt der eben benutzte Vergleich mit einem Tonband etwas. Die Daten des Polygons (die Koordinaten der Eckpunkte) werden selbstverständlich nicht auf einem Tonband aufgezeichnet, sondern mit einem Handle verwaltet. QuickDraw besitzt auch keine Knöpfe zum Aufzeichnen von Koordinaten, sondern bietet stattdessen drei Funktionen an:

OpenPoly

```
PolyHandle OpenPoly (void);
```

OpenPoly alloziiert einen Handle für die Daten unseres Polygons und gibt diesen PolyHandle als Ergebniswert zurück. Gleichzeitig startet OpenPoly die Aufzeichnung aller nachfolgenden MoveTo- und LineTo-Befehle. Die Koordinaten der Befehle werden von QuickDraw in dem von OpenPoly angelegten PolyHandle abgelegt. Während der Aufzeichnung werden keine Linien auf dem Bildschirm gezeichnet, die LineTo-Befehle dienen lediglich der Definition des Polygons.
Ein PolyHandle verwaltet eine Struktur vom Typ Polygon:

```
1:  struct Polygon {
2:    short         polySize;
3:    Rect          polyBBox;
4:    Point         polyPoints[1];
5: };
6:
7: typedef struct Polygon *PolyPtr,
         **PolyHandle;
```

Das Feld **polySize** gibt die Größe des Polygons in Bytes an. Da **polySize** ein short ist, beschränkt QuickDraw die Anzahl der Eckkoordinaten eines Polygons auf 8000 Koordinatenpaare. Das Rect **polyBBox** entspricht dem umschliessenden Rechteck des Polygons (aller Eckkoordinaten) und wird während der Aufzeichnung des Polygons automatisch berechnet. Ein Polygon-struct ist ein sogenannter "Open Array", d.h. daß beginnend mit dem Feld **polyPoints[0]** die Eckkoordinaten des Polygons in dieser Struktur enthalten sind. Enthält ein Polygon beispielsweise 20

Eckkoordinaten, so können wir den Array **polyPoints** bis **polyPoints[19]** adressieren, um auf die Eckkoordinaten des Polygons zuzugreifen. Der Block, in dem sich der Open-Array befindet, wird während der Aufzeichnung des Polygons ständig vergrößert. Daher belegt ein Polygon mit 20 Eckkoordinaten weniger Speicherplatz im Speicherbereich der Applikation als eines mit 300. Abb. 7-13 zeigt, wie ein Polygon verwaltet wird bzw. wie seine Struktur im Speicherbereich der Applikation liegt.

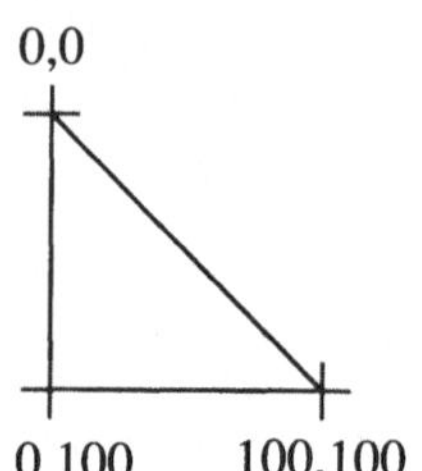

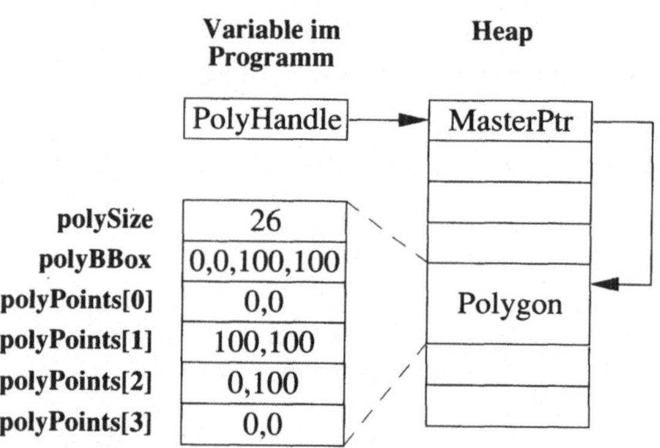

Abb. 7-13 Ein Polygon und die Datenstrukturen im Speicherbereich. Das Programm verwaltet ein Polygon mit Hilfe einer Variablen vom Typ PolyHandle. Dieser zeigt auf eine Struktur vom Typ Polygon, welche die Polygon-Daten enthält.

ClosePoly

Soll die Konstruktion eines Polygons beendet werden, so wird die Funktion ClosePoly aufgerufen. ClosePoly beendet die automatische Aufzeichnung aller MoveTo- und LineTo-Befehle in das durch OpenPoly angelegte Polygon.

```
pascal void ClosePoly (void);
```

Nachdem die Definition des Polygon abgeschlossen wurde, kann das Polygon für Zeichenoperationen verwendet werden.

Die Funktionen FramePoly bzw. PaintPoly sind für das Zeichnen eines bereits definierten Polygons zu verwenden (vergleichbar mit FrameRect und PaintRect).

```
pascal void FramePoly (PolyHandle poly);

pascal void PaintPoly (PolyHandle poly);
```

FramePoly

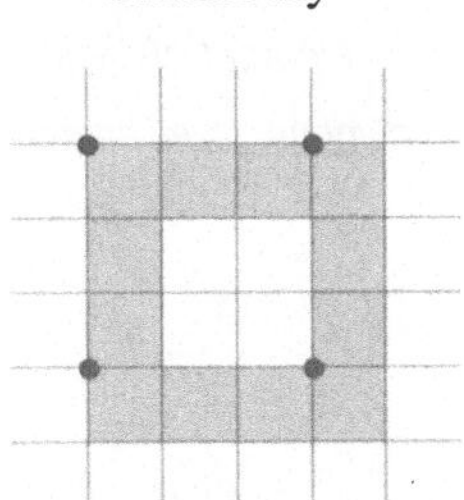

PaintPoly

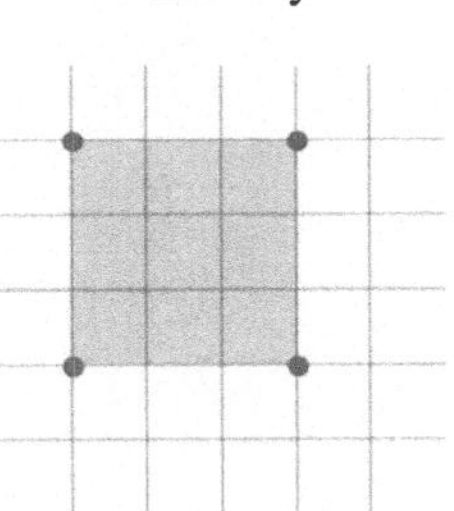

Abb. 7-14
FramePoly und PaintPoly.
Die Linien, welche durch FramePoly gezeichnet werden, fallen nach rechts unten aus, da Polygone zu den linienorientierten Strukturen gehören.

Beim Zeichnen der Umrandung eines Polygons mit Hilfe von FramePoly ist darauf zu achten, daß die Umrandung des Polygons nach rechts unten ausfällt. Dieses Verhalten ist darauf zurückzuführen, daß ein Polygon mit Hilfe von LineTo-Befehlen definiert ist, also eine linien-orientierte Struktur ist.

Es folgt ein Beispiel für das Definieren und Zeichnen eines Polygons:

```
 1: void DrawMyPoly (void)
 2: {
 3:    PolyHandle  myPoly;
 4:
 5:    myPoly = OpenPoly ();
 6:    MoveTo (200, 50);
 7:    LineTo (300, 300);
 8:    LineTo (50, 150);
 9:    LineTo (350, 150);
10:    LineTo (100, 300);
11:    LineTo (200, 50);
12:    ClosePoly ();
13:    PaintPoly (myPoly);
14:    KillPoly (myPoly);
15: }
```

Abb. 7-15 zeigt das Resultat dieser Beispielfunktion. Das Polygon hat die Form eines Sternes. Interessant ist die Reaktion von **PaintPoly** auf die komplizierte Form dieses Polygons.

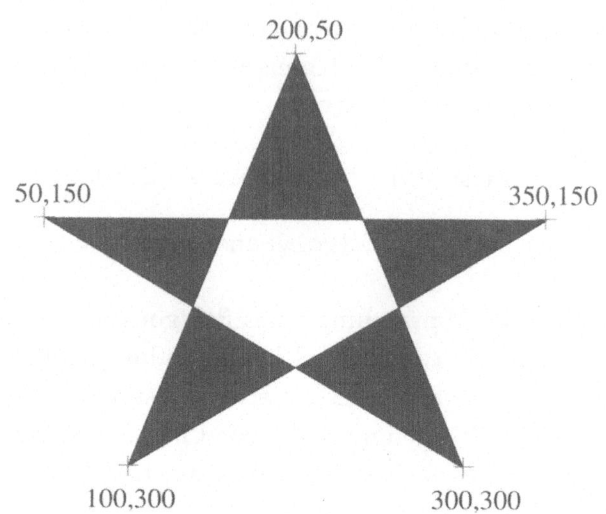

*7-15
Ein mit Hilfe eines Polygons gezeichneter Stern.*

In der Funktion **DrawMyPoly** wird die lokale Variable **myPoly** (vom Typ PolyHandle) deklariert, um zur Verwaltung der Polygon-Daten (der Eckkoordinaten) verwendet zu werden. In Zeile 5 wird die Funktion **OpenPoly** benutzt, um die Aufzeichnung der nachfolgenden **MoveTo/LineTo**-Befehle zu starten. **OpenPoly** alloziiert auch einen Handle vom Typ PolyHandle, um die Eckkoordinaten des Polygons darin zu speichern. In Zeile 6 wird ein initialer **MoveTo**-Befehl ausgeführt, um dem Polygon einen Ausgangspunkt zu geben. Die nachfolgenden **LineTo**-Befehle beschreiben die Eckpunkte bzw. die Umrandung des Polygons. Diese Zeichenbefehle haben, während ein Polygon zur Definition geöffnet ist, keine Auswirkungen auf den Bildschirm; sie werden nur zur Definition der Eckkoordinaten benutzt, Auswirkungen auf den Bildschirm werden von QuickDraw unterdrückt. In Zeile 12 wird die Definition des Polygons mit einem **ClosePoly**-Befehl abgeschlossen. Der **ClosePoly**-Befehl teilt QuickDraw mit, daß nachfolgende **LineTo**-Befehle nicht mehr zur Definition des Polygons verwendet werden, sondern daß sie jetzt wieder auf dem Bildschirm angezeigt werden sollen.

In Zeile 13 wird das gerade definierte Polygon mittels eines **PaintPoly**-Befehls auf den Bildschirm gezeichnet. **PaintPoly** füllt, wie PaintRect, das Innere der Figur in der aktuellen Farbe und dem aktuellen Pattern.

Zeile 14 schließt den gesamten Prozeß ab, indem der von **OpenPoly** angelegte PolyHandle durch den Aufruf von **KillPoly** freigegeben wird. **KillPoly** hat denselben Effekt wie DisposeHandle; der Block im Speicherbereich wird zum Überschreiben freigegeben.

7.5 Text

DrawString

QuickDraw bietet selbstverständlich auch die Möglichkeit, Text auszugeben. Zu diesem Zweck werden mehrere Funktionen angeboten, von denen hier zwei vorgestellt werden. Die Funktion DrawString stellt eine recht einfache Möglichkeit dar, Text auf dem Bildschirm darzustellen. Sie verlangt als Eingabeparameter die Adresse eines Pascal-Strings (Str255).

```
pascal void DrawString (Str255 *s);
```

DrawString zeichnet den im Pascal-String enthaltenen Text an der aktuellen Pen-Position. Dies bedeutet, daß wir zunächst mit einem MoveTo-Befehl dafür sorgen müssen, daß die Pen-Position auf den Punkt gesetzt wird, an dem unser Text auf den Bildschirm gezeichnet werden soll. Das nachfolgende Beispiel bewirkt die in Abb. 7-16 gezeigte Bildschirmausgabe.

```
1: void DrawMyText (void)
2: {
3:    MoveTo (100, 100);
4:    DrawString ("\pgezeichneter Text");
5: }
```

gezeichneter Text

100,100

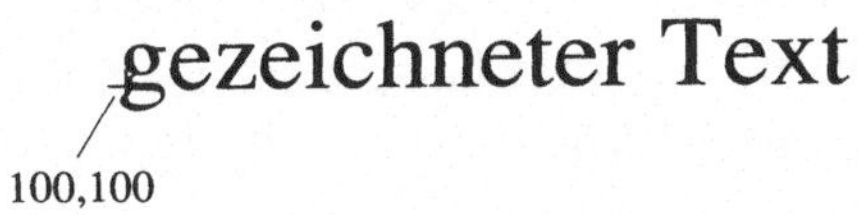

Abb. 7-16 Textausgabe mit Hilfe von DrawString.

Bei der Ausgabe des Strings ist darauf zu achten, daß die Pen-Position auf der Basislinie der Schrift steht. Das kleine "g" ragt nach unten hinaus.

DrawString setzt eine definierte Pen-Position voraus und verschiebt diese während des Zeichnens. Nach dem Zeichnen eines Strings befindet sich die Pen-Position hinter dem letzten Buchstaben des gezeichneten Textes. Ein erneuter **DrawString**-Befehl hängt den neuen Text daher hinter den ersten Text an. Dieses Verhalten hat seine Vor- und Nachteile; möchte man beispielsweise eine Folge von Text auf den Bildschirm zeichnen, so kann man dies ganz einfach durch wiederholtes Aufrufen von DrawString tun. Da DrawString jedoch keine Möglichkeit eines Line-Feeds bietet, muß die Pen-Position "zu Fuß" neu gesetzt werden, wenn eine zweite Zeile ausgegeben werden soll.

```
1: void DrawMyText (void)
2: {
3:    MoveTo (100, 100);
4:    DrawString ("\pgezeichneter Text");
5:    DrawString ("\p noch mehr Text");
6:    MoveTo (100, 120);
7:    DrawString("\pzweite Zeile");
8: }
```

Abb. 7-17
Zwei Zeilen Text, die mit Hilfe von DrawString gezeichnet wurden.

gezeichneter Text noch mehr Text
100,100
zweite Zeile
100,120

Der zweite Aufruf von **DrawString** hängt den zu zeichnenden Text an den zuletzt gezeichneten an, da der erste Aufruf die Pen-Position hinter den zuletzt gezeichneten Buchstaben verschiebt. In Zeile 5 wird die Pen-Position neu gesetzt, um ein Line-Feed zu emulieren.

DrawText

Viele Textverarbeitungsprogramme verwenden eine andere Funktion zum Ausgeben von Text. Die Funktion DrawText bietet die Möglichkeit, Text, der beispielsweise mit einem Handle verwaltet wird, sehr flexibel auf den Bildschirm zu zeichnen. DrawText verlangt als Eingabeparameter die Adresse des auszugebenden Textes, und bietet mit den Parametern **firstByte** und **byteCount** die Möglichkeit, einen bestimmten Bereich des Textes auszugeben.

```
pascal void DrawText ( const void   *textBuf,
                       short        firstByte,
                       short        byteCount);
```

Der Input-Parameter **firstByte** spezifiziert den ersten Buchstaben, der gezeichnet werden soll (ausgehend von dem Buchstaben, auf den **textBuf** zeigt). **byteCount** gibt die Anzahl der Auszugebenden Buchstaben an. So zeichnet das nachfolgende Beispiel nur das Wort "Text" aus dem übergebenen String.

```
1: void DrawMyText (void)
2: {
3:     MoveTo (100, 100);
4:     DrawText ("gezeichneter Text", 13, 4);
5: }
```

Nun wäre es recht langweilig, auf einem Grafiksystem wie dem Apple Macintosh Text immer in derselben Größe bzw. derselben Schriftart zu zeichnen. Selbstverständlich bietet QuickDraw auch Manipulationsmöglichkeiten für die Schriftgröße, die Schriftart oder auch den Schriftschnitt an. Diese Manipulationsmöglichkeiten funktionieren vergleichbar mit den Änderungen der Pen-Attribute wie PenSize oder PenPattern.

TextFont

Die Funktion TextFont erlaubt die Umstellung der Schriftart auf alle im Betriebssystem installierten Schriften.

```
pascal void TextFont (short font);
```

Ein Macintosh-Programm kann nur die (fest installierten) Schriftarten Geneva, Monaco und Times voraussetzen. Alle anderen Schriftarten (wie z.B. Helvetica oder Palatino) können vom Benutzer installiert oder auch entfernt werden. Die fest installierten Schriften werden daher auch von den meisten Programmen zur Darstellung von Text in Dialogen oder für andere Programmausgaben verwendet. Textverarbeitungsprogramme erlauben es dem Benutzer selbstverständlich, den eingegebenen Text in den verschiedensten Schriftarten zu formatierten. Programmeldungen und andere, nicht vom Benutzer eingegebene Texte sollten jedoch immer in Monaco, Geneva oder Times gehalten werden, um die Einheitlichkeit des User-Interfaces auf dem Macintosh zu bewahren. Kümmern wir uns daher erst einmal um die Ausgabe von Text in den Standard-Schriftarten. QuickDraw identifiziert Schriften über eine INTEGER-Zahl, die sogenannte

"Font ID". Für die Standard-Schriften (wie Geneva oder Monaco) bietet QuickDraw vordefinierte Konstanten an. Diese Konstanten entsprechen einer bestimmten Font-ID und können als Parameter für TextFont verwendet werden. Für die Standard-Schriftarten gibt es folgenden Konstanten:

```
#define geneva   3
#define monaco   4
#define times    20
```

TextFace

Um den Schriftstil des zu zeichnenden Textes zu ändern, kann die Funktion TextFace verwendet werden.

```
pascal void TextFace (short face);
```

Mit TextFace kann man den Schriftstil beispielsweise auf italic oder bold oder bold+italic ändern. Zu diesem Zweck verlangt TextFace einen short als Parameter, welcher ein Bit-Feld darstellt, in dem jeweils ein Bit mit einem bestimmten Schriftstil assoziiert ist. Jedes Bit in dem Bit-Feld entspricht einem bestimmten Stil. Ist das Bit gesetzt, so werden die nächsten DrawString- oder DrawText-Befehle den Text in dem entsprechenden Schriftstil ausgeben. Da **face** ein Bit-Feld ist, sind beliebige Kombinationen der Schriftstile möglich: Beispielsweise bold+italic+underline+outline (eine schreckliche Kombination).

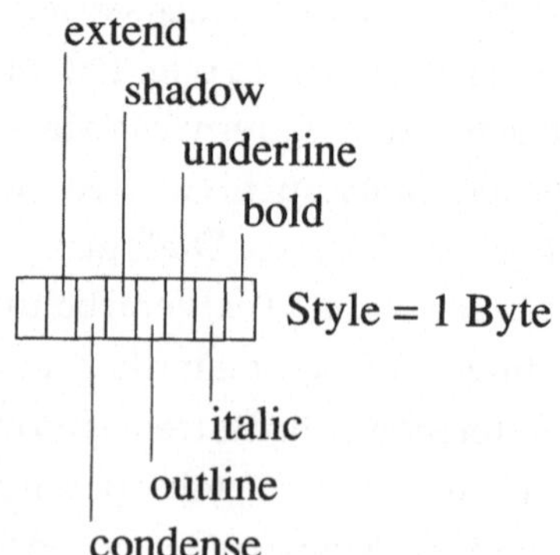

Abb. 7-18 Die Unterteilung des Style-Bytes. Jedes Bit entspricht einem Schriftstil. Ist das Bit gesetzt, so wird der entsprechende Schriftstil angewendet.

QuickDraw bietet vordefinierte Konstanten für die Manipulation des Schriftstils an, die den Schriftstil-Namen entsprechen, und das entsprechende Bit gesetzt haben. Diese Konstanten sind:

```
#define normal      0
#define bold        1
#define italic      2
#define underline   4
#define outline     8
#define shadow      0x10
#define condense    0x20
#define extend      0x40
```

Übrigens: Hier wird ein recht nützlicher Trick zum Setzen einer Bit-Feld-Konstanten verwendet : 0x10 = hexadezimal $10 = binär 10000. In C kann die Konstruktion 0x verwendet werden, um einer Variablen oder Konstanten einen hexadezimalen Wert zuzuweisen.

TextSize

Mit der Funktion TextSize kann man (wie der Name bereits vermuten läßt) die Schriftgröße verändern.

```
pascal void TextSize (short size);
```

Der Parameter **size** gibt bei einem Aufruf von TextSize die Größe der Schrift in Point (1/72 inch = 1 Bildschirmpunkt) an.

Das folgende Programmfragment demonstriert die verschiedenen Schrift-Manipulationsmöglichkeiten:

```
 1: void DrawMyText (Str255 *s, Point location)
 2: {
 3:    TextFont (geneva);
 4:    TextFace (italic);
 5:    TextSize (24);
 6:    MoveTo (location.h, location.v);
 7:    DrawString (s);
 8: }
 9:
10: Point  textPosition;
11:
12: void main (void)
13: {
14:    textPosition.h = textPosition.v = 100;
15:    DrawMyText ("\pGarfield", textPosition);
16: }
```

Garfield 24 Punkte

100,100

Abb 7-19
Die Kombination von Schriftattributen.

StringWidth

Da viele Schriftarten verschiedene Buchstabenbreiten besitzen (nicht-proportionale Schriften), ist es oft wichtig zu wissen, wie breit ein String beim Zeichnen wird. Dies ist beispielsweise dann interessant, wenn man Text zentriert ausgeben möchte. Zu diesem Zweck bietet QuickDraw zwei Funktionen an, die in Kombination mit DrawString bzw. DrawText benutzt werden können.

```
pascal short StringWidth (Str255 *s);
```

StringWidth gibt die Breite des Strings in Point (1/72 inch) als Ergebniswert zurück. Bei der Berechnung werden auch die aktuellen Text-Attribute (Schriftart, Schriftschnitt und Schriftgröße) berücksichtigt, die ja die Breite des Textes beeinflussen.

TextWidth

```
pascal short TextWidth  ( const void  *textBuf,
                          short       firstByte,
                          short       byteCount);
```

TextWidth funktioniert wie StringWidth, bietet jedoch dieselbe Flexibilität bei der Adressierung des zu messenden Buchstaben, wie DrawText dies für die Ausgabe von Text tut.
Hier ein Beispiel zur Ausgabe von zentriertem Text:

```
 1: void DrawCenteredText (  Str255    *s,
                            Point     location)
 2: {
 3:    short  centeredHoriz;
 4:
 5:    centeredHoriz = location.h -
            StringWidth (s) / 2;
 6:    MoveTo (centeredHoriz , location.v);
 7:    DrawString (s);
 8: }
 9:
10: Point  textPosition;
11:
```

```
12: void main (void)
13: {
14:     textPosition.h = textPosition.v = 100;
15:     DrawMyText ("\pGarfield,", textPosition);
16:     textPosition.v += 20;
17:     DrawCenteredText ("\pder dicke Kater",
            textPosition);
18: }
```

100

Garfield, 100

der dicke Kater 120

Abb. 7-20
Die Positionierung für zentrierten Text kann mit Hilfe von StringWidth berechnet werden.

7.6 Regions

Eine der wichtigsten und flexibelsten Möglichkeiten von QuickDraw sind Regions. Eine Region ist eine Struktur, die einen *Bereich* im QuickDraw-Koordinatensystem beschreibt. Es gibt keine Beschränkung für die Form einer Region. Eine Region kann unregelmäßige Formen beschreiben, wie dies in Abb. 7-21 gezeigt wird, sie kann von einander unabhängige Flächen beschreiben oder auch Löcher in der Fläche haben.

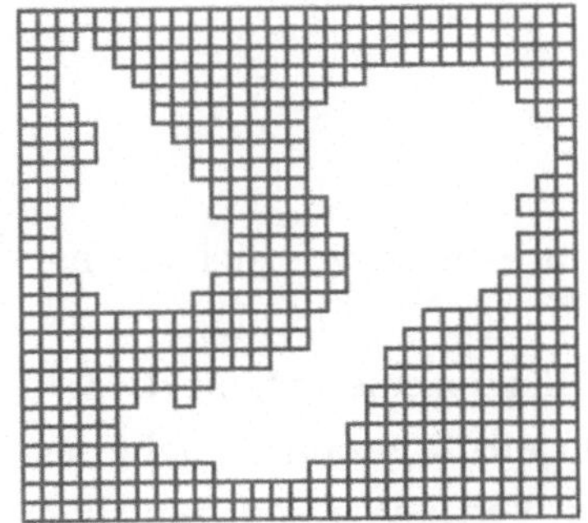

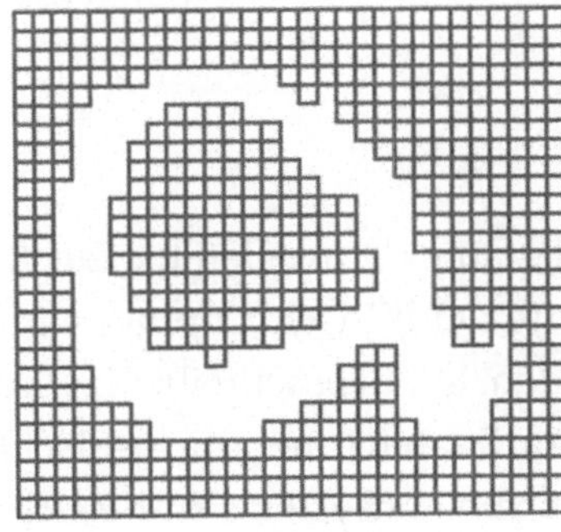

Abb. 7-21
Zwei Regions.
Die weißen Bereiche beschreiben die Fläche der beiden Regions.

Die wichtigste Anwendung von Regions liegt im Beschneiden des Zeichenbereiches, dem sogenannten "Clipping". QuickDraw verwaltet eine Region, die sogenannte "Clipping Region", die zum Beschneiden des Zeichenbereichs verwendet werden kann. Die Clipping-Region wirkt wie ein Passepartout. Nur die Bereiche einer Grafik, die innerhalb dieser Region liegen werden sichtbar. Abbildung 7-22 illustriert das Prinzip des Clippings, bzw. die Wirkung der Clipping-Region (schwarz) als Passepartout. Hier beschneidet die Clipping-Region das Zeichnen eines Photos.

Abb. 7-21 Sämtliche QuickDraw-Zeichenoperationen werden auf den Bereich beschränkt, den die Clipping-Region beschreibt; sie wirkt wie ein Passepartout.

Alle QuickDraw-Befehle zeichnen nur soweit, wie sich die betroffenen Bildschirmpunkte innerhalb der Clipping-Region befinden. Initial beschreibt die Clipping-Region eine (in QuickDraw-Koordinaten) unendliche Fläche, d.h. daß die gesamte Fläche des Koordinatensystems zum Zeichnen zur Verfügung steht. Mit Hilfe bestimmter QuickDraw-Befehle kann man die initiale Clipping-Region durch eine selbstdefinierte Region ersetzen und damit sämtliche Zeichen-Effekte auf den Bereich, den diese Region beschreibt, beschränken. Regions werden in vielen Macintosh-Programmen verwendet, um den Zeichenbereich auf bestimmte Formen zu beschränken. Eine sinnvolle, und weit verbreitete Anwendung für eine solche Beschränkung des Zeichenbereiches liegt beispielsweise darin, eine Grafik oder Text in einem kleinen Fensterausschnitt darzustellen und dem Benutzer mit Hilfe von Scrollbars (Verschieben des Darstellungsbereiches) die Möglichkeit zu geben, die gesamte Grafik zu sehen. In diesem Fall wird die Clipping-Region auf den Darstellungsbereich gesetzt und die *gesamte* Grafik gezeichnet. Auf diese Weise erreicht man sehr einfach und effizient, daß die Grafik nicht über den Darstellungsbereich hinauszeichnet.

Das Aufzeichnen einer Region ist vergleichbar mit der Definition eines Polygons (Tonbandfunktionalität).

Regions sind Handle-basierte Strukturen, ihre Definition funktioniert ähnlich wie die von Polygonen. Zunächst wird QuickDraw der Befehl gegeben, die Aufzeichnung von Grafikbefehlen in eine Region-Struktur zu starten. Dann werden QuickDraw-Befehle wie PaintRect oder PaintOval dazu verwendet, die Form der Region zu beschreiben. Abgeschlossen wird die Definition einer Region mit einem Befehl, der QuickDraw mitteilt, daß die Aufzeichnung der Grafikbefehle in die Region gestoppt werden soll. Während eine Region definiert wird, haben QuickDraw-Befehle keine Auswirkungen auf den Bildschirm; die Befehle werden nur dazu verwendet, die Bereiche, die sie beschreiben, in die Region zu akkumulieren.

Die Datenstruktur, auf die ein RgnHandle zeigt, beinhaltet in dem Feld **rgnSize** die Anzahl der Bytes, die die Region im Speicher belegt, bzw. das umschließende Rechteck der Region in dem Feld **rgnBBox** (Region-Bounding-Box). Die Datenstruktur, die den Bereich der Region beschreibt, folgt hinter dem Feld **rgnBBox**, obwohl kein Array oder sonstige Felder erkennbar sind, die die Form definieren. Apple gibt das Format dieser Datenstruktur nicht bekannt, da sie eine Schlüsseltechnologie zur Implementierung einer hochwertigen grafischen Benutzeroberfläche darstellt. (Regions werden beispielsweise für das Window-Management dringend benötigt)

```
1: struct Region {
2:    short      rgnSize;
3:    Rect       rgnBBox;
4: };
5:
6: typedef struct Region *RgnPtr, **RgnHandle;
```

Für die Definition und Verwendung von Regions stehen dem Macintosh-Programmierer unter anderem folgende Funktionen zur Verfügung:

NewRgn

```
pascal RgnHandle NewRgn (void);
```

NewRgn alloziiert eine leere Region.

OpenRgn

```
pascal void OpenRgn (void);
```

OpenRgn startet die Aufzeichnung von QuickDraw-Befehlen in eine von QuickDraw verwaltete Region.

CloseRgn

```
pascal void CloseRgn (RgnHandle dstRgn);
```

CloseRgn stoppt die Aufzeichnung von QuickDraw-Befehlen und kopiert die generierte Region in **dstRgn**. Die Region **dstRgn** muß vorher mit NewRgn alloziiert werden. Die so definierte Region kann jetzt zum Clipping (Beschneiden des Zeichenbereiches) oder auch zum Zeichnen verwendet werden.

DisposeRgn

```
pascal void DisposeRgn (RgnHandle rgn);
```

Die Funktion DisposeRgn gibt die Region frei, welche durch dem Parameter **rgn** spezifiziert wird. Sie gibt den Block, in dem sich die Region befindet, für den Memory-Manager zum Überschreiben frei.

SetClip

```
pascal void SetClip (RgnHandle rgn);
```

SetClip beschränkt den aktuellen Zeichenbereich (die Clipping-Region) auf die Region, die SetClip übergeben wird. Alle QuickDraw-Befehle zeichnen nach diesem Aufruf nur soweit, wie sich die betroffenen Bildschirmpunkte innerhalb der neuen Clipping-

Region befinden. SetClip *kopiert* die übergebene Region in die Clipping-Region. Dieses Kopieren bedeutet, daß ein Duplikat des übergebenen Handles angelegt wird, um den Zeichenbereich zu beschränken. Wir sind nach dem Aufruf von SetClip also weiterhin für die Verwaltung des Region-Handles verantwortlich.

ClipRect

Die Funktion ClipRect kann dazu verwendet werden, den Zeichenbereich auf ein Rechteck zu beschränken. Sie stellt damit (im Vergleich zu SetClip) eine einfachere Möglichkeit dar, die Zeichenumgebung einzuschränken, da keine Region erzeugt werden muß.

```
pascal void ClipRect (const Rect *r);
```

ClipRect setzt die Clipping-Region der Zeichenumgebung auf den Bereich, der durch das Rechteck, auf welches der Parameter **r** zeigt, beschrieben wird.

GetClip

```
pascal void GetClip (RgnHandle rgn);
```

GetClip kopiert die aktuelle Clipping-Region in die Region, die als Parameter übergeben wird. GetClip setzt dabei voraus, daß die übergebene Region bereits mit NewRgn angelegt wurde. Diese Funktion wird in der Regel dazu verwendet, die aktuelle Clipping-Region zu retten, den Zeichenbereich mit einem SetClip-Aufruf einzuschränken, eine Grafik zu zeichnen und anschließend die Clipping-Region wieder auf die gerettete Region zurückzusetzen.

Das folgende Beispiel demonstriert die Verwendung einer Clipping-Region, um das Zeichnen von Text bzw. eines Rechtecks auf einen kreisförmigen Bereich zu beschränken:

```
1: void DrawClippedGraphics (void)
2: {
3:    RgnHandle oldClip, newClip;
4:    Rect   ovalRect, clippedRect;
5:
6:    OpenRgn ();
7:    SetRect (&ovalRect, 100, 100, 200, 200);
8:    PaintOval (&ovalRect);
```

```
 9:     newClip = NewRgn ();
10:     CloseRgn (newClip);
11:     oldClip = NewRgn ();
12:     GetClip (oldClip);
13:     SetClip (newClip);
14:     MoveTo (50, 150);
15:     DrawString ("\pDieser Text wird geclipped
          gezeichnet");
16:     SetRect (&clippedRect, 150, 150, 300, 300);
17:     PaintRect (&clippedRect);
18:     SetClip (oldClip);
19:     DisposeRgn (oldClip);
20:     DisposeRgn (newClip);
21: }
```

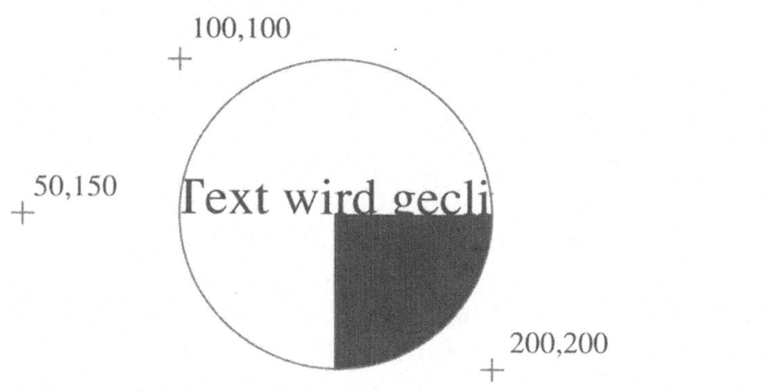

Abb. 7-23 Geclippter Text. DrawString und PaintRect zeichnen nur an den Bereichen, welche sich innerhalb der Clipping-Region befinden. Der angedeutete Kreis beschreibt diese Clipping-Region.

In Zeile 6 wird die Definition einer Region begonnen, die im weiteren Verlauf zum Beschränken des Zeichenbereiches verwendet werden soll. Alle QuickDraw-Befehle die nach **OpenRgn** folgen, definieren die Region. Da wir unsere Grafik kreisförmig beschränken wollen, wird in Zeile 8 der QuickDraw-Befehl **PaintOval** verwendet, um der Region eine Kreisform zu geben. Um mit der Region arbeiten zu können, müssen wir QuickDraw dazu überreden, uns eine Kopie der in Definition befindlichen Region zu geben. Dies geschieht in dem Moment, wenn wir die Definition der Region mittels **CloseRgn** in Zeile 10 abschließen. Da **CloseRgn** die von QuickDraw verwaltete Region in die übergebene Region kopiert, müssen wir in Zeile 9 zunächst mit

Hilfe von **NewRgn** dafür sorgen, daß wir eine leere Region alloziiert haben, in die **CloseRgn** hineinkopieren kann. Nach dem Aufruf von **CloseRgn** haben wir eine kreisförmige Region, die mit der Variablen **newClip** verwaltet wird.
Bevor der Zeichenbereich eingeschränkt wird (die Clipping-Region gesetzt wird), sollten wir uns eine Kopie der aktuellen Clipping-Region anlegen, da eine Änderung der Clipping-Region permanent ist, d.h. daß auch andere Teile des Programms von der kreisförmigen Clipping-Region betroffen wären. Daher veranlassen wir QuickDraw in Zeile 12 mit dem Aufruf von **GetClip** dazu, die aktuelle Clipping-Region in die lokale Variable **oldClip** zu kopieren. **GetClip** geht genauso wie **CloseRgn** davon aus, daß die übergebene Region bereits alloziiert ist, also wird dies in Zeile 11 mit dem Aufruf von **NewRgn** getan.
In Zeile 13 wird nun schließlich der Zeichenbereich auf unsere kreisförmige Region beschränkt. Der Befehl **SetClip** setzt die Clipping-Region auf die kreisförmige Region. Alle nachfolgenden QuickDraw-Befehle zeichnen nun nur soweit, bis sie an die Grenzen des Kreises stoßen. Wir brauchen uns durch diese Technik netterweise überhaupt nicht mehr darum zu kümmern, ob Teile unserer Grafik außerhalb unseres Kreises liegen. QuickDraw erledigt diese (sonst wohl schwer zu realisierende) Aufgabe automatisch. Der Text, der in Zeile 15 gezeichnet wird, sowie das Rechteck in Zeile 17 werden jetzt exakt auf die Clipping-Region beschränkt.
Zeile 18 sorgt schließlich dafür, daß andere Teile unseres Programms nicht von unserer Clipping-Region betroffen werden, indem die Clipping-Region wieder auf die ursprüngliche Form gesetzt wird. Zum Schluß sollte man noch daran denken, daß wir ja zwei Handles (die Regions) alloziiert haben, die Speicherplatz in unserem Speicherbereich belegen. Da wir die Regions nicht mehr benötigen, geben wir sie mit Hilfe von **DisposeRgn** frei. Der von ihnen belegte Speicherplatz steht somit wieder zur Verfügung.

Regions können (wie oben beschrieben) auch zum Zeichnen und zum Berechnen von Flächen verwendet werden. Die mathematischen Operationen, die zum Berechnen von Regions angewendet werden können, sind eine einzigartige Funktionalität von

QuickDraw. Da Regions Flächen beschreiben, lassen sich die Gesetze der Mengenlehre hervorragend auf diese Strukturen anwenden; so kann man z.B. die Überschneidung zweier Regions oder auch die Addition beider Flächen berechnen. QuickDraw bietet für diese etwas ungewöhnliche, aber sehr nützliche Funktionalität von Regions unter anderem folgende Funktionen an:

SectRgn

```
pascal void SectRgn (RgnHandle    srcRgnA,
                     RgnHandle    srcRgnB,
                     RgnHandle    dstRgn);
```

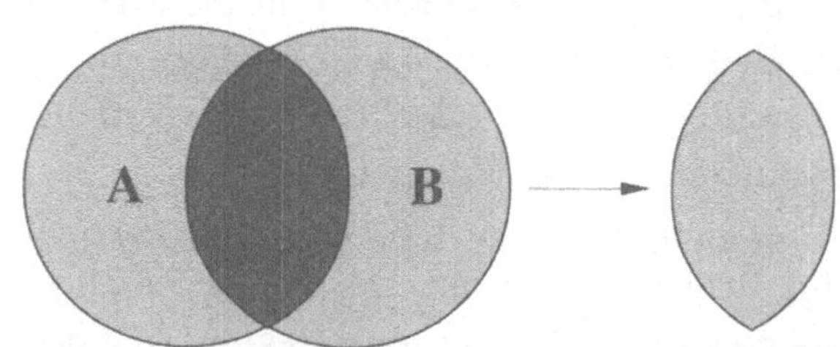

Abb. 7-24 Die Funktion SectRgn berechnet die Fläche, an der sich zwei Regions überschneiden.

SectRgn berechnet die Überschneidung der Region **srcRgnA** mit der Region **srcRgnB**. Die resultierende Flächenbeschreibung wird in die Region **dstRgn** geschrieben. Diese Region muß vorher mit NewRgn angelegt worden sein. Es ist möglich, daß die Destination-Region (**dstRgn**) einer der beiden Source-Regions (**srcRgnA** oder **srcRgnB**) entspricht. Dadurch ist es beispielsweise möglich, die gemeinsame Fläche von Region A und Region B zu berechnen und das Ergebnis in Region A zu schreiben.

UnionRgn

```
pascal void UnionRgn ( RgnHandle    srcRgnA,
                       RgnHandle    srcRgnB,
                       RgnHandle    dstRgn);
```

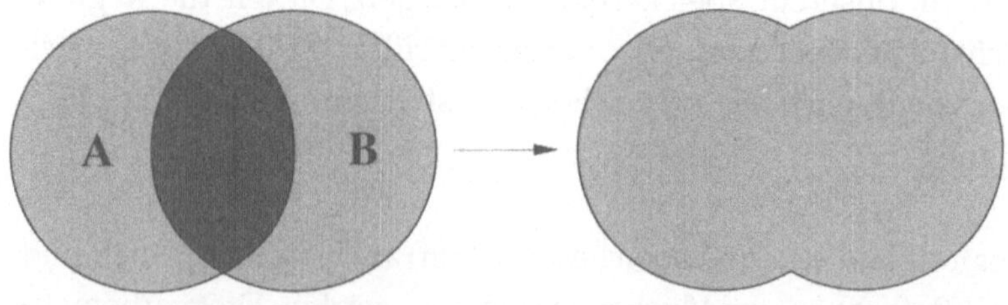

Abb. 7-25 UnionRgn berechnet die gemeinsame Fläche zweier Regions.

UnionRgn funktioniert, bezogen auf die Parameterübergabe, genauso wie SectRgn, berechnet jedoch die Fläche, die einer Addition von **srcRgnA** und **srcRgnB** entspricht und schreibt diese in **dstRgn**.

DiffRgn

```
pascal void DiffRgn (RgnHandle   srcRgnA,
                     RgnHandle   srcRgnB,
                     RgnHandle   dstRgn);
```

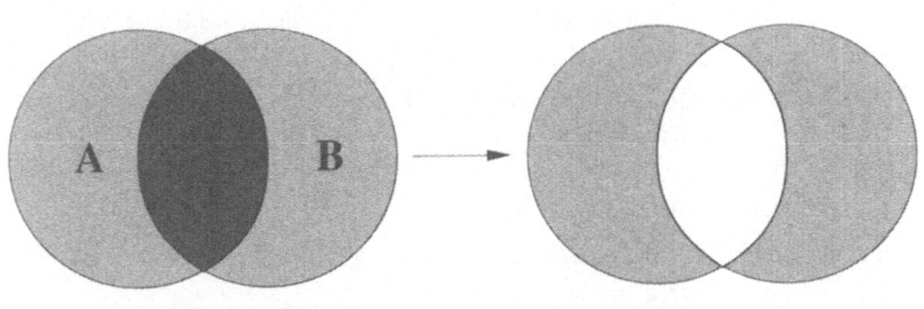

Abb. 7-26
DiffRgn berechnet die Differenz zweier Flächen.

DiffRgn berechnet die Differenz von **srcRgnA** und **srcRgnB**.

Das Zeichnen einer Region ist vergleichbar mit dem Zeichnen eines Rechtecks oder eines Polygons. QuickDraw stellt für diesen Zweck unter anderem die folgenden Zeichenfunktionen zur Verfügung:

FrameRgn

```
pascal void FrameRgn (RgnHandle rgn);
```

FrameRgn entspricht Funktionen wie FrameOval oder FrameRect, diese Funktion zeichnet die Umrandung einer Region. Dabei werden sowohl äußere als auch innere Ränder gezeichnet. Ein innerer Rand einer Region ist beispiesweise dann vorhanden, wenn die Fläche ein Loch hat.

PaintRgn

```
pascal void PaintRgn (RgnHandle rgn);
```

Diese Funktion zeichnet die Fläche, die die Region beschreibt, in der aktuellen Farbe und dem aktuellen Pattern (Wie PaintRect).

Nun folgt auch wieder ein kleines Beispiel, denn: *Probieren geht schließlich über Studieren!* Die folgende Funktion zeichnet die Schnittfläche zweier sich überlappender Kreise:

Die Funktion PaintOvalRgn zeichnet die Fläche, an welcher sich zwei Kreise überschneiden. PaintOvalRgn verwendet Regions, um die Flächen der Kreise zu beschreiben bzw. den Bereich zu berechnen, welcher der Überschneidung der beiden Kreise entspricht.

```
 1: void PaintOvalSection (void)
 2: {
 3:     RgnHandle    ovalRgn1, ovalRgn2,
                     intersectionRgn;
 4:     Rect         ovalRect;
 5:
 6:     OpenRgn ();
 7:     SetRect (&ovalRect, 0, 0, 100, 100);
 8:     PaintOval (&ovalRect);
 9:     ovalRgn1 = NewRgn ();
10:     CloseRgn (ovalRgn1);
11:     OpenRgn ();
12:     SetRect (&ovalRect, 50, 50, 150, 150);
13:     PaintOval (&ovalRect);
14:     ovalRgn2 = NewRgn ();
15:     CloseRgn (ovalRgn2);
16:     intersectionRgn = NewRgn ();
17:     SectRgn (ovalRgn1, ovalRgn2, intersectionRgn);
18:     PaintRgn (intersectionRgn);
19:     DisposeRgn (ovalRgn1);
20:     DisposeRgn (ovalRgn2);
21:     DisposeRgn (intersectionRgn);
22: }
```

Wir verwenden für die Implementierung drei Regions: **ovalRgn1** bzw. **ovalRgn2** werden auf zwei einander überschneidende Kreisflächen gesetzt, die Region **intersectionRgn** beinhaltet nach dem Aufruf von **SectRgn** in Zeile 17 die Fläche, an der sich die beiden Kreisflächen überschneiden. Der Aufruf von **PaintRgn** in Zeile 18 zeichnet diese Fläche schließlich auf den Bildschirm. Wichtig ist auch hier wieder, daß nicht vergessen wird, die allozierten Regions in den Zeilen 19-21 freizugeben, wir würden sonst Speicher verschwenden.

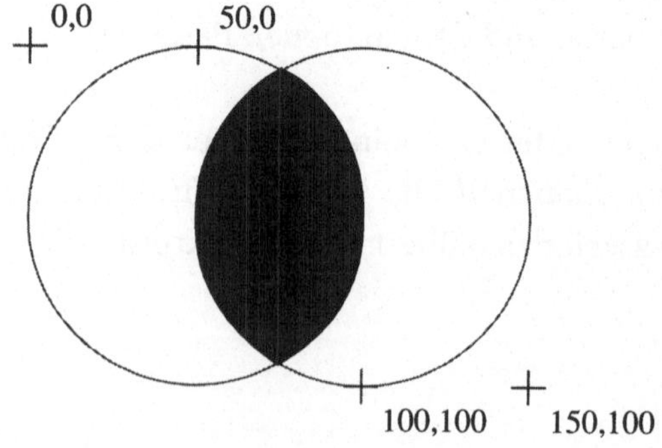

*Abb. 7-27 Die überschneidende Fläche zweier Kreise. Die angedeuteten Kreise beschreiben die Regions **ovalRgn1** und **ovalRgn2**.*

7.7 Pictures

Abb. 7-28
Pictures werden zum Aufzeichnen von QuickDraw-Befehlssequenzen verwendet. Das korrespondierende Datenformat (PICT-Format) ist auf dem Macintosh eines der wichtigsten (und gebräuchlichsten) Bilddatenformate.

Pictures beinhalten (wie der Name schon sagt) Bilder. Das Datenformat, welches Pictures zu Grunde liegt (das PICT-Format), stellt einen wichtigen Pfeiler der Kommunikation zwischen Macintosh-Programmen dar. Dieses Grafikdatenformat erlaubt es dem Benutzer beispielsweise, ein Bild in einem Grafikprogramm zu zeichnen und diese Grafik mittels Copy&Paste in einem Textverarbeitungsprogramm einzufügen. Im Gegensatz zu anderen Bilddatenformaten (wie z.B. TIFF) erlauben QuickDraw-PICTs das Aufzeichnen und Abspulen *objektorientierter* Grafiken. Dies bedeutet, daß in einem PICT nicht die aus einer Reihe von QuickDraw-Befehlen resultierenden Punkte (Bit-Map) abgelegt werden, sondern die QuickDraw-*Befehlssequenz*, die zu dieser Grafik geführt hat. Durch diese Technik entstehen mehrere Vorteile:

1. Grafiken können skaliert gezeichnet werden, ohne daß dabei die Auflösung verloren geht. Abb. 7-29 zeigt den Unterschied zwischen einer skalierten, objektorientierten Grafik und einer Bit-Map-Grafik (z.B. TIFF).

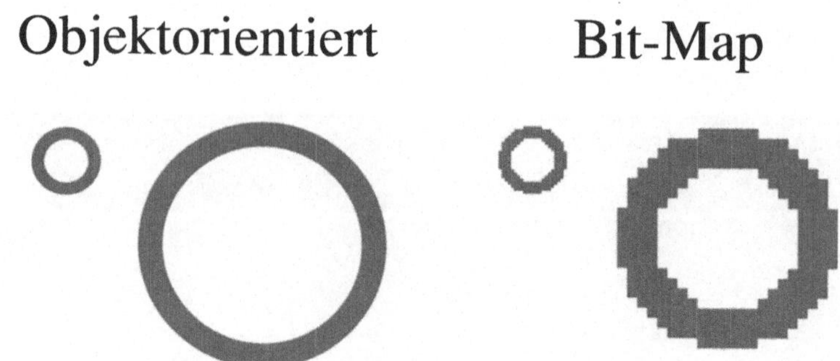

Abb. 7-29
*Der Unterschied zwischen objektorientierter- und pixelorientierter Grafik. Werden pixelorientierte Grafiken skaliert, dann entstehen die bekannten "Treppen-Effekte". Die Vergrößerung eines (objektorientierten) Pictures bewirkt **keine** Verschlechterung der Bildqualität, da Pictures die Informationen über die Grafikobjekte, anstelle der resultierenden Grafik, enthalten.*

2. Das PICT-Datenformat ermöglicht den objektorientierten Grafikaustausch zwischen zwei Grafikprogrammen. So ist es auf dem Macintosh beispielsweise möglich, eine Grafik, die aus zwei Kreisen besteht, von einem Grafikprogramm in ein anderes zu kopieren, und anschließend die beiden Kreise unabhängig von einander zu verändern. Da beide Programme dasselbe Datenformat benutzen, interpretiert das Zielprogramm die Grafik als Folge von einzelnen Grafikobjekten und kann dem Benutzer so die Möglichkeit geben, diese Objekte unabhängig voneinander zu verschieben, zu vergrößern etc.

3. Durch die Vereinheitlichung des Grafikdatenformats ist es auf dem Macintosh ohne Programmieraufwand möglich, eine Grafik auf einem PostScript-Drucker oder auf einem Nadeldrucker auszugeben. Der Druckertreiber für den entsprechenden Drukker übersetzt das übergebene PICT-Datenformat dabei in die Datenstruktur, die der Drucker erwartet. Dadurch wird größtmögliche Kompatibilität zwischen Programmen und Druckern erreicht (einheitliches Datenformat), und die Grafik erreicht auf den verschiedenen Druckern jeweils bestmögliche Qualität. So übersetzt der Druckertreiber eines PostScript-fähigen Druckers das zu druckende PICT in PostScript-Befehle. Der Druckertreiber eines Nadeldruckers schickt dem Drucker die aus dem PICT resultierende Bit-Map (Punkte-Grafik).

Pictures werden in vielen Macintosh-Programmen neben ihrer Aufgabe, Grafiken auszutauschen, auch zum Darstellen von User-Interface-Elementen benutzt. So ist in vielen Programmen beispielsweise die Werkzeugleiste (Abb. 7-30) mit Hilfe eines PICTs gezeichnet. Der Vorteil liegt dabei darin, daß diese recht kompli-

zierte Grafik nicht durch einzelne QuickDraw-Befehle (sozusagen zu Fuß) gezeichnet werden muß, sondern daß ein einziger Befehl genügt, um die gesamte Werkzeugleiste zu zeichnen.
Das Aufzeichnen eines Pictures funktioniert ähnlich wie die Definition einer Region. Zunächst wird QuickDraw mitgeteilt, daß alle folgenden QuickDraw-Befehle in ein Picture aufgezeichnet werden sollen. Anschließend werden die QuickDraw-Zeichenbefehle, die in dem PICT aufgezeichnet werden sollen, aufgerufen. Zum Schluß stoppt man die Aufzeichnung der QuickDraw-Zeichenbefehle. Soll das Picture dann an einer bestimmten Stelle in einer bestimmten Größe gezeichnet werden, so genügt ein Befehl, und QuickDraw wiederholt die in dem PICT aufgezeichneten Grafikbefehle. Dabei werden dieselben QuickDraw-Befehle aufgerufen, die während der Definition des Pictures aufgezeichnet wurden. QuickDraw führt dabei Transformationen der Parameter für die Befehle durch. Soll das PICT beispielsweise größer gezeichnet werden, als es bei der Aufzeichnung war, so werden die Koordinaten der QuickDraw-Befehle mit dem entsprechenden Faktor multipliziert, und die QuickDraw-Funktionen zeichnen das Bild vergrößert.

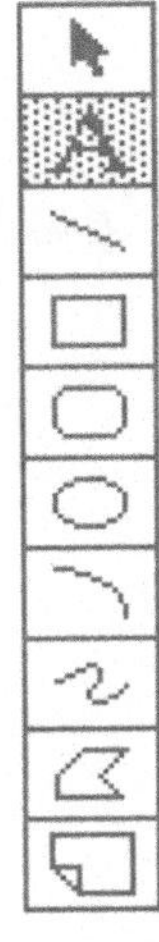

Abb. 7-30 Die ToolBox-Palette eines Grafikprogramms wird oft mit Hilfe eines Pictures gezeichnet.

Ein Picture ist (wie zu erwarten) eine Handle-basierte Struktur. Die korrespondierende Datenstruktur ist wie folgt deklariert:

```
1: struct Picture {
2:     short   picSize;
3:     Rect    picFrame;
4: };
5:
6: typedef struct Picture *PicPtr, **PicHandle;
```

Das Feld **picSize** eines Picture enthielt in früheren Versionen des Macintosh-Systems die Anzahl der Bytes, die ein Picture im Speicher belegte. Ein PICT war damals auf 32KB Daten beschränkt. Diese Einschränkung (und damit dieses Feld) ist in den heutigen Versionen jedoch nicht mehr gültig. Um die Größe eines Pictures im Speicher herauszufinden, kann man jetzt die Memory-Manager-Funktion GetHandleSize benutzen, die als Ergebniswert die Größe des von dem Handle verwalteten Blocks (hier die Größe des Pictures) in Bytes zurückgibt. Das Feld **picFrame** stellt das umschließende Rechteck des Pictures, also die Original-Position

und -Größe dar. Die in einem Picture aufgezeichneten QuickDraw-Befehle folgen nach dem Feld **picFrame**.
Rund um Pictures stehen uns unter anderem die folgenden QuickDraw-Befehle zur Verfügung:

OpenPicture

```
pascal PicHandle OpenPicture (
                              const Rect *picFrame);
```

OpenPicture alloziiert einen leeren PicHandle und startet die Aufzeichnung von QuickDraw-Zeichenbefehlen in ein PICT. Der von OpenPicture zurückgegebene PicHandle stellt nach Beendigung der Picture-Definition einen Handle auf die PICT-Daten (die Befehlssequenz) dar. Der Parameter **picFrame** gibt das umschließende Rechteck des Bildes an. Während der Definition eines Pictures haben QuickDraw-Befehle keine Auswirkungen auf den Bildschirm; sie werden ausschließlich zur Definition des PICTs verwendet.

ClosePicture

```
pascal void ClosePicture (void);
```

Die Funktion ClosePicture beendet die Aufzeichnung von QuickDraw-Befehlen in das von OpenPicture angelegte PICT.

DrawPicture

Soll ein Picture gezeichnet werden, so kann man die Funktion DrawPicture verwenden.

```
pascal void DrawPicture (
                          PicHandle    myPicture,
                          const Rect   *dstRect);
```

Diese Funktion erwartet in dem Parameter **myPicture** einen Handle auf eine QuickDraw-Befehlssequenz, wie sie mit OpenPicture bzw. ClosePicture definiert wird. Der Parameter **dstRect** gibt an, an welcher Stelle und in welcher Größe das Picture gezeichnet werden soll. Dieses Rechteck wird zur Berechnung der Transformationswerte mit dem Rechteck verglichen, das bei OpenPicture angegeben wurde.

KillPicture

```
pascal void KillPicture (PicHandle myPicture);
```

KillPicture gibt den Speicherplatz, der von dem Picture belegt wird, zum Überschreiben frei.

Das folgende Beispiel demonstriert die Verwendung eines PICTs, um eine Grafik an zwei verschiedenen Stellen in zwei verschiedenen Größen zu zeichnen:

```
 1: void DrawTwoPictures (void)
 2: {
 3:    PicHandle myPicture;
 4:    Rect      myPicFrame, destRect, ovalRect;
 5:
 6:    SetRect (&myPicFrame, 0, 0, 100, 100);
 7:    myPicFrame = OpenPicture (&myPicFrame);
 8:    SetRect (&ovalRect, 0, 0, 25, 25);
 9:    PaintOval (&ovalRect);
10:    SetRect (&ovalRect, 25, 25, 100, 100);
11:    FrameOval (&ovalRect);
12:    ClosePicture ();
13:    SetRect (&destRect, 0, 0, 100, 100);
14:    DrawPicture (myPicture, &destRect);
15:    SetRect (&destRect, 100, 100, 300, 300);
16:    DrawPicture (myPicture, &destRect);
17: }
```

Die Funktion DrawTwoPictures erzeugt ein Picture, welches zwei Kreise enthält. Dieses Picture wird dann an zwei verschiedenen Stellen und in zwei verschiedenen Größen gezeichnet.

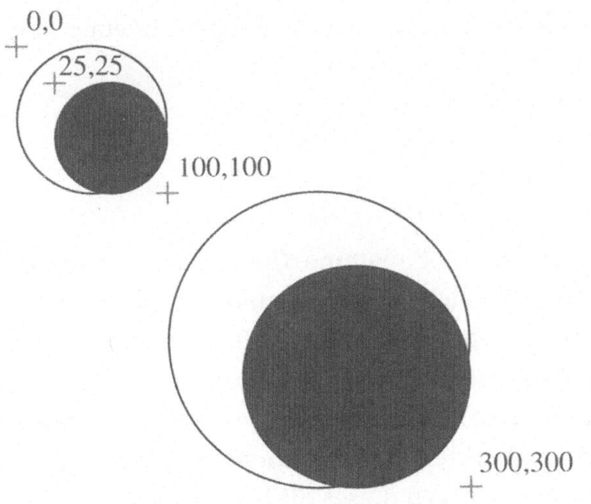

Abb. 7-31 Die kleine Version der Grafik entspricht der Originalgröße und -Position der Grafikobjekte. Rechts unten wurde das Picture an einer anderen Position bzw. mit einer anderen Größe gezeichnet. Wichtig ist, daß die vergrößerte Version der Grafik keinen Qualitätsverlust aufweist.

Um die Aufgabe zu erledigen, brauchen wir zunächst ein paar Variablen: **myPicture** wird die aufgezeichnete Befehlssequenz (das

PICT) verwalten. Die Rechtecke **myPicFrame** und **destRect** werden zur Definition des Picture-Frames beim Eröffnen des Pictures bzw. des Ziel-Rechteckes beim Zeichnen des Pictures benötigt. Das dritte Rect (**ovalRect**) wird zum Zeichnen des Ovals verwendet.

In Zeile 7 beginnt die Aufzeichnung der QuickDraw-Befehle, indem **OpenPicture** aufgerufen wird. Hier wird das vorher gesetzte Rect **myPicFrame** benutzt, um QuickDraw mitzuteilen, wie groß unser Picture sein wird. Alle QuickDraw-Zeichen-Befehle, die jetzt aufgerufen werden, dienen der Definition des Pictures; sie werden in der PICT-Datenstruktur, auf die **myPicture** verweist, sequenziell abgelegt. Die beiden Zeichenbefehle in Zeile 9 und 11 werden in unserem Picture aufgezeichnet, sie haben keine Auswirkungen auf den Bildschirm. Der Aufruf von **ClosePicture** in Zeile 12 beendet die Definition des Pictures und damit auch die Aufzeichnung der QuickDraw-Befehle. Nun brauchen wir nur noch mit Hilfe von **DrawPicture** dafür zu sorgen, daß unsere aufgezeichnete Grafik auf dem Bildschirm gezeichnet wird. Die Zeilen 14 und 16 bewirken dies, wobei das Picture an zwei unterschiedlichen Stellen in unterschiedlicher Größe gezeichnet wird. In Abb. 7-31 wird die resultierende Grafik gezeigt. Wichtig ist dabei, daß die vergrößerte Version unseres Bildes nicht an Auflösung verloren hat, die von anderen Systemen (z.B. MS-DOS oder Windows 3.0) bekannten "Treppen" in einer vergrößerten Grafik tauchen hier *nicht* auf !

7.8 Scrolling

QuickDraw bietet Bausteine für die Implementierung von "scrollbaren" Bereichen. Diese grundlegende Funktionalität nahezu aller Macintosh-Programme wird in Verbindung mit Scrollbars (Elemente des sogenannten "Control Managers") implementiert. Diese Scrollbars stellen das User-Interface des Scrollens dar. QuickDraw bietet die Funktionalitäten, die nötig sind, um den funktionellen Teil dieses oft benötigten User-Interface-Elementes zu implementieren.

Die Technik des Scrollens wird durch die Abarbeitung der folgenden Schritte möglich:

1. Verschieben des Fensterinhaltes mit der QuickDraw-Funktion ScrollRect.
2. Verschieben des Koordinatensystems mit der QuickDraw-Funktion SetOrigin.
3. Neuzeichnen der freigelegten Stellen.

ScrollRect

Mit Hilfe der Funktion ScrollRect kann man den Fensterinhalt verschieben. Diese Funktion übernimmt den für den Benutzer sichtbaren Teil des Scrollens, das Verschieben der Grafik. Die Funktion ScrollRect ist wie folgt deklariert:

```
pascal void ScrollRect  ( const Rect *r,
                          short      dh,
                          short      dv,
                          RgnHandle  updateRgn);
```

ScrollRect möchte als ersten Parameter das umschließende Rechteck des zu scrollenden Bereiches haben. Der Inhalt des durch den Parameter **r** spezifizierten Scroll-Bereichs wird um die Anzahl der Punkte verschoben, die in **dh** bzw. **dv** spezifiziert sind. Der Parameter **dh** gibt dabei die Anzahl der Punkte, um die horizontal gescrolled werden soll an, **dv** spezifiziert die vertikale "Scroll-Distanz". Beide Parameter können positiv, negativ oder auch 0 sein. Dadurch ist es beispielsweise möglich, um 5 Punkte nach rechts und gleichzeitig um 20 Punkte nach unten zu scrollen.
Nach dem Verschieben der Grafik mit Hilfe von ScrollRect gibt es einen Bereich, dessen Inhalt ungültig geworden ist, der neu gezeichnet werden muß.Wenn man anstelle von **updateRgn** eine Region übergibt, so ändert ScrollRect die Region so, daß sie den neuzuzeichnenden Bereich beschreibt. Diese Region kann dann verwendet werden, um den aktuellen Zeichenbereich mit Hilfe von SetClip auf diese Region zu beschränken. Anschließend kann man die gesamte Grafik neuzeichnen. Es werden dann nur die Teile der Grafik gezeichnet, die in dem neuzuzeichnenden Bereich liegen.

SetOrigin

Die Implementierung der Scroll-Technik wäre mit hohem Aufwand verbunden, wenn QuickDraw für diesen Zweck keine Komplettlösung bieten würde. Das Verschieben der Bildschirmdarstellung mit Hilfe der Funktion ScrollRect verschiebt nur den

Bildschirminhalt, nicht aber die Datenstrukturen, die für das Neuzeichnen der Grafik verwendet werden. Eine Grafikapplikation wie MacDraw müßte die Koordinaten sämtlicher Grafikdatenstrukturen einer Grafik verändern, um die Datenstrukturen in Einklang mit der Bildschirmdarstellung zu bringen. Ein besserer Lösungsansatz ist es, das lokale Koordinatensystem des Fensters zu verschieben. Da sich alle QuickDraw-Befehle auf dieses Koordinatensystem beziehen, brauchen die Koordinaten der Grafikelemente nicht neu berechnet zu werden. Findet ein Update statt, so können die alten Koordinaten verwendet werden; da das Koordinatensystem verschoben worden ist, findet das Zeichnen nun an einer anderen Stelle statt. Mit Hilfe dieser Technik ist es sehr einfach (und schnell), eine komplexe Grafik zu scrollen.
Die Funktion SetOrigin, mit deren Hilfe der Koordinatensystemursprung verändert werden kann, ist wie folgt deklariert:

```
pascal void SetOrigin (short h, short v);
```

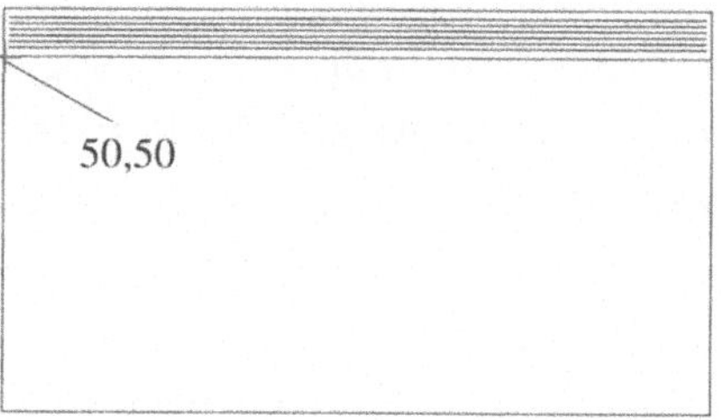

Abb. 7-32 Nach einem Aufruf von SetOrigin (50, 50) hat die linke obere Ecke des Fensters die Koordinaten (50, 50). Ein Aufruf von SetOrigin (0, 0) bringt den Koordinatensystemursprung wieder auf seine Originalposition zurück.

Die beiden Parameter (**h** und **v**) spezifizieren die neuen Koordinaten des Koordinatensystemursprungs. Ein Aufruf dieser Funktion entspricht einem Verschieben sämtlicher Koordinaten, da sich alle QuickDraw-Befehle auf diesen Koordinatensystemursprung beziehen. SetOrigin verändert die absolute Position der Clipping-Region nicht, daher braucht das Clipping nach einem Aufruf von SetOrigin nicht neu gesetzt zu werden.
Diese Funktion wird (wie beschrieben) meist in Verbindung mit der ScrollRect-Funktion eingesetzt. Nachdem das Koordinatensystem entsprechend des Scrollens verschoben worden ist, wird dann die Clipping-Region auf die von ScrollRect generierte Update-Region gesetzt, und die (selbstgeschriebene) Funktion zum Zeichnen des Fensterinhaltes aufgerufen.

7.9 QuickDraw-Globals

QuickDraw definiert einige Globals, die von der Applikation direkt verwendet werden können. Diese Globals sind automatisch definiert, wenn die Applikation QuickDraw verwendet, und werden in einem struct namens qd zusammengefaßt. Dieses struct enthält eine Reihe nützlicher (und wichtiger) Felder:

Die QuickDraw-Globals sind automatisch definiert, wenn die Applikation QuickDraw verwendet.

```
 1: extern struct  {
 2:     char      privates[76];
 3:     long      randSeed;
 4:     BitMap    screenBits;
 5:     Cursor    arrow;
 6:     Pattern   dkGray;
 7:     Pattern   ltGray;
 8:     Pattern   gray;
 9:     Pattern   black;
10:     Pattern   white;
11:     GrafPtr   thePort;
12: }qd;
```

Das struct beginnt mit einem Array (**privates**), der nur von QuickDraw selbst verwendet wird, dem privates-Feld. In dem nachfolgenden Feld (**randSeed**) kann der Wert der zuletzt generierten Zufallszahl abgelesen werden (Funktion Random).
Das Feld **screenBits** enthält Informationen über den Bildschirm. Die Informationen über den Bildschirm sind in einer Struktur vom Typ BitMap zusammengefaßt, einer Struktur, die normalerweise zur Verwaltung einer Bit-Map (Punktematrix) benutzt wird.

Eine Struktur vom Typ BitMap verwaltet eine Punktematrix.

```
1: struct BitMap {
2:      Ptr       baseAddr;
3:      short     rowBytes;
4:      Rect      bounds;
5: };
6:
7: typedef struct BitMap BitMap;
```

Da ein Bildschirm ebenfalls eine Bit-Map ist, eignet sich diese Datenstruktur auch, um Informationen über den Bildschirm zu verwalten. Das Feld **baseAddr** des BitMap-structs zeigt auf das erste Byte des Bildes, in diesem Falle zeigt dieser Pointer also in den Speicherbereich der Videokarte. Normalerweise interessiert man sich als echter Macintosh-Programmierer nicht für Videokarten und schreibt auch nicht direkt in den Video-Speicher. Ähnlich ergeht es uns mit dem Feld **rowBytes**, welches angibt, wieviele Bytes eine Zeile des Bildes belegt. Interessanter ist schon zu erfahren, wie breit bzw. wie hoch unser Bildschirm ist; Informationen, die aus dem Rect **bounds** abgelesen werden können. Dieses Rechteck umschließt den gesamten Bildschirm. Da es auf dem Macintosh möglich ist, mehrere Bildschirme gleichzeitig an einen Rechner anzuschließen und diese Bildschirme wie einen großen zu verwalten, ist dieser Parameter mit Vorsicht zu behandeln; sind mehrere Bildschirme angeschlossen, so beinhaltet das bounds-Feld das *umschließende* Rechteck aller Monitore, die verschiedenen Monitore verhalten sich wie ein zusammenhängender, überdimensionaler Bildschirm. Man kann also beispielsweise die initiale Fenstergröße *nicht* auf dieses Rechteck setzen, da die initiale Fenstergröße dem Hauptbildschirm angeglichen werden sollte.

Das Feld **arrow** der Variablen qd ist vom Typ Cursor. Diese Datenstruktur des Cursor-Managers enthält den auf dem Macintosh üblichen Pfeilcursor. Wenn das Programm eine längere Berechnung durchführt, so soll es (gemäß den "Human Interface Guidelines") den Cursor in eine Uhr verwandeln, um den Benutzer davon zu informieren, daß das Programm zur Zeit nicht auf seine Eingaben reagieren kann. Soll der Cursor anschließend wieder auf die normale Form zurückgesetzt werden, so kann das Programm den Cursor **arrow** benutzen. Der entsprechende Aufruf ist:

```
SetCursor (&qd.arrow);
```

Die nachfolgenden Felder (**dkGray** bis **white**) können in Verbindung mit PenPat verwendet werden. Sie stellen vordefinierte Patterns dar, die direkt verwendet werden können (siehe 7.1 Punkte und Linien).

*Das Feld **thePort** der QuickDraw-Globals zeigt auf die aktuell gültige Zeichenumgebung.*

Das letzte Feld des globalen structs (**thePort**) zeigt auf die aktuell gültige Zeichenumgebung. Die aktuelle Zeichenumgebung definiert das Koordinatensystem, die Clipping-Region und andere wichtige Zeichenattribute. Wenn zwischen verschiedenen Zeichenumgebungen umgeschaltet werden soll, so kann dies mit Hilfe der Funktion SetPort geschehen. SetPort ist wie folgt deklariert:

SetPort

```
pascal void SetPort (GrafPtr port);
```

Die Funktion SetPort schaltet die aktuelle Zeichenumgebung auf die Zeichenumgebung um, die dieser Funktion übergeben wird. Da die im folgenden beschriebenen GrafPorts die Grundlage für Windows bilden, wird diese Funktion in der Regel dazu verwendet, die aktuelle Zeichenumgebung von einem Fenster auf ein anderes umzuschalten. Das Koordinatensystem und alle anderen Zeichenattribute werden dann auf das entsprechende Fenster angepaßt.

7.10 GrafPorts

QuickDraw verwaltet und benutzt eine zentrale Datenstruktur, die die aktuelle Zeichenumgebung definiert. Diese Datenstruktur heißt GrafPort und beinhaltet sämtliche Informationen über den aktuellen Zustand der Zeichenumgebung, beispielsweise die aktuelle Farbe oder das aktuelle Muster für Zeichenoperationen sowie die Position des letzten LineTo-Befehls. Jedes Fenster besitzt seinen eigenen GrafPort, definiert also seine eigene Zeichenumgebung. Sie werden selten auf die Felder dieser Datenstruktur zugreifen, da für die meisten Felder sogenannte "Access Functions" bestehen. Access-Functions sind Routinen, die eigentlich nichts anderes tun, als die übergebenen Parameter in den aktuellen GrafPort einzutragen, oder von dort zu lesen. Es ist trotzdem sinnvoll, die einzelnen Felder dieser (recht komplexen) Datenstruktur vorzustellen, da ein Verständnis für die einzelnen Felder eines GrafPorts bei der Fehlersuche sehr nützlich sein kann und dem allgemeinen Verständnis für die Funktionalität von QuickDraw dient.

GrafPorts definieren die grafische Zeichenumgebung (Koordinatensystemursprung, Clipping-Region etc.). Jedes Fenster besitzt seinen eigenen GrafPort, definiert also seine eigene Zeichenumgebung. Ein Macintosh-Fenster ist vergleichbar mit einem "virtuellen" Bildschirm.

Ein GrafPort enthält die Felder, die den Zustand einer Zeichenumgebung reflektieren. In dieser Struktur sind beispielsweise der aktuelle Pen-Pattern sowie die Clipping-Region enthalten. Viele QuickDraw-Funktionen greifen auf diese Datenstruktur zu, sie bilden sogenannte Access-Functions (z.B. PenPat oder TextFont).

```
 1: struct GrafPort {
 2:     short          device;
 3:     BitMap         portBits;
 4:     Rect           portRect;
 5:     RgnHandle      visRgn;
 6:     RgnHandle      clipRgn;
 7:     Pattern        bkPat;
 8:     Pattern        fillPat;
 9:     Point          pnLoc;
10:     Point          pnSize;
11:     short          pnMode;
12:     Pattern        pnPat;
13:     short          pnVis;
14:     short          txFont;
15:     Style          txFace;
16:     char           filler;
17:     short          txMode;
18:     short          txSize;
19:     Fixed          spExtra;
20:     long           fgColor;
21:     long           bkColor;
22:     short          colrBit;
23:     short          patStretch;
24:     Handle         picSave;
25:     Handle         rgnSave;
26:     Handle         polySave;
27:     QDProcsPtr     grafProcs;
28: };
29:
30: typedef struct GrafPort GrafPort;
31: typedef GrafPort *GrafPtr;
```

Das erste Feld der Struktur (**device**) sollte für die meisten Programmierer uninteressant sein, da es Informationen über die Videokarte enthält. Eine der wichtigsten Regeln der Macintosh-Programmierung lautete "Hardware-unabhängig programmieren", dieses Feld wird daher nicht näher beschrieben.

Das nächste Feld (**portBits**) des structs ist wiederum ein struct. Dieser struct enthält Informationen über den gesamten Bildschirm (wie qd.screenBits).

Das Feld **portRect** beschreibt das umschließende Rechteck der Zeichenumgebung in lokalen Koordinaten. Das heißt, daß **top** und **left** dieses Rects normalerweise den Wert 0 enthalten. Anhand von **bottom** und **right** kann man feststellen, wieviele Punkte in einem Fenster zum Zeichnen zur Verfügung stehen. GrafPorts sind die mathematische Grundlage für Fenster, sie bestimmen die Zeichenumgebung eines Fensters. Das Feld **portRect** beschreibt den Bereich eines Fensters, in den gezeichnet werden kann (den Fensterinhalt). Dieses Rechteck wird oft verwendet, um den gesamten Fensterinhalt zu löschen.

Nun folgen zwei Region-Handles (**visRgn** und **clipRgn**). Das Feld **visRgn** beschreibt den Bereich der Zeichenumgebung. Wird ein Fenster von einem anderen überlagert, so beschreibt **visRgn** den verbleibenden (sichtbaren) Bereich des Fensters. Da QuickDraw beim Zeichnen sowohl auf die **visRgn** als auch auf die Clipping-Region achtet, kann es nie passieren, daß über die Grenzen eines Fensters hinausgezeichnet wird.

*Die Region **visRgn** und **clipRgn** schränken den Bereich ein, in welchem QuickDraw-Zeichenfunktionen agieren können.*

In dem Feld **clipRgn** wird die (schon öfter erwähnte) Clipping-Region der grafischen Zeichenumgebung verwaltet. Benutzt man die Funktion SetClip, um den Zeichenbereich einzuschränken, so legt SetClip die Kopie der übergebenen Region in dem Feld **clipRgn** der aktuellen Zeichenumgebung ab. Oft trifft man bei der Fehlersuche auf den Fall, daß nicht gezeichnet wird, obwohl jede Menge QuickDraw-Befehle aufgerufen werden. In einem solchen Fall sollte man das Feld **clipRgn** des aktuellen GrafPorts mit Hilfe des Debuggers inspizieren und nachsehen, ob diese Clipping-Region nicht zu klein ist.

Es folgen 7 Felder, die sich auf die aktuellen Zeichenattribute beziehen, soweit sie für das Zeichnen von Linien und Flächen nötig sind. So finden wir in dem Feld **bkPat** das aktuelle Muster für Lösch-Zeichenoperationen wie EraseRect. Dieses Feld wird durch einen Aufruf von BackPat gesetzt.

*Die QuickDraw-Funktion EraseRect "löscht" ein Rechteck, indem sie dieses Rechteck mit dem Hintergrundmuster (**bkPat**) übermalt.*

Das Feld **fillPat** wird von (bisher noch nicht vorgestellten) FillRect- oder FillOval-Routinen verwendet. Diese Routinen stellen die Integration von PenPattern und PaintRect oder PaintOval in einem Aufruf dar.

Die letzte Position des QuickDraw-Zeichenstiftes wird in **pnLoc** festgehalten. Dieses Feld enthält also das zuletzt mit MoveTo, LineTo oder anderen QuickDraw-Funktionen angesteuerte Koordinatenpaar.

Das Feld **pnSize** beinhaltet die aktuelle Zeichenstifthöhe und -breite, die man mit der PenSize-Funktion verändern kann.

Der aktuelle Transfer-Mode für Zeichenoperationen wird in dem Feld **pnMode** festgehalten. Haben wir beispielsweise PenMode (patXOr) aufgerufen, so beinhaltet dieses Feld den entsprechenden Wert.

Das Feld **pnPat** enthält das Zeichenstiftmuster, mit dem die nächste Zeichenoperation zeichnen wird (z.B. LineTo, FrameRect oder PaintRect). Dieses Feld wird durch den Aufruf der Funktion PenPat gesetzt.

An dem Feld **pnVis** kann abgelesen werden, ob der QuickDraw-Zeichenstift gerade gesenkt (ShowPen) oder angehoben (HidePen) ist, bzw. in welcher Höhenstufe er sich befindet.

Das Feld **txFont** gibt die mit TextFont eingestellte Schriftfamilie an, und **txFace** reflektiert die mit TextFace eingestellten Schriftstile.

Das Feld **filler** ist nicht benutzt und dient nur dem Zweck, die Adresse des nächsten Feldes in den "Word-Boundaries" zu halten; d.h., daß das nächste Feld wieder bei einer geraden Adresse beginnt. Dies wird nötig, da das vorangegangene Feld (txFace) ein Byte ist und damit das nächste Feld bei einer ungeraden Adresse beginnen müßte. Die 68000-Familie "mag" es wesentlich lieber, wenn Adressierungen in den sogenannten "Word Boundaries" liegen, die Adressierung wird dadurch wesentlich schneller. Diese "fillers" sind immer dort zu finden, wo ein Feld einer Datenstruktur nur ein Byte lang ist, damit nachfolgende Felder wieder auf Word-Boundaries anfangen.

QuickDraw besitzt spezielle Attribute für das Zeichnen von Text, die unabhängig von den Pen-Attributen verwaltet werden. An **txMode** erkennt QuickDraw, in welchem Transfer-Mode der nächste Text gezeichnet werden soll. Text-Zeichenroutinen werden also nicht von Aufrufen wie PenMode beeinflußt.

Die eingestellte Schriftgröße finden wir in **txSize** wieder, das Feld **spExtra** kann für die Erzeugung von Blocksatz verwendet werden.

Die nachfolgenden drei Felder (**fgColor, bkColor** und **colrBit**) beschäftigen sich mit der Erzeugung von Farbe bei QuickDraw-Aufrufen wie PaintRect oder FrameRect. Die Farbmöglichkeiten von QuickDraw sind jedoch so eingeschränkt, daß sie hier nicht weiter beschrieben werden. Professionelle Farbverarbeitung ist

nur mit einer Erweiterung von QuickDraw, dem Color-QuickDraw möglich. Color-QuickDraw wird unter 7.11 näher beschrieben.
Das Feld **patStretch** wird QuickDraw-intern beim Drucken verwendet und braucht nicht näher beschrieben zu werden.
Die letzten drei Felder (**picSave**, **rgnSave** und **polySave**) werden während der Definition eines Pictures, einer Region bzw. eines Polygons verwendet. So enthält das Feld **polySave** nach dem Öffnen eines Polygons mit Hilfe von OpenPoly den in Konstruktion befindlichen PolyHandle. Alle MoveTo- bzw. LineTo-Befehle hängen ihre Koordinaten an dieses Polygon an. Normalerweise enthält dieses Feld den Wert NULL, was bedeutet, daß kein Polygon aufgezeichnet wird. Soll die Definition eines Polygons zeitweise ausgesetzt werden, so merkt man sich den PolyHandle und setzt das Feld **polySave** auf NULL. Wenn die Definition des Polygons wieder aufgenommen werden soll, so setzt man den gemerkten PolyHandle wieder in **polySave** ein, und LineTo-Befehle werden ihre Koordinaten wieder an dieses Polygon anhängen. Diese Technik wird bei vielen Grafikprogrammen verwendet, wenn der Benutzer ein Polygon zeichnen will. Die Definition des Polygons geschieht (aus Sicht des Programmierers) natürlich mit OpenPoly bzw. mit LineTo-Befehlen. Die User-Interface-Standards schreiben vor, daß jeder Eckpunkt des Polygons mit Hilfe eines neuen Mausklicks definiert wird. Solange der Benutzer nur die Maus bewegt, wird ein "Gummiband" vom letzten Punkt zu der aktuellen Mausposition gespannt. Dieses Gummiband wird mit Hilfe von LineTo-Befehlen bzw. eines auf patXor gesetzten Pen-Modes implementiert. Da die Koordinaten dieser Gummiband-Linien nicht in die Definition des Polygons mit aufgenommen werden sollen, wird die Definition des Polygons mit der oben beschriebenen Technik einfach ausgesetzt, solange das Gummiband gezeichnet wird.
Ähnliche Anwendungsbereiche lassen sich auch für das **rgnSave**-Feld eines GrafPorts finden. In Bit-Map-orientierten Programmen (wie z.B. MacPaint oder PhotoShop) kann die Definition einer "Lasso-Region" unter Verwendung der gerade beschriebenen Technik implementiert werden. Solche "Lasso-Regionen" werden dann dazu verwendet, einen Bereich einer Bit-Map-Grafik auszuschneiden oder zu kopieren.

Das letzte Feld **grafProcs** wird von den meisten Macintosh-Programmen nicht benutzt, es wird der Vollständigkeit halber trotzdem beschrieben. Dieses Feld ist normalerweise NULL. Es kann jedoch einen Pointer auf einen QDProcs-struct enthalten. Dieser struct kann dann wiederum Pointer auf Funktionen enthalten, die die Standard-QuickDraw-Funktionen überlagern oder ausschalten. Sämtliche QuickDraw-Zeichenfunktionen lassen sich auf einige wenige (aber universelle) Routinen zurückführen. Die in diesem Kapitel vorgestellten Zeichenroutinen rufen alle diese universellen Standard-Routinen auf. Die bisher beschriebenen Grafikfunktionen bieten uns nur ein vereinfachtes Interface. Möchte man das Verhalten der universellen Low-Level-QuickDraw-Routinen verändern, so kann man in dem grafProcs-Feld einen Pointer auf ein QDProcs-struct installieren. In diesem struct trägt man dann (anstelle der Funktions-Pointer auf die Standard-QuickDraw-Zeichenfunktionen) Pointer auf selbstgeschriebene Funktionen ein. Sämtliche QuickDraw-Routinen landen damit schließlich bei den selbstdefinierten "Bottle-Neck"-Routinen. Diese ungewöhnliche Technik wird hauptsächlich von objektorientierten Grafikprogrammen wie MacDraw oder Canvas zum "Parsen" von importierten Pictures verwendet. Die Technik des Picture-Parsens wird von diesen Programmen dazu verwendet, die Einzel-Objekte, die sich in einem importierten PICT befinden, herauszuholen. Dadurch wird der objektorientierte Grafikdatenaustausch zwischen diesen Grafikprogrammen möglich.

Sämtliche QuickDraw-Zeichenfunktionen lassen sich auf einige wenige (aber universelle) Routinen zurückführen.

7.11 Color-QuickDraw

Apple bemüht sich seit jeher erfolgreich, sämtliche Betriebssystem/ToolBox-Funktionalitäten auf der gesamten Rechnerpalette einheitlich zu gestalten, um uns Programmierern (und damit auch den Benutzern) das Leben leichter zu machen. So existieren nahezu alle ToolBox-Routinen in identischer Form auf allen Rechnern, sei es ein 68000- oder 68040-bestücktes System. Die einzige wichtige Ausnahme liegt in der Implementierung von QuickDraw. Es existieren zwei verschiedene QuickDraw-Versionen, das Original-QuickDraw und das neuere, erweiterte Color-QuickDraw. Color-QuickDraw enthält die gesamte Funktionalität des Origi-

Color-QuickDraw erweitert die Fähigkeiten von QuickDraw um Routinen und Datenstrukturen, welche eine professionelle Farbverarbeitung ermöglichen.

nal-QuickDraws, bietet jedoch Möglichkeiten zur professionellen Farbdarstellung und -verarbeitung. Im Gegensatz zu anderen Betriebssystem-Erweiterungen, die im Laufe der Geschichte des Macintosh-Betriebssystems eingeführt wurden, sind die Erweiterungen von QuickDraw zu Color-QuickDraw nicht auf älteren Generationen der Macintosh-Produktfamilie einsetzbar. Color-QuickDraw ist nur auf Macintosh-Systemen mit einem 68020, 68030- oder 68040-Prozessor einsetzbar. Nur auf diesen Rechnern stehen uns professionelle Routinen zur Farbverarbeitung zur Verfügung. In bezug auf die Kompatibilität mit der Macintosh-Familie stehen uns die folgenden Optionen zur Auswahl:

Color-QuickDraw ist nur auf Macintosh-Rechnern mit 68020-, 68040-, oder 68040-Prozessor lauffähig.

1. Genereller Verzicht auf Farbdarstellung.
Der sicherste (und einfachste) Weg ist eindeutig der Verzicht auf Color-QuickDraw-Funktionalitäten. Die meisten Programme kommen auch ohne die Darstellung von Farbe aus. Der Vorteil hier: 100prozentige Kompatibilität ohne zusätzlichen Aufwand.

Der Verzicht auf Color-QuickDraw bewirkt 100prozentige Kompatibilität.

2. Das Programm erkennt, ob der Rechner Color-QuickDraw-fähig ist und benutzt Farbmanipulationsroutinen nur auf den Color-QuickDraw-fähigen Rechnern. Auf 68000er Macintosh-Computern verwendet das Programm keine Farbdarstellung.
Kommt das Programm auf keinen Fall ohne Farbdarstellungen aus, so ist der bessere (jedoch aufwendigere) Weg die interne Teilung des Programms in QuickDraw- und Color-QuickDraw-Routinen. Idealerweise entscheidet das Programm zur Laufzeit, welche Darstellungsroutinen aufgerufen werden. Dadurch ist (für den Benutzer) ein und dasselbe Programm auf der gesamten Mac-Familie einsetzbar, nur daß auf manchen Macs bestimmte Funktionalitäten des Programms nicht verfügbar sind. Eine Unterteilung in zwei Programmversionen (wie dies auch von einigen Herstellern getan wird) ist etwas User-unfreundlich und komplizierter zu entwickeln bzw. weiterzuentwickeln, da ständig zwei Versionen gepflegt werden müssen.

Viele Programme sind so aufgebaut, daß sie erkennen, ob der Rechner, auf dem sie laufen, ein Color-QuickDraw-Macintosh ist. Diese Programme halten alle internen Zeichenroutinen so flexibel, daß sie sich an die jeweilige Umgebung anpassen.

3. Das Programm verzichtet auf die Kompatibilität zur 68000er Reihe der Macintosh-Familie und setzt ausschließlich auf Farbdarstellung.

Einige Programme verzichten auf die Kompatibilität mit den Macintosh-Rechnern, die auf dem 68000-Prozessor basieren.

Die letzte Option ist (ähnlich der ersten) eine einfache Möglichkeit, die jedoch auch einige Einschränkungen mit sich bringt. Schränkt Option Nummer 1 die Funktionalität des Programms ein, so schränkt Option Nummer 3 den Käuferkreis ein. Ein Macintosh Classic- Benutzer muß sich bei dieser Version mit der Mitteilung "Dieses Programm ist nur auf farbfähigen Macintosh-Computern lauffähig" zufrieden geben.

Alle drei Optionen haben Vor- und Nachteile, die je nach Projekt bzw. Zielmarkt und Arbeitsaufwand sorgfältig abgewogen werden müssen.
Sollen die Möglichkeiten von Color-QuickDraw genutzt werden, so wird anstelle des bisher beschriebenen QuickDraw-GrafPorts ein Color-GrafPort (CGrafPort) verwendet. Diese CGrafPort-Struktur enthält im wesentlichen dieselben Felder wie ein GrafPort, es existieren jedoch im Gegensatz zum Original-QuickDraw-GrafPort sehr genaue Farbinformationen, die beim Zeichnen von QuickDraw-Objekten eingesetzt werden können.
Color-QuickDraw wird hier nicht näher beschrieben, da diese Funktionalität von den meisten Programmen nicht benötigt wird. Für die Erstellung der ersten kleinen Macintosh-Programme bietet das hier beschriebene Standard-QuickDraw genügend Möglichkeiten. Falls Sie in Ihrer Applikation von Anfang an Farbunterstützung einbauen wollen, so wird auf die Standard-Dokumentation "Inside Macintosh Vol.V" verwiesen, die eine detaillierte Beschreibung von Color-QuickDraw enthält.

Teil 3 Einstieg in die Praxis

Dieser Teil des Buches stellt den Einstieg in die Praxis der Macintosh-Programmierung dar. In diesem Teil wird die Praxis überwiegen. Die vorgestellten ToolBox-Elemente, d.h. die Manager und ihre Routinen, sind so ausgewählt, daß sie einen möglichst schnellen Einstieg in die Macintosh-Programmierung erlauben. Trotzdem wird in den folgenden Kapiteln immer wieder Hintergrundwissen vermittelt, um den Gesamtzusammenhang zwischen den ToolBox-Elementen herzustellen.

Kapitel 8 gibt zunächst einen Einstieg in die Entwicklungsumgebung MPW-Shell, die in den folgenden Kapiteln zur Erzeugung der Beispiel-Programme verwendet wird. Dieses Kapitel beschränkt sich auf die wesentlichen Elemente der MPW-Shell und ermöglicht den schnellen Einstieg in diese komplexe Umgebung.

Kapitel 9 beschreibt die Erzeugung und Verwaltung von Fenstern. Dieses Kapitel stellt einen der wichtigsten Grundpfeiler der folgenden Kapitel dar. Der schrittweise Aufbau einer Rahmenapplikation beginnt mit der hier vorgestellten Fensterverwaltung. Am Ende dieses Kapitels wird die erste Experimentierplattform, das Programm MINIMUM, vorgestellt.

Kapitel 10 fügt einen weiteren essentiellen Baustein der Macintosh-Programmierung in die vorgestellten Elemente ein. Dieses Kapitel beschreibt die Verwaltung von Events mit Hilfe der Main-

Event-Loop und demonstriert diese Basistechnik anhand eines stark erweiterten MINIMUM-Programms.

Kapitel 11 erweitert die Basis-Bausteine um den Baustein der Menüverwaltung. Dieses Kapitel beschäftigt sich mit der Konzeption, der Installation und der Verwaltung von Menüs in einer Macintosh-Applikation. Die Anwendung der Menütechnik wird anhand eines erweiterten MINIMUM-Beispiel-Programms demonstriert.

Kapitel 12 stellt die Verwendung von Controls in einer Macintosh-Applikation vor. Hier werden Elemente wie z.B. Scrollbars in die Rahmenapplikation mit eingebracht. Am Ende dieses Kapitels wird die Basis-Applikation MINIMUM so erweitert, daß sie Scrollbars verwendet, um dem Benutzer die Möglichkeit zu geben, den Fensterinhalt zu verschieben.

Kapitel 13 gibt eine Einführung in die Erzeugung und Verwaltung von Dialogen auf dem Macintosh. Im Laufe des Kapitels wird der Dialog-Manager vorgestellt, welcher für die Verwaltung von Dialogen zuständig ist. Zum Schluß wird wieder eine erweiterte Version von MINIMUM vorgestellt; diesmal erhält die Applikation einen Dialog.

Kapitel 14 bildet den Abschluß in der Reihe der Beispielprogramme, indem das Beispielprogramm SKELETON vorgestellt wird. Dieses Programm baut auf den vorangegangenen Beispielprogrammen auf und vervollständigt die Fähigkeiten. SKELETON ist ein Rahmenprogramm, welches als Basis für die Entwicklung komplexer Projekte dienen kann.

Kapitel 15 gibt schließlich einen Überblick über die Dokumentation. Hier wird der Aufbau und Inhalt der "Inside Macintosh"-Dokumentation erläutert. Dieses Kapitel gibt weiterhin wichtige Hinweise auf weitergehende Informationsquellen, die bei der Entwicklung eines Macintosh-Programms nützlich sind.

Kapitel 8

Die Entwicklungsumgebung MPW-Shell

Dieses Kapitel gibt eine Einführung in die MPW-Shell (eine Entwicklungsumgebung für den Macintosh). Die MPW-Shell wurde als Entwicklungssystem für die in diesem Buch vorgestellten Beispiel-Programme ausgewählt. Die Einführung in die Entwicklungsumgebung beschränkt sich auf ein Minimum, um möglichst schnell zur Vorstellung kompletter Beispiel-Programme zu kommen, bzw. mit eigenen Experimenten beginnen zu können.

Die MPW-Shell ist eine der professionellsten Entwicklungsumgebungen, die auf dem Macintosh existieren. Dieses Entwicklerwerkzeug bietet eine UNIX-ähnliche Kommando-Oberfläche in Kombination mit einer Macintosh-üblichen Menügesteuerten Programmstruktur. Sie enthält einen komfortablen Shell-Editor, eine Scripting-Language zur Automatisierung sowie mehrere Compiler und einen Linker. In diesem sehr umfangreichen Paket befindet sich weiterhin ein Low-Level-Debugger (MacsBug) sowie ein sehr mächtiger Source-Level-Debugger (SADE).
Es gibt (wie bei der Wahl der Programmiersprache) geteilte Meinungen über die Entwicklungsumgebungen. Die Verfechter der MPW-Shell loben ihre Flexibilität und Erweiterbarkeit, ihre Gegner prangern die komplizierte Benutzung der kryptischen Oberfläche an. Ich möchte mir an dieser Stelle kein endgültiges Urteil über die verschiedenen Entwicklungsumgebungen erlauben, werde zur Erstellung der Beispiel-Programme jedoch die MPW-Shell benutzen. Entscheiden Sie sich für die Benutzung einer al-

ternativen Entwicklungsumgebung wie z.B. Think C, so können die Quelltexte der Beispiel-Programme (mit kleinen Änderungen) auch mit dieser Entwicklungsumgebung übersetzt werden. Die MPW-Shell ist die offizielle Entwicklungsumgebung für den Macintosh. Obwohl sie nicht die einzige professionelle Entwicklungsumgebung ist, hat sie mehrere Vorteile gegenüber anderen Entwicklungsumgebungen. Die wichtigsten Vorteile dieser Entwicklungsumgebung sind:

1. Die MPW-Shell ist von Apple.
Apple selbst entwickelt neue Versionen des Macintosh Betriebssystems mit Hilfe dieser Entwicklungsumgebung. Es ist davon auszugehen, daß sich dieses Werkzeug stets auf dem neuesten Stand der Betriebssystementwicklung befindet.

Die MPW-Shell ist besonders gut für größere Projekte geeignet, an denen mehrere Programmierer arbeiten.

2. Diese Entwicklungsumgebung ist aufgrund ihrer Konzeption besonders gut für größere Projekte geeignet, an denen mehrere Programmierer zur gleichen Zeit arbeiten.
Sie bietet Mechanismen und Werkzeuge zur automatischen Version-History-Erstellung. Dies bedeutet, daß die gesamte Projekt-Historie (alle jemals erstellten Versionen der Quelltexte) in einer Datenbank gehalten werden. Dieses Konzept ermöglicht es, nach einer Fehl-Entwicklung zu einem genau definierten Entwicklungsstand eines Quelltextes zurückzukehren. Die MPW-Shell bietet weiterhin Mechanismen, die der üblichen Verwirrung bei Gruppenarbeiten an einem Projekt vorbeugen. Werden die Quelltexte in einer Projekt-Datenbank auf einem File-Server abgelegt, so können alle Mitarbeiter mit denselben Quelltexten arbeiten. Die Mechanismen achten dabei darauf, daß nicht zwei Programmierer gleichzeitig an ein und demselben Quelltext arbeiten.

Automatisierung mit Hilfe von Scripts ist eine der wichtigsten Vorteile der MPW-Shell.

3. Die Entwicklungsumgebung MPW-Shell bietet Mechanismen zur Automatisierung.
Die Scripting-Language der MPW-Shell ermöglicht die Automatisierung von ständig wiederkehrenden Prozessen bei der Entwicklung eines Macintosh-Programms (vergleichbar mit Scripts unter UNIX).

4. Die MPW-Shell besitzt eine Open Architecture.
Durch ein universell gehaltenes Object-Code-Format können verschiedene Programmiersprachen in einem Projekt gemischt werden.

8.1 Open Architecture

Die Open Architecture der MPW-Shell ermöglicht es, ein Programm mit Hilfe von mehreren Programmiersprachen zu erstellen. Bestimmte Probleme lassen sich beispielsweise nur in Assembler (Maschinensprache) lösen, der Hauptteil eines Macintosh-Programms besteht jedoch aus C, Pascal oder Modula II. Ein universell gehaltenes Object-Code-Format ermöglicht es dem Linker, Object-Code-Moduln, die aus unterschiedlichen Programmiersprachen stammen, zu einem Programm zusammenzubinden.

Ein Macintosh-Programm kann aus mehreren Moduln bestehen, die in unterschiedlichen Programmiersprachen geschrieben worden sind.

Ein offensichtlicher Vorteil der Open Architecture liegt darin, daß man sich nicht auf eine Programmiersprache festlegen muß. Wechselt man im Laufe der Programmierkarriere einmal von Pascal nach C oder C++, so kann man bereits fertiggestellte Programmteile in der ursprünglichen Programmiersprache belassen. Neue Teile werden dann einfach in einer anderen Programmiersprache implementiert und zusammen mit den älteren Teilen zu einem Programm zusammengebunden (gelinkt).

Der Linker kann Object-Code-Moduln, die in unterschiedlichen Programmiersprachen erstellt worden sind, zu einem Programm zusammenbinden.

Da das Object-Code-Format lizensierbar ist, bieten einige Drittanbieter alternative Programmiersprachen bzw. Compiler für die MPW-Shell an. Diese Compiler lassen sich gemeinsam mit den von Apple mitgelieferten Programmiersprachen einsetzen; die von diesen Compilern erzeugten Moduln können mit anderen Moduln zu einem Programm zusammengebunden werden.
Durch die universelle Object-Code-Struktur ist es im Gegensatz zu anderen Entwicklungsumgebungen möglich, während des Debuggens der Applikation zwischen den verschiedenen Programmiersprachen hin- und herzuschalten. Der Source-Level-Debugger SADE ist in der Lage, sowohl Pascal als auch C bzw. Assembler-Source-Texte symbolisch zu debuggen.
Die Programmiersprachen, die Apple für die MPW-Shell anbietet, sind:

- Assembler
- Pascal (Object-Pascal)
- C
- C++ (C Front 2.0 von AT&T)
- Lisp (common Lisp)

Es gibt eine Vielzahl an Programmiersprachen, die für die MPW-Shell angeboten werden.

Drittanbieter bieten unter anderem die folgenden Programmiersprachen zur Integration in die MPW-Shell an:

- Turbo Pascal
- Modula II
- Fortran 77
- ADA

8.2 Scripting-Language

Die Scripting-Language bietet die Möglichkeit, immer wiederkehrende Prozesse zu automatisieren.

Die Scripting-Language der MPW-Shell ist zur Automatisierung immer wiederkehrender Prozesse während der Erstellung einer Macintosh-Applikation gedacht. Diese Scripting-Language ist vergleichbar mit der Scripting-Language von UNIX-Shells. Es ist eine Art Programmiersprache, mit der die gesamte Funktionalität der MPW-Shell gesteuert werden kann. Nun ist die kryptische Scripting-Language der MPW-Shell nicht jedermanns Sache (gerade Macintosh-Gewöhnte werden sich an graue Vorzeiten unter DOS oder UNIX erinnert fühlen). Die Möglichkeiten zur Automatisierung müssen zum Glück nur dann verwendet werden, wenn dies nötig wird; man kann ein Macintosh-Programm auch ohne Kenntnisse dieser Scripting-Language erstellen. Bei größeren Projekten erweist sich die Möglichkeit zur Automatisierung jedoch als große Hilfestellung und als angenehme Möglichkeit der MPW-Shell.
Eine interessante Möglichkeit dieser MPW-eigenen Programmiersprache liegt darin, daß man mit ihrer Hilfe die MPW-Shell selbst erweitern kann. Es ist mit bestimmten Befehlen möglich, neue Menüs zusätzlich zu den Standard-Menüs der MPW-Shell hinzuzufügen. An diese "persönlichen" Menüs hängt man üblicherweise Scripts, die bestimmte Prozesse automatisieren. Ein Beispiel für ein solches Menü wäre ein selbstdefinierter Menü-

punkt namens "Search ToolBox...". Wird dieser Menüpunkt ausgewählt, so wird ein bestimmtes Script ausgeführt. In diesem Script wird mit Hilfe von bestimmten Scripting-Language-Befehlen nach einem Text gefragt. Ist der Text eingegeben, so durchsucht das Script die Interface-Dateien sämtlicher ToolBox-Manager nach dem eingegebenen Begriff... ein Automatismus, der sich als sehr nützlich erweisen kann.

An dieser Stelle wird nicht weiter auf die Scripting-Language der MPW-Shell eingegangen, da sie (wie gesagt) nicht unbedingt nötig ist, um ein Macintosh-Programm zu erstellen. In der Lernphase sollte man sich lieber mit der ToolBox, mit QuickDraw bzw. mit dem Betriebssystem auseinandersetzen, als zu versuchen, die schier unerschöpflichen Automatisierungsmöglichkeiten der MPW-Shell zu entdecken. Die Scripting-Language ist ein Bereich, um den man sich erst dann kümmern sollte, wenn konkret an größeren Projekten gearbeitet wird und die ersten Wünsche nach Automatismen laut werden.

Die Scripting-Language wird in der Regel erst bei der Realisierung komplexerer Projekte verwendet.

8.3 Tools

Die MPW-Shell bietet, vergleichbar mit UNIX-Systemen, eine Vielzahl von Befehlen. Diese Befehle, die oft in Scripts verwendet werden, sind als eigenständige, kleine Unterprogramme der MPW-Shell implementiert. Sie werden von der MPW-Oberfläche aus aufgerufen und kehren nach getaner Arbeit wieder zurück. Das Verhalten bzw. der Aufruf eines Tools ist mit dem Aufruf eines UNIX- oder DOS-Kommandos vergleichbar. Diese Tools, von denen etwa 80 verschiedene existieren, bieten die verschiedensten Möglichkeiten. Unter diesen Tools sind unter anderem die folgenden zu finden:

Die Tools bilden den Befehlsumfang der MPW-Shell.

Search - durchsucht eine oder mehrere Textdateien nach einem Textmuster und gibt die gefundenen Zeilen in das Worksheet (die Console der MPW-Shell) aus.

TextCompare - vergleicht zwei Versionen einer Textdatei und zeigt die Unterschiede auf.

Open/Close - öffnet bzw. schließt eine Textdatei.

Rez - übersetzt eine Resource-Description-Datei (wird später erklärt).

Delete - löscht eine Datei.
usw...

Diese Tools bilden praktisch den Befehlssatz der Scripting-Language, sie sind der Teil eines Scripts, der wirklich etwas tut. Ein Script ist lediglich eine Aneinanderreihung konditionaler Aufrufe von Tools.

8.4 Erstellen von Resources

Das Erstellen von Resources ist eine wichtige Aufgabe, eine Voraussetzung für die Programmierung einer echten Macintosh-Applikation. Resources können auf mehrere Arten und Weisen erstellt werden. Im Nachfolgenden werden drei verschiedene Möglichkeiten aufgezeigt, wie Resources erstellt werden können, bzw. wo die Vor- und Nachteile der jeweiligen Methode liegen.

8.4.1 ResEdit

ResEdit ist ein grafischer Resource-Editor, mit dem Resources angelegt, gelöscht und modifiziert werden können.

Mit Hilfe des zur MPW-Shell gehörenden Programms ResEdit lassen sich recht einfach Resources erstellen. Dieser grafische Resource-Editor ermöglicht die Erstellung von Resources, auf die das Programm später zugreift, auf sehr intuitive Weise. Mit diesem Programm können neue Resource-Dateien angelegt oder bestehende Resource-Dateien verändert werden. Möchte man (wie dies ja gefordert wird) sämtliche String-Konstanten aus dem Quelltext verbannen, so legt man mit Hilfe von ResEdit die entsprechenden String('STR ')-Resources in der fertig übersetzten Applikation an. Das Programm kann dann mit Hilfe von Resource-Manager-Routinen wie Get1Resource auf diese String-Resources zugreifen und den Text darstellen. Auch kompliziertere Resources lassen sich mit Hilfe von ResEdit erstellen. Die folgende Grafik illustriert die Modifikation bzw. die Erstellung einer Dialog-Beschreibungs-Resource. Diese Resource enthält das Layout einer Dialog-Box, die Positionen und Größen der Buttons, ihre Namen oder auch die Definition einer Check-Box. Die Erstellung der sogenannten "Dialog Items" (Buttons, Check-Boxes etc.) ist in diesem Programm so einfach wie das Zeichnen einer Grafik in einem Grafikprogramm. Es ist kein Programmieraufwand nötig, um eine Resource mit Hilfe von ResEdit zu erstellen oder zu verändern.

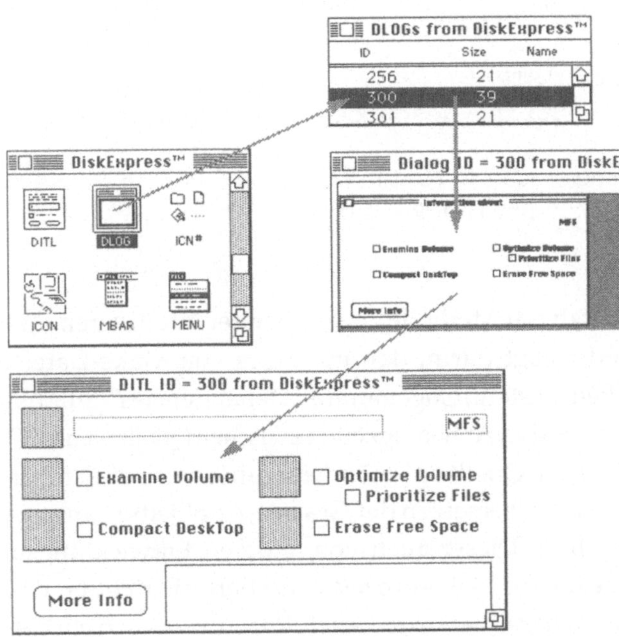

Abb. 8-1
ResEdit stellt die Resource-Typen und Resources grafisch dar. Mit diesem Programmierer-werkzeug können fast alle Oberflächen-elemente eines Macintosh-Programms interaktiv erstellt werden.

8.4.2 Rez

Das Rez-Tool ist ein Resource-Compiler. Es übersetzt eine Resource-Description-Datei (Rez-Datei) in eine Resource-Datei.

Rez ist ein MPW-Shell-Tool, welches eine Resource-Description-Datei in eine Resource-Datei übersetzt. Apple hat zu diesem Zweck eine eigene, kleine Programmiersprache erfunden, die sogenannte "Resource Description Language". Eine Resource-Description-Datei ist eine Textdatei, die Befehle aus der Resource-Description-Language enthält. Mit Hilfe dieser Befehle können Resources beschrieben werden, die in einem Programm benötigt werden. Um bei dem vorangegangenen Beispiel der Definition einer String-Resource zu bleiben: Man würde eine Rez-Datei erstellen, die die Befehle für die benötigten String-Resources enthält. Diese Rez-

Datei wird dann in den Make-Prozeß mit eingebunden, so daß die Rez-Datei automatisch mit Hilfe des Resource-Compilers Rez übersetzt wird.
Im folgenden Beispiel einer Rez-Datei werden zwei String-Resources erzeugt. Die erste String-Resource bekommt die Resource-ID 128 und enthält den Text "Eine String-Resource". Die zweite String-Resource (ID 129) enthält den Text "Die 2. String Resource".

Die Resource-Description-Language ist von der Programmiersprache "C" abgeleitet. Sie dient der textuellen Beschreibung von Resources.

```
#include "Types.r"      /* Typendeklarationen    */

resource 'STR ' (128) {       /* ResType, ResID */
   "Eine String-Resource"     /* Text           */
};
resource 'STR ' (129) {       /* ResType, ResID */
   "Die 2. String-Resource"   /* Text           */
};
```

Rez-Dateien können (wie andere Quelltext-dateien) in den Make-Prozeß eingebunden werden.

Der Vorteil dieser Methode gegenüber der intuitiveren Methode mit ResEdit liegt darin, daß mit Hilfe von Make-Dateien die Möglichkeit besteht, sogenannte "Dependencies" aufzubauen. Dependencies sind Abhängigkeiten zwischen Quelltext und Object-Code. Wenn ein Quelltext verändert wurde, wird dieser Quelltext beim nächsten Übersetzen der Gesamt-Applikation automatisch neu compiliert. Dieser auch von anderen Entwicklungsumgebungen bekannte Make-Prozeß garantiert die richtige Übersetzung sämtlicher Quelltexte. Auch Resource-Description-Dateien können in diesen Make-Prozeß mit eingebunden werden - sie werden so automatisch übersetzt, wenn dies nötig ist.
Ein weiterer Vorteil einer Rez-Datei liegt darin, daß man Kommentare zu den Resources schreiben kann. So kann man z.B. neben der Definition einer 'STR '-Resource den Kommentar schreiben, an welcher Stelle des Programms diese Resource benötigt wird. Resource-Description-Dateien sind eben ganz normale Textdateien, die erst von Rez zu richtigen Resources gemacht werden.

8.4.3 ResEdit, DeRez und Rez in Kombination

Die Erstellung von Resources mit Hilfe von Rez hat (wie Sie wahrscheinlich schon vermutet haben) einen entscheidenden Nachteil: Man muß sich neben der Erlernung der Macintosh-Programmierung auch noch mit einer neuen Programmiersprache beschäftigen – Der Resource-Description-Language !

Das Tool DeRez ist ein Resource-Decompiler. Es übersetzt eine Resource-Datei in eine Resource-Description-Datei.

Damit einem dieses Übel erspart bleibt, man aber trotzdem die Vorteile der Resource-Description-Dateien nutzen kann, gibt es ein weiteres Tool, namens DeRez. DeRez ist ein Resource-Decompiler, das Gegenstück zu Rez. Mit Hilfe von DeRez kann man eine fertige Resource-Datei (die man z.B. mit ResEdit erstellt hat) zu einer Resource-Description-Datei decompilieren. DeRez erzeugt dabei genau die Befehle, die der Resource-Compiler beim Übersetzen einer Resource-Description-Datei erwartet.

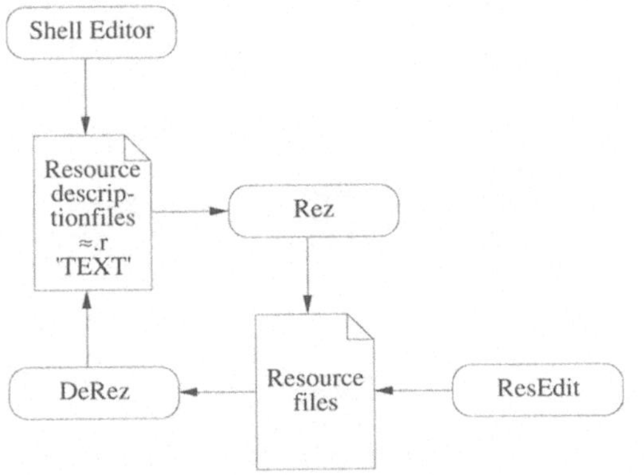

Abb. 8-2 Mit Hilfe von ResEdit werden die Resources grafisch erzeugt. Anschließend wird der Resource-Compiler DeRez verwendet, um eine Resource-Description-Datei zu erzeugen, die dann in den Make-Prozeß eingebunden wird. In diesem Prozeß übersetzt der Resource-Compiler Rez die Resource-Description-Datei in eine Resource-Datei.

Die einfache Erstellung einer Resource-Description-Datei sieht also so aus: Mit Hilfe von ResEdit wird eine neue Resource-Datei angelegt. Die benötigten Resources werden mit Hilfe dieses sehr intuitiv zu bedienenden Programms in der angelegten Datei erzeugt. Anschließend wird die Resource-Datei mit Hilfe von DeRez in eine Resource-Description-Datei (eine Textdatei) übersetzt. Diese Datei kann jetzt in den Make-Prozeß mit eingebunden werden. Auf diese Weise hat man die Möglichkeit, Kommentare zu den Resources zu schreiben, ohne die Resources textuell beschreiben zu müssen.

8.5 Compilieren einer Applikation

Um eine Macintosh-Applikation compilieren zu können, benötigt man zunächst eine Make-Datei. Diese Make-Datei enthält die Informationen, aus welchen Quelldateien die Applikation zusammengebaut werden soll. Das Übersetzen der Applikation erfolgt dann, indem man das Tool "Make" aufruft, welches die benötigten Compiler aufruft und den Linker zum Binden der Applikation veranlaßt.

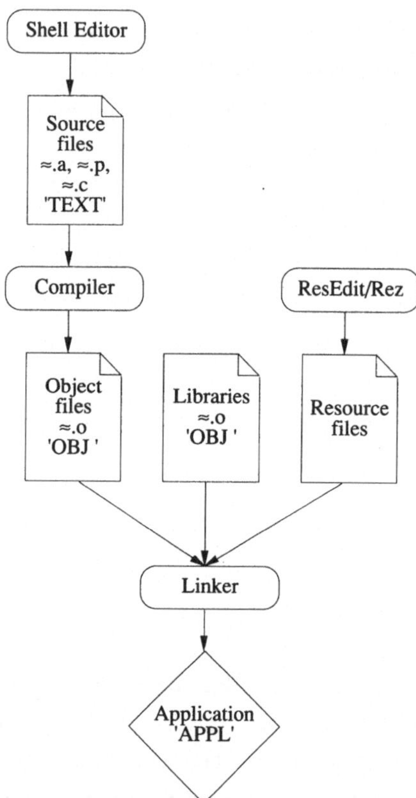

Abb. 8-3 Quelltextdateien enden immer mit ".a" (für Assembler), ".p" (für Pascal) oder mit ".c" (für C). Der entsprechende Compiler übersetzt die Quelltextdateien in Object-Code-Dateien, welche dann vom Linker mit den Libraries und den Resource-Dateien zu einer Applikation zusammengebunden werden.

Zum Glück muß man sich am Anfang noch nicht mit der (recht komplizierten) Struktur einer Make-Datei auseinandersetzen. Apple bietet für den einfachen Einstieg in die MPW-Shell fertige Scripts, die das Erzeugen einer Make-Datei automatisieren bzw. intuitiver gestalten. Die folgenden Schritte beschreiben den Prozeß, der nötig ist, um eine Applikation zu übersetzen:

Das "Rezept" zum Erstellen einer Make-Datei bzw. zum Übersetzen einer Applikation.

1. Mit Hilfe des "Set Directory"-Menüpunktes aus dem "Directory"-Menü bzw. dem folgenden Dialog den Ordner auswählen, in welchem sich die Quelltexte befinden.
2. Aus dem "Build"-Menü den Menüpunkt "Create Build Commands..." auswählen.
3. Auf den "Sourcefiles..."-Button klicken.
4. Die Source-Textdateien auswählen und durch Klicken auf den "Add"- Button in die Liste der Source-Dateien übernehmen.
5. Beenden des Dialoges mit "Done".
6. Eingeben eines Programmnamens in dem Edit-Feld "Program Name".
7. Klicken auf den "Create Make"-Button.

Jetzt wird automatisch eine der gefürchteten Make-Dateien erstellt. Diese Make-Datei enthält nun die Anweisungen, um die Applikation zu übersetzen. Sie kann immer wieder verwendet werden, um das Programm zu übersetzen. Beim nächsten Übersetzen des Programms brauchen die beschriebenen Schritte nicht mehr wiederholt werden.

8. Auswählen des Menüpunktes "Build" aus dem "Build"- Menü.
9. Bestätigen des Dialoges mit "OK".

Nun wird das Programm automatisch übersetzt. Die Ausgaben der Compiler bzw. die Statusinformationen des Übersetzungsprozesses werden in das Worksheet (die Console) ausgegeben. Nach Beendigung des Übersetzungsprozesses sieht das Worksheet etwa so aus:

Die MPW-Shell gibt während des Compilierens Statusmeldungen über die ausgeführten Schritte in das Worksheet aus.

```
# 11:12:20 Uhr ----- Build of Minimum.
# 11:12:20 Uhr ----- Analyzing dependencies.
# 11:12:21 Uhr ----- Executing build commands.
      Rez Minimum.r -append -o Minimum
      C -r Minimum.c
      Link -t APPL -c '????' Minimum.c.o …
# 11:12:32 Uhr ----- Done.
Minimum
```

Zunächst wurde in diesem Beispiel der Resource-Compiler Rez gestartet, um die Resource-Description-Datei "Minimum.r" zu übersetzen. Danach wurde der C-Compiler aufgerufen und hat die Quelltextdatei "Minimum.c" übersetzt. Der anschließende

Linker-Aufruf bindet die erzeugten Dateien in einer Applikation zusammen.
Soll das Programm gestartet werden, so kann dies ganz normal vom Finder aus geschehen oder einfach durch Drücken der "Enter-Taste" (ganz rechts unten auf der Tastatur).

Fenster

Dieses Kapitel erklärt die Erzeugung und Verwaltung von Fenstern in einem Macintosh-Programm. Es bildet damit die Grundlage für nahezu jedes Programm. Zunächst werden die Besonderheiten des Macintosh-Window-Managements etwas genauer beleuchtet. Die Datenstrukturen und Routinen des Window-Managers werden dann im weiteren Verlauf des Kapitels erläutert. Zum Schluß wird das erste kleine Macintosh-Programm "MINIMUM" vorgestellt. Dieses Programm kann ein Fenster öffnen, es ist sozusagen das "Hello World" des Macintosh. Minimum führt dabei die bisher vorgestellten Erkenntnisse zu einem Teil zusammen. Das Programm benutzt den Window-Manager, um ein Fenster zu erzeugen und verwendet dabei indirekt den Resource- bzw. Memory-Manager. Dieses minimale Programm stellt eine Experimentierplattform dar, die zum Erkunden von QuickDraw und anderen Managern verwendet werden kann. Minimum bildet auch die Grundlage für die Erstellung komplexerer Applikationen im Verlauf der nächsten Kapitel.

9.1 Der Window-Manager

Der Window-Manager beschäftigt sich (wie der Name schon sagt) mit der Generierung und Verwaltung von Fenstern. Auf dem Macintosh gibt es viele verschiedene Arten von Fenstern; die verschiedenen Standard-Window-Typen sind in Abb. 9-1 dargestellt.

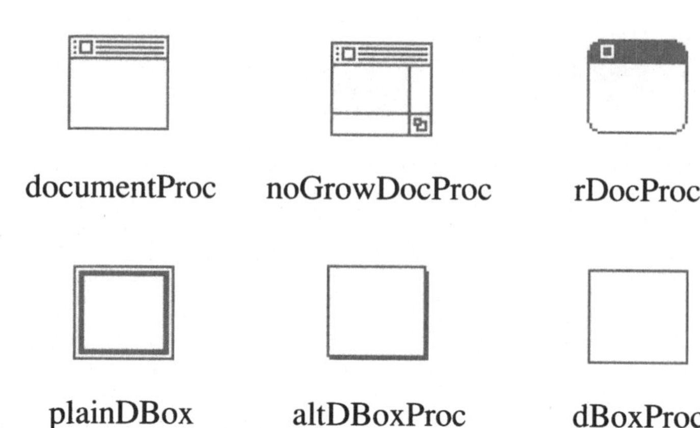

Abb. 9-1
Die Fenstertypen und die assoziierten Konstanten. Diese Konstanten werden bei der Definition des Fensters verwendet, um den Fenstertyp zu spezifizieren.

Der Window-Manager setzt auf dem Memory-Manager, Quick-Draw und dem Resource-Manager auf. Er benutzt beispielsweise den Resource-Manager dazu, um bei der Erzeugung eines Fensters eine Fenster-Beschreibungs-Resource zu laden. Eine solche 'WIND'-Resource enthält die initiale Größe und Position eines Fensters, den Fenster-Typ und den Fenstertitel. Möchte man ein Fenster erzeugen, so übergibt man der entsprechenden Funktion die Resource-ID einer 'WIND'-Resource, die sich im Resource-Fork der Applikation befindet. Die Funktion lädt diese Window-Beschreibungs-Resource mittels des Resource-Managers und generiert anhand der in diesem Window-Template enthaltenen Informationen das Fenster.

Um ein Fenster zu beschreiben, werden 'WIND'-Rescoures verwendet, die u.a. Informationen über die Position, Größe und den Fenstertyp enthalten.

Das Zeichnen eines Fensters wird mit Hilfe von QuickDraw-Routinen erledigt, die Verwaltung der Überlappungen von Fenstern wird mit Hilfe von Regions implementiert. Der Window-Manager benutzt Regions dazu, ein Programm daran zu hindern, über die Grenzen eines Fensters hinaus zu zeichnen. Wir brauchen uns als Programmierer (zum Glück) nicht darum zu kümmern, ob das Fenster, in das wir hineinzeichnen wollen, von einem anderen überlappt wird. Jedes Fenster hat eine Region, die den sichtbaren Bereich eines Fensters beschreibt, die sogenannte "Visible Region" (visRgn). QuickDraw beachtet die Grenzen dieser Visible-Region genauso, wie dies mit der Clipping-Region geschieht. Zeichenoperationen werden auf die Grenzen dieser Region beschränkt.

9.2 Routinen und Datenstrukturen

Nun zum Kern des Window-Managers, den Routinen und Datenstrukturen, die zur Generierung und Verwaltung eines Fensters zur Verfügung stehen:
Jedes Fenster besitzt einen WindowRecord, diese Datenstruktur bildet die Basis des Fensters. Dieser WindowRecord enthält Informationen über das Fenster selbst, in ihm sind beispielsweise Informationen über den Typ oder auch die Position des Fensters enthalten. Viele Window-Manager-Routinen verlangen zur Bearbeitung eines Fensters die Adresse des zugehörigen Window-Records. Über diesen WindowRecord wissen die Funktionen dann, mit welchem Fenster sie arbeiten sollen.
In der Regel greift man selten direkt auf die Felder dieser Datenstruktur zu. Um die Gesamtfunktionalität des Window-Managers zu erklären, wird diese Struktur hier trotzdem vorgestellt. Ein Window-Record ist wie folgt deklariert:

Der WindowRecord bildet die Basis eines Fensters. Er enthält (als erstes Feld) einen GrafPort; jedes Fenster enthält seine eigene Zeichenumgebung (Koordinatensystemursprung, Clipping-Region etc.).

```
 1: struct WindowRecord {
 2:     GrafPort                 port;
 3:     short                    windowKind;
 4:     Boolean                  visible;
 5:     Boolean                  hilited;
 6:     Boolean                  goAwayFlag;
 7:     Boolean                  spareFlag;
 8:     RgnHandle                strucRgn;
 9:     RgnHandle                contRgn;
10:     RgnHandle                updateRgn;
11:     Handle                   windowDefProc;
12:     Handle                   dataHandle;
13:     StringHandle             titleHandle;
14:     short                    titleWidth;
15:     ControlHandle            controlList;
16:     struct WindowRecord      *nextWindow;
17:     PicHandle                windowPic;
18:     long                     refCon;
19: };
```

Das erste Feld des WindowRecords (**port**) entspricht dem mit diesem Fenster assoziierten QuickDraw-GrafPort. Man muß sich anstelle dieses Feldes einen kompletten GrafPort mit all seinen Feldern vorstellen. Jedes Window hat also seine eigene, komplette Zeichenumgebung. Dies vereinfacht das Arbeiten mit mehreren Fenstern enorm. Wir brauchen uns beim Umschalten zwischen zwei Fenstern die QuickDraw-Attribute nicht zu merken, das aktive Fenster bestimmt die aktuelle Zeichenumgebung und damit auch sämtliche QuickDraw-Zeichen-Attribute wie die PenSize, den aktuellen Font oder die Clipping-Region.

Ein Macintosh-Fenster ist eine Art virtueller Bildschirm, da es seine eigene Zeichenumgebung (GrafPort) besitzt.

Das Feld **windowKind** enthält die Identifikationsnummer des Window-Typs, beispielsweise documentProc. Dieses Feld ist für uns recht uninteressant, da der Typ des Fensters über Resources definiert wird.
An dem Boolean **visible** kann man erkennen, ob ein Fenster sichtbar ist, oder sozusagen im RAM schlummert.
Ist das Fenster aktiv (es hat horizontale Streifen in der Titel-Leiste), so ist das Feld **hilited** auf true gesetzt.
Hat das Fenster ein Schließ-Feld (Go-Away-Box), so ist der Boolean **goAwayFlag** true.
Das Feld **spareFlag** ist für zukünftige Erweiterungen des Window-Managers reserviert.
Die nachfolgenden drei Regions werden zur Verwaltung der Fensterform verwendet. Die Region **strucRgn** beschreibt den Bereich, der dem kompletten Fenster entspricht. Dieses Feld entspricht der Summe von contRgn und der dragRgn (die nicht im WindowRecord verwaltet wird).

Abb. 9-2 Die verschiedenen Regions, die für die Verwaltung eines Fensters verwendet werden.

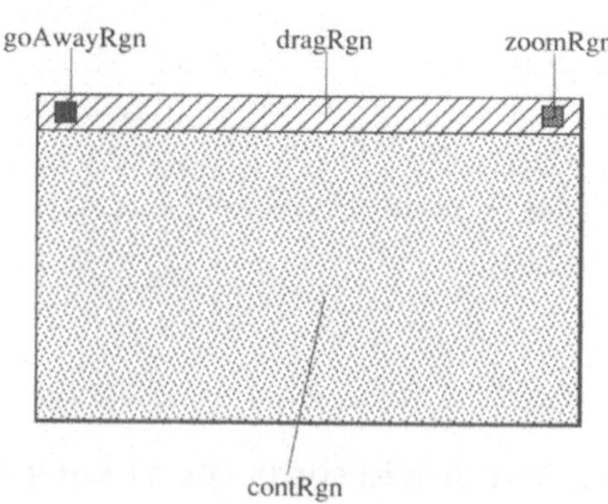

Das Feld **contRgn** beschreibt den Bereich, der dem Fensterinhalt entspricht. Dies ist der maximale Bereich, in dem ein Macintosh-Programm mit Hilfe von QuickDraw zeichnen kann.
Das Feld **visRgn** eines GrafPorts enthält die Region, die den gerade sichtbaren Bereich des Fensters beschreibt. Ist das Fenster im Vordergrund, so entspricht diese Region der strucRgn (dem gesamten Fenster), wird es jedoch von anderen Fenstern überlappt, so beschreibt visRgn genau den sichtbaren Bereich des Fensters.

Abb. 9-3
*Die Visible-Region (**visRgn**) eines Fensters (bzw. eines GrafPorts) beschreibt den sichtbaren Bereich des Fensters. Diese Region verhindert, daß über die Grenzen des Fensters hinaus gezeichnet wird.*

QuickDraw achtet beim Zeichnen darauf, daß Zeichenoperationen nicht die gemeinsame Fläche von visRgn und contRgn verlassen. Auf diese Weise kann ein Mac-Programm nie "versehentlich" über die Grenzen seines Fensters hinaus zeichnen, noch ein über dem Ziel-Fenster liegendes Fenster übermalen. Da QuickDraw auch auf die beschriebene Clipping-Region eines GrafPorts achtet, ergibt sich der Zeichenbereich aus der gemeinsamen Fläche von visRgn, contRgn und der clipRgn des GrafPorts (siehe Abb. 9-3).

Zeichenbereich = Gemeinsamer Bereich von visRgn, contRgn und clipRgn.

Das Feld **updateRgn** gibt mir eine willkommene Gelegenheit, die Einzelteile des Wissens, das Sie sich über Events, QuickDraw und den Window-Manager erworben haben, zusammenzufügen. Wird ein Fenster, welches ein anderes überlappt, verschoben, so daß Teile des im Hintergrund liegenden Fensters wieder sichtbar werden, so ist das Programm dafür zuständig, den Inhalt der freigelegten Bereiche neu zu zeichnen; das Programm muß die Grafik, die an dieser Stelle liegt, neu zeichnen. Der Window-Manager akkumuliert alle freigelegten Bereiche in die updateRgn des WindowRecords und informiert das Programm mittels eines Update-Events von der Notwendigkeit des Neuzeichnens. Das Programm reagiert dann auf diesen Update-Event, indem es die Clipping-Region auf die updateRgn des WindowRecords setzt und die gesamte Grafik neuzeichnet. So werden nur die Teile der Grafik gezeichnet, die auch wirklich neu gezeichnet werden müssen. Dieses Verfahren spart eine Menge Rechenzeit, denn nur die QuickDraw-Zeichenoperationen, die innerhalb der Clipping-Region liegen, werden ausgeführt.

*Die Region **updateRgn** beschreibt den Bereich eines Fensters, der neu gezeichnet werden muß.*

Bis jetzt wurde immer davon gesprochen, daß der Window-Manager das Fenster zeichnet. Dies ist eigentlich nicht ganz richtig. In Wirklichkeit ist ein bestimmter Typ von vordefinierten Funktionen (die sogenannten "Window Definition Functions" (WDEF)) für das Zeichnen des Fensters verantwortlich. Der Window-Manager übernimmt die Verwaltung, die WDEF das Zeichnen des Fensters (Titelleiste, Titel, Umrandung etc.). Solche WDEFs sind als eigenständige Object-Code-Resources im System enthalten. Das Feld windowDefProc eines WindowRecords enthält einen Handle auf die geladene WDEF-Resource, die Window-Definition-Function. Es existieren mehrere vordefinierte WDEFs, einige Programme benutzen jedoch auch die Möglichkeit des Window-Managers, eine eigene WDEF zu haben, also selbst für das Zeichnen des Fensters verantwortlich zu sein. Dies ist natürlich nur dann interessant, wenn man mit dem Aussehen und der Funktionalität der normalen, Standard-WDEFs nicht zufrieden ist. Benutzt werden diese Custom-WDEFs für die sogenannten "Floating Windows", die meistens eine Werkzeugleiste zum Zeichnen enthalten und eine verkleinerte Titelleiste haben.
Diese Art von Fenstern nennt man Floating-Windows, weil man sie nicht in den Hintergrund klicken kann. Sie "schweben" sozusagen immer über allen anderen Fenstern.

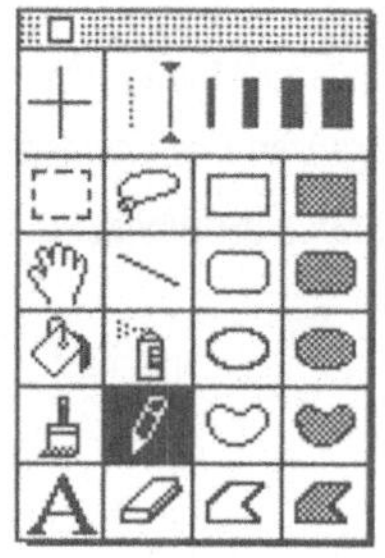

*Abb. 9-4
Um ein Floating-Window zu erzeugen, muß eine eigene Window-Definition-Function (WDEF) verwendet werden.*

Das Feld **dataHandle** wird von den WDEFs dazu verwendet, um eigene Daten abzulegen.
Der StringHandle **titleHandle** ist ein Handle auf einen Pascal-String, der in der Titelleiste des Fensters erscheint.

Das Feld **titleWidth** gibt die Breite des Strings in Pixeln (Bildschirmpunkten) an. Normalerweise sind diese Felder für Programmierer recht uninteressant.
Fenster haben bekanntlich öfter mal einen Scrollbar (Roll-Balken) oder auch schon mal einen Button. Diese Strukturen nennt man *Controls*. Enthält ein Fenster Controls, so zeigt das Feld **controlList** auf den Anfang einer verketteten Liste der zu diesem Fenster gehörenden Controls. Controls und ihre Verwaltung werden in Kapitel 12 beschrieben.
Der Window-Manager reflektiert die Ordnung der Fenster (welches über welchem liegt) durch Verkettung der WindowRecords. Jedes Fenster verweist in dem Feld **nextWindow** seines WindowRecords auf das Fenster, welches in der Hierarchie als nächstes folgt. Diese Verkettung geht vom obersten bis zum untersten Fenster, quer über alle laufenden Applikationen hinweg.
Oft möchte man dem Benutzer ein Fenster zeigen, das einen statischen Inhalt hat. Ein Beispiel dafür wäre eine Legende bei einem Statistikprogramm, die sich in einem separaten Fenster befindet. Um die Implementierung eines statischen Fensterinhaltes zu erleichtern, gibt es das Feld **windowPic**. Hier kann man einen PicHandle einsetzen, der auf ein Picture zeigt, welches den Inhalt des statischen Fensters zeichnet. Der Window-Manager übernimmt dann automatisch alle Update-Events für dieses Fenster. Wir brauchen uns überhaupt nicht mehr um das Zeichnen des Fensterinhaltes zu kümmern. Dieses Feature ist zwar kein Meilenstein in der Entwicklung der Fenstertechnologie, kann jedoch in manchen Fällen recht nützlich sein.
Das letzte Feld (**refCon**) ist ein long, der uns als Programmierern zur Verfügung steht. Dieses Feld kann nach Belieben gesetzt werden. Es wird von vielen Programmen dazu verwendet, die Daten, die in einem Fenster dargestellt werden, zu verwalten. In diesem Feld wird meist ein Handle auf einen Daten-Record oder auf weiter verzweigende Strukturen abgelegt. So erreicht man eine Verbindung zwischen den Fenstern und den Daten, die in ihnen dargestellt werden. Soll bei einem Update-Event beispielsweise neu gezeichnet werden, so genügt es, eine universell gehaltene Zeichenroutine nur noch auf das entsprechende Fenster anzusetzen. Diese Zeichenroutine kann dann den im refCon

*Das Feld **refCon** eines WindowRecords wird von vielen Programmen verwendet, um einen Handle auf die Daten abzulegen, welche in dem Fenster dargestellt werden. Auf diese Weise entsteht eine eindeutige Beziehung zwischen Fenster und Daten.*

enthaltenen Handle verwenden, um an die zu zeichnenden Daten heranzukommen.

InitWindows

Die Funktion InitWindows initialisiert den Window-Manager. Diese Funktion muß aufgerufen werden, bevor eine der im Nachfolgenden beschriebenen Routinen verwendet wird. Üblicherweise wird diese Routine zu Beginn des Programms (in der Initialisierungs-Routine) aufgerufen.

```
pascal void InitWindows (void);
```

GetNewWindow

Um ein neues, leeres Fenster zu erzeugen, wird die Funktion GetNewWindow aufgerufen.

```
pascal WindowPtr GetNewWindow (
                        short       windowID,
                        void        *wStorage,
                        WindowPtr   behind);
```

Diese Funktion verlangt als ersten Parameter (**windowID**) die Resource-ID einer 'WIND'-Resource (eines Window-Templates). Diese 'WIND'-Resource muß im Resource-Fork der Applikation enthalten sein. In ihr werden Größe, Position und Art des Fensters beschrieben. Anstelle des Parameters **wStorage** kann man die Adresse eines WindowRecords übergeben. Dieses Feature wird nur dann benötigt, wenn man zur Laufzeit der Applikation ständig neue Fenster erzeugen möchte. Gehen wir zunächst einmal davon aus, daß in unserer Applikation nur ein Fenster zur Verfügung steht, so kann man anstelle von **wStorage** NULL übergeben. GetNewWindow alloziiert in diesem Fall einen Pointer (einen nonrelocatable-Block) im Speicherbereich unserer Applikation. Dieser Block wird dann vom Window-Manager zur Verwaltung des Windows bzw. zum Abspeichern der Window-Daten benutzt.

*Wenn für den Parameter **wStorage** der Wert NULL übergeben wird, legt GetNewWindow einen nonrelocatable-Block für die Verwaltung des Fensters an.*

Normalerweise erzeugt GetNewWindow das neue Fenster über allen anderen bereits bestehenden Fenstern. Der letzte Parameter (**behind**) kann jedoch auch ein Pointer auf ein bereits bestehendes Window sein. In diesem Fall wird das neue Fenster hinter dem Fenster angelegt, auf das **behind** zeigt. Dieses Feature wird selten benötigt. Möchte man das neue Fenster über allen ande-

ren Fenstern erzeugen, so kann man anstelle des Parameters **behind** den Wert -1 übergeben.
Als Ergebniswert gibt GetNewWindow die Adresse des neu angelegten nonrelocatable-Blocks zurück. Dies ist die Adresse eines WindowRecords und wird von allen anderen Window-Manager-Routinen als Eingabeparameter verlangt. Mit Hilfe dieses WindowPtrs spezifizieren wir, mit welchem Fenster die Routinen arbeiten sollen.

CloseWindow

Nun soll es auch schon einmal vorgekommen sein, daß der Benutzer ein Fenster schließen möchte (Benutzer klickt in die Close-Box des Fensters). Wir reagieren auf dieses Verlangen, indem wir die Funktion CloseWindow oder DisposeWindow aufrufen.

```
pascal void CloseWindow (WindowPtr theWindow);
```

CloseWindow läßt das durch **theWindow** verwaltete Fenster vom Bildschirm verschwinden und gibt den von dem Fenster belegten Speicherplatz frei. Diese Funktion gibt sämtliche Datenstrukturen frei, die im WindowRecord enthalten sind (z.B. die Regions). Der WindowRecord selbst wird jedoch *nicht* freigegeben, da dieser Record eventuell gar kein Memory-Manager-Block ist, sondern auch z.B. eine globale Variable des Programms sein kann. Ist bei der Erzeugung des Fensters (Aufruf von GetNewWindow) ein nonrelocatable-Block angelegt worden (wStorage = NULL), so sollte anstelle von CloseWindow die Funktion DisposeWindow aufgerufen werden, um auch den WindowRecord selbst freizugeben.

DisposeWindow

```
pascal void DisposeWindow (WindowPtr theWindow);
```

DisposeWindow ruft CloseWindow auf und gibt zusätzlich noch den Speicherplatz frei, der von dem WindowRecord des Fensters belegt wird. Diese Funktion darf nur dann aufgerufen werden, wenn bei der Erzeugung des Fensters eine neuer nonrelocatable-Block angelegt worden ist.

HideWindow

Soll ein Fenster zwar vom Bildschirm verschwinden, die Datenstrukturen (WindowRecord etc...) aber erhalten bleiben, so kann die Funktion HideWindow verwendet werden.

```
pascal void HideWindow (WindowPtr theWindow);
```

ShowWindow

HideWindow "versteckt" das Fenster, welches durch den Parameter **theWindow** spezifiziert wird. Das Fenster kann anschließend durch einen Aufruf der Funktion ShowWindow wieder sichtbar gemacht werden.

```
pascal void ShowWindow (WindowPtr theWindow);
```

ShowWindow geht davon aus, daß das Fenster, auf welches **theWindow** zeigt, bereits existiert. ShowWindow erzeugt also kein neues Fenster, sondern sorgt lediglich dafür, daß ein unsichtbares Fenster wieder sichtbar wird.

SelectWindow

Wenn der Benutzer auf ein im Hintergrund liegendes Fenster klickt, sollte das Programm die Funktion SelectWindow aufrufen.

```
pascal void SelectWindow (WindowPtr theWindow);
```

Diese Funktion holt das Fenster, auf welches der Parameter **theWindow** zeigt, nach vorn und aktiviert es. Aktivieren bedeutet, daß die Streifen in der DragRegion gezeichnet werden, und ein Activate-Event für dieses Fenster erzeugt wird. Das Fenster, welches bisher im Vordergrund lag, wird als inaktiv gekennzeichnet und bekommt einen DeActivate-Event.

SetWTitle

Um den Titel eines Fensters zur Laufzeit zu ändern, steht die Funktion SetWTitle zur Verfügung. Diese Funktion wird beispielsweise verwendet, um einem neuen Fenster nach dem Öffnen eines Dokuments den Namen der gelesenen Datei zu geben.

```
pascal void SetWTitle ( WindowPtr   theWindow,
                        Str255      *title);
```

SetWTitle ändert den Titel des Fensters, auf welches **theWindow** zeigt. Der neue Titel des Fensters wird durch den String, auf den **title** zeigt, spezifiziert.

GetWTitle

Die Funktion GetWTitle wird verwendet, um auf den Fenstertitel zuzugreifen.

```
pascal void GetWTitle ( WindowPtr    theWindow,
                        Str255       *title);
```

GetWTitle gibt den Fenstertitel des Fensters, auf welches der Parameter **theWindow** zeigt, in dem String **title** an das Programm zurück.

FrontWindow

Wenn das Programm mehrere Fenster verwalten soll, so wird die Funktion FrontWindow verwendet, um eine Referenz auf das vorderste Fenster zu erhalten. Diese Funktion wird von Programmteilen verwendet, welche sich bei ihrer Ausführung stets auf das vorderste Fenster beziehen.

```
WindowPtr FrontWindow (void);
```

FrontWindow gibt die Adresse des vordersten Fensters als Ergebniswert an das Programm zurück.

InvalRect

Wenn ein Macintosh-Programm feststellt, daß durch bestimmte Berechnungen oder Aktionen ein bestimmter Bereich eines Fensters neu gezeichnet werden muß, so kann es durch einen Aufruf der Funktion InvalRect bewirken, daß dieser Bereich neugezeichnet wird.

```
pascal void InvalRect (const Rect *badRect);
```

InvalRect akkumuliert das übergebene Rechteck (**badRect**) in die updateRgn des WindowRecords und schickt dem Programm einen Update-Event für das Fenster. Das Programm reagiert dann auf diesen Event, indem es die neuzuzeichnenden Bereiche restauriert. Der Aufruf dieser Funktion ist einem direkten Neuzeichnen der Grafik vorzuziehen, da dieser Mechanismus über die standardisierten Event-Behandlungsroutinen des Programms läuft, und so garantiert korrekt abgearbeitet wird.

InvalRgn

```
pascal void InvalRgn (RgnHandle badRgn);
```

InvalRgn funktioniert genau wie InvalRect, akkumuliert jedoch die Fläche der übergebenen Region in die Update-Region (updateRgn) des WindowRecords.

BeginUpdate

Wenn ein Macintosh-Programm einen Update-Event für ein Fenster bekommt, so ruft es zunächst die Funktion BeginUpdate auf und zeichnet dann den gesamten Fensterinhalt neu.

```
pascal void BeginUpdate (WindowPtr theWindow);
```

Diese Funktion schränkt die Visible-Region (visRgn) des Fensters auf den neuzuzeichenden Bereich (updateRgn des Window-Records) ein. Da die Visible-Region des Fensters (wie beschrieben) den Zeichenbereich einschränkt, kann das Programm die gesamte Grafik zeichnen, ohne auf die Update-Region achten zu müssen. Nur die Teile der Grafik eines Fensters werden neu gezeichnet, die innerhalb des neuzuzeichnenden Bereiches liegen. Diese Technik beschleunigt den Fensteraufbau und trägt zu einem "ruhigeren" Bildschirmaufbau bei.

EndUpdate

Nachdem die Funktion BeginUpdate aufgerufen und der Inhalt des Fensters neugezeichnet worden ist, wird die Funktion EndUpdate aufgerufen. Diese Funktion setzt die Visible-Region des Fensters auf den ursprünglichen Bereich zurück. Mit dem Aufruf dieser Funktion ist die Update-Event-Behandlung abgeschlossen.

```
pascal void EndUpdate (WindowPtr theWindow);
```

FindWindow

Findet ein MouseDown-Event statt, so muß das Programm zunächst einmal herausfinden, in welchem Bereich des Bildschirms der Mausklick liegt. Dies kann anhand der Mausklick-Koordinaten bzw. mit Hilfe der Funktion FindWindow geschehen.

```
pascal short FindWindow ( Point       thePoint,
                          WindowPtr *theWindow);
```

Dieser Funktion übergibt man mit dem Parameter **thePoint** die Koordinaten des Mausklicks. FindWindow sucht dann den Bereich, in dem sich der Mausklick befindet. Befindet sich der Mausklick in einem Fenster, so gibt FindWindow in der Variable, auf die **theWindow** zeigt, den WindowPtr des "getroffenen" Fensters zurück. Der Ergebniswert der Funktion spezifiziert dabei genauer, in welchem Bereich des Fensters der Mausklick lag.
FindWindow erkennt nicht nur Mausklicks, die in einem Fenster liegen, sondern analysiert den gesamten Bildschirm. Hat der Benutzer beispielsweise in die Menüleiste geklickt, so gibt FindWindow den entsprechenden Wert als Ergebniswert zurück. Der Parameter **theWindow** ist dann ungültig.
Der Ergebniswert von FindWindow kann mit den folgenden vordefinierten Konstanten verglichen werden:

```
#define inMenuBar     1
```

Der Mausklick liegt in der Menüleiste. In diesem Fall muß mit dem Menu-Manager zusammengearbeitet werden, um das Herunterklappen des Menüs bzw. die Auswahl eines Menüpunktes zu ermöglichen.

```
#define inSysWindow   2
```

Diese Konstante gibt an, daß der Mausklick im Fenster eines DAs liegt. Diese Meldung braucht nur behandelt zu werden, wenn das Programm unter System 6 und dem normalen Finder (Single-Tasking-Umgebung) laufen soll. In diesem Fall muß der Mausklick an das DeskAccessory (Schreibtischprogramm) weitergeleitet werden, indem die Desk-Manager-Funktion SystemClick aufgerufen wird. Diese Funktion übernimmt dann die notwendigen Aktionen, indem sie mit den Schreibtischprogrammen kommuniziert.

```
#define inContent     3
```

Der Benutzer hat in den inneren Bereich des Fensters (contRgn) geklickt. In diesem Fall zeigt die Variable, deren Adresse bei **theWindow** übergeben wurde, auf das getroffene Fenster. Das Programm muß dann entsprechend reagieren. Je nachdem, ob es eine Textverarbeitung oder z.B. ein Grafikprogramm ist, fällt die Reaktion des Programms unterschiedlich aus. Bei einer Textverarbeitung wird ein Content-Klick normalerweise dazu verwendet, um dem Benutzer die Selektion von Text zu ermöglichen, solange er die Maustaste gedrückt hält. Bei einem Grafikprogramm wird dieser Wert u.a. zum Zeichnen von grafischen Objekten verwendet.

```
#define inDrag       4
```

Der Benutzer möchte ein Fenster verschieben, da er in die dragRgn-Region des Fensters geklickt hat. Das Fenster, welches verschoben werden soll, wird durch die Variable, auf die **theWindow** zeigt, gekennzeichnet. Das Programm reagiert, indem es die Funktion DragWindow aufruft, welche es dem Benutzer erlaubt, das Fenster zu verschieben.

```
#define inGrow       5
```

Der Benutzer hat in die Grow-Region des Fensters geklickt. Dies bedeutet, daß er das Fenster vergrößern oder verkleinern möchte. Das Programm reagiert dann, indem die Funktion GrowWindow aufgerufen wird, die es dem Benutzer ermöglicht, die Fenstergröße zu verändern.

```
#define inGoAway     6
```

Der Benutzer möchte das Fenster schließen. In diesem Fall wird (wie bei den vorhergehenden drei Fällen) das entsprechende Fenster durch die Variable, auf die **theWindow** zeigt, spezifiziert. Das Programm reagiert mit dem Aufruf der (später beschriebenen) Funktion TrackGoAway, und falls diese true zurückgibt, mit CloseWindow oder DisposeWindow.

```
#define inZoomOut     8
```

Bei diesem Wert hat der Benutzer in die "Zoom-Box" des Fensters geklickt. Er möchte, daß das Fenster an die volle Bildschirmgröße angepaßt (gezoomt) wird. Das Programm sollte zunächst die Funktion TrackBox und dann den Ergebniswert dieser Funktion untersuchen. Soll das Fenster gezoomt werden (Ergebniswert = true), so wird die Funktion ZoomWindow aufrufen, um diese Aufgabe zu erledigen.

```
#define inZoomIn      7
```

Auch bei diesem Wert hat der Benutzer in die "Zoom-Box" des Fensters geklickt. Der Ergebniswert inZoomIn bedeutet das Gegenteil von inZoomOut. InZoomIn bedeutet, daß der Benutzer nach einem inZoomOut zur vorherigen Größe des Fensters "zurückzoomen" möchte. Ein Macintosh-Programm reagiert, indem es zunächst die Funktion TrackBox und anschließend ZoomWindow aufruft, die das Fenster auf den letzten Zustand zurücksetzt.

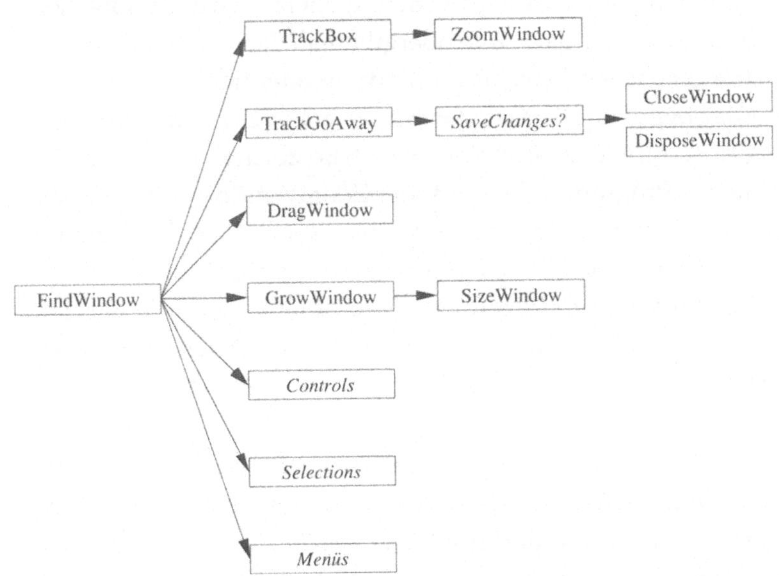

Abb. 9-5
Die Grafik demonstriert den "Flow of Control" (Funktionsablauf), mit dem das Programm auf einen MouseDown-Event reagiert. Anhand des Ergebniswertes von FindWindow entscheidet das Programm, welche Routinen aufgerufen werden.

Im Folgenden werden die dargestellten Window-Manager-Routinen erläutert, die zur Verwaltung eines Fensters benötigt werden.

TrackBox

Hat der Benutzer in die "Zoom-Box" eines Fensters geklickt (FindWindow hat inZoomIn oder inZoomOut zurückgegeben), so wird die Funktion TrackBox aufgerufen. TrackBox übernimmt die Kontrolle und verfolgt die Mausposition solange, bis der Benutzer die Maustaste losgelassen hat. In der Zwischenzeit wird die Close-Box entsprechend der aktuellen Mausposition entweder "gedrückt" oder nicht gedrückt gezeichnet.

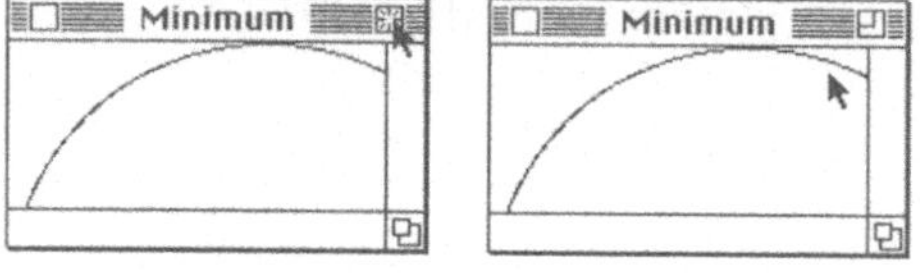

Abb. 9-6 Die Abbildung zeigt die Funktionalität von TrackBox. Liegt die Mausposition innerhalb der Zoom-Box, so wird sie "gedrückt", ist sie außerhalb, so wird sie als nicht gedrückt gezeichnet.

```
pascal Boolean TrackBox ( WindowPtr  theWindow,
                          Point      thePt,
                          short      partCode);
```

Bei einem Aufruf von TrackBox muß das Fenster, welches betroffen ist, durch den Parameter **theWindow** spezifiziert werden. Hier übergibt man den von FindWindow zurückgegebenen WindowPtr. Der Parameter **thePt** muß der Startposition des Mausklicks (wie sie bei einem MouseDown-Event mitgeliefert wird) entsprechen. In dem Parameter **partCode** übergibt man den von FindWindow zurückgegebenen Wert, also inZoomIn oder inZoomOut.
Hat der Benutzer die Maustaste innerhalb der Zoom-Box losgelassen, so gibt TrackBox den Wert true zurück. In diesem Fall sollte das Programm die Funktion ZoomWindow aufrufen, um auf den Befehl des Benutzers zu reagieren. Gibt die Funktion false zurück, so hat der Benutzer die Aktion abgebrochen, indem er die Maustaste außerhalb der Zoom-Box losgelassen hat. Das Programm sollte dann nichts tun und in die Main-Event-Loop zurückkehren.

ZoomWindow

Die Funktion ZoomWindow "zoomt" das Fenster von der aktuellen Größe auf die volle Bildschirmgröße des Hauptbildschirms, oder wieder auf die ursprüngliche Größe zurück. Diese Funktion wird dann aufgerufen, wenn ein MouseDown-Event in der Zoom-Box eines Fensters lag und die Funktion TrackBox den Wert true zurück gegeben hat.

```
pascal void ZoomWindow (  WindowPtr  theWindow,
                          short      partCode,
                          Boolean    front);
```

Der Parameter **theWindow** spezifiziert das Fenster, welches "gezoomt" werden soll, **theWindow** zeigt auf den WindowRecord des betroffenen Fensters. Anstelle von **partCode** übergibt man den Ergebniswert der Funktion FindWindow, also inZoomIn oder inZoomOut. Wenn der Boolean **front** auf true gesetzt wird, so holt ZoomWindow das Fenster nach vorn, wenn es noch nicht vorne gewesen ist. Eigentlich ist es egal, was man an dieser Stelle übergibt, da ein Fenster, wenn in die Zoom-Box geklickt wird, immer vorne sein muß. Der Parameter existiert nur für die Fälle, bei denen man diese Funktion nicht in Reaktion auf einen Mausklick in die Zoom-Box, sondern z.B. in Reaktion auf eine Menüauswahl aufrufen möchte. Zur "Sicherheit" kann man einfach true übergeben. (Dann wird das Fenster nach vorne geholt, wenn es noch nicht vorne war.)

TrackGoAway

TrackGoAway macht das für die Close-Box, was TrackBox für die Zoom-Box tut. Es übernimmt die Kontrolle und verfolgt die Mausposition, solange der Benutzer die Maustaste gedrückt hält. Während dieses "Verfolgens" zeichnet TrackGoAway die GoAway-Box entweder in gedrücktem oder in nicht gedrücktem Zustand.

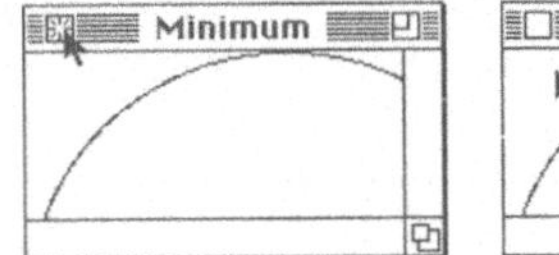

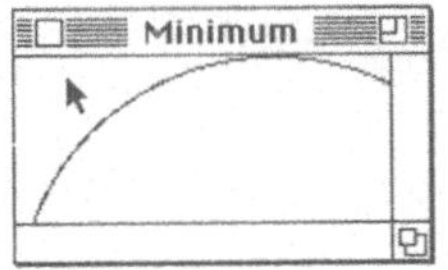

Abb. 9-7
Die Grafik illustriert die Funktionalität von TrackGoAway. Ist die Mausposition innerhalb der Close-Box, dann wird diese "gedrückt". Ist die Position außerhalb, so wird das Schließfeld als nicht gedrückt gezeichnet.

```
pascal Boolean TrackGoAway (
                  WindowPtr   theWindow,
                  Point       thePt);
```

Der Parameter **theWindow** zeigt auf das Fenster, mit dem die Aktion durchgeführt werden soll. Hier übergibt man den von FindWindow zurückgegebenen WindowPtr. Mit **thePt** spezifiziert man die Startposition des Mausklicks, wie er in dem MouseDown-Event mitgeliefert wurde.

Die Funktion TrackGoAway liefert den Ergebniswert true, wenn der Benutzer die Maustaste innerhalb der Close-Box losgelassen hat, also das Fenster schließen möchte. In diesem Fall wird die Funktion CloseWindow oder DisposeWindow aufgerufen. Um die Macintosh-User-Interface-Guidelines zu beachten, sollte das Programm (falls Daten in dem zugehörigen Dokument geändert wurden) den Benutzer fragen, ob er die Daten nicht doch lieber sichern möchte.

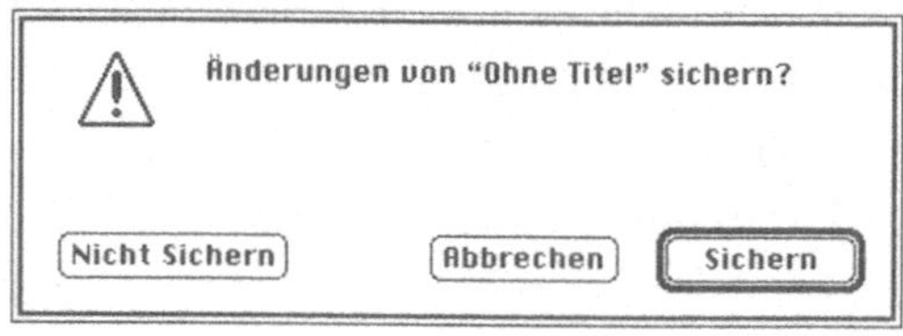

Abb. 9-8
Wenn der Benutzer ein Fenster schließen möchte, dessen Daten noch nicht gesichert worden sind, dann sollte das Programm den in der Abbildung gezeigten Dialog erzeugen.

Dies muß mit Hilfe eines Dialoges geschehen (siehe Abb. 9-8). Hat der Benutzer diesen Dialog mit "Nicht sichern" beantwortet, so kann das Fenster und alle Daten, die zu ihm gehören, freigegeben werden.

GrowWindow

Hat der Benutzer in die Grow-Region eines Fensters geklickt (FindWindow hat den Wert inGrow zurückgegeben), so reagiert das Programm, indem die Funktion GrowWindow aufgerufen wird. Diese Funktion übernimmt die Kontrolle und läßt den Benutzer mit Hilfe der Maus die Größe des Fensters verändern. Dies geschieht, indem das übliche graue Rechteck der Mausposition hinterhergezogen wird.

```
pascal long GrowWindow (  WindowPtr   theWindow,
                          Point       startPt,
                          const Rect  *bBox);
```

Bei einem Aufruf von GrowWindow wird das Fenster, welches vergrößert oder verkleinert werden soll, durch **theWindow** angegeben. Hier übergibt man üblicherweise den Wert, der von FindWindow zurückgegeben wurde, wenn der Benutzer in die Grow-Region eines Fensters geklickt hat. Wie bei TrackBox oder TrackGoAway übergibt man die Startposition des Mausklicks in **startPt**. Das Rechteck, dessen Adresse bei **bBox** übergeben wird, ist die "Bounding-Box". Dieser Parameter gibt die erlaubte mini-

male und die erlaubte maximale Größe des Fensters an. Die Felder **top** und **left** des Rects spezifizieren die minimale, **bottom** und **right** die maximale Größe des Fensters.
Der Ergebniswert von GrowWindow ist etwas "verschlüsselt"; diese Funktion gibt einen long zurück, der gleichzeitig die vom Benutzer ausgewählte neue horizontale wie auch die vertikale Größe des Fensters beinhaltet. Das Hi-Word dieses longs entspricht dabei der ausgewählten Höhe, das Lo-Word der gewünschten Breite des Fensters. Das Programm muß anschließend den Ergebniswert "entschlüsseln" und die Funktion SizeWindow aufrufen, um das Fenster wirklich zu vergrößern.

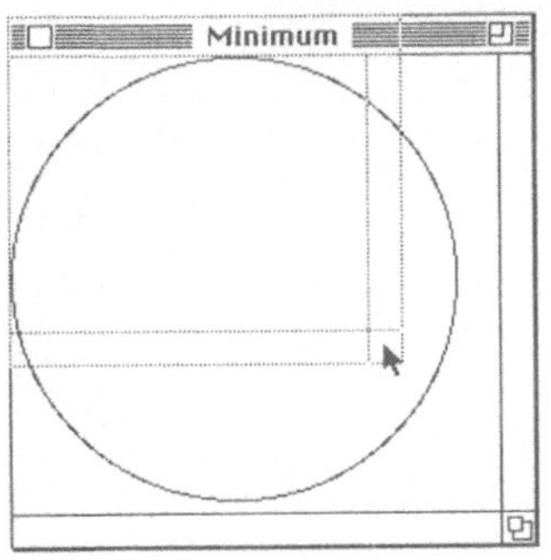

Abb. 9-9
GrowWindow in Aktion.

SizeWindow

Mit Hilfe von SizeWindow kann die Größe eines Fensters verändert werden. Normalerweise wird diese Funktion in der Kette MouseDown→FindWindow→GrowWindow→SizeWindow aufgerufen.

```
pascal void SizeWindow (  WindowPtr  theWindow,
                          short      w,
                          short      h,
                          Boolean    fUpdate);
```

Das Fenster, dessen Größe geändert werden soll, wird durch **theWindow** spezifiziert. Die neue Breite bzw. Höhe wird mit den Parametern **w** bzw. **h** angegeben. Der Parameter **fUpdate** gibt an, ob SizeWindow im Falle eines Vergrößerns des Fensters den neuen Bereich als Update-Event an das Programm schicken soll. Damit wird praktisch "automatisch" dafür gesorgt, daß der neuzuzeichnende Bereich auch korrekt gemalt wird, weil das Programm ohnehin in der Lage sein muß, auf Update-Events zu reagieren. Damit SizeWindow diesen Update-Event generiert, übergibt man hier (eigentlich immer) den Wert true. Falls man dies nicht will (kommt sehr selten vor), so übergibt man den Wert false, ist dann aber auch selber dafür verantwortlich, eventuell neu entstandene Flächen auszurechnen und zu zeichnen.

DragWindow

Hat der Benutzer in die Dragging-Region eines Fensters geklickt (FindWindow hat inDrag zurückgegeben), so ruft ein Mac-Programm die Funktion DragWindow auf, um dem Benutzer die

Möglichkeit zu geben, das Fenster zu verschieben. DragWindow übernimmt die Kontrolle und verfolgt die Mausposition solange, bis der Benutzer die Maustaste losgelassen hat. Währenddessen zeichnet DragWindow die grau gepunktete Umrandung des Fensters immer an der Stelle, die zur aktuellen Mausposition gehört. Hat der Benutzer die Maus in einem gültigen Bereich losgelassen, so verschiebt DragWindow das Fenster zu seiner neuen Position.

```
pascal void DragWindow (
                WindowPtr    theWindow,
                Point        startPt,
                const Rect   *boundsRect);
```

Das Fenster, welches der Benutzer verschieben möchte, wird durch den Parameter **theWindow** angegeben. Die Startposition wird (wie immer) mit **startPt** beschrieben (siehe GrowWindow etc.). Das Rechteck **boundsRect** gibt den Bereich an, in dem der Benutzer die Maus loslassen muß. Diese "Bounding-Box" muß in globalen Koordinaten (also Bildschirmkoordinaten) angegeben werden. Normalerweise möchte man dem Benutzer die Möglichkeit geben, das Fenster über den gesamten Bildschirm bzw. über alle Bildschirme hinweg bewegen zu können. Man übergibt daher an dieser Stelle normalerweise das umschließende Rechteck aller Monitore. Dieses Rechteck kann man aus dem globalen QuickDraw-struct "**qd**" unter "**screenBits**" herausfinden. **screenBits** ist eine Bit-Map (die Bildschirm-Bit-Map), welche ein **bounds**-Feld enthält (das umschließende Rechteck der Bit-Map). Dieses Rechteck der Bildschirm-Bit-Map ist genau das umschließende Rechteck aller Bildschirme in globalen Koordinaten, welches wir für den Aufruf von DragWindow benötigen. Normalerweise wird hier also die Adresse von **qd.screenBits.bounds** übergeben.

9.3 Anwendung des Window-Managers

Die erste Window-Manager-Funktion, die hier vorgestellt wird, ist die GetNewWindow-Funktion. Diese Funktion erzeugt auf der Grundlage eines Window-Templates (einer Window-Resource) ein neues Fenster. Da diese Funktion eine Resource zum Erzeu-

gen des Fensters benötigt, kann ihre Anwendung nicht mit einem Programmfragment, sondern nur anhand eines kompletten Programms demonstriert werden. Dieses Programm braucht eine 'WIND' (Window-Template)-Resource im Resource-Fork der Applikation. Setzen wir zunächst einmal das Vorhandensein dieser Resource voraus und implementieren das Programm:
Das Programm muß zunächst die benötigten Manager initialisieren. Um ein Fenster zu öffnen, muß (verständlicherweise) der Window-Manager initialisiert werden. Der Window-Manager verwendet für das Zeichnen und Verwalten eines Fensters QuickDraw, also muß auch QuickDraw initialisiert werden. Weiterhin verwendet der Window-Manager indirekt den Font-Manager (um den Fenstertitel zu zeichnen), also muß auch dieser initialisiert sein.
Um überhaupt mit irgendwelchen ToolBox- oder QuickDraw-Aufrufen zu arbeiten, müssen zunächst die Interface-Dateien für diese Manager eingebunden werden. Diese Interface-Dateien enthalten sowohl die Datenstrukturen als auch die Einsprung- bzw. Trap-Adressen der ToolBox-Routinen, die zu dem jeweiligen Manager gehören. Diese Interface-Dateien haben in der MPW-Shell den Namen des entsprechenden Managers und enden mit ".h" für *Header*.

Das Beispielprogramm initialisiert zunächst die benötigten Manager und ruft anschließend die Funktion ***GetNewWindow*** *auf, um auf der Grundlage einer 'WIND'-Resource ein neues Fenster zu erzeugen.*

```
 1: #include "Types.h"
 2: #include "QuickDraw.h"
 3: #include "Fonts.h"
 4: #include "Windows.h"
 5:
 6: WindowPtr myWindow;
 7:
 8: void main (void)
 9: {
10:    InitGraf (&qd.thePort);
11:    InitFonts ();
12:    InitWindows ();
13:
14:    myWindow = GetNewWindow (128, NULL,
            (WindowPtr) -1);
15: }
```

Das Programm bindet mit den **#include**-Statements in Zeile 2 bis 4 die benötigten Manager-Interface-Dateien (für QuickDraw, den Font-Manager und den Window-Manager) ein. Die Einbindung der "Types.h"-Datei in Zeile 1 bewirkt die Deklaration der wichtigsten Basis-Datentypen wie Point oder Rect, die in vielen anderen Interface-Dateien vorausgesetzt werden.
In Zeile 6 wird die Variable **myWindow** deklariert, um das von **GetNewWindow** erzeugte Fenster zu verwalten. Die Zeilen 10 bis 12 initialisieren die benötigten Manager durch Aufruf der entsprechenden Initialisierungsroutinen. In Zeile 14 wird schließlich die Funktion **GetNewWindow** aufgerufen. Ihr wird als Resource-ID die ID der (vorausgesetzten) 'WIND'-Resource übergeben, welche die Position, Größe und Art des Fensters beschreibt. In diesem Beispiel gehen wir von einer bestehenden 'WIND'-Resource mit der ID 128 aus.
Da anstelle des wStorage-Parameters NULL übergeben wird, alloziiert **GetNewWindow** einen nonrelocatable-Block für die Verwaltung unseres Fensters. Die Adresse dieses Blocks (also des WindowRecords) gibt **GetNewWindow** als Ergebniswert zurück.
Für den Parameter behind wird der Wert -1 übergeben. Dies bedeutet, daß das neue Fenster über allen anderen, bereits bestehenden Fenstern erzeugt wird. Diese Zahl muß mit Hilfe von Type-Casting in einen WindowPtr verwandelt werden, um den Compiler zufrieden zu stellen.

Um das Programm wirklich zum Leben zu erwecken, fehlt noch die Definition der vorausgesetzten 'WIND'-Resource und das Compilieren und Binden der Applikation.

Die 'WIND'-Resource wird in einer Resource-Description-Datei beschrieben, die mit Hilfe von ResEdit und DeRez erzeugt wurde.

Die 'WIND'-Resource wird durch die folgende Resource-Description-Datei beschrieben. Die hier gezeigte Definition einer 'WIND'-Resource wurde (wie im vorangegangenen Kapitel beschrieben) zunächst mit Hilfe von ResEdit in einer neuen Resource-Datei angelegt.

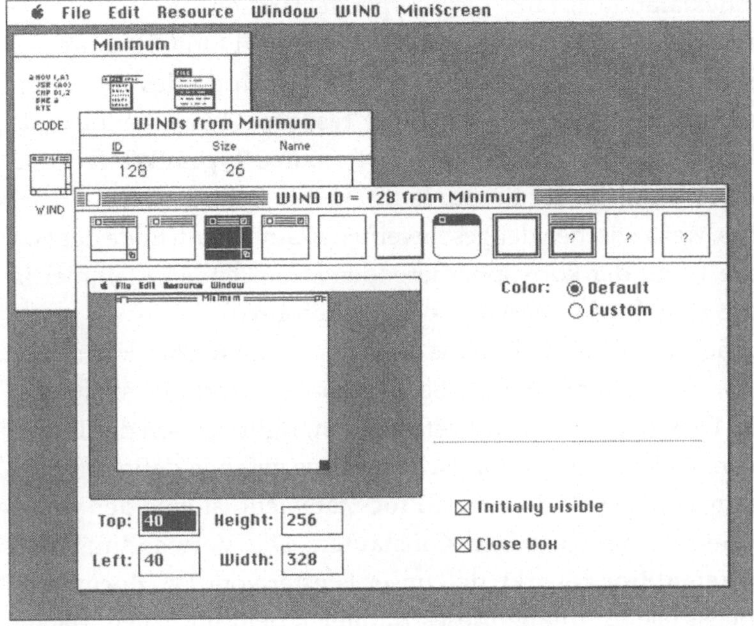

Abb. 9-11
Der WIND-Editor von ResEdit.
Hier kann man u.a. den Fenstertyp, die Position und die Größe des Fensters interaktiv einstellen.

Anschließend wurde unter Verwendung des DeRez-Tools die angelegte Resource in eine Resource-Description-Datei umgewandelt und mit Kommentaren versehen. Diese Resource-Description-Datei kann jetzt in den Übersetzungsvorgang mit eingebunden werden.

Die Resource-Description-Datei enthält die Definition der 'WIND'-Resource. Sie wurde mit Hilfe von DeRez decompiliert und mit Kommentaren versehen.

```
 1: #include "Types.r"      /* Typendeklarat.   */
 2:
 3: resource 'WIND' (128) { /* ResType, ID      */
 4:    {40, 40, 400, 440}, /* Umschl. Rechteck */
 5:    documentProc,       /* Fenstertyp       */
 6:    visible,            /* Sichtbar         */
 7:    noGoAway,           /* kein Schließfeld */
 8:    0x0,                /* RefCon           */
 9:    "Minimum"           /* Titel            */
10: };
```

Diese Resource-Description-Datei beginnt mit der Einbindung der Resource-Typendeklarationsdatei "**Types.r**". In dieser Datei werden (ähnlich zu Types.h) Basis-Typen deklariert. Hier handelt es sich um Resource-Typendeklarationen wie die Deklaration der '**WIND**'-Resource. Da der Resource-Compiler ein Typenkonzept unterstützt (vergleichbar mit C), verlangt er auch Typendeklarationen. Eine solche Typendeklaration (die des '**WIND**'-Resource-Types) wird verwendet, um die Window-Resource zu definieren. Dies geschieht durch Verwendung des Resource-Description-Language-Keywords "**resource**" bzw. die folgende Spezifikation des zu definierenden Resource-Types ('**WIND**') und die Bekanntgabe der Resource-ID (**128**) in Zeile 3.

*Die Definition einer Resource beginnt immer mit dem Schlüsselwort "**resource**", gefolgt von dem Resource-Type und der (in Klammern gesetzten) Resource-ID. Nachfolgend wird die Resource selbst definiert; die geschweiften Klammern enthalten die Resource-spezifischen Informationen.*

Alles, was zwischen der geschweiften Klammer am Ende der von Zeile 1 und der korrespondierenden schließenden Klammer in Zeile 10 steht, definiert die '**WIND**'-Resource.

Zunächst wird in Zeile 4 das umschließende Rechteck des Fensters, also Position und Größe, in globalen Koordinaten angegeben. Dieses Rechteck (top, left, bottom, right) ist von der linken oberen Ecke des Hauptbildschirmes aus gesehen definiert.

Das nachfolgende **documentProc**-Statement ist eine der vielen vordefinierten Resource-Konstanten. Die Verwendung von **documentProc** bewirkt, daß unser Fenster vom Typ **documentProc** ist (siehe Anfang dieses Kapitels), dem normalen Macintosh-Fenstertyp.

Das **visible**-Statement in Zeile 6 bedeutet, daß das Fenster sofort sichtbar wird. Man kann hier auch invisible angeben, dann wird das Fenster nicht sofort nach dem GetNewWindow-Aufruf sichtbar, sondern muß durch einen Aufruf von ShowWindow sichtbar gemacht werden.

Das Statement **noGoAway** bewirkt, daß das Fenster noch keine Go-Away-Box besitzt (wir unterstützen sie ja noch nicht).

Das **0x0** ist (wie in C) eine Hexadezimalkonstante und bedeutet den Wert 0. Der hier eingetragene Wert landet im refCon-Feld des WindowRecords. Um beispielsweise die verschiedenen Fenster einer Applikation durchzunumerieren, kann man hier die dem Fenster entsprechende Nummer eintragen.

Das letzte Resource-Statement definiert den Namen des Fensters; der hier eingetragene String "**Minimum**" erscheint in der Titelleiste des Fensters.

Die Anwendung der übrigen Window-Manager-Funktionen, die zur Verwaltung des Fensters bestimmt sind, kann erst im nachfolgenden Kapitel beschrieben werden, da sie die Implementierung der Main-Event-Loop voraussetzt, welche im nächsten Kapitel beschrieben wird. Dieses Kapitel begnügt sich mit der Erstellung einer Experimentierplattform ("MINIMUM").

9.4 MINIMUM - Das "Hello World des Macintosh"

MINIMUM ist das erste konkrete Beispielprogramm. Es erzeugt ein Fenster, in welchem die ersten Experimente mit QuickDraw stattfinden können.

Das Programm Minimum fügt die bisher beschriebenen Manager zu einer Experimentierplattform zusammen. Minimum eröffnet ein Fenster, basierend auf einer 'WIND'-Resource, und bietet die Möglichkeit, mit QuickDraw oder anderen Managern zu experimentieren. Weiterhin ist dieses kleine Beispielprogramm die Basis der folgenden Erweiterungen in bezug auf Event-Verwaltung, Menu-Management und Controls. Die Erweiterungen dieses Programms führen schließlich zu der Basis-Applikation SKELETON, auf der Sie Ihre eigenen Projekte aufsetzen können. Minimum besteht aus zwei Dateien:

1. Minimum.c
Diese Datei enthält den C-Quelltext.

2. Minimum.r
Diese Resource-Description-Datei enthält die oben beschriebene Resource-Description der benötigten 'WIND'-Resource.

Das Beispiel-Programm "Minimum" befindet sich auf der dem Buch beigelegten Beispieldiskette. Wenn Sie gerade in der Nähe eines Macintosh mit installierter MPW-Shell sitzen, dann probieren Sie doch einmal die folgenden (bereits im Kapitel über die MPW-Shell beschriebenen) Schritte zum Übersetzen der Beispielapplikation aus:

1. Kopieren Sie den Ordner Minimum von der Diskette auf die Festplatte.
2. Starten Sie die MPW-Shell.
3. Wählen Sie mit Hilfe des "Set Directory"-Menüpunktes aus dem "Directory"-Menü bzw. des folgenden Dialoges den Ordner Minimum aus.
4. Wählen Sie aus dem "Build"-Menü den Menüpunkt "Create Build Commands..." aus.

5. Klicken Sie in dem Dialog auf den "Sourcefiles..."-Button.
6. Wählen Sie die Dateien "Minimum.r" und "Minimum.c" aus der Liste der Quelltexte aus und übernehmen Sie diese Dateien in die Liste der Quelltexte, indem Sie den "Add"-Button anklicken.
7. Beenden Sie den Dialog mit "Done".
8. Geben Sie in dem Edit-Feld "Program Name" den Programmnamen "Minimum" ein.
7. Klicken Sie auf den "Create Make"-Button.
8. Wählen Sie den Menüpunkt "Build" aus dem "Build"-Menü und bestätigen Sie den nachfolgenden Dialog mit "OK".
9. Nachdem der Compiler erfolgreich durchgelaufen ist, starten Sie die Applikation, indem Sie die "Enter"-Taste (ganz rechts unten auf der erweiterten Tastatur) drücken. Haben Sie keine erweiterte Tastatur (die mit den Funktionstasten wie bei einem IBM-PC), dann klicken Sie auf das "MPW Shell"-Feld im oberen, linken Rand des Fensters.

Abb. 9-12
Die Abbildung zeigt das laufende Programm, bzw. das von dem Programm erzeugte Fenster.

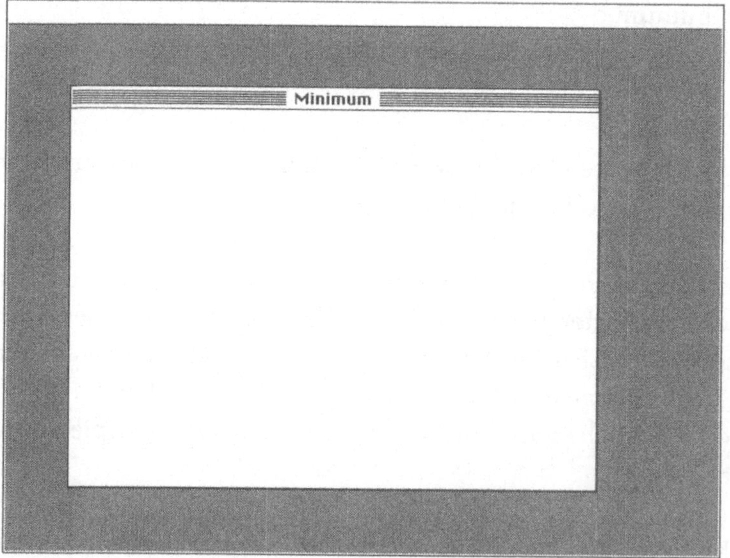

Sie können das Programm verlassen, indem Sie die Maustaste drücken.

Das Programm Minimum ist eine etwas erweiterte Version des oben vorgestellten Programms zum Erzeugen eines Fensters. Durch die Erweiterungen wird ein Problem gelöst, welches im oben beschriebenen Beispielprogramm noch nicht berücksichtigt wur-

de. Dieses Problem besteht darin, daß das bisher beschriebene Programm bei der Ausführung brav ein Fenster erzeugen, jedoch sofort, nachdem das Fenster auf dem Bildschirm erschiene, wieder terminieren würde. Dies führt dazu, daß das Fenster nur für wenige Augenblicke sichtbar wird, da die Fenster eines terminierenden Programms auf dem Macintosh automatisch geschlossen werden.
Minimum löst dieses Problem durch eine Anleihe bei dem im nächsten Kapitel beschriebenen Event-Manager. Das Programm besitzt zwar noch keine Main-Event-Loop, hat aber eine kleine Abfrageschleife, die solange läuft, bis der Benutzer die Maustaste drückt. Solange dies nicht geschieht, terminiert das Programm nicht, und das Fenster bleibt sichtbar. Dieses Abfragen der Maustaste geschieht mit Hilfe der Event-Manager-Funktion **Button**, die dann true zurückgibt, wenn die Maustaste gedrückt ist. Der Quelltext zum Minimum-Programm sieht dementsprechend folgendermaßen aus:

Der Quelltext des Programms MINIMUM. Das Programm entspricht dem oben beschriebenen Beispielprogramm zur Erzeugung eines Fensters, verwendet jedoch zusätzlich die Funktion ***Button*** *(als Terminationskriterium).*

```
 1: #include "Types.h"
 2: #include "QuickDraw.h"
 3: #include "Fonts.h"
 4: #include "Windows.h"
 5: #include "Events.h"
 6:
 7: WindowPtr myWindow;
 8:
 9: void main (void)
10: {
11:    InitGraf (&qd.thePort);
12:    InitFonts ();
13:    InitWindows ();
14:
15:    myWindow = GetNewWindow (128, NULL,
           (WindowPtr) -1);
16:    SetPort (myWindow);
17:    /* Hier ist Platz für Experimente */
18:    while (Button () == false);
19: }
```

In Zeile 5 ist das **#include**-Statement für die Header-Datei des Event-Managers hinzugefügt worden. Durch diese Header-Datei wird dem Compiler die **Button**-Funktion bekannt gemacht,

welche in Zeile 18 benutzt wird, um die Maustaste abzufragen, bzw. ein frühzeitiges Terminieren der Applikation zu verhindern.
Zeile 16 fügt noch die QuickDraw-Funktion **SetPort** hinzu. Der Aufruf dieser Funktion sorgt dafür, daß unser neuerzeugtes Fenster auch die aktuelle Zeichenumgebung ist. Durch den Aufruf von **SetPort** wird das Koordinatensystem auf unser Fenster umgeschaltet, die Zeichenbegrenzungen (Clipping-Region etc.) werden dadurch ebenfalls auf die unseres Fensters gesetzt.

An dieser Stelle möchte ich Sie zum Experimentieren mit QuickDraw einladen. Wenn Sie einen Mac mit installierter MPW-Shell bereitstehen haben, so können Sie auf der Basis dieses kleinen Programms erste Versuche starten. Am besten eignet sich QuickDraw für diese Experimente, da hier schnell sichtbare Ergebnisse erzielt werden können.
Beispiele für Aufgaben wären u.a. das Zeichnen von Linien, eines Kreises oder auch kompliziertere Dinge, wie das Zeichnen eines Polygons, oder die Aufzeichnung eines Pictures.

Events

Dieses Kapitel beschäftigt sich mit der Implementierung der Main-Event-Loop. Diese zentrale Schaltstelle eines Macintosh-Programms bezieht ihre Informationen aus den sogenannten "Events". Diese Events (Ereignisse) sind eine universelle Schnittstelle für Systeminformationen sowie Benutzereingaben. Die Main-Event-Loop ist sozusagen der "Trichter" für Kommandos, die an ein Macintosh-Programm geschickt werden. In ihr bekommt das Programm seine Befehle und reagiert mit den korrespondierenden Aktionen.

10.1 Der Event-Manager

Der Event-Manager bildet die Schnittstelle zwischen Benutzer und Programm. Über die verschiedenen Routinen und Datenstrukturen dieses Managers bekommt das Programm seine Befehle vom Benutzer. Ein typisches Macintosh-Programm befindet sich solange wartend in der Main-Event-Loop, bis es auf sein ständiges Fragen nach einem vorliegenden Event eine positive Antwort des Event-Managers erhält. Das Programm bekommt den vorliegenden Event vom Event-Manager geliefert und verzweigt in die entsprechenden Event-Behandlungsroutinen.
Der Event-Manager verwaltet eine Event-Queue (eine Ereignis-Schlange), in der sämtliche anfallenden Events gespeichert werden. Werden die Events schneller erzeugt als abgearbeitet, so werden die unterschiedlichen Events nach ihren Prioritäten geordnet in der Event-Queue aufbewahrt, bis das Programm sie "abholt". Diese Priorisierung der Events stellt den Benutzer in den Vordergrund; sehr hoch in der Prioritätenliste stehen die MouseDown-Events, sie "überholen" beispielsweise wartende Update-Events. Der

Die Event-Priorisierung stellt den Benutzer in den Vordergrund; MouseDown-Events "überholen" die weniger wichtigen Update-Events. Diese Technik stellt eine wichtige Säule des Responsiveness-Gebots dar.

Hintergrund dieser Priorisierung läßt sich am besten an einem Beispiel verdeutlichen:
Wenn der Benutzer ein Fenster verschoben hat, so daß andere (vormals verdeckte) Fenster freigelegt werden, so generiert das System eine Reihe von Update-Events für die freigelegten Fenster. Ist der Bildschirm mit Fenstern überfüllt, so kann das Verschieben eines Fensters durchaus 20 oder 30 Update-Events auslösen, deren Abarbeitung (je nach Rechnertyp) einige Sekunden beanspruchen kann. Wenn der Benutzer während der Abarbeitung der Update-Events die Maustaste drückt, um z.B. ein Menü auszuwählen, so überholt der MouseDown-Event die wartenden Update-Events. Durch diese Priorisierung wird das Menü heruntergeklappt, bevor der Inhalt der freigelegten Fenster restauriert wird. Dieses Verhalten des Event-Managers stellt damit eine Implementierung des Responsiveness-Gebotes dar. Der Rechner soll möglichst direkt (und ohne zeitliche Verzögerung) auf die Aktionen des Benutzers reagieren. Wenn der Event-Manager die Events streng nach der Reihenfolge ihres Auftretens an das Programm liefern würde, so würde das Programm in der oben beschriebenen Situation einige Sekunden lang nicht auf die Aktion des Benutzers (Klick in die Menüleiste) reagieren. Stattdessen würde es die (weniger wichtigen) Update-Events abarbeiten. Ein solches benutzer-unfreundliches Verhalten wird durch den Event-Manager mit Hilfe der Event-Priorisierung verhindert.

10.2 WaitNextEvent

Die Funktion WaitNextEvent ist die "Zentrale" des Event-Managers. Durch einen Aufruf dieser Funktion gelangt das Programm an den nächsten Event.

Der Event-Manager stellt eine zentrale Routine zur Verfügung, welche die Schnittstelle zur Event-Behandlung darstellt. Diese Funktion namens WaitNextEvent ist der "Trichter", durch den Benutzereingaben und andere Befehle an ein Macintosh-Programm gelangen. Ein Macintosh-Programm ruft die Funktion WaitNextEvent aus der Main-Event-Loop heraus auf, um an den nächsten Event zu gelangen. Die aufgetretenen Ereignisse (Events) werden von dieser Routine in Form eines EventRecords (die zentrale Datenstruktur des Event-Managers) an das Programm geliefert.

WaitNextEvent übernimmt bei einem Aufruf die Kontrolle und stellt den im Hintergrund laufenden Prozessen Rechenzeit zur Verfügung, wenn kein Event vorliegt. WaitNextEvent bildet also nicht nur die Schnittstelle zu den Events, sondern ist gleichzeitig die Schnittstelle zum Cooperative-Multitasking des Macintosh.

```
pascal Boolean WaitNextEvent (
                    short           eventMask,
                    EventRecord     *theEvent,
                    unsigned long   sleep,
                    RgnHandle       mouseRgn);
```

WaitNextEvent liefert die Informationen über einen Event in Form eines EventRecords (der zentralen Datenstruktur des Event-Managers) an das Programm.

Liegt ein Event vor, so gibt die Funktion den Wert true zurück. In diesem Fall enthält der EventRecord, dessen Adresse bei theEvent übergeben wurde, den aufgetretenen Event. Das Programm muß in diesem Fall die EventRecord-Datenstruktur analysieren und die entsprechenden Event-Behandlungsroutinen aufrufen.
Das Programm kann bei einem Aufruf dieser Funktion mit Hilfe des **eventMask**-Parameters spezifizieren, welche Arten von Events es behandeln kann. Dieser Parameter stellt eine Art Filter für die Events dar; nur die Events, die durch diesen Filter passen, werden an das Programm zurückgegeben, alle anderen Events werden ignoriert, verbleiben aber in der Event-Queue. Ein Macintosh-Programm muß alle Events abfragen, auch wenn sie nicht behandelt werden. In der Regel wird anstelle dieses Parameters daher die vordefinierte Konstante everyEvent übergeben, die sämtliche Event-Arten an das Programm weitergibt.

Bei einem Aufruf von WaitNextEvent kann das im Vordergrund laufende Programm spezifizieren, wieviel Zeit den Hintergrundprozessen zur Verfügung gestellt wird.

Der vorletzte Parameter der Funktion WaitNextEvent (**sleep**) gibt die "Wunsch-Hintergrundzeit" an, die den im Hintergrund laufenden Programmen zur Verfügung gestellt werden soll. Diese Zeit (in Ticks = 1/60 Sekunden) wird auf die im Hintergrund laufenden Programme verteilt. Mit dieser Zeitkonstanten kann das im Vordergrund laufende Programm die Aktivität der Hintergrundprogramme steuern. Ein ausgeklügeltes Macintosh-Programm übergibt bei diesem Parameter eine Variable, deren Wert schrittweise bis zu einem Maximum erhöht wird, wenn keine Events vorliegen. Treten dann wieder Events auf, so setzt das Programm diese Wunsch-Hintergrundzeit abrupt zurück. Auf diese Weise wird die Rechenzeit immer optimal genutzt. Treten keine Events auf, so steigt die Aktivität der Hintergrundprozesse, drückt der Benutzer dann beispielsweise die Maustaste, so sinkt die Aktivität der Hintergrundprozesse wieder.

Abb. 10-1
Die Grafik zeigt das Verhalten einer ausgereiften Macintosh-Applikation: Der Wert von sleep wird schrittweise heraufgesetzt, solange keine Events vorliegen. Tritt dann ein Event auf, so wird diese "Wunsch-Hintergrundzeit" abrupt zurückgesetzt.

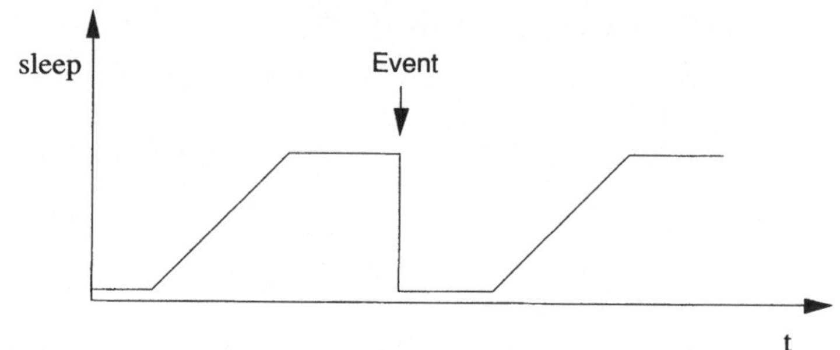

Der letzte Parameter, der an WaitNextEvent übergeben werden muß, kann ein RegionHandle sein. In dieser Region kann das Programm spezifizieren, daß es vom Event-Manager mit einem Event davon informiert werden möchte, wenn der Maus-Cursor diese Region verläßt. Viele Macintosh-Programme übergeben hier eine Region, die dem Bereich entspricht, in dem die Cursor-Form konstant bleiben soll. Verläßt der Maus-Cursor diese Region, so bekommt das Programm einen MouseMoved-Event und analysiert die neue Cursor-Position, um dem Cursor eventuell eine neue Form zu geben.
Diese Technik spart eine Menge Rechenzeit, da das Programm nur dann die Cursor-Position analysieren muß (um eventuell die Form des Cursors zu ändern), wenn es einen MouseMoved-Event bekommt.

10.3 Der EventRecord

Die zentrale Datenstruktur des Event-Managers ist (wie schon erwähnt) der EventRecord. Dieser EventRecord ist eine universelle Datenstruktur, in der die verschiedenen Events "verpackt" werden. Die Events werden von der (gerade beschriebenen) WaitNextEvent-Funktion in Form eines EventRecord an das Programm geliefert. Ein EventRecord ist wie folgt deklariert:

```
1: struct EventRecord {
2:       short    what;
3:       long     message;
4:       long     when;
5:       Point    where;
6:       short    modifiers;
7: };
```

Der EventRecord ist die zentrale Datenstruktur des Event-Managers. Ein EventRecord enthält sämtliche Informationen über einen Event; durch diese zentrale Struktur erhält das Programm seine Befehle.

Das Feld **what** dient dazu, die verschiedenen Events voneinander zu unterscheiden. Anhand dieses Feldes kann das Programm entscheiden, ob es sich bei dem vorliegenden Event beispielsweise um einen MouseDown- oder einen Update-Event handelt. Das Feld **message** enthält je nach Event verschiedene Informationen. Bei einem KeyDown-Event enthält es beispielsweise Informationen über die gedrückte Taste, bei einem Update-Event über das Fenster, welches neu gezeichnet werden soll. Dieses Feld ist damit ein Universalfeld, dessen Inhalt mit Hilfe von Type-Casting in die entsprechenden Typen verwandelt wird. Im Falle eines Update-Events enthält dieses Feld beispielsweise einen WindowPtr (die Adresse eines WindowRecords). Um mit diesem als long deklarierten Feld wie mit einem WindowPtr arbeiten zu können, wird es mit Hilfe von Type-Casting in einen WindowPtr verwandelt.

Das Feld **when** gibt Informationen über den Zeitpunkt des Events. Dieses Feld wird hauptsächlich dazu verwendet, Einfachklicks von Doppelklicks anhand des Zeitunterschiedes zwischen den einzelnen MouseDown-Events zu unterscheiden. Die "Human Interface Guidelines" besagen, daß ein Doppelklick immer die Erweiterung eines Einfachklicks sein muß. Dies bedeutet, daß der erste Klick einer Doppelklick-Sequenz zunächst als ganz normaler Klick behandelt wird und dem Benutzer eine entsprechende Rückmeldung gegeben wird. Erst das Eintreffen des zweiten MouseDown-Events führt zu der Doppelklick-Reaktion. Ein Beispiel für die Implementierung dieser Guidelines ist u.a. im Finder zu finden; hier bewirkt der erste Klick einer Doppelklick-Sequenz auf einen Ordner zunächst das normale Auswählen des Ordners, erst der zweite Klick öffnet den (jetzt selektierten) Ordner.

Das Feld **where** spezifiziert die Position der Maus zur Zeit des Events. Im Falle eines MouseDown- oder MouseUp-Events enthält dieses Feld die globalen Koordinaten des Maus-Cursors.

Das letzte Feld eines EventRecords (**modifiers**) ist ein Bit-Feld. Die einzelnen Bits dieses shorts reflektieren den Zustand der sogenannten "Modifier"-Tasten (Befehls-, Wahl- und Umschalttaste), während der Event aufgetreten ist. Für die Überprüfung der einzelnen Modifier-Tasten, können die folgenden Konstanten verwendet werden, die als Maske für das modifiers-Feld verwendet werden:

*Diese Konstanten werden durch ein logisches "und" mit dem **modifiers**-Feld des EventRecords verknüpft, um herauszufinden, ob eine der Spezialtasten gedrückt worden ist.*

```
#define cmdKey        25   /* Befehlstaste    */
#define shiftKey      512  /* Umschalttaste   */
#define alphaLock     1024 /* Feststelltaste  */
#define optionKey     2048 /* Wahltaste       */
#define controlKey    4096 /* Kontrolltaste   */
```

Diese Modifier-Flags werden bei einem KeyDown-Event dazu verwendet, um Tastatureingaben von Menü-Kurzbefehlen zu unterscheiden.
Bei einem MouseDown-Event können sie zur Unterscheidung zwischen Shift (Umschalttaste) -Klicks und normalen Klicks verwendet werden. In einem Textverarbeitungsprogramm führt ein einfacher Klick in den Text, beispielsweise zur Positionierung der Einfügemarke. Ein Shift-Klick selektiert den Text, der zwischen der aktuellen Position der Einfügemarke und dem Mausklick liegt.

10.4 Die verschiedenen Events

Zur Unterscheidung der verschiedenen Events stehen die folgenden Konstanten zur Verfügung, die mit dem Feld what eines EventRecord verglichen werden können:

```
#define nullEvent    0
```

Das Programm kann sich bei einem Null-Event um weniger wichtige, aber periodisch auszuführende Aufgaben kümmern. Diese Null-Events werden von vielen Programmen dazu verwendet, um beispielsweise für das Blinken der Texteinfügemarke zu sorgen. Für die Implementierung einer blinkenden Einfügemarke wird die (später beschriebene) Funktion GetCartetTime verwendet. Diese Funktion gibt das vom Benutzer eingestellte

Einfügemarken-Blinkintervall zurück. Der Ergebniswert dieser Funktion stellt die Zeitdifferenz dar, die zwischen den beiden Zuständen der Einfügemarke liegen soll. Um das eingestellte Zeitintervall einzuhalten, wird die Differenz zwischen der letzten Idle-Event-Zeit, bei der die Einfügemarke invertiert wurde, und der Zeit des aktuellen Idle-Events ausgerechnet. Ist diese Zeitdifferenz (die sich aus dem **when**-Feld der Event-Records bilden läßt) größer als die von GetCartetTime zurückgegebene Zeit, so invertiert das Programm die Einfügemarke.

Idle-Events können für die Erledigung zyklischer Aufgaben mit niedriger Priorität verwendet werden (z.B. das Blinken der Einfügemarke).

```
#define mouseDown     1
```

Der Benutzer hat die Maustaste gedrückt. Das Programm muß jetzt mit Hilfe der Window-Manager-Funktion FindWindow entscheiden, in welchem Bereich des Bildschirms (Fensterinhalt, Titelleiste, Controls, Menüs etc.) der Mausklick lag, und die entsprechenden Behandlungsroutinen aufrufen.

MouseDown-Events treten dann auf, wenn der Benutzer die Maustaste gedrückt hat.

Das Feld **where** des EventRecords gibt bei einem MouseDown-Event die Koordinaten des Mausklicks (in globalen Koordinaten) an. Dieser Point kann direkt an die Funktion FindWindow übergeben werden, um den getroffenen Bildschirmbereich herauszufinden.

Um Doppelklicks von Einfachklicks zu unterscheiden, muß ein Programm stets die Position und die "Uhrzeit" des letzten Mausklicks zwischenspeichern. Die Uhrzeit eines Mausklicks wird in dem Feld **when** eines EventRecords angegeben. Die Differenz der **when**-Felder zweier Mausklicks muß kleiner sein als der Ergebniswert der Funktion GetDblTime, die das vom Benutzer (im Kontrollfeld "Maus") eingestellte Doppelklick-Zeitintervall zurückgibt. Um einen Doppelklick von zwei Einfachklicks zu unterscheiden, müssen weiterhin die Positionen der beiden Mausklicks in einem Rechteck von weniger als 4 mal 4 Punkten liegen. Die Differenz zwischen den horizontalen bzw. den vertikalen Koordinaten der beiden MouseDown-Events darf also nicht größer als 4 Punkte sein. Dieses Rechteck aus 4 mal 4 Punkten ist die Fehlertoleranz, die dem Benutzer bei einem Doppelklick eingeräumt wird.

*Um Doppelklicks von Einfachklicks zu unterscheiden, wird das Feld **when** des EventRecords inspiziert, welches die "Uhrzeit" des Events enthält. Ein Doppelklick liegt dann vor, wenn die Zeitdifferenz zwischen zwei Mausklicks klein genug war, und die Positionen nahe genug beieinander lagen.*

Einige Programme unterscheiden auch noch zwischen normalen Mausklicks und sogenannten "Command"-, "Option"-, oder

"Shift"-Klicks. Wird eine der Modifier-Tasten (Befehlstaste, Wahltaste oder Umschalttaste) gedrückt gehalten, wenn die Maustaste gedrückt wird, so reagieren diese Programme anders als bei einem normalen MouseDown-Event. Ein Command,-Option- oder Shift-Klick kann durch Überprüfen des **modifiers**-Feldes des EventRecords von einem normalen Klick unterschieden werden.

```
#define mouseUp        2
```

Wenn der Benutzer die Maustaste wieder losläßt, bekommt das Programm einen MouseUp-Event.

Dieser Event folgt auf einen MouseDown-Event, wenn der Benutzer die Maustaste wieder losgelassen hat. Er wird von vielen Programmen benutzt, um das Ende eines Mouse-Trackings zu erkennen. Dieses Mouse-Tracking ist beispielsweise in Zeichenprogrammen während des sogenannten "Sketchings" (dem Zeichnen von Objekten mit Hilfe der Maus) zu finden. Das Programm beginnt das Mouse-Tracking durch einen MouseDown-Event und zeichnet beispielsweise ein Rechteck von der ursprünglichen Mausposition zur aktuellen Position, bis ein MouseUp-Event eintrifft. Dieser Event markiert dann das Ende des Sketchings (die Zeichenaktion ist beendet und das Rechteck definiert).

```
#define keyDown        3
```

Wird die Tastatur betätigt, dann bekommt das Programm einen KeyDown-Event für jeden einzelnen Buchstaben.

Textverarbeitungsprogramme verwenden diesen Event, um dem Benutzer die Texteingabe zu ermöglichen. Drückt der Benutzer ein Taste auf der Tastatur, so bekommt das Programm einen KeyDown-Event. Der EventRecord enthält bei dieser Art von Events im Feld **message** Informationen über die gedrückte Taste. Das Lo-Byte des Lo-Words dieses long-Feldes enthält den Character-Code (ASCII-Wert), das Hi-Byte des Lo-Words enthält den Key-Code (Tastatur-Matrix-Koordinaten) der gedrückten Taste. Normalerweise wird nur der Character-Code zur Texteingabe verwendet. Der Event-Manager stellt für das Ausfiltern des ASCII-Wertes die Konstante charCodeMask zur Verfügung, die zur Maskierung des **message**-Feldes verwendet wird. Um Menükurzbefehle (wie z.B. Befehlstaste-Q für "Beenden") von normalen Tastatureingaben zu unterscheiden, kann das Feld

modifiers verwendet werden. Enthält das Feld ein auf 1 gesetztes Command-Key-Flag, so sollte das Programm den Menu-Manager nach dem äquivalenten Menüpunkt fragen. Diese "Command-Key-KeyDown-Events" werden also nicht zur normalen Texteingabe verwendet, sondern führen mit Hilfe des Menu-Managers zur Auswahl eines Menüpunktes.

Wenn der Benutzer die Befehlstaste gedrückt hält, während er eine Taste betätigt, dann muß das Programm den KeyDown-Event wie einen Menükurzbefehl behandeln.

```
#define keyUp          4
```

Dieser Event wird nur von ganz wenigen Applikationen beachtet. Er tritt auf, wenn der Benutzer eine gedrückte Taste wieder losläßt. Diese Art von Events werden eigentlich nur von Musikprogrammen behandelt, die die Tastatur als Musik-Keyboard umfunktionieren.

```
#define autoKey        5
```

Wenn der Benutzer eine Taste der Tastatur lange genug gedrückt hält, so spricht die automatische Zeichenwiederholung (Auto-Repeat) an. Die vom System generierten Key-Events werden dann als AutoKey-Event deklariert, um automatische Zeichenwiederholung von normaler Zeicheneingabe unterscheiden zu können. Die meisten Programme behandeln AutoKey-Events genau wie KeyDown-Events, die übrigen Felder des EventRecords entsprechen auch dem normalen KeyDown-Event.

Wenn das Auto-Repeat der Tastatur anspricht, bekommt das Programm AutoKey-Events anstelle von KeyDown-Events.

```
#define updateEvt      6
```

Wenn der Benutzer ein Fenster verschiebt, so daß andere Fenster freigelegt werden, generiert der Window-Manager einen Update-Event. Das **message**-Feld des EventRecords spezifiziert dann das Fenster, dessen Inhalt neugezeichnet werden soll. Das Universalfeld **message** enthält in diesem Fall einen Pointer auf den WindowRecord des neuzuzeichnenden Fensters. Ein Macintosh-Programm reagiert auf diesen Event, indem die Window-Manager-Funktion BeginUpdate aufgerufen (setzt die Visible-Region auf den neuzuzeichnenden Bereich) und der gesamte Inhalt des Fensters gemalt wird. Anschließend ruft das Programm EndUpdate auf, um die Visible-Region des Fensters wieder auf den ursprünglichen Zustand zurückzusetzen.

Wenn Teile eines Fensters neu gezeichnet werden müssen, bekommt das Programm einen Update-Event.

```
#define diskEvt      7
```

Wird eine Diskette eingelegt, dann wird dem Programm ein DiskInserted-Event geschickt.

Wenn der Benutzer während des Programmablaufes eine Diskette einlegt, so bekommt das Programm einen DiskInserted-Event. Die meisten Programme interessieren sich nicht für den eigentlichen Sinn dieses Events (das Einlegen einer Diskette), er wird hauptsächlich von Kopierprogrammen verwendet.
Ein normales Programm muß diesen Event jedoch trotzdem behandeln, da der Benutzer auch eine unformatierte Diskette eingelegt haben kann. In diesem Fall ist das Hi-Word des **message**-Feldes ungleich 0 und das Programm muß dafür sorgen, daß der Disketten-Initialisierungs-Dialog auf dem Bildschirm erscheint. Dies ist zum Glück recht einfach durch den Aufruf der Disk-Initialisation-Package-Routine DIBadMount zu erledigen.

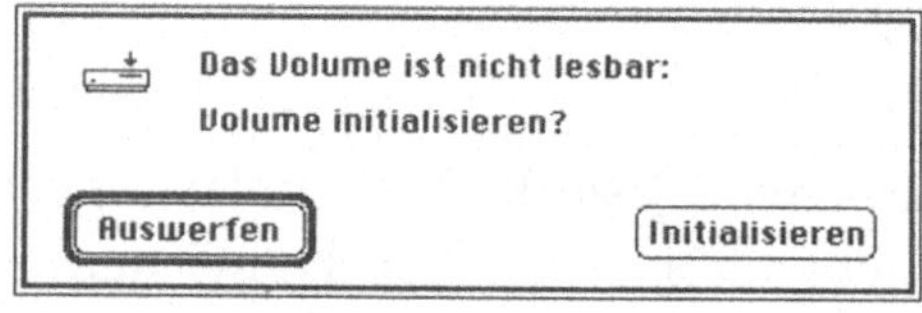

Abb. 10-2 Wenn die eingelegte Diskette nicht lesbar ist, sollte das Programm DIBadMount aufrufen, um dem Benutzer die Möglichkeit zum Initialisieren zu geben.

```
#define activateEvt  8
```

Ist die Fensterhierarchie verändert worden, dann verschickt der Window-Manager Activate-Events.

Wenn der Benutzer ein Fenster nach vorne geholt hat, schickt der Window-Manager dem Programm einen Activate-Event für dieses Fenster. Das Programm sollte dann (den Human Interface Guildelines entsprechend) die Scrollbars dieses Fensters zeigen und Selektionen (selektierter Text oder Grafik) zeichnen.
Ein DeActivate-Event ist das Gegenstück zu einem Activate-Event. Wird ein Fenster in den Hintergrund geschickt, so bekommt das Programm einen DeActivate-Event für dieses Fenster. Es sollte dann die Scrollbars dieses Fensters verstecken und Selektionen aufheben. Diese DeActivate-Events werden in Form eines Activate-Events geschickt. Bisher wurden diese beiden Variationen des Activate-Events zum besseren Verständnis als separate Events beschrieben. Ein DeActivate-Event kann von einem Activate-Event unterschieden werden, indem das **modifiers**-Feld des Event-Records untersucht wird. Ist der Activate-Event eigentlich ein DeActivate-Event, so enthält das niederwertigste Bit des **modifiers**-Feldes eine 1. An diesem Bit bzw. mit Hilfe der vordefinierten

Maske activateFlag kann zwischen Activate- und DeActivate-Events unterschieden werden.

10.5 Weitere Event-Manager-Routinen

Der Event-Manager bietet (neben der zentralen Datenstruktur des EventRecords bzw. der Routine WaitNextEvent) einige weitere Utility-Funktionen, die an verschiedenen Stellen der Macintosh-Programmierung recht nützlich werden können. Die wichtigsten dieser Routinen bzw. deren Anwendung werden jetzt beschrieben, bevor der restliche Teil dieses Kapitels sich mit der Implementierung der Main-Event-Loop beschäftigt.

GetMouse

Die Routine GetMouse liefert die aktuellen Koordinaten der Maus.

```
pascal void GetMouse (Point *mouseLoc);
```

GetMouse schreibt die aktuellen Mauskoordinaten in den Point, dessen Adresse bei **mouseLoc** übergeben wird. Wichtig ist, daß diese Koordinaten (im Gegensatz zum MouseDown-Event) auf das lokale Koordinatensystem des aktuellen Fensters bezogen sind.
Diese Routine wird in einigen Programmen dazu verwendet, die Mausposition während der Selektion oder während der Eingabe von grafischen Daten zu verfolgen.

Button

Die Funktion Button kann dazu verwendet werden, den aktuellen Status der Maustaste abzufragen.

```
pascal Boolean Button (void);
```

Diese Funktion gibt den Wert true zurück, wenn die Maustaste gedrückt ist.

GetDblTime

Um die maximale Zeitdifferenz, die zwischen zwei MouseDown-Events liegen darf, damit sie noch als Doppelklick interpretiert werden können, herauszufinden, steht die Funktion GetDblTime zur Verfügung.

```
pascal long GetDblTime (void);
```

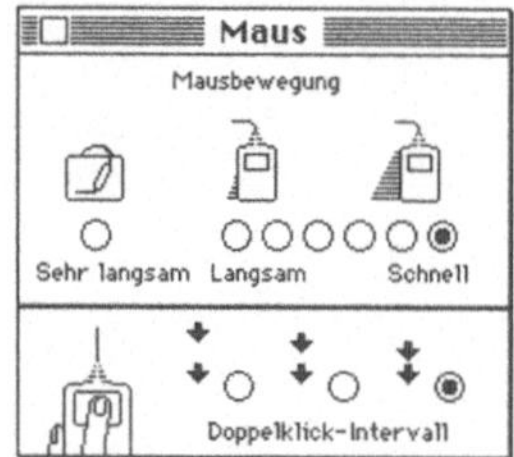

Abb. 10-3
Das Maus-Kontrollfeld

Diese Funktion liefert das vom Benutzer im Kontrollfeld "Maus" eingestellte Doppelklick-Zeitintervall zurück. Der Rückgabe-Wert dieser Funktion wird mit der Zeitdifferenz, die zwischen zwei MouseDown-Events liegt, verglichen. Ist die Differenz kleiner als der Rückgabe-Wert der Funktion GetDblTime, so ist der zweite MouseDown-Event ein Doppelklick. Bei der Erkennung von Doppelklicks ist (wie oben beschrieben) weiterhin darauf zu achten, daß die Position der beiden Klicks innerhalb eines 4 mal 4 Punkte messenden Quadrates liegt.

GetCaretTime

Textverarbeitungsprogramme müssen selbst für das Blinken der Einfügemarke sorgen. Da das Intervall für das Blinken der Einfügemarke im Kontrollfeld "Einstellungen" vom Benutzer verändert werden kann, sollten Macintosh-Programme die Funktion GetCaretTime dazu verwenden, um die Zeitintervalle für das Blinken der Einfügemarke herauszufinden.

```
pascal long GetCaretTime (void);
```

Der Ergebniswert dieser Funktion wird dann mit der Zeitdifferenz zweier Idle-Events verglichen, um zu entscheiden, ob die Einfügemarke invertiert werden soll, oder ob noch gewartet werden muß. Die "Uhrzeit" (when-Feld des Event-Records) des letzten Idle-Events, bei dem die Einfügemarke invertiert wurde, wird dafür üblicherweise in einer Variablen zwischengespeichert.

10.6 Anwendung des Event-Managers

Die wichtigste Anwendung des Event-Managers besteht im Aufbau der "berüchtigten" Main-Event-Loop eines Macintosh-Programms. Diese Main-Event-Loop wird im folgenden Beispielprogramm demonstriert:

```
1: EventRecord    gEvent;
2: Boolean        gQuit, gGotEvent;
3:
4: void main (void)
```

```
 5:
 6:     gQuit = false;
 7:     while (!gQuit)
 8:     {
 9:       gGotNewEvent = WaitNextEvent (
              everyEvent, &gEvent, 15, NULL);
10:       if (gGotEvent)
11:         HandleEvent (gEvent);
12:     }
13: }
```

*Die Main-Event-Loop eines Macintosh-Programms ruft **WaitNextEvent** auf und verzweigt anschließend in Event-Behandlungs-routinen.*

Dieser Programmtorso stellt die einfache Version einer Main-Event-Loop dar.

Das Programm ist eine Endlosschleife, die nur dann terminiert, wenn bei der Auswahl des "Beenden"-Menüpunktes der Boolean **gQuit** auf true gesetzt wird. Solange dies nicht der Fall ist, fragt das Programm in Zeile 9 mit Hilfe der Funktion **WaitNextEvent** beim Event-Manager nach, ob ein Event vorliegt. In diesem Beispiel gibt das Programm beim Aufruf der **WaitNextEvent**-Funktion an, daß es sämtliche Arten von Events behandeln möchte, indem die Konstante everyEvent übergeben wird. **WaitNextEvent** liefert also alle auftretenden Events an das Programm zurück.

Hat **WaitNextEvent** einen Event für das Programm, so schreibt es die Informationen über den Event in dem EventRecord **gEvent** und gibt true als Ergebniswert zurück. Als "Wunsch-Hintergrundzeit" wird hier (um das Beispiel zu vereinfachen) eine konstante Einheit von 15 Ticks übergeben. Diese Konstante ist ein von Apple vorgeschlagener Richtwert, der Hintergrundprozessen zur Verfügung gestellt werden sollte. Die Möglichkeit des Event-Managers, das Programm mit einem MouseMoved-Event davon zu informieren, daß der Maus-Cursor einen bestimmten Bereich verlassen hat, wird hier noch nicht verwendet, daher wird anstelle von mouseRegion der Wert NULL übergeben.

Liegt ein Event vor (**gGotEvent** == true), so wird in Zeile 11 in die (noch zu implementierende) Event-Behandlungsroutine verzweigt, um auf den Event zu reagieren. Diese Event-Behandlungsroutine inspiziert die Art des Events und verzweigt dann wiederum in (spezialisiertere) Behandlungsroutinen.

10.7 MINIMUM2

MINIMUM2 ist eine Erweiterung des Basisprogramms MINIMUM. Durch diese Erweiterung wird die Event-Behandlung (Main-Event-Loop und Behandlungsroutinen) in das kleine Beispiel-Programm eingebracht. Minimum2 stellt somit das erste "echte" Macintosh-Programm in der Reihe der Beispiel-Programme dar.

Die erweiterten Fähigkeiten von Minimum2 sind:

- Erzeugen eines Fensters
- Verschieben des Fensters
- Vergrößern/Verkleinern des Fensters
- Zoom-Box-Unterstützung
- Close-Box-Unterstützung
- Zeichnen einer Grafik bei Update-Events
- Behandlung von Activate-Events

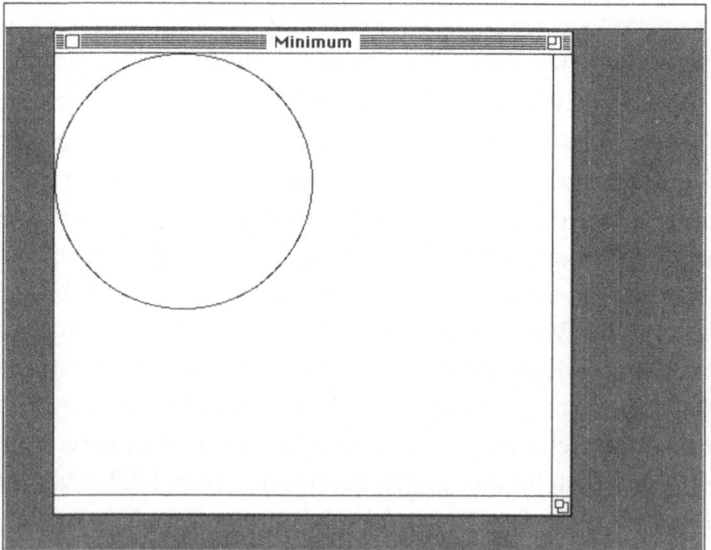

Abb. 10-4 Die Grafik zeigt das laufende Programm. Die Unterschiede zur vorhergehenden Version sind deutlich sichtbar: Das Fenster hat jetzt eine Close- , Zoom- und Grow-Box. Die wichtigsten Funktionalitäten des Window-Managers, wie Verschieben/ Vergrößern eines Fensters, sind unterstützt.

Das Programm Minimum2 stellt eine Rahmenapplikation dar, auf der die nachfolgenden Beispiel-Programme aufbauen können. Es unterstützt bereits die wichtigsten Events des Event-Managers (MouseDown-, Update- und Activate-Events), die für die Fensterverwaltung eingesetzt werden.

MouseDown-Events werden zunächst auf deren Ziel untersucht (Fenster verschieben, schließen oder zoomen), anschließend verzweigt das Programm in die entsprechenden Behandlungsroutinen. Diese Behandlungsroutinen verwenden dann die entsprechenden Window-Manager-Funktionen, um die vom Benutzer gewünschten Aktionen durchzuführen.

Update-Events führen zum Aufruf einer Routine, die für das Zeichnen des Fensterinhaltes, der Grafik, verantwortlich ist.

Activate-Events bewirken, daß eine Routine aufgerufen wird, die die Fensterelemente an den neuen Fensterzustand (aktiv oder inaktiv) anpaßt.

Die folgende Illustration zeigt den internen Kontrollfluß bzw. die Funktionen der erweiterten Version von Minimum.

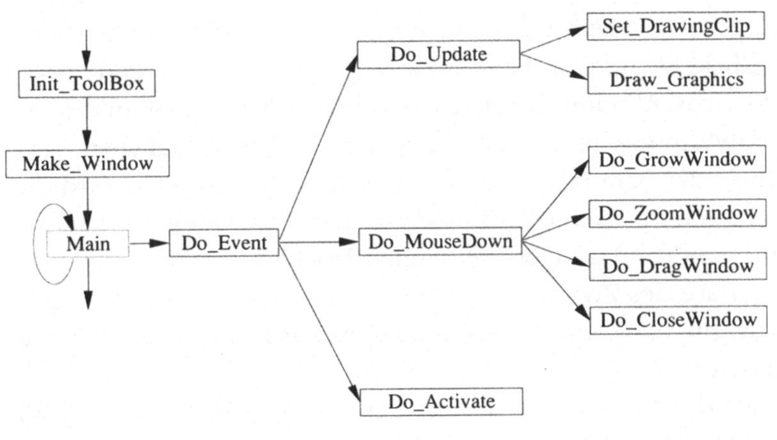

Abb. 10-5 Der Kontrollfluß von MINIMUM2. Die Main-Event-Loop ruft die Event-Behandlungsroutine Do_Event auf, welche wiederum in spezialisiertere Behandlungsroutinen verzweigt, um letztendlich auf den Event zu reagieren.

Zunächst wird im Hauptprogramm die Funktion Init_ToolBox aufgerufen. Diese Funktion initialisiert die benötigten ToolBox-Manager. Anschließend wird die Funktion Make_Window aufgerufen, die dann ein leeres Fenster mit Hilfe des Window-Managers erzeugt.
Danach begibt sich das Programm in die Main-Event-Loop und wartet auf einen Event. Liegt ein Event vor, so verzweigt es in die Event-Behandlungsroutine Do_Event. Diese Funktion entscheidet anhand der Art des Events, welche der Event-Behand-

lungsroutinen (Do_MouseDown, Do_Update oder Do_Activate) aufgerufen wird.
Die Event-Behandlungsroutine Do_MouseDown entscheidet anhand der Mausklick-Koordinaten, was der Benutzer möchte und verzweigt wiederum in die eigentlichen Aktionsroutinen.
Die Aktionsroutine Do_CloseWindow wird aufgerufen, wenn der Benutzer in die Close-Box (das Schließfeld) des Fensters geklickt hat. Do_CloseWindow ruft dann TrackGoAway (eine Window-Manager-Funktion) auf, welche das Close-Box-Feedback erzeugt (Close-Box ein-/ausschalten). Soll das Fenster geschlossen werden, so ruft Do_CloseWindow die Funktion DisposeWindow auf, um das Fenster zu schließen und den Speicherplatz freizugeben. Da bisher noch keine Menüs existieren, wird das Beenden des Programms durch das Schließen des Fensters erreicht. Wird das Fenster geschlossen, so setzt Do_CloseWindow das globale Boolean gQuit auf true, und das Programm terminiert.
Die Aktionsroutine Do_GrowWindow wird von Do_MouseDown aufgerufen, wenn der Benutzer in die Grow-Box des Fensters geklickt hat, um das Fenster zu vergrößern oder zu verkleinern. Do_GrowWindow benutzt die Window-Manager-Funktionen GrowWindow und SizeWindow, um dies zu ermöglichen.
Klickt der Benutzer in die Zoom-Box des Fensters, so wird die Funktion Do_ZoomWindow aufgerufen. Diese Funktion benutzt die Window-Manager-Funktionen TrackBox, um für das User-Interface des Zoomens (Close-Box ein/ausschalten) zu sorgen, bzw. die Funktion ZoomWindow, um das Fenster wirklich zu zoomen.
Auch das Verschieben des Fensters ist möglich. In diesem Fall ruft Do_MouseDown die Aktionsroutine Do_DragWindow auf. Diese Funktion benutzt die Window-Manager-Funktion DragWindow, um dem Benutzer das Verschieben des Fensters zu ermöglichen.
Wenn die Event-Behandlungsroutine Do_Event einen Update-Event bekommt, so wird die Funktion Do_Update aufgerufen. Do_Update sorgt dafür, daß die Grow-Box gemalt wird und daß die Grafik gezeichnet wird. Zum Zeichnen der Grafik ruft Do_Update die Funktion Draw_Graphics auf, die den Kreis zeichnet. Damit Draw_Graphics nicht über die am Rand des Fensters gelegenen Bereiche für die (noch nicht vorhandenen)

Scrollbars zeichnet, ruft Do_Update vorher Set_DrawingClip auf. Diese Funktion berechnet und setzt eine Clipping-Region, die die äußeren Scrollbar-Bereiche ausklammert; Draw_Graphics braucht beim Zeichnen des Kreises nicht auf die Scrollbar-Bereiche zu achten, da die Clipping-Region ein Überzeichnen dieser Bereiche verhindert.
Bei einem Activate-Event ruft die Funktion Do_Event die Event-Behandlungsroutine Do_Activate auf. Diese Funktion sorgt dafür, daß die Fensterelemente als aktiv bzw. inaktiv gekennzeichnet werden. Da das Beispiel-Programm bisher keine Scrollbars hat, wird nur die Grow-Box an den neuen Zustand des Fensters (aktiviert oder deaktiviert) angepaßt.

Im Folgenden werden die einzelnen Routinen des Programms aufgelistet und analysiert. Der komplette Quelltext des Programms folgt am Schluß dieser Analyse.

Das Hauptprogramm:

```
 1: #include <Types.h>
 2: #include <QuickDraw.h>
 3: #include <Fonts.h>
 4: #include <Windows.h>
 5: #include <Events.h>
 6: #include <ToolUtils.h>
 7:
 8: WindowPtr      gWindow;
 9: EventRecord    gEvent;
10: Boolean        gGotEvent, gQuit;
11:
12: void main (void)
13:
14: {
15:    gQuit = false;
16:    Init_ToolBox ();
17:    Make_Window ();
18:    SetCursor (&qd.arrow);
19:    while (!gQuit)
20:    {
21:       gGotEvent = WaitNextEvent (everyEvent,
               &gEvent, 15, NULL);
```

Das Hauptprogramm beinhaltet die Main-Event-Loop. Liegt ein Event vor, dann wird die Event-Behandlungsroutine Do_Event aufgerufen, welche für die Abarbeitung des Events sorgt.

```
22:        if (gGotEvent)
23:           Do_Event ();
24:    }
25: }
```

In den Zeilen 1 bis 6 werden die üblichen Interface-Dateien zu den verwendeten Managern mit Hilfe von **#include**-Statements eingebunden. Neu ist hier die Einbindung der ToolUtils-Bibliothek, die einige nützliche Hilfsfunktionen beinhaltet. Minimum verwendet die Funktionen HiWord und LoWord dieser Bibliothek, die jeweils das Hi- bzw. das Lo-Word aus einem long extrahieren.
Das Programm verwendet vier globale Variablen (**gWindow, gEvent, gQuit** und **gGotEvent**).
Die Variable **gWindow** wird für die Verwaltung des Fensters verwendet.
Der EventRecord **gEvent** beinhaltet jeweils den aktuellen Event. Die Event-Behandlungsroutinen greifen auf diese Variable zu, um auf einen Event zu reagieren.
Der Boolean **gGotEvent** wird in der Main-Event-Loop verwendet, um den Ergebniswert der Funktion **WaitNextEvent** aufzunehmen.
Die globale Variable **gQuit** ist das Terminationskriterium des Programms. Wird sie irgendwo im Programm auf true gesetzt, so terminiert das Programm.

Übrigens: Alle globalen Variablen sind durch ein kleines "g" am Anfang des Namens gekennzeichnet. Die selbstgeschriebenen Funktionen beinhalten einen "Underscore" ("_") im Namen, damit sie leichter von ToolBox-Routinen unterschieden werden können.

In Zeile 15 wird zunächst das Terminationskriterium **gQuit** auf false gesetzt, so daß die Main-Event-Loop (Zeile 19 bis 25) laufen kann.
In Zeile 16 wird die Initialisierungsroutine **Init_ToolBox** aufgerufen. Diese Routine übernimmt die Initialisierung der Manager (QuickDraw, Fonts, Windows etc.).
Die Funktion **Make_Window** übernimmt in Zeile 17 das Erzeugen eines neuen Fensters. Sie entspricht dem Erzeugen eines

Fensters im vorherigen Beispiel-Programm "Minimum" und wird daher hier nicht noch einmal erläutert.

Zeile 18 sorgt mit einem Aufruf von **SetCursor** dafür, daß der Cursor auf den normalen Pfeil-Cursor gesetzt wird. Der Pfeil-Cursor ist in den QuickDraw-Globals "**qd**" unter dem Feld "**arrow**" zu finden, daher wird hier die Adresse von **qd.arrow** übergeben. Das initiale Setzen des Cursors wird notwendig, da der Finder beim Starten der Applikation den Cursor auf den Watch-Cursor (Uhren-Cursor) setzt, um dem Benutzer eventuelle Wartezeiten anzudeuten. Dieser Cursor würde während der gesamten Laufzeit unseres Programms bestehen bleiben, wenn der Cursor nicht auf einen (von uns) definierten Zustand gesetzt würde.

In Zeile 19 beginnt die Main-Event-Loop mit der Abfrage des Terminationskriteriums **gQuit**. Solange diese Variable auf false gesetzt ist, läuft die Main-Event-Loop.

*Wenn die globale Variable **gQuit** irgendwo im Programm auf den Wert true gesetzt wird, dann terminiert das Programm.*

*Die globale Variable **gEvent** beinhaltet den aktuellen Event.*

Zeile 20 fragt den Event-Manager mit Hilfe der Funktion **WaitNextEvent** nach einem neuen Event. Als Event-Maske wird everyEvent übergeben, was dafür sorgt, daß unser Programm alle Event-Arten aus der Event-Queue erhält. Liegt ein Event vor, so schreibt **WaitNextEvent** die Informationen über den Event in die globale Variable **gEvent**, deren Adresse bei dem Aufruf übergeben wird. Als "Wunsch-Hintergrundzeit" wird hier (vorerst) eine Konstante übergeben. Diese von Apple vorgeschlagene konstante sleep-Zeit von 15 Ticks sorgt für eine flüssige Abarbeitung der Hintergrundprozesse, ohne den Programmablauf von Minimum zu stark zu behindern. In der derzeitigen Version des Programms wird die Fähigkeit des Event-Managers, das Programm mit einem Event davon zu informieren, daß der Maus-Cursor einen bestimmten Bereich verlassen hat, noch nicht verwendet. Daher wird anstelle des mouseRgn-Parameters der Wert NULL übergeben.

Liegt ein Event vor, so wurde der Boolean **gGotEvent** von WaitNextEvent auf true gesetzt. In Zeile 23 wird in diesem Fall in die Event-Behandlungsroutine **Do_Event** verzweigt, welche dann je nach Event-Art in die entsprechenden Event-Behandlungsroutinen weiterverzweigt.

Die Funktion Do_Event:

Do_Event entscheidet anhand des Event-Typs, welche der spezialisierten Event-Behandlungsroutinen aufgerufen wird.

```
 1: void Do_Event (void)
 2: {
 3:    switch (gEvent.what)
 4:    {
 5:       case mouseDown:
 6:          Do_MouseDown ();
 7:          break;
 8:
 9:       case updateEvt:
10:          Do_Update ();
11:          break;
12:
13:       case activateEvt:
14:          Do_Activate ();
15:          break;
16:    }
17 }
```

Do_Event ist die "Schaltzentrale" der Event-Verwaltung. Hier wird in Zeile 3 anhand des Event-Types (**gEvent.what**) entschieden, welche Event-Behandlungsroutine aufgerufen wird. In der derzeitigen Version unterstützt das Programm nur MouseDown-, Update- und Activate-Events. Entsprechend wird entweder die Funktion **Do_MouseDown**, **Do_Update** oder **Do_Activate** aufgerufen.

Die Funktion Do_MouseDown:

*Do_MouseDown reagiert auf einen MouseDown-Event, indem die Window-Manager-Funktion **FindWindow** aufgerufen wird. Anhand des Ergebniswertes dieser Funktion wird entschieden, welche der Aktionsroutinen aufgerufen wird.*

```
 1: void Do_MouseDown (void)
 2: {
 3:    short        part;
 4:    WindowPtr    theWindow;
 5:
 6:    part = FindWindow (gEvent.where,
              &theWindow);
 7:    switch (part)
 8:    {
 9:       case inDrag:
10:          Do_DragWindow (theWindow);
11:          break;
12:
13:       case inZoomIn:
```

```
14:        case inZoomOut:
15:          Do_ZoomWindow (theWindow, part);
16:          break;
17:
18:        case inGrow:
19:          Do_GrowWindow (theWindow);
20:          break;
21:
22:        case inGoAway:
23:          Do_CloseWindow (theWindow);
24:          break;
25:    }
26: }
```

Do_MouseDown ist die Schaltzentrale für MouseDown-Events. Die Funktion entscheidet anhand der Mausklick-Koordinaten, welche Aktionsroutine aufgerufen werden soll, die dann letztendlich auf den Event reagiert.
Um herauszufinden, was der Benutzer möchte (Fenster verschieben, vergrößern/verkleinern etc...) wird in Zeile 6 die Funktion **FindWindow** verwendet. Dieser Window-Manager-Funktion werden die Koordinaten des Mausklicks (**gEvent.where**) übergeben, damit sie anhand dieser Koordinaten feststellen kann, in welchem Bereich des Bildschirmes (oder Fensters) der Mausklick gelegen hat. Der Bildschirmbereich (inMenuBar, inDrag, inGrow etc...) wird von **FindWindow** als Ergebniswert geliefert und in der lokalen Variablen part gespeichert. Liegt der Mausklick in einem Fenster, so gibt **FindWindow** den WindowPtr dieses Fensters in unserer Variablen **theWindow** zurück. Die Funktion Do_MouseDown verwendet diesen WindowPtr, um bei dem Aufruf der Aktionsroutinen das Fenster, mit dem gearbeitet werden soll, zu spezifizieren. Auf diese Weise ist Do_MouseDown bereits universell gestaltet; diese Funktion kann theoretisch auch mit mehreren Fenstern arbeiten, da sie sich nicht auf die globale Variable **gWindow** bezieht.
Anhand des Ergebniswertes von **FindWindow** wird in Zeile 7 mit Hilfe der switch-Anweisung entschieden, welche Aktionsroutine aufgerufen werden soll.
Hat der Benutzer in die Dragging-Region des Fensters geklickt, so wird in Zeile 10 die Aktionsroutine **Do_DragWindow** aufgerufen. Ein Klick in die Zoom-Box des Fensters führt in Zeile 15

zum Aufruf von **Do_ZoomWindow**. Bei diesem Aufruf von **Do_ZoomWindow** muß neben dem WindowPtr **theWindow** noch der Ergebniswert von FindWindow (**part**) übergeben werden, da **Do_ZoomWindow** unterschiedlich reagieren muß, je nachdem ob das Fenster vergrößert (inZoomOut) oder verkleinert werden soll (inZoomIn).
Die Funktion Do_MouseDown verzweigt in Zeile 19 in die Aktionsroutine **Do_GrowWindow**, wenn der Benutzer in die Grow-Region des Fensters geklickt hat, um das Fenster per Hand (per Maus) zu vergrößern bzw. zu verkleinern.
In Zeile 23 wird die Funktion **Do_CloseWindow** aufgerufen, wenn der Benutzer in die Close-Box des Fensters geklickt hat.

Die Funktion Do_DragWindow:

*Do_DragWindow ruft **DragWindow** auf, damit das Fenster verschoben werden kann.*

```
1: void Do_DragWindow (WindowPtr theWindow)
2: {
3:     DragWindow (theWindow, gEvent.where,
           &qd.screenBits.bounds);
5: }
```

Do_DragWindow ermöglicht in Zeile 3 mit Hilfe des **DragWindow**-Aufrufs das Verschieben des Fensters. Der Parameter **theWindow** spezifiziert bei dem Aufruf von DragWindow das zu verschiebende Fenster. Die Koordinaten des Mausklicks werden durch **gEvent.where** übergeben, die Begrenzung für das Verschieben des Fensters ist das umschließende Rechteck aller Monitore (**qd.screenBits.bounds**).
Mit dem Aufruf von **DragWindow** ist das Ende der Event-Behandlungskette erreicht. Das Programm kehrt in die Main-Event-Loop zurück, um auf weitere Events zu warten bzw. zu reagieren.

Die Funktion Do_ZoomWindow:

Do_ZoomWindow läßt den Benutzer die Zoom-Box des Fensters betätigen und sorgt dafür, daß das Fenster gezoomt wird.

```
1: void Do_ZoomWindow (WindowPtr theWindow,
     short partCode)
2: {
3:     if (TrackBox (theWindow, gEvent.where,
           partCode))
4:        ZoomWindow (theWindow, partCode, true);
5: }
```

Do_ZoomWindow wird bei einem Klick in die Zoom-Box des Fensters von Do_MouseDown aufgerufen. Dieser Funktion werden dabei zwei Parameter übergeben:
1. Das Fenster, welches "gezoomt" werden soll.
2. Ob das Fenster an die Bildschirmgröße angepaßt (**partCode** = inZoomOut) oder wieder auf die ursprüngliche Größe zurückgebracht werden soll (**partCode** = inZoomIn).
Diese beiden Parameter werden an die Funktion **TrackBox** übergeben, welche dann den User-Interface-Teil des Zoomens übernimmt. Diese Funktion verfolgt die Mausposition und zeichnet entweder eine gedrückte oder nichtgedrückte Zoom-Box. Wenn der Benutzer das Fenster zoomen möchte (er hat die Maustaste losgelassen, während die Mausposition innerhalb der Zoom-Box war), so gibt **TrackBox** den Wert true zurück, und es wird in Zeile 4 **ZoomWindow** aufgerufen.
ZoomWindow verlangt (wie **TrackBox**) die Spezifikation des zu zoomenden Fensters, sowie die Richtung (inZoomIn oder inZoomOut). Der letzte Parameter (true) spezifiziert, daß das Fenster, wenn es noch nicht über allen anderen gelegen hat, nach vorne geholt wird. Dieser Parameter macht eigentlich nur dann Sinn, wenn das Fenster durch die Auswahl eines Menüpunktes gezoomt wird, und es eventuell noch nicht im Vordergrund liegt. Hier wird einfach true übergeben, obwohl das Fenster sowieso schon über allen anderen liegt.
Wie Do_DragWindow ist auch Do_ZoomWindow ein Ende der Event-Behandlungsverzweigung. Das Programm kehrt in die Main-Event-Loop zurück, um auf die nächsten Events zu warten.

Die Funktion Do_GrowWindow:

Do_GrowWindow ermöglicht es dem Benutzer, das Fenster zu vergrößern. Die maximale Fenstergröße entspricht dabei dem umschließenden Rechteck aller Monitore.

```
 1: void Do_GrowWindow (WindowPtr theWindow)
 2: {
 3:    long   newSize;
 4:    short  newWidth, newHeight;
 5:    Rect   minMaxSize;
 6:
 7:    minMaxSize.top = 80;
 8:    minMaxSize.left = 160;
 9:    minMaxSize.right =
             qd.screenBits.bounds.right;
10:    minMaxSize.bottom =
```

```
             qd.screenBits.bounds.bottom;
11:
12:     newSize = GrowWindow (theWindow,
             gEvent.where, &minMaxSize);
13:     if (newSize != 0)
14:     {
15:        newWidth = LoWord (newSize);
16:        newHeight = HiWord (newSize);
17:
18:        SizeWindow (theWindow, newWidth,
               newHeight, true);
19:        InvalRect (&theWindow->portRect);
20:     }
21: }
```

Do_GrowWindow wird aufgerufen, wenn der Benutzer in die Grow-Box des Fensters geklickt hat. Das Fenster, welches zu vergrößern bzw. zu verkleinern ist, wird durch den Parameter **theWindow** spezifiziert.
Zunächst wird in den Zeilen 7 bis 11 die minimale bzw. maximale Fenstergröße, die der Benutzer einstellen kann, ausgerechnet. Diese "Window-Bounds" werden im Rect **minMaxSize** verwaltet und dienen dem Aufruf von **GrowWindow** in Zeile 12. Die minimale Fenstergröße wird in Zeile 7 und 8 in die Felder **top** bzw. **left** des Rects **minMaxSize** geschrieben. Der Benutzer kann das Fenster also nicht kleiner als 80 mal 160 Punkte machen. In Zeile 9 und 10 wird die maximale Fenstergröße berechnet. Sie entspricht dem **right**- bzw. **bottom**-Feld des alle Bildschirme umschließenden Rechtecks **qd.screenBits.bounds**.
Diese minimale bzw. maximale Fenstergröße wird in Zeile 12 an die Funktion **GrowWindow** übergeben. **GrowWindow** übernimmt die Kontrolle und verfolgt die Mausposition. Währenddessen zeichnet **GrowWindow** das umschließende Rechteck der neuen Fenstergröße, so daß der Benutzer sehen kann, wie groß das Fenster wird, wenn er die Maustaste losläßt. Bei dem Aufruf von **GrowWindow** wird weiterhin das Fenster, dessen Größe verändert werden soll, durch den Parameter **theWindow** spezifiziert. Die Startposition des Mausklicks (**gEvent.where**) wird als letzter Parameter übergeben.
GrowWindow gibt in dem Ergebniswert der Funktion die vom Benutzer gewünschte neue Größe des Fensters zurück. Die neue

Größe des Fensters ist in dem long verschlüsselt enthalten: Das Hi-Word des longs enthält die gewünschte neue Höhe des Fensters, das Lo-Word die neue Breite. Wenn der Benutzer die Größe des Fensters nicht verändern möchte, so gibt GrowWindow den Wert 0 zurück.
In Zeile 13 wird abgefragt, ob das Fenster vergrößert werden soll, anschließend wird für die Vergrößerung des Fensters gesorgt. Zunächst muß in Zeile 15 bzw. 16 der "verschlüsselte" Ergebniswert von **GrowWindow** "dechiffriert" werden. Dies geschieht mit Hilfe der ToolUtils-Funktion **HiWord** bzw. **LoWord**. Diese Funktionen extrahieren das entsprechende Word aus dem übergebenen long.
In Zeile 18 wird schließlich das Fenster vergrößert. Dies geschieht, indem die Window-Manager-Funktion **SizeWindow** aufgerufen wird. Bei diesem Aufruf wird das Fenster durch den Parameter **theWindow**, die neue Höhe durch **newHeight** und die Breite durch **newWidth** spezifiziert. Der letzte Parameter (true) gibt an, daß bei eventuell freigelegten Flächen ein Update-Event an das Programm geschickt werden soll.
Zeile 19 stellt eine Vereinfachung des Fenstervergrößerungs-Prozesses dar. Wenn das Fenster vergrößert oder verkleinert wurde, so wird mit Hilfe der Window-Manager-Funktion **InvalRect** der gesamte Fensterinhalt als ungültig markiert. Das Programm bekommt somit einen Update-Event für das gesamte Fenster, und der gesamte Fensterinhalt wird neu gezeichnet. Diese Technik wird von vielen Macintosh-Programmen verwendet, um den Prozeß des Fenstervergrößerns zu vereinfachen.

Die Funktion Do_CloseWindow:

*Do_CloseWindow reagiert auf einen Klick in das Schließfeld des Fensters, indem die Funktion **TrackGoAway** aufgerufen wird. Wenn der Benutzer das Fenster schließen will, wird das Terminationskriterium **gQuit** gesetzt.*

```
1: void Do_CloseWindow (WindowPtr theWindow)
2: {
3:    if (TrackGoAway (theWindow,gEvent.where))
4:    {
5:       DisposeWindow (theWindow);
6:
7:       gQuit = true;
8:    }
9: }
```

Do_CloseWindow wird aufgerufen, wenn der Benutzer in die Go-Away-Box des Fensters klickt. Das Fenster, welches geschlossen werden soll, wird durch den Parameter **theWindow** spezifiziert. Zunächst ruft Do_CloseWindow die Window-Manager-Funktion **TrackGoAway** auf. **TrackGoAway** übernimmt (wie TrackBox) die Kontrolle und verfolgt die Mausposition, um die gedrückte bzw. nichtgedrückte Go-Away-Box zu zeichnen.
Wenn der Benutzer das Fenster schließen möchte, so gibt **TrackGoAway** true zurück. In diesem Fall wird das Fenster in Zeile 5 mit Hilfe von **DisposeWindow** geschlossen und der assoziierte Speicherplatz freigegeben.
Da Minimum2 noch keine Menüverwaltung besitzt, ist der Ausstieg aus dem Programm mit Hilfe des üblichen "Beenden"-Menüpunktes aus dem "Ablage"-Menü nicht möglich. Als "Quick-And-Dirty"-Lösung wurde hier das Verlassen des Programms über die Close-Box des Fensters gewählt. Daher wird in Zeile 7 das globale Terminationskriterium **gQuit** auf true gesetzt. Das Programm verläßt dann die Main-Event-Loop und terminiert.

Die Funktion Do_Update:

Do_Update reagiert auf einen Update-Event, indem die Clipping-Region auf den neuzuzeichnenden Bereich gesetzt und anschließend die gesamte Grafik neu gezeichnet wird.

```
 1: void Do_Update (void)
 2: {
 3:    WindowPtr theWindow;
 4:
 5:    theWindow = (WindowPtr) gEvent.message;
 6:    BeginUpdate (theWindow);
 7:
 8:    ClipRect (&theWindow->portRect);
 9:    EraseRect (&theWindow->portRect);
10:    DrawGrowIcon (theWindow);
11:
12:    Set_DrawingClip (theWindow);
13:    Draw_Graphics (theWindow);
14:
15:    EndUpdate (theWindow);
16: }
```

Do_Update steht auf der gleichen Ebene wie Do_MouseDown. Diese Funktion wird von Do_Event aufgerufen, wenn ein Update-Event aufgetreten ist.

Bei einem Update-Event befindet sich der WindowPtr, der das Fenster spezifiziert, welches neu gezeichnet werden soll, in dem Universalfeld des EventRecords (**message**). Dieses Feld wird (der Übersichtlichkeit halber) in Zeile 5 in die lokale Variable **the-Window** überführt. Damit der Compiler die Zuweisung von message (long) an **theWindow** (WindowPtr) zuläßt, wird die Technik des Type-Castings verwendet. Im folgenden Verlauf der Funktion wird **theWindow** verwendet, um das Fenster zu spezifizieren.
Zeile 6 startet die Abarbeitung des Update-Events mit dem Aufruf von **BeginUpdate**. Diese Funktion schränkt die Visible-Region der Zeichenumgebung temporär auf den neuzuzeichnenden Bereich ein. Dadurch können nachfolgende Zeichenbefehle nur in dem neuzuzeichnenden Bereich malen. Der Aufruf von **End-Update** in Zeile 15 beendet den Update-Prozeß und setzt die Visible-Region der Zeichenumgebung wieder auf den ursprünglichen Bereich.
Die Zeilen 8 bis 13 sorgen für das Neuzeichnen des Fensterinhaltes. Zunächst wird in Zeile 8 dafür gesorgt, daß die Clipping-Region auf den gesamten Fensterinhalt gesetzt wird, indem die Funktion **ClipRect** aufgerufen wird. Dieser Funktion wird das umschließende Rechteck der Zeichenumgebung (die Adresse von **theWindow->portRect**) übergeben, dadurch entspricht die Clipping-Region dem gesamten inneren Bereich des Fensters.
In Zeile 9 wird der gesamte Fensterinhalt mit einem Aufruf von **EraseRect** gelöscht. Da die Visible-Region der Zeichenumgebung von **BeginUpdate** auf den neuzuzeichnenden Bereich gesetzt wurde, löscht dieser Befehl nur die neuzuzeichnenden Bereiche. Die erhaltenen Bereiche des Fensters werden nicht gelöscht. Dadurch verhält sich das Programm bei einem Update-Event äußerst elegant: Nur die Teile des Fensterinhaltes werden neu gezeichnet, die auch wirklich neugezeichnet werden müssen. Diese Technik bewirkt einen "ruhigen" und schnellen Fensteraufbau.
Zeile 10 sorgt mit dem Aufruf von **DrawGrowIcon** dafür, daß das Grow-Icon bzw. die für Scrollbars freigehaltenen Bereiche gezeichnet werden.
Zeile 12 setzt die Clipping-Region auf den inneren Bereich des Fensters abzüglich des Bereiches, der für die Scrollbars reserviert ist (rechts und unten jeweils 15 Punkte). Daher braucht bei

nachfolgenden QuickDraw-Befehlen nicht darauf geachtet zu werden, ob sie über die Scrollbars zeichnen. Die Beschränkung des Zeichenbereiches besteht damit aus der auf den Update-Bereich gesetzten Visible-Region und dem inneren Bereich des Fenster minus den für die Scrollbars reservierten Bereich.

Abb. 10-6
Die Illustration zeigt, wie die Grafik (Kreis) von der Clipping-Region beschnitten wird. Die Bereiche, die für die Scrollbars reserviert sind, werden nicht überzeichnet.

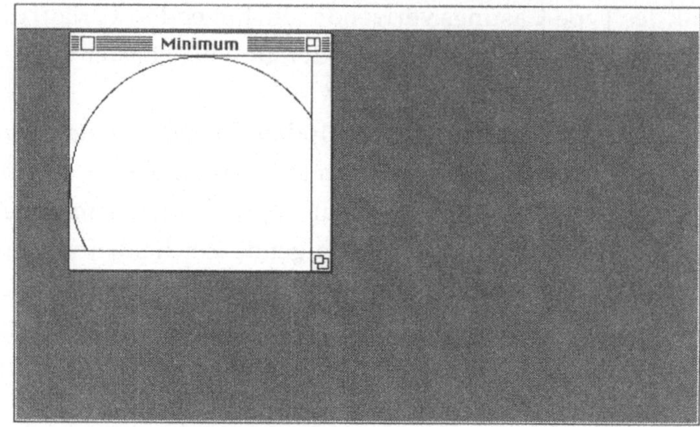

In Zeile 13 wird dann die Funktion **Draw_Graphics** aufgerufen, die für das Zeichnen der Grafik (des Kreises) verantwortlich ist. In Zeile 15 wird der Update-Prozeß durch den Aufruf von **EndUpdate** abgeschlossen. **EndUpdate** setzt die Visible-Region der Zeichenumgebung auf den ursprünglichen Bereich zurück.

Die Funktion Set_DrawingClip:

Set_DrawingClip schränkt den Zeichenbereich ein, so daß die Grafik nicht über die für die Scrollbars reservierten Bereiche zeichnet.

```
1: void Set_DrawingClip (WindowPtr theWindow)
2: {
3:    Rect drawableRect;
4:
5:    drawableRect = theWindow->portRect;
6:    drawableRect.right -= 15;
7:    drawableRect.bottom -= 15;
8:    ClipRect (&drawableRect);
9: }
```

Set_DrawingClip berechnet in den Zeile 5 bis 7 das Rechteck, in dem die Grafik gezeichnet werden darf. Dazu wird in Zeile 5 zunächst das umschließende Rechteck der Zeichenumgebung (GrafPort) in die lokale Variable **drawableRect** geschrieben. In den

Zeilen 6 bzw. 7 werden von dem Rechteck jeweils 15 Punkte unten und rechts abgezogen, um den Bereich, der für die Scrollbars reserviert ist, auszusparen.
In Zeile 8 wird schließlich die QuickDraw-Funktion **ClipRect** dazu verwendet, den Zeichenbereich auf das ausgerechnete Rechteck zu beschränken.

Die Funktion Draw_Graphics:

Draw_Graphics zeichnet die Grafik (das Oval).

```
1: void Draw_Graphics (WindowPtr /*theWindow*/)
2: {
3:    Rect ovalRect;
4:
5:    SetRect (&ovalRect, 0, 0, 200, 200);
6:    FrameOval (&ovalRect);
7: }
```

Draw_Graphics ist für das Neuzeichnen der Grafik verantwortlich.
In Zeile 6 wird die QuickDraw-Funktion **FrameOval** verwendet, um das Oval zu zeichnen.

Die Funktion Do_Activate:

Do_Activate reagiert auf einen Activate-Event, indem das Grow-Icon entsprechend des neuen Aktivierungszustandes des Fensters (aktiv oder inaktiv) gezeichnet wird.

```
 1: void Do_Activate (void)
 2: {
 3:    WindowPtr theWindow;
 4:
 5:    theWindow = (WindowPtr) gEvent.message;
 6:
 7:    ClipRect (&theWindow->portRect);
 8:    DrawGrowIcon (theWindow);
 9:    Set_DrawingClip (theWindow);
10: }
```

Do_Activate wird von der Event-Behandlungsroutine Do_Event aufgerufen, wenn ein Activate-Event vorliegt. In diesem Fall soll sich das Programm darum kümmern, daß die Fensterelemente als aktiv bzw. inaktiv gekennzeichnet werden. Da bisher keine Scrollbars vorhanden sind, braucht sich diese Funktion nur darum zu kümmern, die Grow-Box an den jeweiligen Zustand des Fensters

anzupassen. Wenn das Fenster aktiv ist, soll die Grow-Box sichtbar sein, im inaktiven Zustand hingegen unsichtbar.
Bei einem Activate-Event spezifiziert der Universalparameter **message** des EventRecords, welches Fenster aktiviert bzw. deaktiviert werden soll. Da **gEvent.message** ein long ist, wird der Wert dieses Feldes in Zeile 5 mit Hilfe von Type-Casting in einen WindowPtr verwandelt und in die lokale Variable **theWindow** geschrieben. Auf diese Weise braucht in den Zeilen 7 bis 9 kein Type-Casting verwendet werden, was die Lesbarkeit des Quelltextes erhöht.
Die Implementierung der "Human Interface Guidelines" in bezug auf Activate-Events wird durch den Aufruf von **DrawGrowIcon** in Zeile 8 durchgeführt. **DrawGrowIcon** paßt die Grow-Box automatisch an den aktuellen Zustand des Fensters an (aktiv oder inaktiv), daher muß nicht zwischen Activate- und DeActivate-Events unterschieden werden. Damit die Clipping-Region des Fensters so gesetzt ist, daß **DrawGrowIcon** zeichnen kann, wird in Zeile 7 die Clipping-Region durch den Aufruf von **ClipRect** auf den gesamten Fensterbereich erweitert. Der Aufruf von **Set_DrawingClip** in Zeile 9 setzt die Clipping-Region wieder auf den Bereich zurück, in dem die Grafik gezeichnet werden darf.

Das folgende Listing ist der komplette Quelltext von Minimum2:

*Die **#include**-Statements binden die Interface-Dateien der benötigten Manager in den Quelltext ein.*

Die Deklaration der globalen Variablen.

```
 1: #include <Types.h>
 2: #include <QuickDraw.h>
 3: #include <Fonts.h>
 4: #include <Windows.h>
 5: #include <Events.h>
 6: #include <ToolUtils.h>
 7:
 8: // -------------------------------------
 9:
10: WindowPtr       gWindow;
11: EventRecord     gEvent;
12: Boolean         gGotEvent, gQuit;
13:
14: // -------------------------------------
15:
```

```
16: void Init_ToolBox (void)
17: {
18:    InitGraf ((Ptr) &qd.thePort);
19:    InitFonts ();
20:    InitWindows ();
21: }
22:
23: // ---------------------------------------
24:
25: void Make_Window (void)
26: {
27:    gWindow = GetNewWindow (128, NULL,
          (WindowPtr) -1);
28:    SetPort (gWindow);
29: }
30:
31: // ---------------------------------------
32:
33: void Do_DragWindow (WindowPtr theWindow)
34: {
35:    DragWindow (theWindow, gEvent.where,
          &qd.screenBits.bounds);
36: }
37:
38: // ---------------------------------------
39:
40: void Do_ZoomWindow (WindowPtr theWindow,
41:          short partCode)
42: {
43:    if (TrackBox (theWindow, gEvent.where,
            partCode))
44:       ZoomWindow (theWindow, partCode, true);
45: }
46:
47: // ---------------------------------------
48:
49: void Do_GrowWindow (WindowPtr theWindow)
50: {
51:    long   newSize;
52:    short  newWidth, newHeight;
53:    Rect   minMaxSize;
54:
55:    minMaxSize.top = 80;
56:    minMaxSize.left = 160;
57:    minMaxSize.right =
          qd.screenBits.bounds.right;
```

Init_ToolBox initialisiert die benötigten Manager.

Make_Window erzeugt ein neues Fenster.

Do_DragWindow ermöglicht das Verschieben des Fensters.

Do_ZoomWindow erlaubt dem Benutzer, das Fenster zu zoomen.

Do_GrowWindow ermöglicht es dem Benutzer, das Fenster zu vergrößern. Die maximale Fenstergröße entspricht dabei dem umschließenden Rechteck aller Monitore.

```
58:    minMaxSize.bottom =
            qd.screenBits.bounds.bottom;
59:
60:    newSize = GrowWindow (theWindow,
            gEvent.where, &minMaxSize);
61:    if (newSize != 0)
62:    {
63:      newWidth = LoWord (newSize);
64:      newHeight = HiWord (newSize);
65:
66:      SizeWindow (theWindow, newWidth,
             newHeight, true);
67:      InvalRect (&theWindow->portRect);
68:    }
69: }
70:
71: // ---------------------------------------
72:
73: void Do_CloseWindow (WindowPtr theWindow)
74: {
75:    if (TrackGoAway (theWindow,gEvent.where))
76:    {
77:      DisposeWindow (theWindow);
78:
79:      gQuit = true;
80:    }
81: }
82:
83: // ---------------------------------------
84:
85: void Do_MouseDown (void)
86: {
87:    short       part;
88:    WindowPtr   theWindow;
89:
90:    part = FindWindow (gEvent.where,
            &theWindow);
91:    switch (part)
92:    {
93:      case inDrag:
94:        Do_DragWindow (theWindow);
95:        break;
96:
97:      case inZoomIn:
98:      case inZoomOut:
99:        Do_ZoomWindow (theWindow, part);
```

Wenn der Benutzer eine gültige Fenstergröße ausgewählt hat, wird das Fenster vergrößert.

Do_CloseWindow setzt das Terminationskriterium, wenn der Benutzer das Fenster schließen will.

Do_MouseDown entscheidet anhand des Ergebniswertes von FindWindow, welche Aktionsroutine aufgerufen wird.

```
100:          break;
101:
102:        case inGrow:
103:          Do_GrowWindow (theWindow);
104:          break;
105:
106:        case inGoAway:
107:          Do_CloseWindow (theWindow);
108:          break;
109:    }
110:  }
111:
112:  // ---------------------------------------
113:
114:  void Draw_Graphics (
            WindowPtr /*theWindow*/)
115:  {
116:    Rect    ovalRect;
117:
118:    SetRect (&ovalRect, 0, 0, 200, 200);
119:    FrameOval (&ovalRect);
120:  }
121:
122:  // ---------------------------------------
123:
124:  void Set_DrawingClip (
            WindowPtr  theWindow)
125:  {
126:    Rect    drawableRect;
127:
128:    drawableRect = theWindow->portRect;
129:    drawableRect.right -= 15;
130:    drawableRect.bottom -= 15;
131:    ClipRect (&drawableRect);
132:  }
133:
134:  // ---------------------------------------
135:
136:  void Do_Update (void)
137:  {
138:    WindowPtr   theWindow;
139:
140:    theWindow = (WindowPtr) gEvent.message;
141:    BeginUpdate (theWindow);
142:
143:    ClipRect (&theWindow->portRect);
```

Draw_Graphics ist für das Neuzeichnen der Grafik bei einem Update-Event zuständig.

Set_DrawingClip beschränkt den Zeichenbereich, so daß die Grafik nicht den für die Scrollbars reservierten Bereich übermalt.

Do_Update reagiert auf einen Update-Event, indem der Zeichenbereich auf den neuzuzeichnenden Bereich beschränkt wird.

Nachdem der Zeichenbereich eingeschränkt ist, sorgt Do_Update dafür, daß die gesamte Grafik gezeichnet wird.

Do_Activate reagiert auf einen Activate-Event, indem das Grow-Icon an den neuen Aktivierungszustand des Fensters (aktiv oder inaktiv) angepaßt wird.

Do_Event entscheidet anhand des Event-Typs, welche Event-Behandlungsroutine aufgerufen wird.

```
144:      EraseRect (&theWindow->portRect);
145:      DrawGrowIcon (theWindow);
146:
147:      Set_DrawingClip (theWindow);
148:      Draw_Graphics (theWindow);
149:
150:      EndUpdate (theWindow);
151:   }
152:
153:   // -----------------------------------
154:
155:   void Do_Activate (void)
156:   {
157:      WindowPtr theWindow;
158:
159:      theWindow = (WindowPtr) gEvent.message;
160:
161:      ClipRect (&theWindow->portRect);
162:      DrawGrowIcon (theWindow);
163:      Set_DrawingClip (theWindow);
164:   }
165:
166:   // -----------------------------------
167:
168:   void Do_Event (void)
169:   {
170:      switch (gEvent.what)
171:      {
172:         case mouseDown:
173:            Do_MouseDown ();
174:            break;
175:
176:         case updateEvt:
177:            Do_Update ();
178:            break;
179:
180:         case activateEvt:
181:            Do_Activate ();
182:            break;
183:      }
184:   }
185:
186:   // -----------------------------------
187:
```

```
188:  void main (void)
189:  {
190:     gQuit = false;
191:     Init_ToolBox ();
192:     Make_Window ();
193:     SetCursor (&qd.arrow);
194:     while (!gQuit)
195:     {
196:        gGotEvent = WaitNextEvent (
                  everyEvent, &gEvent, 15, NULL);
197:        if (gGotEvent)
198:           Do_Event ();
199:     }
200:
```

Das Hauptprogramm beinhaltet die Main-Event-Loop, welche solange läuft, bis der Benutzer das Fenster schließt und dadurch das Terminations-kriterium gesetzt wird.

Menüs

Dieses Kapitel enthält eine Einführung in die Menütechnik des Macintosh. Zunächst werden die "Human Interface Guidelines" für die Erstellung von Menüs erläutert. Eine Beschreibung der wichtigsten Menu-Manager-Routinen bzw. Datenstrukturen folgt dann im zweiten Teil dieses Kapitels. Der dritte Teil beschäftigt sich mit der Demonstration der Menüverwaltung anhand einer erweiterten Version von MINIMUM.

Die Menüs sind ein wichtiger Teil der Macintosh-Benutzerschnittstelle, da viele Programmfunktionen durch eine Menüauswahl zu erreichen sind. Die Menüzeile ist der ständige Begleiter des Benutzers, sie stellt den Befehlsumfang eines jeden Macintosh-Programms dar.

Bei der Strukturierung der Menüs ist unbedingt auf die gültigen Menü-Standards zu achten. So ist neben dem "Apple"-Menü (welches bei allen Applikationen gleich aussieht) eine eindeutige Standardisierung des "Ablage"- und des "Bearbeiten"-Menüs eine wichtige Voraussetzung für ein benutzerfreundliches Programm.

Im "Apple"-Menü sollte neben dem "Über das Programm..."- Menü höchstens noch ein "Hilfe..."-Menüpunkt existieren, wobei die applikationseigenen Menüpunkte durch eine gepunktete Linie von den "Apple"-Menü-Einträgen getrennt sein sollten.

Das "Ablage"-Menü enthält Menübefehle, die sich mit der Erzeugung, dem Abspeichern oder dem Exportieren von Dokumenten beschäftigen. Die Reihenfolge und Namensgebung dieser Standard-Menüeinträge ist sehr wichtig für das Macintosh-Gesamtsystem. Dadurch, daß sich alle Macintosh-Applikationen an die Reihenfolge und Namensgebung dieser Menüpunkte halten, ist es dem Benutzer ohne Schwierigkeiten möglich, mit vielen

Programmen zu arbeiten, ohne sich jedesmal an die Eigenheiten des jeweiligen Programms erinnern zu müssen.
In Abb. 11-1 wird ein standardisiertes und ein erweitertes "Ablage"-Menü gezeigt. Die Reihenfolge der Standard-Menüeinträge bleibt gleich.

Abb. 11-1
Ein standardisiertes und ein erweitertes "Ablage"-Menü.

Ablage
Neu ⌘N
Öffnen... ⌘O
Schließen ⌘W
Sichern ⌘S
Sichern unter...
Seitenformat...
Drucken... ⌘P
Beenden ⌘Q

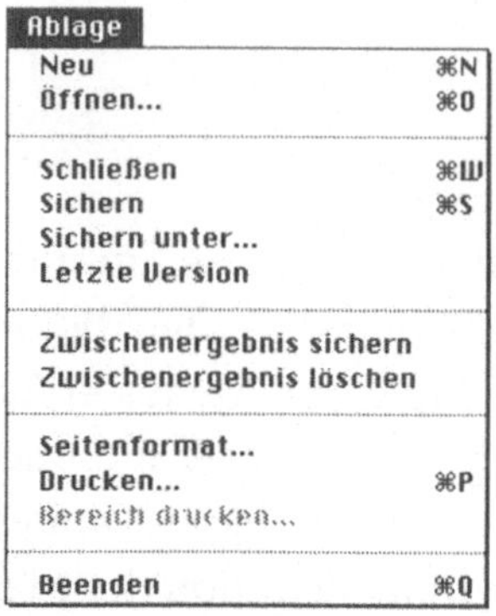

Ablage
Neu ⌘N
Öffnen... ⌘O
Schließen ⌘W
Sichern ⌘S
Sichern unter...
Letzte Version
Zwischenergebnis sichern
Zwischenergebnis löschen
Seitenformat...
Drucken... ⌘P
Bereich drucken...
Beenden ⌘Q

Bearbeiten
Widerrufen ⌘Z
Ausschneiden ⌘X
Kopieren ⌘C
Einsetzen ⌘V
Löschen
Zwischenablage

Abb. 11-2
Das standardisierte "Bearbeiten"-Menü einer Macintosh-Applikation.

Das "Bearbeiten"-Menü, welches sich mit dem Ausschneiden, Einsetzen etc... beschäftigt, ist noch weitaus standardisierter als das "Ablage"-Menü. Es ist sozusagen "Vorschrift", die Menüpunkte "Widerrufen", "Ausschneiden", "Kopieren", "Einfügen" und "Löschen" exakt in dieser Reihenfolge und Namensgebung im "Bearbeiten"-Menü darzustellen. Zusätzliche Menüpunkte sollten durch eine gepunktete Linie von den standardisierten Menüpunkten getrennt werden.

11.1 Der Menu-Manager

Der Menu-Manager ist für die Erzeugung und Verwaltung der Menüs zuständig. Er bietet viele Variationsmöglichkeiten für die Darstellung der Menüs bzw. ihrer Menüpunkte. Die wichtigsten Variationsmöglichkeiten sind:

1. Das "Disablen" eines Menüpunktes.
Der Menüpunkt kann nicht ausgewählt werden (er wird grau gezeichnet), bleibt jedoch sichtbar.

2. Das "Checken" eines Menüpunktes.
Der Menüpunkt bekommt ein Häkchen. Diese Technik wird oft verwendet, um einem Menü eine Ein- und Ausschaltfunktion für eine Option zu geben. Viele Textverarbeitungsprogramme verwenden beispielsweise ein solches Häkchen, um die aktuell eingestellten Schriftschnitte in einem Menü zu kennzeichnen.

Abb. 11-3
Die verschiedenen Variationsmöglichkeiten der Darstellung von Menüpunkten.

3. Die Verwendung von Menükurzbefehlen.
Wenn der Benutzer eine Taste in Kombination mit der Befehlstaste drückt, so entspricht dies der Auswahl des Menüpunktes. Menükurzbefehle erlauben erfahrenen Benutzern, immer wiederkehrende Arbeitsschritte durch diese "Short-Cuts" zu beschleunigen.

Der Menu-Manager setzt bei der Erzeugung der Menüs auf Resource-Templates auf. Diese 'MENU'-Resources enthalten die Beschreibung eines Menüs mit seinen Unterpunkten. In diesen Beschreibungen sind sowohl die Menü-Texte als auch die Menükurzbefehle und einige weitere Informationen enthalten. 'MENU'-Resources können mit Hilfe von ResEdit erzeugt und auch lokalisiert werden. ResEdit bietet hierfür einen Menu-Editor, der sich mit dem Anlegen und Verändern von Menüs beschäftigt.

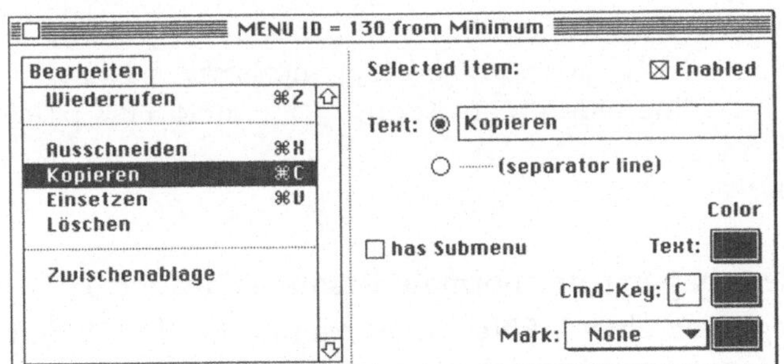

Abb. 11-4
Die Illustration zeigt den Menu-Editor von ResEdit, mit dem Menüpunkte angelegt, gelöscht oder verändert werden können.

Die Installation eines neuen Menüs erfolgt, indem eine 'MENU'-Resource geladen und auf der Basis dieses Menü-Templates mit Hilfe der entsprechenden Menu-Manager-Funktion ein neues Menü erzeugt wird.
Die Verwaltung von Menüs gliedert sich an die Main-Event-Loop eines Macintosh-Programms an. Wenn der Benutzer in die Menüleiste klickt, so reagiert das Programm, indem es zunächst

die Kontrolle an den Menu-Manager abgibt. Der Menu-Manager übernimmt den User-Interface-Teil dieser Aktion. Er klappt die Menüs herunter und läßt den Benutzer einen Menüpunkt auswählen. Anschließend ruft das Programm die entsprechenden Aktionsroutinen auf, welche dann auf die Menüauswahl reagieren.

11.2 Routinen und Datenstrukturen

Der Menu-Manager basiert (wie beschrieben) auf 'MENU'-Resources. Eine solche Menu-Resource beschreibt ein komplettes Menü mit seinen Menüpunkten und den Attributen, die zu den Menüpunkten gehören.
Die folgende 'MENU'-Resource beschreibt die (verkürzte Version) eines "Ablage"-Menüs:

Eine 'MENU'-Resource beschreibt ein Menü mit seinen Menüpunkten. Zu jedem Menüpunkt können bestimmte Optionen angegeben werden (z.B., ob der Menüpunkt einen Menükurzbefehl hat).

```
 1: resource 'MENU' (129) {
 2:    129,
 3:    textMenuProc,
 4:    allEnabled,
 5:    enabled,
 6:    "Ablage",
 7:    {
 8:       "Neu", noIcon, "N", noMark, plain,
 9:       "-", noIcon, noKey, noMark, plain,
10:       "Beenden", noIcon, "Q", noMark, plain
16:    }
17: };
```

In Zeile 1 beginnt der normale Resource-Header. Hier wird festgelegt, daß eine '**MENU**'-Resource mit der ID **129** definiert werden soll.

Die Menu-ID eines Menüs wird nach der Installation des Menüs verwendet, um das Menü zu identifizieren. Sie ist unabhängig von der Resource-ID der 'MENU'-Resource.

Das erste 'MENU'-Resource-Description-Statement in Zeile 2 vergibt die Menu-ID für das Menü. Diese Menu-ID wird vom Menu-Manager nach der Installation des Menüs verwendet, um das Menü zu identifizieren bzw. um dem Programm mitzuteilen, welches Menü ausgewählt wurde. Diese Menu-ID ist unabhängig von der Resource-ID der 'MENU'-Resource, normalerweise werden jedoch Menu-ID und 'MENU'-Resource-ID auf denselben Wert gesetzt, um Verwechslungen zu vermeiden.

MDEFs (Menu-Definition-Functions) sind für die Darstellung und Verwaltung von Menüs zuständig.

Zeile 3 spezifiziert die Art des Menüs. Es wird durch die sogenannte "**textMenuProc**" definiert (ein ganz normales Menü). Der Menu-Manager bietet auch die Möglichkeit (wie der Window-Manager), eigene Menu-Definition-Functions (MDEF) zu verwenden, d.h. selbst für die Darstellung und Verwaltung eines Menüs verantwortlich zu sein. Einige Programme verwenden diese Möglichkeit des Menu-Managers, um beispielsweise Grafikmenüs einzusetzen. Solche MDEFs werden als eigenständige Code-Resources in einer Resource vom Typ 'MDEF' abgelegt. In Zeile 3 der 'MENU'-Resource könnte dann die Resource-ID der selbstdefinierten 'MENU'-Resource angegeben werden, sie wäre dann für die Verwaltung und das Zeichnen dieses Menüs zuständig.
In Zeile 4 wird die vordefinierte Konstante **allEnabled** verwendet, um dem Menu-Manager mitzuteilen, daß sämtliche Menüpunkte dieses Menüs initial aktiviert (enabled = auswählbar) sind. Dieses Feld ist ein Bit-Feld, in dem jedes Bit mit einem Menüpunkt assoziiert wird. Ist das Bit 1, so ist der Menüpunkt initial aktiviert, ist es 0, so ist der Menüpunkt deaktiviert (disabled = kann nicht ausgewählt werden). Dieses Bit-Feld stellt die Voreinstellung für das Aktivieren bzw. Deaktivieren der Menüpunkte dar, die einzelnen Menüpunkte können zur Laufzeit des Programms mit den entsprechenden Menu-Manager-Funktionen aktiviert bzw. deaktiviert werden.
Zeile 5 spezifiziert mit der vordefinierten Konstanten **enabled**, daß das Menü selbst (der Menütitel) aktiviert werden soll.
In Zeile 6 wird der Menütitel in Form eines Strings (**"Ablage"**) vergeben.
Die folgenden Zeilen definieren die einzelnen Menüpunkte. In Zeile 8 wird der Menüpunkt **"Neu"** definiert. Das dem Menüpunktnamen folgende Statement **noIcon** spezifiziert, daß dieser Menüpunkt kein Icon haben soll. An dieser Stelle kann die Resource-ID einer 'ICON'-Resource eingetragen werden, dieses Icon erscheint dann links neben dem Menüpunkt.
Mit dem Buchstaben **"N"** wird der Menükurzbefehl spezifiziert, der mit diesem Menü assoziiert wird.
Durch das Statement **noMark** wird dem Menu-Manager mitgeteilt, daß das Menü kein Häkchen bekommen soll.

Das letzte Statement dieser Menüpunktdefinition (**plain**) bedeutet, daß der Text des Menüpunktes ("Neu") mit normalem Schriftschnitt gezeichnet wird. Alternativen wären beispielsweise italic (kursiv) oder bold (fett).

Ein Menüpunkt mit dem Namen "-" definiert einen Trennstrich.

In Zeile 9 wird die Möglichkeit des Menu-Managers benutzt, Menüpunktgruppen mit einem Trennstrich visuell voneinander zu trennen. Ein Trennstrich ist dann definiert, wenn der Menüpunkt den Namen "-" trägt. Sie werden verwendet, um Menübefehle in funktionale Gruppen zusammenzufassen, bzw. die Gruppen voneinander zu trennen.

Ein weiterer Resource-Type des Menu-Managers ist die sogenannte 'MBAR'-Resource. Solche 'MBAR'-Resources werden verwendet, um die Installation mehrerer Menüs auf wenige Befehle zu reduzieren. Ein 'MBAR'-Resource enthält eine Liste von 'MENU'-Resource-IDs, sie stellt dadurch eine Zusammenfassung mehrerer Menü-Resources zu einer Menubar-Beschreibungs-Resource dar.

Eine 'MBAR'-Resource faßt mehrere 'MENU'-Resources zu einer Menüleiste zusammen.

```
1: resource 'MBAR' (128)  {
2:    {
3:       128, /*"Apple"      */
4:       129, /*"Ablage"     */
5:       130  /*"Bearbeiten" */
6:    }
7: };
```

Die 'MBAR'-Resource listet in Zeile 3 bis 5 die Resource-IDs (**128-130**) der 'MENU'-Resources auf, welche zu dieser Menüleiste gehören.

Ist ein Menü in der Menüleiste installiert, so verwaltet der Menu-Manager die Informationen über das Menü mit einem MenuHandle. Ein MenuHandle ist ein Handle auf ein struct vom Typ MenuInfo, welches wie folgt deklariert ist:

Um ein Menü zu verwalten, verwendet der Menu-Manager eine Struktur vom Typ MenuInfo.

```
1: struct MenuInfo {
2:      short       menuID;
3:      short       menuWidth;
4:      short       menuHeight;
5:      Handle      menuProc;
6:      long        enableFlags;
```

```
 7:     Str255     menuData;
 8: };
 9:
10: typedef struct MenuInfo MenuInfo;
11: typedef MenuInfo *MenuPtr, **MenuHandle;
```

Die Struktur enthält zunächst das Feld **menuID**. Viele Menu-Manager-Routinen erwarten als Eingabeparameter eine Menu-ID, um zu spezifizieren, mit welchem Menu gearbeitet werden soll. Diese Menu-ID wird vom Menu-Manager auch bei der Menüauswahl verwendet; wenn der Benutzer einen Menüpunkt ausgewählt hat, so gibt der Menu-Manager diese Menu-ID in Verbindung mit der Menüpunktnummer an das Programm zurück.
Die Felder **menuWidth** bzw. **menuHeight** geben die Breite bzw. Höhe des ausgeklappten Menüs in Punkten an.
Der Handle **menuProc** verweist auf die geladene Menu-Definition-Function (MDEF).
Das Feld **enableFlags** enthält ein Bit-Feld, welches spezifiziert, welche der Menüpunkte aktiviert bzw. deaktiviert sind. Jedes Bit dieses Feldes ist dabei mit einem Menüpunkt assoziiert.
Das Feld **menuData** enthält den Menütitel des Menüs. Hinter diesem Feld folgen die Menüpunkte. Da diese Felder von variabler Länge sind und (je nach MDEF) unterschiedlichen Inhalts sein können, sind sie nicht in dieser Datenstruktur deklariert.

InitMenus

Bevor die Routinen und Datenstrukturen des Menu-Managers verwendet werden können, muß dieser Manager initialisiert werden. Dies geschieht mit der Funktion InitMenus.

```
pascal void InitMenus (void);
```

GetMenu

Um eine 'MENU'-Resource zu laden, stellt der Menu-Manager die Funktion GetMenu zur Verfügung.

```
pascal MenuHandle GetMenu (short resourceID);
```

Diese Funktion lädt die Menübeschreibungs-Resource, welche die Resource-ID hat, die in dem Parameter **resourceID** enthalten ist, und gibt den Handle auf die geladene Resource als Ergebniswert an das Programm zurück.

InsertMenu

Der von GetMenu zurückgegebene MenuHandle kann an die Funktion InsertMenu übergeben werden, um das Menü in der Menüleiste zu installieren.

```
pascal void InsertMenu (
                MenuHandle     theMenu,
                short          beforeID);
```

InsertMenu installiert das Menü, welches mit dem MenuHandle **theMenu** verwaltet wird, in der Menüleiste. Das neue Menü wird vor dem Menü installiert, welches mit dem Parameter **beforeID** spezifiziert wird. Wenn das neue Menü hinter allen anderen angehängt werden soll, so übergibt man anstelle von **beforeID** den Wert 0.
Nachdem das neue Menü mit der Funktion InsertMenu in die Menüleiste eingebunden wurde, muß noch durch einen Aufruf der Funktion DrawMenuBar dafür gesorgt werden, daß die Menüleiste neu gezeichnet wird.

DeleteMenu

Soll ein Menü wieder aus der Menüleiste entfernt werden, so steht die Funktion DeleteMenu zur Verfügung. Bei der Verwendung von DeleteMenu ist darauf zu achten, daß es auf dem Macintosh vermieden werden sollte, die Menüleiste häufig zu verändern, da dies zu einer Verwirrung des Benutzers führt. Das Löschen bzw. Einfügen eines Menüs oder Menüpunktes zur Laufzeit des Programms bewirkt eine modale Strukturierung des Programms und führt dadurch zu dessen Unübersichtlichkeit. Eine Alternative zum Entfernen eines Menüs besteht darin, dieses Menü (bzw. die Menüpunkte) je nach Programmzustand zu aktivieren bzw. zu deaktivieren. Der Vorteil dieser Konzeption besteht darin, daß der Benutzer weiterhin den gesamten Funktionsumfang des Programms überblicken kann.

```
pascal void DeleteMenu (short menuID);
```

Die Funktion DeleteMenu löscht das Menü, das die als Parameter übergebene Menu-ID besitzt, aus der Menüleiste.

GetMHandle

Viele Menu-Manager-Funktionen erwarten einen Handle auf das installierte Menü, um zu spezifizieren, mit welchem Menü gearbeitet werden soll. Diesen MenuHandle auf ein installiertes Menü kann man sich mit der Funktion GetMHandle heraussuchen lassen, um den Ergebniswert dieser Funktion als Parameter für andere Menu-Manager-Funktionen zu verwenden.

```
pascal MenuHandle GetMHandle (short menuID);
```

GetMHandle gibt den Handle auf das installierte Menü mit der Menu-ID zurück, welches durch den Parameter **menuID** spezifiziert wird.

InsMenuItem

Soll innerhalb eines Menüs ein neuer Menüpunkt eingefügt werden, so kann die Funktion InsMenuItem verwendet werden. Auch bei der Verwendung dieser Funktion ist Vorsicht in bezug auf das User-Interface des Programms angebracht. Das Einfügen bzw. Löschen eines Menüpunktes ist ein (eigentlich zu vermeidender) Modus. Diese Funktion wird häufig dazu verwendet, um die Namen von geöffneten Fenstern in einem "Fenster"-Menü einzutragen. Wenn der Benutzer einen Menüpunkt aus diesem Menü auswählt, so wird das entsprechende Fenster nach vorne geholt.

```
pascal void InsMenuItem (
                MenuHandle      theMenu,
                Str255          *itemString,
                short           afterItem);
```

InsMenuItem fügt einen neuen Menüpunkt in das Menü ein, auf das der MenuHandle **theMenu** zeigt. Der neue Menüpunkt erhält den Namen, der mit dem String **itemString** spezifiziert wird und wird in der Reihenfolge der Menüpunkte hinter dem Menüpunkt mit der Nummer **afterItem** eingetragen. Die Reihenfolge der Menüpunkte ist durch einfache Durchnumerierung festgelegt.

DelMenuItem

Soll ein Menüpunkt entfernt werden, so kann die Funktion DelMenuItem verwendet werden. Bei der Verwendung dieser Funktion ist (wie bei InsMenuItem) darauf zu achten, daß nicht ständig neue Menüpunkte eingefügt bzw. entfernt werden.

```
pascal void DelMenuItem (
                    MenuHandle  theMenu,
                    short       item);
```

DelMenuItem entfernt den Menüpunkt mit der Nummer **item** aus dem Menü, welches mit **theMenu** spezifiziert wird.

AddResMenu

Die Funktion AddResMenu wird dazu verwendet, um Menüs, deren Inhalt erst zur Laufzeit bestimmt werden kann, mit Menüpunkten auf der Basis von Resource-Namen zu füllen. Diese Funktion wird beispielsweise von Textverarbeitungsprogrammen dazu verwendet, das "Schrift"-Menü mit den Schriftnamen zu füllen. Da der Benutzer die Schriften im System installieren und entfernen kann, ist der Inhalt eines "Schrift"-Menüs erst zur Laufzeit des Programms bekannt, kann also nicht vordefiniert werden.
Textverarbeitungsprogramme verwenden die Funktion AddResMenu dazu, um unter dem "Schrift"-Menü die Schriftnamen einzutragen, indem sie dieser Funktion den Auftrag geben, die Resource-Namen sämtlicher 'FOND'-Resources einzutragen. Diese FOND-Resources des Systems entsprechen den Schriften, die als Resources im System eingebunden sind. Da alle 'FOND'-Resources den korrespondierenden Schriftnamen als Resource-Namen besitzen, trägt AddResMenü alle Schriftnamen in dem "Schrift"-Menü ein.

Schriften sind als 'FOND'-Resources im System installiert.

Diese Funktion wird auch zur Erstellung des (ebenfalls dynamischen) "Apple"-Menüs verwendet. Anstelle der 'FOND'-Resources werden dann die 'DRVR'-Resource-Namen im "Apple"-Menü eingetragen. Hinter den 'DRVR'-Resources verbergen sich die Schreibtischprogramme (DAs), die (wie die Schriften) im System installiert sind.

Unter System 6 sind Schreibtischprogramme (DAs) als 'DRVR'-Resources im System installiert.

```
pascal void AddResMenu (
                    MenuHandle    theMenu,
                    ResType       theType);
```

Die Funktion AddResMenu hängt die Resource-Namen aller Resources, die einem bestimmten Resource-Type entsprechen, als Menüpunkte an ein Menü an. Das Menü, an welches die Menüpunkte angehängt werden sollen, wird durch den Parameter **theMenu** angegeben. Der Resource-Type, unter dem gesucht werden soll, wird durch den Parameter **theType** spezifiziert.

GetItem

Wenn der Benutzer den Menüpunkt eines dynamischen Menüs (wie z.B. Schrift- oder "Apple"-Menü) auswählt, so wird die Funktion GetItem verwendet, um Informationen über den Namen des ausgewählten Menüpunktes zu erhalten. Bei einem "Schrift"-Menü wird der Name der ausgewählten Schrift dann mit Hilfe des Font-Managers in die ausgewählte Schrift umgesetzt, bei der Auswahl eines Schreibtischprogramms wird das ausgewählte Schreibtischprogramm anhand seines Namens gestartet.

```
pascal void GetItem (MenuHandle  theMenu,
                     short       item,
                     Str255      *itemString);
```

Die Funktion GetItem gibt den Namen des Menüpunktes in dem String, dessen Adresse bei **itemString** übergeben wird, zurück. Der Menüpunkt wird dabei durch die Menüpunktnummer **item** bzw. durch den MenuHandle **theMenu** spezifiziert.

GetNewMBar

Ein alternativer (und leichterer) Weg, um mehrere neue Menüs mit Hilfe einer 'MBAR'-Resource zu installieren, liegt in der Verwendung von GetNewMBar. Diese Funktion erlaubt es, in Kombination mit SetMenuBar mehrere Menüs *gleichzeitig* zu installieren.

```
pascal Handle GetNewMBar (short menuBarID);
```

Die Funktion GetNewMBar lädt die 'MBAR'-Resource mit der ID, die bei **menuBarID** übergeben wird, mit Hilfe des Resource-Managers in den Speicherbereich der Applikation. Der Handle auf diese geladene 'MBAR'-Resource wird als Ergebniswert an das Programm zurückgegeben.

SetMenuBar

Der Ergebniswert von GetNewMBar kann an SetMenuBar übergeben werden. SetMenuBar lädt dann automatisch alle 'MENU'-Resources, deren IDs in der 'MBAR'-Resource enthalten sind und installiert diese in der Menüleiste. Die Kombination von GetNewMBar und SetMenuBar ersetzt ein wiederholtes GetMenu bzw. InsertMenu und stellt damit eine Vereinfachung der Installation dar.

```
pascal void SetMenuBar (Handle menuList);
```

SetMenuBar installiert alle Menüs, die in der übergebenen Menüliste ('MBAR'-Resource) enthalten sind, in die Menüleiste der Applikation.

DrawMenuBar

Um Veränderungen der Menüleiste (neue Menüs oder Menüs gelöscht) sichtbar zu machen, wird die Funktion DrawMenuBar aufgerufen. Sie zeichnet die gesamte Menüleiste neu, so daß die Veränderungen sichtbar werden.

```
pascal void DrawMenuBar (void);
```

MenuSelect

Wenn der Benutzer in die Menüleiste klickt (FindWindow hat den Wert inMenuBar zurückgegeben), so sollte die Funktion MenuSelect aufgerufen werden, um dem Benutzer die Menüauswahl zu ermöglichen. MenuSelect übernimmt die Kontrolle, klappt das getroffene Menü herunter und läßt den Benutzer einen Menüpunkt aus den Menüs auswählen. Diese Funktion behält solange die Kontrolle, bis der Benutzer die Maustaste losgelassen hat. Wenn MenuSelect die Kontrolle zurückgibt (der Benutzer hat einen Menüpunkt ausgewählt), verzweigt das Programm üblicherweise in Aktionsroutinen, die dann auf den ausgewählten Menüpunkt reagieren.

```
pascal long MenuSelect (Point startPt);
```

MenuSelect erwartet als Eingabeparameter die Startkoordinaten des Mausklicks. Diese Koordinaten entsprechen dem where-Feld des EventRecords bei einem MouseDown-Event.
Hat der Benutzer die Maustaste losgelassen, so gibt MenuSelect die Auswahl in dem Ergebniswert der Funktion an das Programm zurück. Die Auswahl des Benutzers (welcher Menüpunkt aus welchem Menü) ist in dem zurückgegebenen long enthalten. Das Hi-Word des longs enthält die Menu-ID, das Lo-Word enthält die Menüpunktnummer des ausgewählten Menüpunktes.

Wenn der Benutzer die Maustaste außerhalb der Menüs losgelassen oder einen deaktivierten Menüpunkt ausgewählt hat, so enthält das Hi-Word des Ergebniswertes den Wert 0.

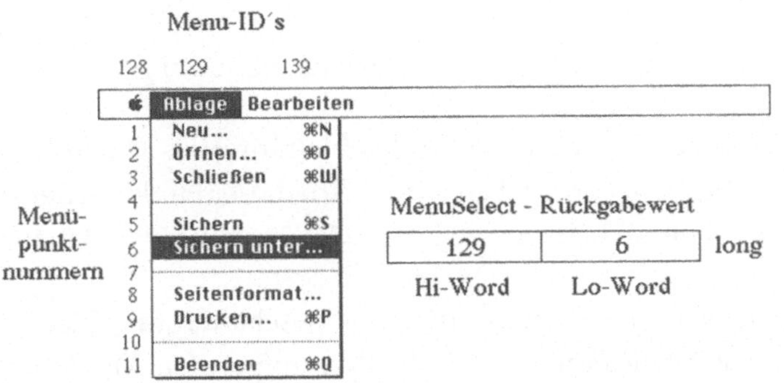

Abb. 11-5
Die Abbildung illustriert den Ergebniswert der Funktion MenuSelect. Die Menu-ID des ausgewählten Menüs ist im Hi-Word, die Menüpunktnummer des ausgewählten Menüpunktes im Lo-Word des zurückgegebenen longs enthalten.

MenuKey

Wenn in der Main-Event-Loop ein KeyDown-Event eintrifft, der im modifiers-Feld des Event-Records das Command-Key-Flag gesetzt hat, so hat der Benutzer einen Menükurzbefehl getippt (z.B. Befehlstaste-Q für "Beenden"). Um herauszufinden, welcher Menüpunkt aus welchem Menü ausgewählt wurde, wird die Funktion MenuKey aufgerufen. Diese Funktion sucht in der Liste der Menüs nach einem Menüpunkt mit dem entsprechenden Kurzbefehl.

```
pascal long MenuKey (short ch);
```

Bei einem Aufruf von MenuKey muß der ASCII-Code der gedrückten Taste als Parameter übergeben werden. Die Codierung des Ergebniswertes der Funktion entspricht der von MenuSelect: Das HiWord des zurückgegebenen longs enthält die Menu-ID, das Lo-Word die Menüpunktnummer des ausgewählten Menüpunktes.

HiliteMenu

Die Funktion HiliteMenu kann dazu verwendet werden, um den Menütitel eines bestimmten Menüs hervorzuheben (zu invertieren). Die Funktionen MenuSelect bzw. MenuKey erledigen dieses Auswählen des Menütitels automatisch, Macintosh-Programme verwenden diese Funktion eigentlich nur, um diese Hervorhebung wieder aufzuheben.
Wenn der Benutzer einen Menüpunkt ausgewählt hat, so bleibt der entsprechende Menütitel invertiert. Die Applikation reagiert

mit der korrespondierenden Aktion und hebt die Auswahl des Menütitels *anschließend* wieder auf. Wenn die Aktion länger dauert, so ist der hervorgehobene Menütitel ein Hinweis für den Benutzer, daß der Menübefehl noch abgearbeitet wird.

```
pascal void HiliteMenu (short menuID);
```

Die Funktion HiliteMenu hebt den Menütitel des Menüs hervor, dessen Menu-ID übergeben wird. Wird dieser Funktion der Wert 0 übergeben, so hebt sie die letzte Menüauswahl wieder auf.

DisableItem

Soll ein Menüpunkt zur Laufzeit "abgeschaltet" (disabled) werden, so wird die Funktion DisableItem aufgerufen. Menüpunkte, die disabled sind, werden grau gezeichnet und können nicht ausgewählt werden. Die Verwendung dieser Technik ist (wenn immer möglich) dem Entfernen eines Menüpunktes vorzuziehen, da dem Benutzer die Übersicht über die Funktionalitäten des Programms erhalten bleibt.

```
pascal void DisableItem ( MenuHandle   theMenu,
                          short        item);
```

Bei einem Aufruf der Funktion DisableItem wird der abzuschaltende Menüpunkt durch den MenuHandle **theMenu** bzw. durch die Menüpunktnummer **item** spezifiziert. Der Menüpunkt erscheint dann grau und ist nicht mehr auszuwählen.

EnableItem

Um einen abgeschalteten Menüpunkt wieder anzuschalten, wird die Funktion EnableItem verwendet. Sie hebt die Auswirkungen von DisableItem wieder auf.

```
pascal void EnableItem (  MenuHandle   theMenu,
                          short        item);
```

Der einzuschaltende Menüpunkt wird (wie bei DisableItem) durch den MenuHandle und die Menüpunktnummer spezifiziert.

CheckItem

Viele Programme erlauben die Auswahl sogenannter "Check Menu Items". Wird das Menü ausgewählt, so wird ein kleines Häkchen vor dem Menüpunkt gezeichnet. Wird es noch einmal ausgewählt, so verschwindet dieses Häkchen wieder. Ein Beispiel für einen solchen Menüpunkt ist der "Kursiv"- oder "Fett"-Menüpunkt des "Stil"-Menüs eines Textverarbeitungsprogramms. Diese Art von Menüpunkten schaltet Teile des Programms in einen anderen Zustand um. Wird im vorangegangenen Beispiel nach Auswahl des "Kursiv"-Menüpunktes Text eingegeben, so erscheint dieser in kursiver Form. Das Häkchen an dem Menüpunkt ist eine Rückmeldung an den Benutzer, daß der aktuelle Text in kursiver Form gezeichnet wird.

```
pascal void CheckItem ( MenuHandle   theMenu,
                        short        item,
                        Boolean      checked);
```

Der Menüpunkt, der ein Häkchen bekommen oder dem es wieder weggenommen werden soll, wird durch den MenuHandle **theMenu** und die Menüpunktnummer **item** spezifiziert. Mit dem Boolean **checked** kann angegeben werden, ob der Menüpunkt ein Häkchen bekommen, oder ob es entfernt werden soll.

11.3 MINIMUM3 - Das Programm bekommt Menüs

Minimum installiert die typischen Standard-Menüs einer Macintosh-Applikation ("Apple"-, "Ablage"- und "Bearbeiten"-Menü) in der Menüleiste des Programms.

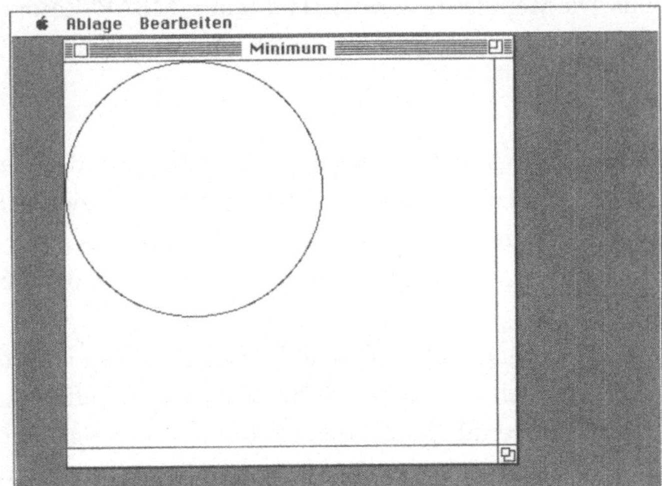

Abb. 11-6
Die Grafik zeigt das laufende Programm mit installiertem "Apple"-, "Ablage"- und "Bearbeiten"-Menü.

In der derzeitigen Version der Applikation wird nur das "Apple"- und das "Ablage"-Menü unterstützt. Wählt der Benutzer einen Menüpunkt aus dem "Apple"-Menü aus, so wird das entsprechende Schreibtischprogramm gestartet. Wird der "Beenden"-Menüpunkt aus dem "Ablage"-Menü ausgwählt, so terminiert die Applikation. Alle anderen Standard-Menüpunkte können zwar ausgewählt werden, es verbirgt sich jedoch noch keine Funktionalität hinter diesen Menüpunkten.

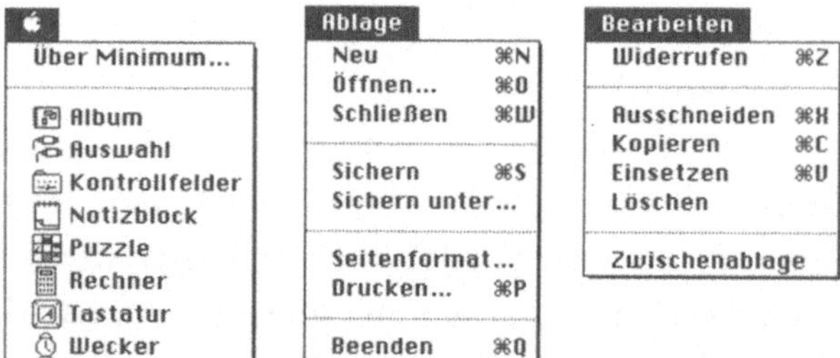

Abb. 11-7 Die Grafik zeigt die Menüs des Programms Minimum3. Die Namen der Menüpunkte, ihre Reihenfolge sowie die Kurzbefehle entsprechen den gültigen Macintosh-Standards.

Um die Unterstützung für die Menüverwaltung zu implementieren, wurden die folgenden Änderungen bzw. Neuerungen am Quelltext der Applikation vorgenommen:

1. Die ToolBox-Initialisierungsroutine Init_ToolBox wurde um die Initialisierung des Menu-Managers erweitert.

2. Die neue Funktion Make_Menus übernimmt die Installation der Menüs. Die Menüleiste wird mit Hilfe einer 'MBAR'-Resource, die Verweise auf die zu installierenden Menüs enthält, installiert.

3. Die Funktion Do_MouseDown wurde so erweitert, daß sie in der Lage ist, auf Mausklicks in die Menüleiste zu reagieren. Sie erlaubt dem Benutzer die Auswahl eines Menüpunktes und verzweigt dann in die Menübehandlungsroutine Do_MenuCommand.

4. Do_MenuCommand ist eine neue Funktion, die anhand des Menüs, in dem sich der ausgewählte Menüpunkt befindet, in spezialisiertere Menübehandlungsroutinen verzweigt. Diese Menübehandlungsroutinen behandeln jeweils ein komplettes

Menü. Do_MenuCommand bildet den Grundstamm für die Menübehandlung, sie ist die Schaltzentrale für die Menü-Aktionsroutinen, die auf die ausgewählten Menüs reagieren.

5. Die Menübehandlungsroutine für das "Apple"-Menü heißt Do_AppleMenu. Diese Funktion entscheidet anhand des ausgewählten Menüpunktes, welche Aktionen durchgeführt werden. Da das "Über Minimum..."-Menü bisher noch nicht unterstützt wird, kümmert sich diese Funktion ausschließlich um den Aufruf der Schreibtischprogramme.

6. Do_FileMenu behandelt die Menüpunkte des "Ablage"-Menüs. Diese Funktion ruft die eigentlichen Aktionsroutinen auf. Die Aktionsroutinen reagieren dann auf den ausgewählten Menüpunkt.

7. Eine solche Aktionsroutine ist die neue Funktion Do_Quit. Diese Funktion wird von Do_FileMenu aufgerufen, wenn der Benutzer den "Beenden"-Menüpunkt ausgewählt hat. Do_Quit beendet die Applikation, indem sie das globale Terminationskriterium setzt. Das Programm verläßt die Main-Event-Loop und terminiert.

8. Um Menü-Kurzbefehle zu unterstützen, behandelt Minimum3 jetzt auch KeyDown-Events. Die modifizierte Do_Event-Routine ruft jetzt die neue Event-Behandlungsroutine Do_KeyDown auf, wenn eine Taste in Kombination mit der Befehlstaste gedrückt wurde.

9. Do_KeyDown benutzt die Menu-Manager-Funktion MenuKey, um herauszufinden, welchem Menüpunkt der ausgewählte Kurzbefehl entspricht und ruft dann die Menübehandlungsroutine Do_MenuCommand auf.

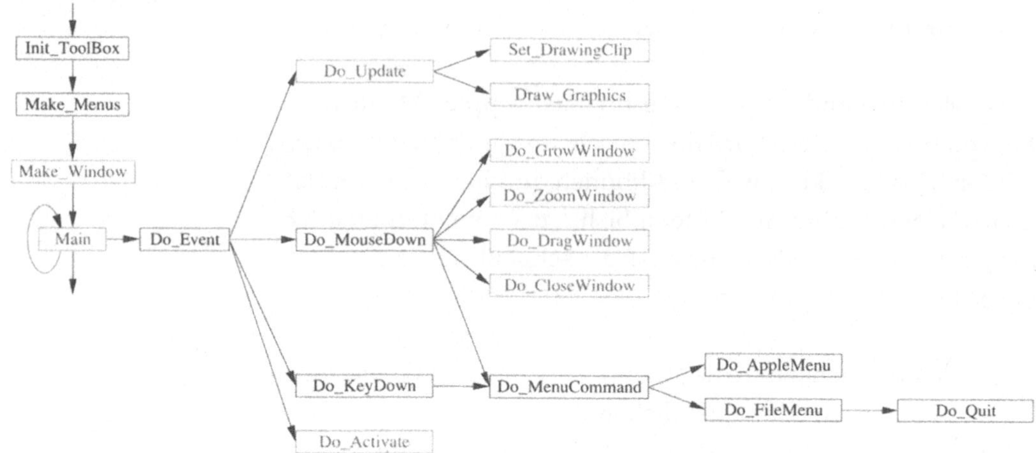

Abb. 11-8 Die Grafik zeigt den veränderten Kontrollfluß in Minimum3. Die veränderten bzw. neuen Routinen sind hervorgehoben.

Im Nachfolgenden werden die geänderten bzw. die neuen Routinen von Minimum3 analysiert:

Zunächst wird eine neue Interface-Datei benötigt, um mit den Routinen und Datenstrukturen des Menu-Managers arbeiten zu können. Diese Interface-Datei wird mit Hilfe des **#include**-Statements in Zeile 7 in den Quelltext eingebunden.

```
1: #include <Types.h>
2: #include <QuickDraw.h>
3: #include <Fonts.h>
4: #include <Windows.h>
5: #include <Events.h>
6: #include <ToolUtils.h>
7: #include <Menus.h>
```

Minimum3 besitzt eine Reihe von Konstanten, die zur "Lesbarkeit" des Quelltextes beitragen sollen. Diese Konstanten entsprechen den benötigten Resource- bzw. Menu-IDs und den Menüpunktnummern. Um den Kontext der Konstanten in ihrem Namen auszudrücken, beginnen Resource-IDs mit einem kleinen "r", Menu-IDs mit "m" und Menüpunktnummern (items) mit "i".

```
 1: /* Resource - IDs */
 2:
 3: #define rMenuBar    128  // MBAR-Resource-ID
 4:
 5: /* Menu - IDs */
 6:
 7: #define mApple      128  // "Apple"-Menu
 8: #define mFile       129  // "Ablage"-Menu
 9: #define mEdit       130  // "Bearb."-Menu
10:
11: /* "Apple" - Menüpunkte */
12:
13: #define iAbout      1    // "Über Minimum..."
14:
15: /* "Ablage" - Menüpunkte */
16:
17: #define iNew        1    // "Neu"
18: #define iOpen       2    // "Öffnen..."
19: #define iClose      3    // "Schließen"
20: #define iSave       5    // "Sichern"
21: #define iSaveAs     6    // "Sichern unter..."
22: #define iPageSetup  7    // "Seitenformat..."
23: #define iPrint      9    // "Drucken..."
24: #define iQuit       11   // "Beenden"
```

Resource-ID-Konstanten beginnen mit "r".

Die Menu-ID-Konstanten beginnen mit "m".

Die Konstanten für die Menüpunktnummern beginnen mit "i" (items).

Die modifizierte Funktion Init_ToolBox:

```
1: void Init_ToolBox (void)
2: {
3:    InitGraf ((Ptr) &qd.thePort);
4:    InitFonts ();
5:    InitWindows ();
6:    InitMenus ();
7: }
```

*Init_ToolBox ruft jetzt **InitMenus** auf, um den Menu-Manager zu initialisieren.*

In Zeile 6 wird der Menu-Manager initialisiert, damit dessen Routinen und Datenstrukturen verwendet werden können.

Die neue Funktion Make_Menus:

```
1: void Make_Menus (void)
2: {
3:    Handle menuBar;
4:
```

Make_Menus installiert die Menüleiste.

Die 'MENU'-Resources sind in einer 'MBAR'-Resource mit der ID 128 zusammengefaßt.

```
 5:     menuBar = GetNewMBar (rMenuBar);
 6:     SetMenuBar (menuBar);
 7:     DisposHandle (menuBar);
 8:     AddResMenu (GetMHandle (mApple), 'DRVR');
 9:     DrawMenuBar ();
10: }
```

Die Funktion Make_Menus lädt in Zeile 5 die 'MBAR'-Resource, die Verweise auf die zu installierenden Menüs ("Apple", "Ablage", "Bearbeiten") enthält, mit Hilfe der Funktion **GetNewMBar**. Der Handle auf die geladene 'MBAR'-Resource wird in Zeile 6 an die Funktion **SetMenuBar** übergeben, die die Menüleiste installiert. **SetMenuBar** lädt die in der 'MBAR'-Resource spezifizierten 'MENU'-Resources und installiert sie durch Aufrufe von InsertMenu. Da die geladene 'MBAR'-Resource nicht mehr benötigt wird, wird sie in Zeile 7 durch den Aufruf von **DisposeHandle** zum Überschreiben freigegeben.
In Zeile 8 werden die Namen der Schreibtischprogramme mit Hilfe der Funktion **AddResMenu** im "Apple"-Menü installiert. Der Funktion wird der Ergebniswert von **GetMHandle** übergeben, welche den Handle auf das bereits installierte "Apple"-Menü zurückliefert. Damit **AddResMenu** die Namen aller Schreibtischprogramme im "Apple"-Menü einträgt, wird dieser Funktion der Resource-Type 'DRVR' übergeben (alle Schreibtischprogramme sind durch den Resource-Type 'DRVR' gekennzeichnet).
Zeile 9 sorgt schließlich mit einem Aufruf von **DrawMenuBar** dafür, daß die neue Menüleiste gezeichnet wird.

Neue Resources:

Die Applikation hat eine 'MBAR'-Resource (die auf die zu installierenden 'MENU'-Resources verweist) und drei 'MENU'-Resources ("Apple", "Ablage" und "Bearbeiten"). Die 'MENU'-Resources wurden mit Hilfe von ResEdit erstellt und dann in der MPW-Shell durch das DeRez-Tool in Resource-Description-Statements übersetzt:

Die 'MBAR'-Resource:

```
1: resource 'MBAR' (128)  {
2:    {
3:       128, /*"Apple"       */
4:       129, /*"Ablage"      */
5:       130  /*"Bearbeiten" */
6:    }
7: };
```

Die 'MBAR'-Resource enthält die Verweise auf die 'MENU'-Resources, welche zu der Menüleiste gehören.

Die 'MBAR'-Resource enthält die Resource-IDs der zu installierenden 'MENU'-Resources (**128, 129, 130**).

Das "Apple"-Menü:

```
 1: resource 'MENU' (128) {
 2:    128,
 3:    textMenuProc,
 4:    allEnabled,
 5:    enabled,
 6:    apple,
 7:    {
 8:       "Über Minimum...", noIcon, noKey, noMark,
            plain,
 9:       "-", noIcon, noKey, noMark, plain
10:    }
11: };
```

Das "Apple"-Menü ist ein dynamisches Menü. Vordefiniert sind nur die Menüpunkte "Über Minimum..." bzw. der Trennstrich. Die Namen der Schreibtischprogramme werden erst zur Laufzeit eingetragen.

Die 'MENU'-Resource für das "Apple"-Menü (ID = 128) beginnt in Zeile 2 mit der Definition der Menu-ID. Hier wird (um Verwirrungen zu vermeiden) die Menu-ID der Menu-Resource-ID gleichgesetzt.
Zeile 3 spezifiziert, daß das Menü ein normales Text-Menü sein soll, indem die Konstante **textMenuProc** verwendet wird.
Mit der vordefinierten Konstante **allEnabled** wird in Zeile 4 spezifiziert, daß sämtliche Menüpunkte des Menüs aktiviert werden sollen.
Zeile 5 sorgt dafür, daß das Menü selbst (der Menütitel) aktiviert wird, indem die Konstante **enabled** verwendet wird.
Der Name des Menüs (das Apfel-Symbol) wird über den Spezial-Buchstaben definiert, der durch die vordefinierte Konstante "**apple**" an dieser Stelle eingesetzt wird.

Zwischen den geschweiften Klammern (Zeile 7 bis 9) folgt die Definition der einzelnen Menüpunkte. Da der Inhalt des "Apple"-Menüs dynamisch ist (die Menüpunkte werden zur Laufzeit mit dem Aufruf von AddResMenu gesetzt), enthält dieses Menü nur den Menüpunkt **"Über Minimum..."**. Das Statement **noIcon**, welches dem Menünamen folgt, teilt dem Menu-Manager mit, daß der Menüpunkt kein Icon haben soll. Da der "Über Minimum"-Menüpunkt kein Befehlstastenäquivalent haben soll, wird die Konstante **noKey** anstelle eines Buchstabens, der den Kurzbefehl spezifiziert, verwendet. Das Menü soll auch kein Häkchen bekommen, daher wird **noMark** verwendet. Das letzte Resource-Statement spezifiziert, daß der Textschnitt normal (**plain**) sein soll. Zeile 9 definiert einen Trennstrich nach dem ersten Menüpunkt, indem der Menüpunktname "-" verwendet wird.

Das "Ablage"-Menü:

Das "Ablage"-Menü enthält die üblichen Menüpunkte. In der derzeitigen Version von Minimum wird jedoch nur der "Beenden"-Menüpunkt unterstützt.

```
 1: resource 'MENU' (129) {
 2:    129,
 3:    textMenuProc,
 4:    allEnabled,
 5:    enabled,
 6:    "Ablage",
 7:    {
 8:       "Neu", noIcon, "N", noMark, plain,
 9:       "Öffnen…", noIcon, "O", noMark, plain,
10:       "-", noIcon, noKey, noMark, plain,
11:       "Schließen", noIcon, "W", noMark,plain,
12:       "Sichern", noIcon, "S", noMark, plain,
13:       "Sichern unter…", noIcon, noKey,
              noMark, plain,
14:       "-", noIcon, noKey, noMark, plain,
15:       "Seitenformat…", noIcon, noKey, noMark,
              plain,
16:       "Drucken…", noIcon, "P", noMark, plain,
17:       "-", noIcon, noKey, noMark, plain
18:       "Beenden", noIcon, "Q", noMark, plain
19:    }
20: };
```

Die Definition des "Ablage"-Menüs geschieht analog zur Definition des "Apple"-Menüs. Der Menütitel wird in Zeile 6 durch den String **"Ablage"** spezifiziert. Bei der Definition der Menüpunkte werden jetzt auch Menükurzbefehlsäquivalente definiert. Beispielsweise wird für den Menüpunkt **"Neu"** in Zeile 8 der Menükurzbefehl Befehlstaste-**"N"** reserviert, indem der Buchstabe **"N"** angegeben wird. Dieser Buchstabe erscheint rechts neben dem Menüpunkt und kann als alternative Menüauswahl verwendet werden.

Das "Bearbeiten" - Menü:

Das "Bearbeiten"-Menü enthält die standardisierten Menüpunkte. Obwohl dieses Menü von Minimum3 noch nicht unterstützt wird, ist es dennoch in der Menüleiste enthalten, um Schreibtischprogramme von der Auswahl eines Menüpunktes aus diesem Menü zu informieren.

```
 1: resource 'MENU' (130) {
 2:    130,
 3:    textMenuProc,
 4:    allEnabled,
 5:    enabled,
 6:    "Bearbeiten",
 7:    {
 8:       "Widerrufen",noIcon,"Z",noMark,plain,
 9:       "-", noIcon, noKey, noMark, plain,
10:       "Ausschneiden",noIcon,"X",noMark,plain,
11:       "Kopieren", noIcon, "C", noMark, plain,
12:       "Einsetzen", noIcon, "V", noMark,plain,
13:       "Löschen", noIcon, noKey, noMark,plain,
14:       "-", noIcon, noKey, noMark, plain,
15:       "Zwischenablage", noIcon, noKey,
               noMark, plain
16:    }
17: };
```

Die Definition des "Bearbeiten"-Menüs erfolgt wie die Definition des "Ablage"-Menüs.

Die modifizierte Version der Funktion Do_MouseDown:

Do_MouseDown erkennt jetzt einen Klick in die Menüleiste.

```
1: void Do_MouseDown (void)
2: {
3:    short        part;
4:    WindowPtr    theWindow;
5:
6:    part = FindWindow (gEvent.where,
          &theWindow);
7:    switch (part)
8:    {
```

```
 9:       case inDrag:
10:          Do_DragWindow (theWindow);
11:          break;
12:
13:       case inZoomIn:
14:       case inZoomOut:
15:          Do_ZoomWindow (theWindow, part);
16:          break;
17:
18:       case inGrow:
19:          Do_GrowWindow (theWindow);
20:          break;
21:
22:       case inGoAway:
23:          Do_CloseWindow (theWindow);
24:          break;
25:
26:       case inMenuBar:
27:          Do_MenuCommand (
               MenuSelect (gEvent.where));
28:          break;
29:    }
30: }
```

*Wenn der Benutzer in die Menüleiste klickt, wird die Funktion **MenuSelect** aufgerufen, welche es dem Benutzer ermöglicht, einen Menüpunkt auszuwählen.*

Die Zeilen 26 bis 28 der erweiterten Version von Do_MouseDown sind die Reaktion des Programms auf einen Mausklick in die Menüleiste. Hat der Benutzer in die Menüleiste geklickt, so gibt **FindWindow** den Wert inMenuBar zurück. In diesem Fall reagiert Do_MenuCommand, indem es die Menu-Manager-Funktion **MenuSelect** aufruft. **MenuSelect** übernimmt die Kontrolle und läßt den Benutzer einen Menüpunkt auswählen. Die Auswahl des Benutzers wird durch den Ergebniswert dieser Funktion (long) zurückgegeben. Dieser Ergebniswert wird anschließend an die Menübehandlungsroutine **Do_MenuCommand** weitergegeben, die auf das ausgewählte Menü reagiert.

Die neue Funktion Do_MenuCommand:

```
1: void Do_MenuCommand (long  choice)
2: {
3:    short     menuID, menuItem;
4:
5:    menuID = HiWord (choice);
```

```
 6:    menuItem = LoWord (choice);
 7:
 8:    switch (menuID)
 9:    {
10:      case mApple:
11:        Do_AppleMenu (menuItem);
12:        break;
13:
14:      case mFile:
15:        Do_FileMenu (menuItem);
16:        break;
17:
18:      case mEdit:
19:        SystemEdit (menuItem -1 );
20:        break;
21:    }
22:    HiliteMenu (0);
23: }
```

Do_MenuCommand entscheidet anhand der Menu-ID des Menüs, zu dem der ausgewählte Menüpunkt gehört, welche Routine aufgerufen wird.

Do_MenuCommand extrahiert die Menu-ID bzw. die Menüpunktnummer aus dem Parameter, der dieser Funktion übergeben wird (Ergebniswert von MenuSelect). Dies geschieht in Zeile 5 bzw. 6 mit den Aufrufen von **HiWord** bzw. **LoWord**. Das Hi-Word des Ergebniswertes von MenuSelect enthält die Menu-ID, das Lo-Word die Menüpunktnummer.

Das Hi-Word des Ergebniswertes von MenuSelect enthält die Menu-ID, das Lo-Word die Menüpunktnummer.

Anhand des Menüs, in dem sich der ausgewählte Menüpunkt befindet (**menuID**), wird entschieden, welche der beiden spezialisierteren Menübehandlungsroutinen (**Do_AppleMenu** bzw. **Do_FileMenu**) aufgerufen wird. Diesen spezialisierten Menübehandlungsroutinen wird die Menüpunktnummer des ausgewählten Menüpunktes übergeben, damit sie entscheiden können, welche Aktionen durchgeführt werden müssen.

In der derzeitigen Version unterstützt Minimum das "Bearbeiten"-Menü noch nicht, Do_MenuCommand muß aus Kompatibilitätsgründen dennoch auf die Auswahl eines Menüpunktes aus dem "Bearbeiten"-Menü reagieren. Wenn das Programm unter System 6 in der Single-Tasking-Umgebung "Finder" läuft, so muß das Programm dafür sorgen, daß DAs auf die Auswahl eines "Bearbeiten"-Menüpunktes reagieren können. Hat der Benutzer einen Menüpunkt aus dem "Bearbeiten"-Menü ausgewählt, so wird in Zeile 20 die Desk-Manager-Funktion **SystemEdit** aufgerufen. Diese Funktion sorgt dafür, daß Schreibtischprogramme

Wenn das Programm unter System 6 im normalen Finder (Single-Tasking) läuft, dann verhalten sich die Schreibtischprogramme wie Unterroutinen des Programms. Das Programm muß dann selbst dafür sorgen, daß die DAs von der Auswahl eines Menüpunktes informiert werden.

auf eine Menüauswahl aus dem "Bearbeiten"-Menü reagieren können. Bei dem Aufruf dieser Funktion wird die Menüpunktnummer minus 1 übergeben, um **SystemEdit** mitzuteilen, welcher Menüpunkt ausgewählt wurde. Der Wert 0 bedeutet "Widerrufen", 2 "Ausschneiden" usw.
In Zeile 22 wird (nachdem die Menüaktionen durchgeführt wurden) dafür gesorgt, daß der Menütitel des ausgewählten Menüs wieder normal gezeichnet wird (der Menütitel war invertiert). Dies geschieht, indem die Funktion **HiliteMenu** aufgerufen wird. **HiliteMenu** wird anstelle einer Menu-ID der Wert 0 übergeben, was bedeutet, daß das ausgewählte Menü wieder normal gezeichnet werden soll.

Die neue Funktion Do_FileMenu:

*Do_FileMenu reagiert auf die Auswahl des Menüpunktes "Beenden", indem die Funktion **Do_Quit** aufgerufen wird.*

```
1: void Do_FileMenu (short menuItem)
2: {
3:    switch (menuItem)
4:    {
5:       case iQuit:
6:          Do_Quit ();
7:          break;
8:    }
9: }
```

Die Funktion Do_FileMenu reagiert auf die Auswahl eines Menüpunktes aus dem "Ablage"-Menü, indem die entsprechenden Aktionsroutinen aufgerufen werden. Zur Zeit wird nur der "Beenden"-Menüpunkt unterstützt, die Strukturen für eine Unterstützung der anderen Menüpunkte aus diesem Menü sind jedoch bereits vorhanden.

Die neue Funktion Do_Quit:

*Do_Quit setzt das globale Terminationskriterium **gQuit**.*

```
1: void Do_Quit (void)
2: {
3:    gQuit = true;
4: }
```

Die Funktion Do_Quit übernimmt in der verbesserten Version von Minimum das Beenden der Applikation, indem die globale

Variable **gQuit** auf true gesetzt wird. Das Programm verläßt die Main-Event-Loop und terminiert.

Die neue Funktion Do_AppleMenu:

```
 1: void Do_AppleMenu (short menuItem)
 2: {
 3:    short     daRefNum;
 4:    Str255    daName;
 5:
 6:    switch (menuItem)
 7:    {
 8:       default:
 9:          GetItem (GetMHandle (mApple),
                menuItem, daName);
10:          daRefNum = OpenDeskAcc (daName);
11:          break;
12:    }
13: }
```

Do_AppleMenu reagiert auf die Auswahl eines Menüpunktes aus dem "Apple"-Menü, indem das ausgewählte Schreibtischprogramm gestartet wird.

Die Funktion Do_AppleMenu ist für die Reaktion auf eine Menüauswahl aus dem "Apple"-Menü verantwortlich. Da das "Über Minimum..."-Menü noch nicht unterstützt wird, kann diese Funktion zur Zeit nur auf die Auswahl eines Schreibtischprogramms reagieren. Dies geschieht, indem in Zeile 9 die Funktion **GetMHandle** aufgerufen wird, die den Handle auf das installierte Menü, welches durch die übergebene Menu-ID spezifiziert wird, als Ergebniswert liefert. Aus diesem Menü wird dann mit Hilfe der Funktion **GetItem** der Menüpunktname des ausgewählten Menüpunktes herausgesucht und in den übergebenen String geschrieben. Die lokale Variable **daName** (welche jetzt den Namen des Schreibtischprogramms enthält) wird dann in Zeile 10 dazu verwendet, um mit Hilfe der Desk-Manager-Funktion **OpenDeskAcc** das Schreibtischprogramm zu starten. **OpenDeskAcc** lädt das Schreibtischprogramm und übergibt die Kontrolle an dieses Hilfsprogramm.

Der Desk-Manager wurde bisher nicht näher beschrieben, da die Programmierung von Schreibtischprogrammen nicht Teil dieses Buches ist, und das Starten eines Schreibtischprogrammes die einzige Berührungsstelle zwischen Programmen und dem Desk-Manager darstellt.

Der Desk-Manager enthält Routinen, die für die Verwaltung von Schreibtischprogrammen zuständig sind. Die Verwendung dieser Routinen wird notwendig, um die Kompatibilität zur Single-Tasking-Umgebung des Finders unter System 6 zu gewährleisten.

Die modifizierte Version der Funktion Do_Event:

Do_Event reagiert jetzt auf KeyDown-Events, indem die Funktion ***Do_KeyDown*** *aufgerufen wird.*

```
 1: void Do_Event (void)
 2: {
 3:    switch (gEvent.what)
 4:    {
 5:       case mouseDown:
 6:          Do_MouseDown ();
 7:          break;
 8:
 9:       case keyDown:
10:       case autoKey:
11:          Do_KeyDown ();
12:          break;
13:
14:       case updateEvt:
15:          Do_Update ();
16:          break;
17:
18:       case activateEvt:
19:          Do_Activate ();
20:          break;
21:    }
22: }
```

Um die Auswahl eines Menüpunktes mit Hilfe eines Menükurzbefehls zu ermöglichen, wurde die Funktion Do_Event in den Zeilen 9 bis 12 um die Behandlung von KeyDown- bzw. AutoKey-Events erweitert.
Bei diesen Events verzweigt die Funktion in die Event-Behandlungsroutine Do_KeyDown, die überprüft, ob es sich um einen Menükurzbefehl handelt, und daraufhin die Auswahl des Menüpunktes ermöglicht.

Die neue Funktion Do_KeyDown:

Do_KeyDown überprüft, ob es sich bei dem KeyDown-Event um einen Menükurzbefehl handelt (Befehlstaste + normale Taste).

```
1: void Do_KeyDown (void)
2: {
3:    char      key;
4:
5:    if (gEvent.modifiers & cmdKey)
6:    {
```

```
 7:         key = gEvent.message & charCodeMask;
 8:         Do_MenuCommand (MenuKey (key));
 9:     }
10: }
```

Do_KeyDown überprüft in Zeile 5, ob das Command-Key-Flag des **modifiers**-Feldes des EventRecords gesetzt ist, indem dieses Feld mit der entsprechenden Maske mit Hilfe eines logischen "Und"s verknüpft wird.

Hat der Benutzer eine Taste in Kombination mit der Befehlstaste getippt, so ist das Command-Key-Flag des **modifiers**-Feldes auf 1 gesetzt und die Funktion Do_KeyDown reagiert, indem in Zeile 7 zunächst der gedrückte Buchstabe aus dem **message**-Feld extrahiert wird. Dies wird durch ein logisches *und* mit der vordefinierten Konstanten charCodeMask erreicht, die den ASCII-Wert aus dem **message**-Feld herausfiltert. Die lokale Variable **key**, die jetzt den ASCII-Wert der gedrückten Taste enthält, wird in Zeile 8 an die Menu-Manager-Funktion **MenuKey** übergeben. Diese Funktion sucht in den Menüs nach einem Menüpunkt, der den gesuchten Menükurzbefehl hat, und gibt (wie MenuSelect) den gefundenen Menüpunkt bzw. die entsprechende Menu-ID im Ergebniswert dieser Funktion zurück.

Dieser Ergebniswert von **MenuKey** wird dann in Zeile 9 an die Menübehandlungsroutine **Do_MenuCommand** übergeben, welche auf den ausgewählten Menüpunkt reagiert.

*Das **modifiers**-Feld des EventRecords enthält die Information, ob bei der Betätigung der Taste die Befehlstaste gedrückt war. Die vordefinierte Maske cmdKey kann verwendet werden, um das entsprechende Bit des **modifiers**-Feldes auszumaskieren.*

Controls

Dieses Kapitel erläutert die Konzeption und den Einsatz der sogenannten "Controls". Zunächst wird ein genereller Überblick über die verschiedenen standardisierten Controls und ihre Aufgabe in bezug auf die Benutzerschnittstelle gegeben.
Im zweiten Teil dieses Kapitels wird der Control-Manager, bzw. sein Zusammenwirken mit anderen Teilen der ToolBox, besprochen, der dritte Teil stellt dann die wichtigsten Datenstrukturen und Routinen dieses Managers vor.
Die Anwendung des Control-Managers wird an dem Beispiel-Programm "MINIMUM4" demonstriert, welches auf dem vorangegangenen Beispiel "MINIMUM3" aufbaut. Minimum4 bringt Scrollbars (eine Art von Controls) in die Applikation ein, um dem Benutzer die Möglichkeit des Scrollens zu geben.
Controls bilden einen wichtigen Teil der Macintosh-Benutzeroberfläche. Sie tragen durch ihr einheitliches Aussehen und ihre standardisierte Funktionalität erheblich zur homogenen Benutzeroberfläche des Macintosh bei. Da alle Programme dieselben Controls verwenden, sind (zumindest) die Bedienungselemente der Applikationen gleichartig zu benutzen.

Abb. 12-1 Die verschiedenen Standard-Controls, wie sie vom Control-Manager zur Verfügung gestellt werden.

Es gibt eine Reihe standardisierter Controls, die für die verschiedensten Zwecke eingesetzt werden können:

1. Buttons

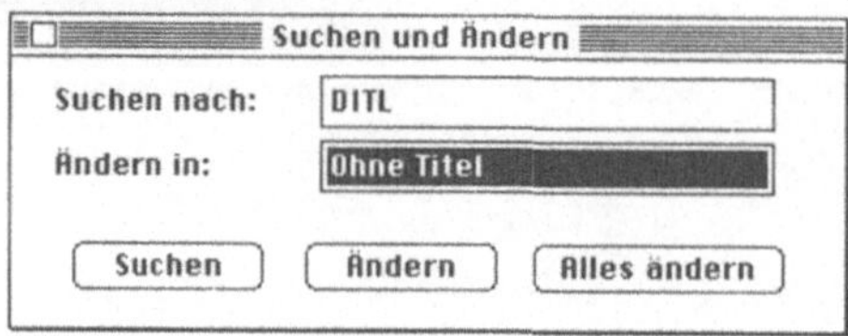

Abb. 12-2 Der "Suchen und Ändern"-Dialog eines Textverarbeitungsprogramms.

Diese Controls werden häufig in Dialogen eingesetzt. Ihre Funktionalität entspricht dem Drücken eines Knopfes und löst in der Regel eine *direkte* Aktion aus (gibt dem Programm den Befehl, eine Aktion durchzuführen). Beispielsweise bewirkt der "Alles ändern"-Button des "Suchen und Ändern"-Dialogs eines Textverarbeitungsprogramms eine *direkte* Aktion (das Suchen und Ersetzen des Textes). Buttons sollten immer in diesem Befehlszusammenhang eingesetzt werden, das Programm sollte durch direkte, *sichtbare* Aktionen auf das Drücken eines Buttons reagieren.

2. Radio-Buttons

Abb. 12-3 Die erweiterte Version des Dialogs verwendet Radio-Buttons, mit deren Hilfe das Verhalten des "Suchen und Ändern"-Befehls beeinflußt werden kann.

Radio-Buttons werden (wie normale Buttons) häufig in Dialogen eingesetzt. Ihre Funktionalität in bezug auf das User-Interface entspricht den Stationstasten eines (alten) Radios; es ist immer *genau eine* gedrückt (wird eine eingeschaltet, so werden alle anderen ausgeschaltet). Wird ein Radio-Button ein- oder ausgeschaltet, so beeinflußt er die Arbeitsweise bestimmter Programmteile oder *nachfolgender* Aktionen. Das Drücken eines Radio-Buttons bewirkt also *keine* direkte Aktion, sondern beeinflußt die Arbeitsweise des Programms *indirekt*. Radio-Buttons sollten immer in Gruppen organisiert sein, d.h. daß ihre Zusammengehörigkeit durch Zusammenfassung in einem sogenannten "Cluster" visualisiert werden sollte. Ein Cluster ist eine Umrahmung oder eine Überschrift der zusammengehörigen Radio-Buttons, welche als Titel die Beschreibung der Einstellungsmöglichkeiten tragen sollte. Ein Beispiel für einen solchen Cluster wäre eine Gruppe von Radios, die in dem "Suchen und Ändern"-Dialog auftaucht, um die Art und Weise, in der Text gesucht und geändert wird, zu beeinflussen (siehe Abb. 12-3). Mit Hilfe der Radio-Buttons kann eingestellt werden, ob bei der Textsuche nur ganze Wörter gesucht werden, oder ob auch Teile eines Wortes erkannt werden sollen. Der Titel des gruppierenden Clusters entspricht dem Kontext der Einstellungen (Suchen), er ist so gewählt, daß er zusammen mit den Radios einen Satz bilden könnte (z.B. "Suche ganze Wörter").

3. Check-Boxes

Check-Boxes wirken (wie Radios) nur indirekt, mit ihnen können ebenfalls Optionen für nachfolgende Aktionen oder Einstellungen für bestimmte Programmteile gemacht werden. Im Unterschied zu Radio-Buttons können Check-Boxes *unabhängig* voneinander ein- und ausgeschaltet werden. Sie werden daher auch häufig zum *Ein/Ausschalten* einer Option verwendet, Radios hingegen zum *Umschalten* zwischen verschiedenen, einander ausschließenden Optionen. Ein Beispiel für eine Check-Box ist die Option im Suchen und Ändern-Dialog, mit der man bestimmen kann, ob bei der Suche die Groß- und Kleinschreibung beachtet werden soll. Auch Check-Boxes können durch einen Cluster zu einer Einheit zusammengefaßt werden, die sich mit einem bestimmten Thema befaßt. Ein solcher "Check-Box-Cluster" sollte dann ausschließlich Check-Boxes enthalten (nicht mit Radio-Buttons oder anderen Elementen gemischt werden).

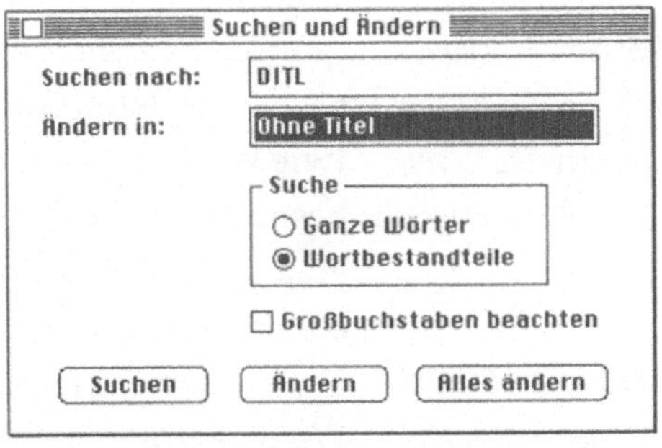

Abb. 12-4
Diese Version des "Suchen und Ändern"-Dialogs enthält eine zusätzliche Check-Box.

4. Scrollbars

Ein Scrollbar besteht aus mehreren Teilen, die jeweils eigene Funktionalitäten haben (Pfeil nach oben, Pfeil nach unten etc). Der Thumb ("Fahrstuhl") eines Scrollbars ist der sogenannte Indikator, er zeigt den Wert des Controls an. Scrollbars werden in der Regel eingesetzt, um dem Benutzer das Verschieben einer Grafik zu ermöglichen, sie können aber auch unabhängig von dieser Funktionalität eingesetzt werden (etwa in Dialogen zum Einstellen eines Wertes). Ist der Scrollbar mit einer Grafik verbunden, so zeigt er die Position des sichtbaren Bereiches innerhalb der Gesamtgrafik an. Wird der Thumb verschoben, so verschiebt sich die verbundene Grafik.

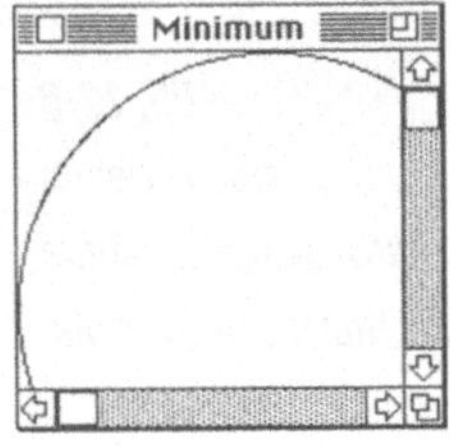

Abb. 12-5
Die Scrollbars eines Fensters.

12.1 Der Control-Manager

CDEFs (Control-Definition-Functions) sind für die Darstellung und Verwaltung von Controls zuständig.

Der Control-Manager ist für die Verwaltung der Controls zuständig. Er setzt bei der Erzeugung und bei der Darstellung der Controls auf dem Resource-Manager bzw. QuickDraw auf. Die grafische Darstellung der Controls wird von sogenannten "CDEF"s ("Control Definition Functions") übernommen. Diese CDEFs sind (wie WDEFs) eigenständige Code-Resources, die jeweils für eine bestimmte Control-Art zuständig sind. So existiert beispielsweise eine 'CDEF'-Resource im System, die für Buttons zuständig ist, eine andere kümmert sich um die Radio-Buttons.

Um einen neuen Control zu erzeugen, verwendet der Control-Manager eine Resource vom Typ 'CNTL'.

Die Erzeugung eines Controls basiert auf einer 'CNTL'-Resource. Wenn ein neuer Control erzeugt werden soll, so übergibt das Programm dem Control-Manager die Resource-ID einer 'CNTL'-Resource. Der Control-Manager erzeugt den neuen Control dann basierend auf den Informationen, die sich in diesem Control-Template befinden.

Ein Control befindet sich immer in einem bestimmten Zustand. Dieser Zustand wird durch die grafische Darstellung des Controls visualisiert und kann durch die entsprechenden Control-Manager-Routinen beeinflußt werden. Ein Control kann sich in einem der folgenden Zustände befinden:

Abb. 12-6 Die verschiedenen Aktivierungszustände der Standard-Controls.

Check Box Radio Button Button Enabled
Check Box Radio Button Button Disabled
Check Box Radio Button Button Highlighted

1. Aktiv (enabled)

Button

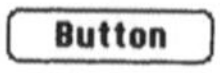

Ein aktiver Control wird normal dargestellt, d.h. er ist sichtbar und kann durch einen Mausklick betätigt werden.

2. Inaktiv (disabled)

Button

Ein inaktiver Control ist "ausgegraut" (grau dargestellt) und kann nicht betätigt werden. Wenn die Funktionalität eines bestimmten Controls derzeit nicht verfügbar ist, so deaktiviert das Programm diesen Control, um den Benutzer davon zu informieren. Ändert sich der Programmstatus, so daß die mit diesem Control verbundene Funktionalität wieder zur Verfügung steht, dann wird der Control wieder aktiviert, und der Benutzer kann ihn betätigen.

3. Hervorgehoben (highlighted)
Wenn der Benutzer mit der Maus auf einen aktiven Control klickt, so wird dieser hervorgehoben, solange der Benutzer die Maustaste festhält. Je nach Control wird eine andere visuelle Aktion durchgeführt, um dem Benutzer das entsprechende "Gefühl" für die Benutzung des Controls zu geben. Ein gedrückter Button simuliert beispielsweise das "Drücken", indem er invertiert wird, ein Radio befindet sich in einer Zwischenstufe, bevor er beim Loslassen der Maustaste ausgelöst wird.

Ein Control hat neben seinem *Zustand* auch immer einen aktuellen, einen minimalen und einen maximalen *Wert*. Der aktuelle Wert befindet sich immer zwischen dem minimalen und dem maximalen Wert, die praktisch die Grenzen für den aktuellen Wert darstellen. Bei einem Radio-Button oder einer Check-Box entspricht der aktuelle Wert immer dem minimalen (0) *oder* dem maximalen Wert (1). Bei einem Scrollbar gibt es zwischen dem minimalen (beliebig) und dem maximalen Wert (ebenfalls beliebig) auch Zwischenwerte, die jeweils der Position des Thumbs entsprechen. Der aktuelle Wert eines Controls wird durch seine grafische Darstellung visualisiert. Wird dieser Wert verändert, so paßt der Control sein Aussehen an die veränderte Situation an (ein Radio-Button oder eine Check-Box wird ein- oder ausgeschaltet, ein Scrollbar verschiebt den Thumb).

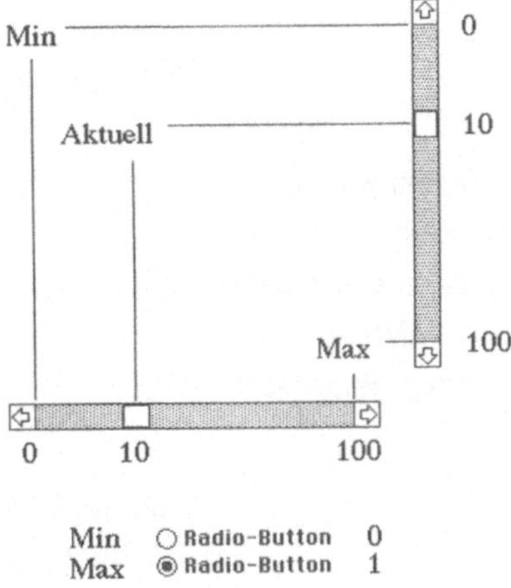

Abb. 12-7
Die verschiedenen Werte bzw. die grafische Darstellung dieser Werte durch Controls.

12.2 Routinen und Datenstrukturen

Der Control-Manager verwendet (wie beschrieben) eine bestimmte Art von Resources, um einen Control zu erzeugen. Diese 'CNTL'-Resources beinhalten Informationen über die Art des Controls, seine Position und die voreingestellten Werte. Soll ein Control erzeugt werden, so übergibt ein Macintosh-Programm die Resource-ID einer 'CNTL'-Resource an den Control-Manager. Der Control-Manager lädt diese Resource dann mit Hilfe des Resource-Managers und erzeugt auf der Grundlage dieses Control-Templates einen neuen Control, der dann in einem Fenster installiert wird. Eine für die Erzeugung eines Controls benötigte 'CNTL'-Resource ist wie folgt aufgebaut:

Eine 'CNTL'-Resource enthält Informationen über einen Control (Position, Größe, voreingestellte Werte etc.).

```
 1: resource 'CNTL' (129) {
 2:     {0, 0, 100, 16},        /* Rect          */
 3:     10,                     /* Value         */
 4:     visible,                /* visible ?     */
 5:     100,                    /* Max           */
 6:     0,                      /* Min           */
 7:     scrollBarProc,          /* CDEF          */
 8:     0,                      /* RefCon        */
 9:     ""                      /* Title         */
10: };
```

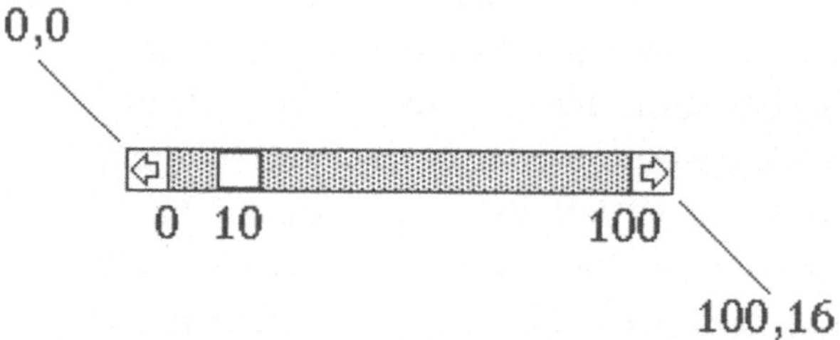

Abb. 12-8 Die Grafik visualisiert den Control, welcher mit der oben definierten 'CNTL'-Resource erzeugt werden kann.

Diese 'CNTL'-Resource definiert einen Scrollbar. Sie beginnt in Zeile 2 mit der Spezifikation des umschließenden Rechtecks des Controls (in lokalen Koordinaten des Fensters).
Zeile 3 spezifiziert den initialen Wert des Controls. Hier wird dieser Wert auf 10 gesetzt, der Scrollbar-Thumb ist damit etwas von seiner Ursprungsposition verschoben.
In Zeile 4 wird dem Control-Manager mitgeteilt, daß der Control initial sichtbar sein soll, indem die vordefinierte Konstante **visible** verwendet wird.
Zeile 5 und Zeile 6 geben den maximalen bzw. den minimalen Wert des Scrollbars an. Hier wird spezifiziert, daß der Scrollbar-Thumb (der initial den Wert **10** hat), den Wert **100** bekommt, wenn er ganz nach rechts geschoben ist und den Wert **0** erhält, wenn er ganz links liegt.

Zeile 7 spezifiziert, daß es sich hier um einen Scrollbar handelt, indem die vordefinierte Konstante **scrollBarProc** verwendet wird. Diese Konstante ist der Hinweis für den Control-Manager, welche Control-Definition-Function verwendet werden soll, um den Control darzustellen.
Zeile 8 enthält das RefCon des Controls. Dieses RefCon (ein long) kann beliebige Werte enthalten und wird oft benutzt, um die Controls durchzunumerieren und so voneinander unterscheiden zu können.
Da Scrollbars keinen Text enthalten, ist der String in Zeile 9 leer. Bei Radio-Buttons oder Check-Boxes definiert er den Titel des Controls (erscheint rechts neben dem Control).

Ist ein Control geladen und in einem Fenster installiert, so wird der Control mit einer Datenstruktur von Typ ControlRecord bzw. einem ControlHandle verwaltet. Ein ControlRecord enthält die Informationen über den Control (den Status, die Position, den aktuellen Wert etc.) und ist wie folgt aufgebaut:

Der Control-Manager verwendet eine Struktur vom Typ ControlRecord, um Controls zur Laufzeit zu verwalten. Sie enthält im wesentlichen die Informationen, welche in der 'CNTL'-Resource definiert wurden.

```
 1: struct ControlRecord {
 2:    struct ControlRecord **nextControl;
 3:    WindowPtr       contrlOwner;
 4:    Rect            contrlRect;
 5:    unsigned char   contrlVis;
 6:    unsigned char   contrlHilite;
 7:    short           contrlValue;
 8:    short           contrlMin;
 9:    short           contrlMax;
10:    Handle          contrlDefProc;
11:    Handle          contrlData;
12:    ProcPtr         contrlAction;
13:    long            contrlRfCon;
14:    Str255          contrlTitle;
15: };
16:
17: typedef struct ControlRecord ControlRecord;
18: typedef ControlRecord *ControlPtr,
        **ControlHandle;
```

Jedes Fenster enthält die Wurzel einer verketteten Control-Liste, welche die Controls enthält, die in dem Fenster installiert sind.

Jeder ControlRecord enthält in dem Feld **nextControl** den Handle auf das nächste Element dieser Control-Liste.
Das Feld **contrlOwner** zeigt auf das Fenster, in dem der Control installiert ist (zu dem er gehört).
Das umschließende Rechteck des Controls ist in dem Feld **contrlRect** enthalten.
Das Feld **contrlVis** spezifiziert, ob der Control sichtbar (255) oder unsichtbar (0) ist.
An **contrlHilite** kann abgelesen werden, in welchem der folgenden Aktivierungs-Zustände sich der Control befindet:

0 bedeutet, daß er aktiv (enabled) ist. Dieser Wert entspricht damit dem Normalzustand des Controls.

Ein Wert zwischen 1 und 253 bedeutet, daß ein bestimmter Teil des Controls highlighted ist (der Benutzer hat auf den Control geklickt). Der Wert dieses Feldes gibt dann Auskunft über den hervorgehobenen Teil des Controls (z.B. "Pfeil nach oben" oder "Pfeil nach unten" bei einem Scrollbar).

255 bedeutet, daß der Control inaktiv (ausgegraut) ist.

Der aktuelle Wert des Controls kann an dem **contrlValue**-Feld abgelesen werden. Bei einem Scrollbar enthält dieses Feld den aktuellen Wert des Thumbs, bei einem Radio-Button oder einer Check-Box gibt dieses Feld Auskunft darüber, ob der Control ein- oder ausgeschaltet ist (1 oder 0) .
Der minimale bzw. maximale Wert, den der Control annehmen kann, wird durch die Felder **contrlMin** und **contrlMax** spezifiziert.
Das Feld **contrlDefProc** enthält den Handle auf die geladene Control-Definition-Function (CDEF), die für das Zeichnen dieses Controls zuständig ist. Das nachfolgende Feld (**contrlData**) wird von der Control-Definition-Function dazu verwendet, zusätzlich zu den im ControlRecord enthaltenen Daten eigene Informationen abzulegen.
Das Feld **contrlAction** enthält einen Funktions-Pointer auf eine Routine, die für die Standard-Funktionalität des Controls zuständig ist. Diese Standard-Funktionalität ist beispielsweise das Invertieren

des Controls, wenn der Benutzer auf einen Button klickt. Sie kann durch eigene Funktionalitäten überlagert werden, indem hier die Adresse einer selbstgeschriebenen Routine eingetragen wird. Diese Routine wird dann aufgerufen, wenn der Benutzer in den Control klickt, und kann zusätzliche Aktionen durchführen.
Das Feld **contrlRfCon** steht uns Programmierern zur freien Verfügung. Dieses Feld wird oft dazu verwendet, die Controls eines Fensters oder Dialogs durchzunumerieren und so voneinander unterscheiden zu können.
Das letzte Feld des ControlRecords (**contrlTitle**) enthält den Titel des Controls. Bei einem Radio-Button oder einer Check-Box enthält dieses Feld den Text, der neben dem Control erscheint.

GetNewControl

Um ein Control zu erzeugen, stellt der Control-Manager die Funktion GetNewControl zur Verfügung. Diese Funktion erzeugt das neue Control auf der Grundlage einer 'CNTL'-Resource und installiert es in einem Fenster.

```
pascal ControlHandle GetNewControl (
                                    short       controlID,
                                    WindowPtr   owner);
```

GetNewControl lädt die 'CNTL'-Resource, die durch die Resource-ID **controlID** spezifiziert wird, in den Speicher und erzeugt auf deren Grundlage ein neues Control. Das Fenster, in dem der neue Control installiert werden soll, wird durch den Parameter **owner** spezifiziert. Der neue Control wird in die Control-Liste dieses Fensters eingetragen und "gehört" damit zu diesem Fenster.
GetNewControl gibt den Handle auf den neu erzeugten Control als Ergebniswert an das Programm zurück. Ein solcher Control-Handle wird von den übrigen Control-Manager-Funktionen als Eingabeparameter verlangt, um zu spezifizieren, mit welchem Control diese Funktionen arbeiten sollen.

FindControl

Wenn die Main-Event-Loop eines Macintosh-Programms feststellt, daß der Benutzer in den Inhalt eines Fensters geklickt hat (FindWindow hat den Wert inContent zurückgegeben), so ruft das Programm zunächst die Funktion FindControl auf, um festzustellen, ob der Klick eventuell in einem Control des Fensters gelegen hat. Anhand des Ergebniswertes dieser Funktion entscheidet es dann, ob der Benutzer in den Darstellungsbereich oder z.B. auf die Scrollbars eines Fensters geklickt hat und verzweigt anschließend in die entsprechenden Behandlungsroutinen.

```
pascal short FindControl (
                        Point               thePoint,
                        WindowPtr           theWindow,
                        ControlHandle       *theControl);
```

Bevor FindControl aufgerufen wird, müssen die Koordinaten des Mausklicks mit Hilfe der Funktion GlobalToLocal auf das lokale Koordinatensystem des Fensters umgerechnet werden.

FindControl erwartet (wie FindWindow) die Koordinaten des Mausklicks in dem Parameter **thePoint**. Im Gegensatz zu FindWindow müssen die an FindControl übergebenen Mauskoordinaten auf das lokale Koordinatensystem des Fensters bezogen sein. Die mit dem MouseDown-Event mitgelieferten Koordinaten müssen daher zunächst mit der QuickDraw-Funktion GlobalToLocal auf das lokale Koordinatensystem des Fensters umgerechnet werden.

Das Fenster, in dem der Mausklick lag, wird durch den Parameter **theWindow** spezifiziert. Hier wird üblicherweise der WindowPtr übergeben, den die Window-Manager-Funktion FindWindow zurückgegeben hat (das getroffene Fenster).

Wenn die Funktion FindControl feststellt, daß der Mausklick in einem Control gelegen hat, so gibt sie den "getroffenen" Control in der Variablen, deren Adresse bei **theControl** übergeben wird, zurück. Dieser Parameter ist damit neben dem eigentlichen Ergebnis der Funktion ein zweiter Ergebniswert.

Der eigentliche Ergebniswert von FindControl gibt an, ob ein Control getroffen wurde (Ergebniswert ungleich 0). Wenn der Mausklick in einem Control lag, so spezifiziert der Ergebniswert, in welchem Bereich des Controls der Mausklick gelegen hat. Bei einem Scrollbar existieren beispielsweise fünf verschiedene Bereiche, die vom Benutzer angeklickt werden können (z.B. Pfeil nach oben oder Pfeil nach unten). Der Ergebniswert von FindControl kann mit den folgenden vordefinierten Konstanten verglichen werden, um herauszufinden, wie auf den Mausklick reagiert werden soll:

```
#define inButton          10
```

Der Benutzer hat in einen Button geklickt. Das Programm sollte die Funktion TrackControl aufrufen (wird später erläutert), die dann den Button (je nach Mausposition) invertiert. Anschließend sollte das Programm die mit diesem Button verbundene Aktion durchführen.

```
#define inCheckBox      11
```

Der Benutzer hat in eine Check-Box oder in einen Radio-Button geklickt. Auch hier sollte die Funktion TrackControl aufgerufen werden, um den Control hervorzuheben.

```
#define inUpButton      20
```

Der Benutzer hat in den "Pfeil nach Oben" eines Scrollbars geklickt. Das Programm sollte die Funktion TrackControl aufrufen und dieser Funktion eine sogenannte "Call Back Routine" übergeben, die für das Scrollen der verbundenen Grafik verantwortlich ist. Diese Routine wird dann von TrackControl solange aufgerufen, bis der Benutzer die Maustaste losläßt.
Der Mechanismus einer "Call-Back-Routine" wird später genauer beschrieben.

```
#define inDownButton    21
```

Der "Pfeil nach Unten" eines Scrollbars wurde getroffen. Das Programm reagiert wie bei inUpButton, die "Call-Back-Routine" scrollt die Grafik jedoch in entgegengesetzter Richtung.

```
#define inPageUp        22
```

Der Benutzer hat in den Bereich eines Scrollbars geklickt, der die Grafik seitenweise scrollen ("umblättern") soll. Die Reaktion des Programms ist vergleichbar mit der Reaktion auf inDownButton bzw. inUpButton, nur daß hier um größere Bereiche gescrollt wird.

```
#define inPageDown      23
```

Es soll ebenfalls umgeblättert werden, nur soll die Grafik bei diesem Teil des Scrollbars in die entgegengesetzte Richtung verschoben werden. Die Reaktion entspricht ansonsten der von inPageUp.

```
#define inThumb        24
```

Bei einem Klick in den Thumb des Scrollbars darf keine "Call-Back-Routine" verwendet werden.

Der Benutzer möchte zu einem bestimmten Bereich der Grafik "springen". Das Programm sollte die Funktion TrackControl aufrufen, *ohne* eine "Call-Back-Routine" zu spezifizieren. Kehrt TrackControl zurück, so sollte die Grafik um die Differenz des alten und neuen Wertes des Scrollbars gescrollt werden.

TrackControl

In der Regel wird die Funktion TrackControl aufgerufen, nachdem FindControl festgestellt hat, daß der Klick in einem Control liegt. TrackControl sorgt dafür, daß der Control hervorgehoben wird, wenn die Mausposition innerhalb des Controls liegt, solange der Benutzer die Maustaste gedrückt hält. Diese Funktion gibt dem Benutzer "das Gefühl", den Control zu "drücken" (siehe Abb. 12-9).

Button

Button

Abb. 12-9 TrackControl übernimmt die Kontrolle und versetzt den Control (je nach Mausposition) in den entsprechenden Zustand.

```
pascal short TrackControl (
                    ControlHandle     theControl,
                    Point             thePoint,
                    ProcPtr           actionProc);
```

Der Control, der durch den Mausklick getroffen wurde, wird durch den Parameter **theControl** angegeben und entspricht in der Regel dem von FindControl zurückgegebenen ControlHandle. Die Startposition des Mausklicks (in lokalen Koordinaten des Fensters) wird durch den Point **thePoint** spezifiziert.
TrackControl übernimmt die Kontrolle und folgt der Mausposition, wobei der Control jeweils in den entsprechenden Zustand versetzt wird. Wenn die Mausposition innerhalb des getroffenen Control-Teils liegt, so wird dieser hervorgehoben (highlighted), liegt die Position außerhalb, so wird die Hervorhebung zurückgenommen.
Während FindControl die Kontrolle übernommen hat, ruft es ständig die Funktion auf, deren Adresse bei **actionProc** übergeben wird. Wenn bei einem Klick in einen Scrollbar beispielsweise der "Pfeil nach oben" getroffen wurde, so übergibt ein Macin-

tosh-Programm anstelle des **actionProc**-Parameters die Adresse einer Routine, die dann wiederholt aufgerufen wird, solange der Benutzer die Maustaste gedrückt hält. Diese Call-Back-Routine ist dann dafür verantwortlich, die mit dem Scrollbar verbundene Grafik zu scrollen.
Eine solche "Call-Back-Routine" muß wie folgt deklariert sein:

Bei einem Aufruf von TrackControl kann die Adresse einer "Call-Back-Routine" übergeben werden, die dann wiederholt aufgerufen wird, solange der Benutzer die Maustaste gedrückt hält. Eine solche Funktion könnte beispielsweise dafür zuständig sein, die Grafik zu scrollen, während der Benutzer auf den "Pfeil nach oben" eines Scrollbars drückt.

```
pascal void MyScrollAction (
                    ControlHandle     theControl,
                    short             partCode);
```

Wenn TrackControl diese Funktion aufruft, wird der Control-Handle durch den Parameter **theControl** spezifiziert. Der Control-Teil, in dem sich die Mausposition befindet, wird durch den Parameter **partCode** spezifiziert (wie der Ergebniswert von FindControl). Eine solche "Call-Back-Routine" enthält üblicherweise eine "switch"-Anweisung über den Parameter partCode, um festzustellen, wie sie reagieren muß (z.B. in welche Richtung gescrollt werden soll).
Bei einfachen Controls (wie z.B. einem Radio oder einem Button) wird die Möglichkeit einer Call-Back-Routine selten verwendet, da keine Aktionen (außer den Control hervorzuheben) durchgeführt werden müssen, *während* der Benutzer die Maustaste gedrückt hält. Erst wenn der Benutzer die Maustaste losläßt, reagiert das Programm mit einer entsprechenden Aktion.
Bei einfachen Controls wird daher nur der Ergebniswert der Funktion TrackControl inspiziert, um festzustellen, ob der Benutzer die Maustaste innerhalb des Controls losgelassen hat und die Aktion (z.B. Einschalten des Radios) durchführen will. TrackControl gibt als Ergebniswert (wie FindControl) den Bereich des Controls zurück, in dem sich die Mausposition befand, als die Maustaste losgelassen wurde. Ist dieser Ergebniswert gleich 0, so hat der Benutzer die Maustaste außerhalb des Controls losgelassen und möchte die Aktion nicht durchführen. Ist dieser Wert ungleich 0, so soll die Aktion durchgeführt werden.

SetCtlMax

Um den maximalen Wert, den ein Control annehmen kann, zu verändern, steht die Funktion SetCtlMax zur Verfügung. Wird der Thumb eines Scrollbars beispielsweise ganz nach rechts oder ganz nach unten gezogen, so bekommt der Control diesen maximalen Wert.

```
pascal void SetCtlMax (
                ControlHandle    theControl,
                short            maxValue);
```

Der Control, dessen Maximum gesetzt werden soll, wird durch den übergebenen ControlHandle, der neue maximale Wert wird durch den Parameter **maxValue** spezifiziert.

SetCtlMin

Die korrespondierende Funktion zu SetCtlMax ist SetCtlMin. Diese Funktion arbeitet wie SetCtlMax, ändert jedoch den minimalen Wert, den der Control annehmen kann. Ist beispielsweise der Thumb eines Scrollbars ganz links oder ganz oben, so erhält der Control diesen minimalen Wert.

```
pascal void SetCtlMin (
                ControlHandle    theControl,
                short            minValue);
```

Der Control, dessen minimaler Wert verändert werden soll, wird durch den ControlHandle **theControl**, der neue minimale Wert wird durch den Parameter **minValue** spezifiziert.

SetCtlValue

Soll der aktuelle Wert eines Controls verändert werden, so steht die Funktion SetCtlValue zur Verfügung. Mit dieser Funktion kann ein Radio-Button oder eine Check-Box ein- und ausgeschaltet werden, indem der entsprechende Wert (0 oder 1) übergeben wird. Bei einem Scrollbar kann diese Funktion dazu verwendet werden, die Position des Thumbs zu verändern.

```
pascal void SetCtlValue (
                ControlHandle    theControl,
                short            theValue);
```

○ **Radio-Button** 0
◉ **Radio-Button** 1

Abb. 12-10 Ein Control paßt die Darstellung an den aktuellen Wert an.

Der Control, dessen aktueller Wert verändert werden soll, wird durch den ControlHandle **theControl** spezifiziert. Der neue Wert des Controls wird durch den Parameter **theValue** angegeben. Dieser Wert entspricht dem neuen Zustand eines Radio-Buttons oder einer Check-Box bzw. der Position des Thumbs bei einem Scrollbar. Ein Aufruf dieser Funktion ändert nicht nur den internen Wert eines Controls, sondern führt auch zum Neuzeichnen des Controls.

GetCtlValue

Um den aktuellen Wert eines Controls abzufragen, steht die Funktion GetCtlValue zur Verfügung. Mit ihrer Hilfe kann beispielsweise die aktuelle Position eines Scrollbar-Thumbs abgefragt werden oder herausgefunden werden, ob ein Radio-Button ein- oder ausgeschaltet ist.

```
pascal short GetCtlValue (
                    ControlHandle    theControl);
```

GetCtlValue gibt den aktuellen Wert des Controls, der durch den ControlHandle **theControl** spezifiziert wird, als Ergebniswert an das Programm zurück.

HideControl

Soll ein Control versteckt werden, so kann die Funktion HideControl verwendet werden. Diese Funktion wird meist dazu verwendet, die Scrollbars unsichtbar zu machen, wenn ein Fenster in den Hintergrund geschickt wird (bei einem DeActivate-Event für das Fenster).
Um die einfache Benutzung der Macintosh-Oberfläche zu erhalten, sollte man (außer bei Scrollbars) auf das Verstecken von Controls verzichten, und stattdessen nicht verfügbare Controls durch "Ausgrauen" (Deaktivieren) kennzeichnen.

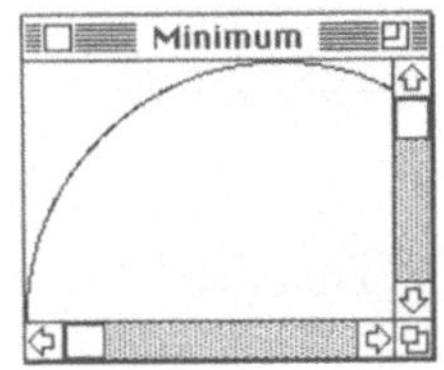

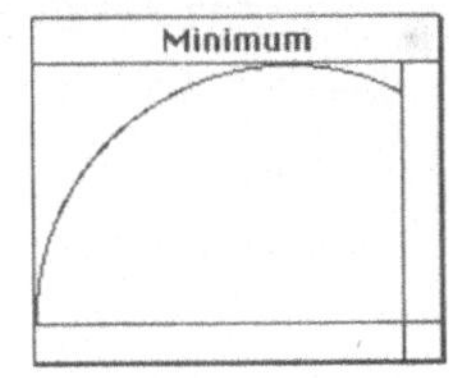

Abb. 12-11
Bei einem aktiven Fenster sind die Scrollbars sichtbar. Ist das Fenster im Hintergrund, so werden sie versteckt.

```
pascal void HideControl (
                    ControlHandle    theControl);
```

Der Control, welcher versteckt werden soll, wird durch den ControlHandle **theControl** spezifiziert. HideControl löscht den Teil des Fensters, der durch den Control belegt wird und generiert einen Update-Event für diesen Bereich.

Das Gegenstück zu HideControl ist die Funktion ShowControl. Diese Funktion macht einen (vormals versteckten) Control wieder sichtbar. Sie wird meist als Reaktion auf einen Activate-Event für ein Fenster aufgerufen, um die Scrollbars dieses Fensters wieder sichtbar zu machen.

```
pascal void ShowControl (
                ControlHandle    theControl);
```

ShowControl macht den Control, der durch den ControlHandle **theControl** spezifiziert wird, wieder sichtbar und damit für den Benutzer zugänglich.

HiliteControl

Um den Status eines Controls zu verändern, steht die Funktion HiliteControl zur Verfügung. Mit ihrer Hilfe kann ein Control hervorgehoben, eine Hervorhebung aufgehoben, oder der Control disabled bzw. enabled werden. Da das Hervorheben eines Controls während des Mausklicks von TrackControl übernommen wird, verwendet man HiliteControl hauptsächlich, um einen Control zu deaktivieren bzw. zu aktivieren.

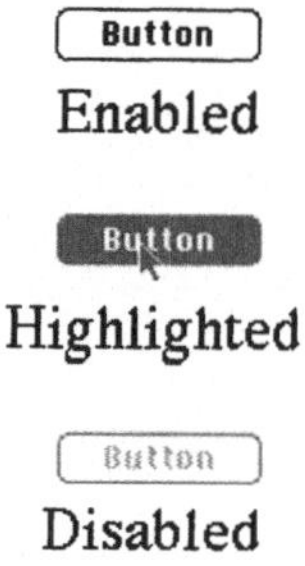

Button
Enabled

Button
Highlighted

Button
Disabled

Abb. 12-12 Die verschiedenen Aktivierungszustände eines Buttons.

```
pascal void HiliteControl (
                ControlHandle    theControl,
                short            hiliteState);
```

HiliteControl ändert den Status des Controls, der durch den ControlHandle **theControl** spezifiziert wird, auf den Status, der in dem Parameter **hiliteState** übergeben wird. Der *Status* eines Controls ist unabhängig von dessen *Wert* und bezieht sich nur auf das Erscheinungsbild des Controls. Die folgenden Werte können anstelle von **hiliteState** übergeben werden, um den Control zu aktivieren bzw. zu deaktivieren oder einen bestimmten Teil des Controls hervorzuheben:

0 bedeutet, daß der Control aktiviert (enabled) wird. Dieser Wert versetzt den Control in seinen Normalzustand. Der Wert 0 wird dazu verwendet, um einen inaktiven Control zu aktivieren oder eine Hervorhebung aufzuheben.

Ein Wert zwischen 1 und 253 entspricht einem bestimmten Teil des Controls. Dieser Teil des Controls (z.B. inUpButton bei einem Scrollbar) wird dann hervorgehoben (highlighted). Bei einem einfachen Control (z.B. einem Button) existieren keine Control-

Teile, daher wird ein solcher Control immer komplett hervorgehoben (z.B. invertiert), wenn der Wert zwischen 1 und 253 liegt.

255 bedeutet, daß der Control disabled werden soll. Er wird dann ausgegraut gezeichnet und steht dem Benutzer nicht mehr zur Verfügung. Dieser Wert wird verwendet, wenn der Control in einer bestimmten Programmsituation nicht verwendet werden kann.

MoveControl

Um einen Control zu verschieben, stellt der Control-Manager die Funktion MoveControl zur Verfügung. MoveControl wird hauptsächlich dazu verwendet, um die Scrollbars zu verschieben, nachdem die Fenstergröße geändert wurde (z.B. nach GrowWindow oder ZoomWindow).

```
pascal void MoveControl (
                ControlHandle    theControl,
                short            h,
                short            v);
```

Der Control, welcher verschoben werden soll, wird durch den Parameter **theControl** spezifiziert. Die neue horizontale bzw. vertikale Position des Controls wird durch die Parameter **h** bzw. **v** angegeben. Diese Koordinaten entsprechen der linken oberen Ecke des Controls.

SizeControl

Um die Größe eines Controls zu verändern, kann die Funktion SizeControl verwendet werden. Diese Funktion wird meist in Verbindung mit MoveControl verwendet, um die Höhe bzw. Breite der Scrollbars an eine neue Fenstergröße anzupassen.

```
pascal void SizeControl (
                ControlHandle    theControl,
                short            w,
                short            h);
```

Der Control, dessen Größe verändert werden soll, wird durch den Parameter **theControl** angegeben. Die Parameter **w** bzw. **h** spezifizieren die neue Breite bzw. Höhe des Controls.

DrawControls

Bei einem Update-Event für ein Fenster müssen die Controls dieses Fensters mit Hilfe der Funktion DrawControls neugezeichnet werden. DrawControls zeichnet sämtliche Controls eines Fensters neu, indem es die Control-Liste, die an diesem Fenster "hängt", durchläuft und jeden Control einzeln zeichnet.

```
pascal void DrawControls (WindowPtr theWindow);
```

Das Fenster, dessen Controls neugezeichnet werden sollen, wird bei einem Aufruf von DrawControls durch den WindowPtr **theWindow** spezifiziert.

12.3 MINIMUM4 - Die Applikation bekommt Scrollbars

Das Beispiel-Programm "MINIMUM4" demonstriert die Verwendung von Controls anhand einer erweiterten Version von MINIMUM3, welche in der Lage ist, die Grafik eines Fensters mit Hilfe von Scrollbars zu verschieben.
Minimum4 bildet mit dieser Grundfunktionalität eines jeden Macintosh-Programms den Ausgangspunkt einer neuen Generation von Beispiel-Programmen, die als Basis für komplexere Projekte verwendet werden können.
Das Programm installiert in dem Fenster einen horizontalen und einen vertikalen Scrollbar und reagiert auf Mausklicks in die Scrollbars, indem die Grafik verschoben wird. Die Scrollbar-Verwaltung von Minimum4 ist so ausgerichtet, daß sie ohne großen Aufwand an jeden Inhalt angepaßt werden kann; sie ist *unabhängig* von dem zu scrollenden Inhalt und kann daher auch für komplexere Projekte eingesetzt werden. Wird das Fenster vergrößert oder verkleinert, so werden die Scrollbars an die neue Größe des Fensters angepaßt. Bei dieser Anpassung wird auch darauf geachtet, daß durch das Vergrößern des Fensters eventuell die gesamte Grafik sichtbar werden kann, was zum Deaktivieren der Scrollbars führen soll. Wird das Fenster wieder verkleinert, so daß ein Teil der Grafik verdeckt wird, werden die Scrollbars wieder aktiviert. Wenn das Programm im Multifinder in den Hintergrund geschickt wird (DeActivate-Event), so reagiert es entsprechend der "Human Interface Guidelines", indem die Scrollbars versteckt werden. Bei

einem Activate-Event (Programm kommt nach vorne) werden die Scrollbars wieder sichtbar.

Minimum4 basiert auf dem vorangegangen Beispiel Minimum3. Für die Verwaltung der Scrollbars sowie für die Funktionalität des Scrollens wurden die folgenden Routinen modifiziert bzw. neu in den Quelltext aufgenommen:

1. Die Funktion Init_ToolBox wurde um die Initialisierung des Control-Managers erweitert.

2. Make_Windows wurde so erweitert, daß der horizontale bzw. vertikale Scrollbar in dem neuen Fenster installiert wird.

3. Die Funktion Do_MouseCommand wurde so erweitert, daß sie einen Mausklick in den Fensterinhalt erkennt und die Event-Behandlungsroutine Do_ContentClick aufruft.

4. Do_ContentClick ist eine neue Funktion, die mit Hilfe von FindControl feststellt, ob der Mausklick in einem der beiden Scrollbars liegt. Falls der Benutzer in den Thumb eines Scrollbars geklickt hat, so wird die Funktion TrackControl aufgerufen, die dem Benutzer die Möglichkeit gibt, den Thumb zu verschieben. Anschließend ruft die Funktion Do_ContentClick die Scroll-Routine Scroll_Graphics auf, um die Grafik zu scrollen.
Wenn der Mausklick in einem der anderen Scrollbar-Bereiche (z.B. "Pfeil nach oben") liegt, so ruft Do_ContentClick TrackControl auf und übergibt die Adresse der "Call-Back-Routine" Scroll_Proc. TrackControl ruft diese Funktion dann solange auf, wie der Benutzer die Maustaste gedrückt hält.

5. Die neue Funktion Scroll_Proc sorgt dafür, daß die Grafik gescrollt wird, solange der Benutzer die Maustaste gedrückt hält. Scroll_Proc entscheidet, in welche Richtung und um wieviel Punkte gescrollt werden soll, und ruft die Funktion Do_Scroll auf.

6. Do_Scroll ist eine neue Funktion, die das Scrollen der Grafik und das Verschieben des Scrollbar-Thumbs organisiert. Diese Funktion faßt zwei Aktionen zusammen: Erstens sorgt Do_Scroll

dafür, daß der Scrollbar-Thumb verschoben wird, indem die Funktion Scroll_Scrollbars aufgerufen wird. Zweitens ruft Do_Scroll die Funktion Scroll_Graphics auf, die für das Verschieben der Grafik sorgt.

7. Die neue Funktion Scroll_Scrollbar sorgt mit einem Aufruf von SetCtlValue dafür, daß sich der Scrollbar-Thumb um den gewünschten Bereich verschiebt, um den Thumb mit der Grafik zu synchronisieren. Scroll_Scrollbar ist gleichzeitig eine "Kontrollfunktion". Ist der Wert, um den gescrollt werden, soll zu groß, so verhindert Scroll_Scrollbar, daß die Grafik zu weit gescrollt wird, indem sie den Ergebniswert der Funktion verändert. Dieser Ergebniswert wird von Do_Scroll dazu verwendet, Scroll_Graphics mitzuteilen, um wieviele Punkte die Grafik gescrollt werden soll. Auf diese Weise bildet die minimale bzw. maximale Position des Scrollbar-Thumbs die Grenze des Scroll-Bereiches.

8. Scroll_Graphics ist eine neue Funktion, die von Do_Scroll und Do_ContentClick aufgerufen wird, um die Grafik des Fensters zu verschieben. Do_Scroll benutzt die QuickDraw-Funktion ScrollRect, um die Grafik zu verschieben, und sorgt anschließend dafür, daß die freigelegten Bereiche neugezeichnet werden.

9. Die Funktionen Do_GrowWindow und Do_ZoomWindow wurden um einen Aufruf der neuen Funktion Adjust_Scrollbars erweitert, damit sich die Scrollbars an eine neue Fenstergröße anpassen können.

10. Adjust_Scrollbars ist eine neue Funktion, die die Position und Größe der Scrollbars an eine neue Fenstergröße anpaßt. Nachdem die Scrollbars verschoben und vergrößert bzw. verkleinert wurden, wird die Funktion Recalc_Scrollbars aufgerufen, um die veränderte Relation zwischen den verdeckten Teilen der Grafik und der Fenstergröße zu überprüfen.

11. Die neue Funktion Recalc_Scrollbars vergleicht die Größe der Grafik mit der neuen Fenstergröße. Ist das Fenster kleiner als die Grafik, so wird der vertikale bzw. der horizontale Scrollbar aktiviert. Recalc_Scrollbars berechnet auch den verdeckten Bereich der Grafik und setzt die maximalen Werte der Scrollbars, so daß

eine eindeutige Beziehung zwischen den Scrollbars und dem verdeckten Bereich hergestellt wird. Ist die gesamte Grafik sichtbar, so werden die Scrollbars deaktiviert.

12. Die Funktion Do_Update wurde so erweitert, daß sie bei einem Update-Event die Scrollbars des Fensters neu zeichnet.

13. Set_DrawingEnv wurde so verändert, daß der Ursprung des Koordinatensystems mit der verschobenen Grafik in Einklang gebracht wird. Set_DrawingEnv wird von Do_Update aufgerufen, bevor die Zeichenroutine Draw_Graphics aufgerufen wird, so daß die Verschiebung des Ursprungs dazu führt, daß bei einem Update-Event an der richtigen Stelle gezeichnet wird.

14. Die veränderte Version von Set_WindowEnv sorgt dafür, daß der Ursprung des Koordinatensystems wieder auf den alten Nullpunkt gesetzt wird, und hebt dadurch die Auswirkungen von Set_DrawingEnv auf. Dies wird nötig, da auch die Scrollbars im Koordinatensystem des Fensters definiert sind und verschoben werden, wenn sich der Ursprung des Koordinatensystems ändert. Diese Funktion wird daher direkt nach dem Zeichnen der Grafik (Draw_Graphics) aufgerufen, um das Koordinatensystem wieder in den Normalzustand zu versetzen.

15. Die Funktion Do_Activate wurde so erweitert, daß sie bei einem DeActivate-Event dafür sorgt, daß die Scrollbars versteckt werden (HideControl), bzw. bei einem Activate-Event wieder gezeigt werden (ShowControl).

Abb. 12-13 Die Grafik zeigt den veränderten Kontrollfluß in Minimum4 im Vergleich zum vorangegangenen Beispiel Minimum3. Die veränderten bzw. neuen Routinen sind hervorgehoben.

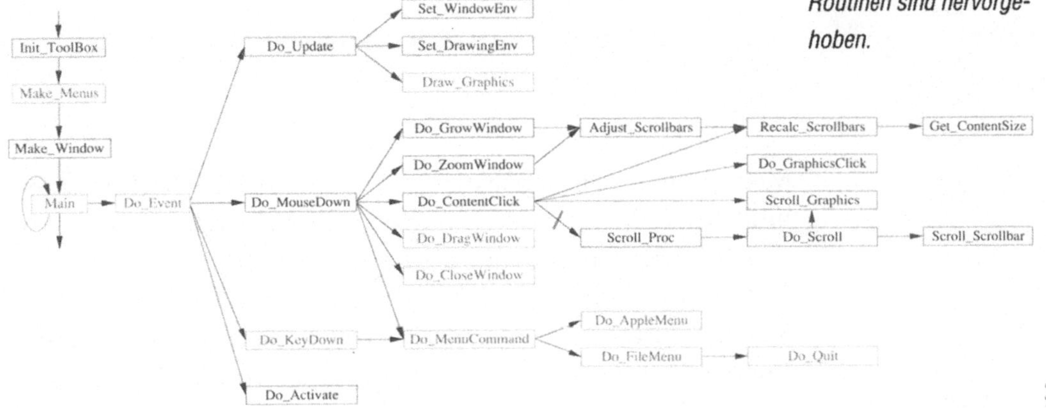

Im Nachfolgenden werden die geänderten bzw. die neuen Routinen von Minimum4 analysiert:

Zunächst wird eine neue Interface-Datei benötigt, um mit den Routinen und Datenstrukturen des Control-Managers arbeiten zu können. Diese Interface-Datei wird mit Hilfe des **#include**-Statements in Zeile 8 in den Quelltext eingebunden.

Die Interface-Datei ***"Controls.h"*** *enthält die Deklaration der Datenstrukturen und Routinen des Control-Managers.*

```
1: #include <Types.h>
2: #include <QuickDraw.h>
3: #include <Fonts.h>
4: #include <Windows.h>
5: #include <Events.h>
6: #include <ToolUtils.h>
7: #include <Menus.h>
8: #include <Controls.h>
```

Minimum4 verwendet weiterhin zwei neue globale Variablen, um den horizontalen bzw. den vertikalen Scrollbar zu verwalten.

Zwei neue globale Variablen.

```
1: ControlHandle     gHorizScrollbar,
2:                   gVertScrollbar;
```

Die veränderte Version der Funktion Make_Window:

Make_Window installiert jetzt zwei Scrollbars in dem neu erzeugten Fenster.

```
1: void Make_Window (void)
2: {
3:    gWindow = GetNewWindow (128, NULL,
           (WindowPtr) -1);
4:    SetPort (gWindow);
5:    gVertScrollbar = GetNewControl (128,
           gWindow);
6:    gHorizScrollbar = GetNewControl (129,
           gWindow);
7: }
```

Make_Window erzeugt in den Zeilen 5 und 6 die beiden Scrollbars und installiert sie in dem durch **GetNewWindow** erzeugten Fenster. Um die Scrollbars zu erzeugen, wird die Funktion **GetNewControl** aufgerufen und die Resource-ID einer 'CNTL'-Resource bzw. ein Pointer auf das Fenster übergeben. **GetNew-Control** lädt die 'CNTL'-Resource mit der entsprechenden Resource-ID und generiert einen neuen Control auf der Grundlage dieses Control-Templates. Dieser Control wird im Fenster installiert und der Handle auf den ControlRecord an das Programm zurückgegeben.

Neue Resources:

```
 1: resource 'CNTL' (128) {  /* Vertikal     */
 2:    {-1, 385, 286, 401},   /* Rect         */
 3:    0,                     /* Value        */
 4:    visible,               /* Visible ?    */
 5:    0,                     /* Max          */
 6:    0,                     /* Min          */
 7:    scrollBarProc,         /* CDEF         */
 8:    0,                     /* RefCon       */
 9:    ""                     /* Title        */
10: };
11:
12: resource 'CNTL' (128) {  /* Horizontal   */
13:    {285, -1, 301, 386},   /* Rect         */
14:    0,                     /* Value        */
15:    visible,               /* Visible ?    */
16:    0,                     /* Max          */
17:    0,                     /* Min          */
18:    scrollBarProc,         /* CDEF         */
19:    0,                     /* RefCon       */
20:    ""                     /* Title        */
21: };
```

Die 'CNTL'-Resource für den vertikalen Scrollbar.

Diese 'CNTL'-Resource definiert den horizontalen Scrollbar.

Die Zeilen 1 bis 10 definieren den vertikalen, die Zeilen 12 bis 21 den horizontalen Scrollbar. Die initiale Position der Scrollbars entspricht der Position, die sie bei der ursprünglichen Fenstergröße einnehmen sollen. Die Scrollbars sind so positioniert, daß sich die Ränder der Scrollbars mit dem Fensterrahmen überlappen. Dies wird nötig, da auch die Scrollbars einen Rahmen besitzen und eine doppelte Umrahmung vermieden werden soll. Die überlappende Positionierung wird an der vertikalen Position des horizontalen Scrollbars (-1) deutlich.

Die Position des vertikalen Scrollbars ist um einen Punkt zu weit nach rechts gesetzt, um den rechten Rand des Scrollbars mit dem Fensterrahmen zu vereinigen.

Die Scrollbars sind als **visible** gekennzeichnet.

Die voreingestellten Werte (aktuell, minimal und maximal) sind auf **0** gesetzt, da diese erst zur Laufzeit berechnet werden können.

Das Feld RefCon ist bei beiden Scrollbars auf den Wert **0** gesetzt, da die Scrollbars zur Laufzeit des Programms durch die globalen Variablen gHorizScrollbar bzw. gVertScrollbar unterschieden werden können.

Die modifizierte Version von Do_MouseDown:

*Do_MouseDown reagiert jetzt auf einen Klick in den inneren Bereich des Fensters (Fensterinhalt), indem die Funktion **Do_ContentClick** aufgerufen wird.*

```
 1: void Do_MouseDown (void)
 2: {
 3:    short        part;
 4:    WindowPtr    theWindow;
 5:
 6:    part = FindWindow (gEvent.where,
           &theWindow);
 7:    switch (part)
 8:    {
 9:       case inSysWindow:
10:          SystemClick (&gEvent, theWindow);
11:          break;
12:
13:       case inContent:
14:          Do_ContentClick (theWindow);
15:          break;
16:
17:       case inDrag:
18:          Do_DragWindow (theWindow);
19:          break;
20:
21:       case inZoomIn:
22:       case inZoomOut:
23:          Do_ZoomWindow (theWindow, part);
24:          break;
25:
26:       case inGrow:
27:          Do_GrowWindow (theWindow);
28:          break;
29:
30:       case inGoAway:
31:          Do_CloseWindow (theWindow);
32:          break;
33:
34:       case inMenuBar:
35:          Do_MenuCommand (
```

```
             MenuSelect (gEvent.where));
36:          break;
37:     }
38: }
```

Wenn FindWindow festgestellt hat, daß der Mausklick im Fensterinhalt gelegen hat, so gibt diese Funktion den Ergebniswert inContent zurück. Do_MouseDown verzweigt dann in Zeile 14 in die Event-Behandlungsroutine **Do_ContentClick** und übergibt ihr das Fenster, welches getroffen wurde, als Parameter. **Do_ContentClick** ist für die Reaktion auf einen Mausklick in den Fensterinhalt zuständig.

Die neue Funktion Do_ContentClick:

Do_ContentClick untersucht, ob der Mausklick in einem der beiden Controls liegt. Wenn dies der Fall ist, dann sorgt diese Funktion dafür, daß der Benutzer die Grafik scrollen kann.

```
 1: void Do_ContentClick (WindowPtr  theWindow)
 2: {
 3:    short          part,
 4:                   oldValue,
 5:                   newValue;
 6:    Point          locMouse;
 7:    ControlHandle  theControl;
 8:
 9:    locMouse = gEvent.where;
10:    GlobalToLocal (&locMouse);
11:    part = FindControl (locMouse, theWindow,
            &theControl);
12:
13:    switch (part)
14:    {
15:       case 0:
16:          Do_GraphicsClick ();
17:          break;
18:
19:       case inThumb:
20:          oldValue = GetCtlValue (theControl);
21:          TrackControl (theControl, locMouse,
                 NULL);
22:          newValue = GetCtlValue (theControl);
23:          if (oldValue != newValue)
24:          {
25:             if (theControl == gVertScrollbar)
26:                Scroll_Graphics (theWindow,
                     0, oldValue - newValue);
```

```
27:             else
28:                Scroll_Graphics (theWindow,
                      oldValue - newValue, 0);
29:             Recalc_Scrollbars (theWindow);
30:          }
31:          break;
32:
33:       default:
34:          TrackControl (theControl, locMouse,
                (ProcPtr) &Scroll_Proc);
35:          Recalc_Scrollbars (theWindow);
36:          break;
37:    }
38: }
```

Die Funktion Do_ContentClick wird aufgerufen, wenn der Benutzer in den Fensterinhalt klickt. Die Aufgabe dieser Funktion liegt darin, festzustellen, ob der Mausklick in einem der beiden Scrollbars gelegen hat, und dann entsprechend darauf zu reagieren.

*Bevor die Funktion **FindControl** aufgerufen wird, müssen die Koordinaten des Mausklicks auf das lokale Koordinatensystem des Fensters umgerechnet werden.*

Do_ContentClick verwendet zu diesem Zweck in Zeile 10 zunächst die QuickDraw-Funktion **GlobalToLocal**, um die Koordinaten des MouseDown-Events auf das lokale Koordinatensystem des Fensters umzurechnen. Dies wird nötig, da die Mausklick-Koordinaten, die mit dem EventRecord mitgeliefert werden (**gEvent.where**), im globalen Koordinatensystem definiert sind, die Funktion **FindControl** jedoch davon ausgeht, daß die übergebenen Koordinaten auf das lokale Koordinatensystem des Fensters bezogen sind.

In Zeile 11 wird dann die Funktion **FindControl** aufgerufen, um herauszufinden, ob der Mausklick in einem der beiden Scrollbars gelegen hat. Das Fenster, in welchem **FindControl** suchen soll, wird mit dem Parameter **theWindow** spezifiziert. Dieser Parameter ist die Adresse des Fensters, in dem der Mausklick liegt. **FindControl** gibt durch den Ergebniswert an, ob ein Control getroffen wurde, und wenn dies der Fall ist, in welchen Teil des Controls geklickt wurde. Wenn ein Control getroffen wurde, so gibt **FindControl** den ControlHandle dieses Controls in der Variablen **theControl** zurück.

In Zeile 13 wird anhand des Ergebniswertes von **FindControl** entschieden, wie auf den Mausklick reagiert wird. Liegt der Mausklick nicht in einem Scrollbar (**FindControl** hat den Wert 0 zurückgegeben), so wird in Zeile 16 die neu definierte Funktion **Do_GraphicsClick** aufgerufen. **Do_GraphicsClick** ist (zur Zeit) eine Dummy-Funktion ohne Inhalt und kann in späteren Projekten mit Funktionalität versehen werden, um auf einen Klick in die Grafik zu reagieren.

Do_GraphicsClick ist eine Dummy-Funktion, die erst bei späteren Erweiterungen verwendet wird.

Liegt der Klick im Thumb eines Scrollbars, so wird in Zeile 20 zunächst der aktuelle Wert des Controls zwischengespeichert, indem die Funktion **GetCtlValue** aufgerufen wird. Dieser Wert wird zwischengespeichert, um nach dem Verschieben des Thumbs die Differenz zwischen der alten und der neuen Position auszurechnen und entsprechend zu scrollen.

In Zeile 21 wird die Funktion **TrackControl** aufgerufen, um dem Benutzer die Möglichkeit zu geben, den Thumb zu verschieben. **TrackControl** übernimmt die Kontrolle und verfolgt die Mausposition solange, bis der Benutzer die Maustaste losläßt.

Der neue Wert des Scrollbars wird in Zeile 22 durch den erneuten Aufruf von **GetCtlValue** abgefragt und in der lokalen Variablen **newValue** abgelegt. Wenn der neue Wert ungleich dem alten Wert ist, so hat der Benutzer den Thumb verschoben, und das Programm reagiert in den Zeilen 25 bis 30, indem die Grafik gescrollt wird.

In welcher Richtung gescrollt werden soll (horizontal oder vertikal), hängt davon ab, welcher der beiden Scrollbars getroffen wurde. Die lokale Variable **theControl** verweist auf den Scrollbar, auf welchen der Benutzer geklickt hat. Diese Variable wird mit der globalen Variablen **gVertScrollbar** verglichen, um festzustellen, ob der vertikale Scrollbar getroffen wurde. Ist dies der Fall, so wird die Scroll-Routine **Scroll_Graphics** in Zeile 26 so aufgerufen, daß ihr die Anzahl der zu scrollenden Punkte anstelle des letzten Parameters (vertikal) übergeben wird. Ist der vertikale Scrollbar nicht getroffen, so bleibt eigentlich nur der horizontale übrig, und **Scroll_Graphics** wird in Zeile 28 so aufgerufen, daß horizontal gescrollt wird.

Scroll_Graphics ist für das Verschieben der Grafik verantwortlich.

Nachdem gescrollt wurde, muß das Verhältnis zwischen den verdeckten Teilen der Grafik und dem Fenster neu überprüft werden. Dies geschieht, indem in Zeile 29 die neue Funktion

Recalc_Scrollbars aufgerufen wird. **Recalc_Scrollbars** vergleicht den verdeckten Teil der Grafik mit dem Fenster und modifiziert die Scrollbars entsprechend.
Hat der Benutzer in einen anderen Teil als den Thumb des Scrollbars geklickt, so wird in Zeile 34 die Funktion **TrackControl** aufgerufen. Im Gegensatz zum Aufruf von **TrackControl** bei einem Klick in den Thumb wird hier die Adresse einer "Call-Back-Routine" übergeben. Diese Routine (**Scroll_Proc**) wird von **TrackControl** wiederholt aufgerufen, solange der Benutzer die Maustaste gedrückt hält. **Scroll_Proc** sorgt dann dafür, daß die Grafik gescrollt und der Thumb des Scrollbars neu positioniert wird.
Nachdem gescrollt wurde, muß das Verhältnis zwischen dem verdeckten Teil der Grafik und dem Fenster neu überprüft werden. Daher wird in Zeile 35 die Funktion **Recalc_Scrollbars** aufgerufen, um diese Aufgabe zu erledigen.

Die neue Funktion Scroll_Proc:

Scroll_Proc ist eine Call-Back-Routine, die dafür sorgt, daß die Grafik gescrollt wird, solange der Benutzer die Maustaste gedrückt hält. Sie wird eingesetzt, wenn der Benutzer z.B. in den "Pfeil nach oben" des Scrollbars geklickt hat.

```
 1: pascal void Scroll_Proc (
                      ControlHandle     theControl,
                      short             part)
 2: {
 3:    short         amount = 0;
 4:    WindowPtr     theWindow;
 5:
 6:    theWindow = (**theControl).contrlOwner;
 7:
 8:    switch (part)
 9:    {
10:       case inPageUp:
11:          amount =
               -(theWindow->portRect.bottom-36);
12:          break;
13:
14:       case inPageDown:
15:          amount =
               theWindow->portRect.bottom-36;
16:          break;
17:
18:       case inUpButton:
19:          amount = -20;
20:          break;
21:
```

```
22:       case inDownButton:
23:         amount = 20;
24:         break;
25:   }
26:
27:   if (theControl == gVertScrollbar)
28:     Do_Scroll (theWindow, 0, amount);
29:   else
30:     Do_Scroll (theWindow, amount, 0);
31: }
```

Die Funktion Scroll_Proc wird von TrackControl wiederholt aufgerufen, solange die Maustaste gedrückt ist und sich die Mausposition innerhalb des getroffenen Scrollbar-Teils befindet. TrackControl übergibt dieser "Call-Back-Routine" den Control-Handle auf den getroffenen Control (**theControl**) sowie den Identifikationscode für den getroffenen Scrollbar-Teil (**part**). Scroll_Proc sorgt dafür, daß der Scrollbar-Thumb neu positioniert wird, und daß die Grafik gescrollt wird.

Die Funktion Scroll_Proc holt sich zunächst die Adresse des Fensters aus dem ControlRecord des getroffenen Controls. Dies geschieht in Zeile 6, indem der ControlHandle dereferenziert wird, um an den ControlRecord zu gelangen und dort auf das Feld **contrlOwner** zuzugreifen. Dieses Feld enthält den WindowPtr auf das Fenster, zu dem der Control gehört. Die Funktion Scroll_Proc braucht durch diesen "Klimmzug" nicht auf die globale Variable **gWindow** zuzugreifen, was eine Erweiterung des Programms in bezug auf die Verwaltung mehrerer Fenster erleichtert.

In Zeile 8 wird anhand des von TrackControl übergebenen Identifikationscodes entschieden, in welche Richtung und um wieviele Punkte gescrollt werden soll.

Hat der Benutzer in den "Seiten-Blättern"-Bereich des Scrollbars (inPageUp oder inPageDown) geklickt, so soll jeweils um eine Seite (Zeichenbereichshöhe oder Zeichenbereichsbreite) gescrollt werden. Die Höhe des Zeichenbereiches entspricht dem **portRect.bottom** des Fensters minus 16 Punkte für den Scrollbar. Die "Human Interface Guidelines" schreiben vor, daß bei diesem sogenannten "Paging" jeweils 20 Punkte der letzten Seite sichtbar bleiben sollen. Die Scroll-Distanz ergibt sich daher aus **portRect.bottom** minus **36** (16 + 20) Punkte.

Je nach dem, ob der Benutzer nach oben bzw. links oder nach unten bzw. rechts scrollen will, wird noch das Vorzeichen gesetzt, so daß der Wert **amountH** bzw. **amountV** auch die Richtung, in die gescrollt werden soll, angibt.
Wenn der Benutzer in den "Pfeil nach oben" (inUpButton) oder den "Pfeil nach unten" (inDownButton) geklickt hat, so scrollt das Programm jeweils um 20 Punkte in die entsprechende Richtung.
In Zeile 28 wird der getroffene Scrollbar mit der globalen Variablen **gVertScrollbar** verglichen, um festzustellen, ob der Benutzer in den vertikalen oder den horizontalen Scrollbar geklickt hat. Je nach dem, ob horizontal oder vertikal gescrollt werden soll, wird **Do_Scroll** in verschiedener Weise aufgerufen.

Die neue Funktion Do_Scroll:

Do_Scroll sorgt für das Verschieben der Grafik bzw. für eine neue Positionierung des Scrollbar-Thumbs.

```
1: void Do_Scroll (
           WindowPtr    theWindow,
           short        amountH,
           short        amountV)
2: {
3:    amountH = Scroll_Scrollbar (
           gHorizScrollbar, amountH);
4:    amountV = Scroll_Scrollbar (
           gVertScrollbar, amountV);
5:
6:    Scroll_Graphics (theWindow, -amountH,
           -amountV);
7: }
```

Do_Scroll faßt das Verschieben des Thumbs und das Scrollen der Grafik zusammen.
Der Funktion werden drei Parameter übergeben. Der WindowPtr **theWindow** spezifiziert das Fenster, dessen Inhalt gescrollt werden soll. Die Parameter **amountH** bzw. **amountV** geben die Anzahl der Punkte an, um die gescrollt werden soll. Das Vorzeichen dieser Parameter bestimmt die Richtung.
Zunächst verändert diese Funktion die Position der Scrollbar-Thumbs, indem in den Zeilen 3 und 4 die Funktion **Scroll_Scrollbar** aufgerufen wird. **Scroll_Scrollbar** hat (neben dem Setzen der neuen Thumb-Position) die Aufgabe, festzustellen, ob überhaupt noch

in die gewünschte Richtung gescrollt werden kann, oder ob der Scrollbar-Thumb bereits ganz auf dem Minimum oder Maximum steht. Wenn der Thumb beispielsweise zu weit links steht, so gibt **Scroll_Scrollbar** die Anzahl an Punkten, um die noch nach links gescrollt werden kann, als Ergebniswert zurück. Da die modifizierten Werte in den folgenden Aufrufen verwendet werden, ist sichergestellt, daß nicht zu weit gescrollt wird.
In Zeile 6 wird schließlich die Funktion **Scroll_Graphics** aufgerufen, die die Grafik verschiebt. Da die Grafik (verglichen mit den Scrollbars) immer in die entgegengesetzte Richtung gescrollt wird, werden die Parameter **amountH** bzw. **amountV** negiert, bevor sie an **Scroll_Graphics** übergeben werden.

Die neue Funktion Scroll_Scrollbar:

Scroll_Scrollbar paßt die Position des Scrollbar-Thumbs an die neue Scroll-Position an. Sie übernimmt gleichzeitig eine Kontrollfunktionalität, indem sie den maximalen Wert, um den in die gewünschte Richtung gescrollt werden kann, beachtet und den Rückgabewert entsprechend modifiziert.

```
 1: short Scroll_Scrollbar (
                ControlHandle     theControl,
                short             amount)
 2: {
 3:     short      value, maxValue;
 4:
 5:     value = GetCtlValue (theControl);
 6:     maxValue = GetCtlMax (theControl);
 7:
 8:     if (value + amount > maxValue)
 9:        amount = maxValue - value;
10:
11:     if (value + amount < 0)
12:        amount = -value;
13:
14:     SetCtlValue (theControl, amount + value);
15:
16:     return amount;
17: }
```

Scroll_Scrollbar bekommt den Scrollbar, dessen Thumb verschoben werden soll, bzw. die neue relative Position des Scrollbars als Parameter.
In den Zeilen 5 und 6 wird zunächst der aktuelle bzw. der maximale Wert des Scrollbars abgefragt und in den lokalen Variablen **value** bzw. **maxValue** abgelegt.

Die Position des Scrollbar-Thumbs bzw. der Wert des Controls entspricht der Anzahl der Punkte, um die die Grafik gescrollt ist. Es besteht also eine eindeutige Beziehung zwischen dem Scrollbar-Wert und dem Koordinatensystem-ursprung.

Der minimale bzw. maximale Wert des Scrollbars bildet die Grenze für die jeweilige Scroll-Richtung.

In Zeile 8 wird untersucht, ob der gewünschte aktuelle Wert des Scrollbars größer ist als der maximal erlaubte Wert. Ist dies der Fall, so verhindert Scroll_Scrollbar, daß zu weit gescrollt wird, indem der Ergebniswert amount auf die Differenz zwischen dem maximalen und aktuellen Scrollbar-Wert gesetzt wird. Diese Differenz entspricht der Anzahl der Punkte, um die noch nach rechts bzw. nach unten gescrollt werden kann.
In Zeile 11 bzw. 12 wird dasselbe Verfahren in umgekehrter Richtung angewendet: Hier wird zunächst abgefragt, ob der neue gewünschte Wert (**value** + **amount**) im negativen Bereich liegt. In diesem Fall würde zu weit nach links bzw. oben gescrollt. Um dies zu verhindern, wird in Zeile 12 der Ergebniswert **amount** auf den negierten aktuellen Thumb-Wert (-**value**) gesetzt. Dieser Wert entspricht der Anzahl der Punkte, um die noch nach links bzw. nach oben gescrollt werden kann.
In Zeile 14 wird der Scrollbar auf den neuen Wert gesetzt, was dazu führt, daß die Position des Scrollbar-Thumbs verschoben wird.
Der (auf die Grenzwerte des Scrollbars beschränkte) Scroll-Wert amount wird in Zeile 16 zurückgegeben. Dieser Wert wird von der aufrufenden Funktion Do_Scroll dazu verwendet, die Funktion Scroll_Graphics aufzurufen.

Die neue Funktion Scroll_Graphics:

Scroll_Graphics ist für die eigentliche Aktion des Scrollens verantwortlich; sie verschiebt die Grafik und sorgt dafür, daß die freigelegten Bereiche neu gezeichnet werden.

```
 1: void Scroll_Graphics (short   amountH,
                         short   amountV)
 2: {
 3:    Rect         rect2Scroll;
 4:    RgnHandle    updateRgn;
 5:
 6:    Set_DrawingEnv (theWindow);
 7:    rect2Scroll = theWindow->portRect;
 8:    rect2Scroll.bottom -= 15;
 9:    rect2Scroll.right -= 15;
10:    updateRgn = NewRgn ();
11:    ScrollRect (&rect2Scroll, amountH,
          amountV, updateRgn);
12:    SetClip (updateRgn);
```

```
13:     Draw_Graphics (theWindow);
14:     Set_WindowEnv (theWindow);
15:     DisposeRgn (updateRgn);
16: }
```

Die Funktion Scroll_Graphics übernimmt das Scrollen des Fensterinhaltes (der Grafik). Das Fenster bzw. die Anzahl der Punkte, um die horizontal bzw. vertikal gescrollt werden soll, werden ihr als Parameter übergeben.

Scroll_Graphics sorgt zunächst dafür, daß der Koordinatensystemursprung so gesetzt wird, daß er der verschobenen Grafik entspricht, indem in Zeile 6 die Funktion **Set_DrawingEnv** aufgerufen wird. **Set_DrawingEnv** verwendet die QuickDraw-Funktion SetOrigin, um den Koordinatensystemursprung so zu setzen, daß er mit der verschobenen Grafik synchronisiert ist.

Das Rechteck, welches gescrollt werden soll, entspricht dem Zeichenbereich, der sich aus dem **portRect** des Fensters (innerer Bereich des Fensters) minus 15 Punkte in horizontaler bzw. vertikaler Richtung (Platz für die Scrollbars) ergibt.

Die Scrollbars nehmen bei der Berechnung nur 15 Punkte ein, da sie um einen Punkt zu weit nach rechts bzw. nach unten positioniert sind, um mit dem Fensterrahmen zu verschmelzen.

Dieses Rechteck wird in Zeile 11 an die QuickDraw-Funktion **ScrollRect** übergeben, welche den Inhalt des Rechtecks verschiebt. Die Scroll-Richtung und die Anzahl der Punkte, um die gescrollt werden soll, wird durch die Parameter **amountH** bzw. **amountV** angegeben. ScrollRect berechnet auch den Bereich, der durch das Verschieben der Grafik freigelegt wurde, und legt diesen Bereich in der übergebenen Region **updateRgn** ab. ScrollRect setzt voraus, daß die übergebene Region bereits angelegt worden ist, daher wird dies in Zeile 10 mit Hilfe der QuickDraw-Funktion **NewRgn** getan. Zeile 12 sorgt durch den Aufruf von **SetClip** dafür, daß **Draw_Graphics** in Zeile 13 nur in dem Bereich zeichnet, der auch wirklich neu gezeichnet werden darf, indem die Clipping-Region auf den neuzuzeichnenden Bereich gesetzt wird. Dieses Clipping bewirkt einen ruhigen und schnellen Bildschirmaufbau, da die Teile der Grafik, die noch intakt sind, nicht übermalt werden.

Der Aufruf von **Set_WindowEnv** in Zeile 14 sorgt dafür, daß die Clipping-Region wieder dem gesamten Fensterinhalt entspricht, und daß der Ursprung des Koordinatensystems auf den normalen Ursprung (0,0) zurückgesetzt wird.

Da Scroll_Graphics keinen Speicher verschwenden soll, wird in Zeile 15 die Region updateRgn mit einem Aufruf von **DisposeRgn** freigegeben.

Die modifizierte Version von Set_DrawingEnv :

```
 1: void Set_DrawingEnv (WindowPtr  theWindow)
 2: {
 3:    Rect    drawableRect;
 4:    Point   origin;
 5:
 6:    SetPort (theWindow);
 7:
 8:    origin.h = GetCtlValue (gHorizScrollbar);
 9:    origin.v = GetCtlValue (gVertScrollbar);
10:    SetOrigin (origin.h, origin.v);
11:
12:    drawableRect = theWindow->portRect;
13:    drawableRect.right -= 15;
14:    drawableRect.bottom -= 15;
15:    ClipRect (&drawableRect);
16: }
```

Abb. 12-14 Set_DrawingEnv synchronisiert den Koordinatensystem-ursprung mit der Position der Scrollbar-Thumbs, d.h. mit der Anzahl der Punkte, um die gescrollt wurde.

Die veränderte Version von Set_DrawingEnv setzt den Ursprung des Koordinatensystems neu, so daß er mit der verschobenen Grafik synchronisiert ist.

Wenn die Grafik verschoben ist, so entsprechen die Werte der Scrollbars der Anzahl der Punkte, um die die Grafik verschoben ist. Der Koordinatensystemursprung kann daher an den aktuellen Werten der Scrollbars abgelesen werden. Dies geschieht in den Zeilen 8 und 9, indem die Funktion **GetCtlValue** aufgerufen wird, um den aktuellen Wert der Scrollbars abzufragen.

Der Aufruf von **SetOrigin** in Zeile 10 setzt den Koordinatensystemursprung so, daß die linke obere Ecke des Fensters die übergebenen Koordinaten hat. Die linke obere Ecke des Fensters hat nach diesem Aufruf beispielsweise die Koordinate (0, 40), wenn zweimal vertikal gescrollt wurde. Sämtliche QuickDraw-Funktionen beziehen sich auf diesen Koordinatensystemursprung und zeichnen daher nach dem Aufruf von SetOrigin an einer anderen Stelle.

Die veränderte Version von Set_WindowEnv:

```
1: void Set_WindowEnv (WindowPtr theWindow)
2: {
3:    SetPort (theWindow);
4:    SetOrigin (0, 0);
5:    ClipRect (&theWindow->portRect);
6: }
```

Set_WindowEnv setzt den Koordinatensystemursprung wieder auf die ursprüngliche Position (0,0) zurück.

Set_WindowEnv sorgt in Zeile 4 dafür, daß der Koordinatensystemursprung (das Koordinatenpaar der linken oberen Ecke des Fensters) wieder auf (0,0) steht, indem **SetOrigin** mit (0,0) aufgerufen wird. Sämtliche QuickDraw-Funktionen zeichnen jetzt ausgehend von diesem (normalen) Ursprung des Koordinatensystems.
Dieses "Zurücksetzen" des Koordinatensystems wird notwendig, da auch die Scrollbars im lokalen Koordinatensystem des Fensters definiert sind (sie werden ja auch mit QuickDraw-Funktionen gezeichnet). Würde der Ursprung des Koordinatensystems nicht zurückgesetzt, so würden sich auch die Scrollbars verschieben (ein witziges User-Interface !).

Die neue Funktion Adjust_Scrollbars:

```
 1: void Adjust_Scrollbars (WindowPtr theWindow)
 2: {
 3:    short  newPos, newSize;
 4:
 5:    newPos = theWindow->portRect.right-15;
 6:    newSize = theWindow->portRect.bottom-13;
 7:
 8:    HideControl (gVertScrollbar);
 9:    MoveControl (gVertScrollbar,newPos,- 1);
10:    SizeControl (gVertScrollbar,16,newSize);
11:
12:    newPos = theWindow->portRect.bottom - 15;
13:    newSize = theWindow->portRect.right - 13;
14:
15:    HideControl (gHorizScrollbar);
16:    MoveControl (gHorizScrollbar,-1,newPos);
17:    SizeControl (gHorizScrollbar,newSize,16);
18:
19:    Recalc_Scrollbars (theWindow);
```

Wenn das Fenster vergrößert oder verkleinert wurde, sorgt Adjust_Scrollbars dafür, daß die Position und Größe der Scrollbars an die neue Fenstergröße angepaßt wird.

```
20:
21:     ShowControl (gHorizScrollbar);
22:     ShowControl (gVertScrollbar);
23: }
```

Adjust_Scrollbars wird von Do_GrowWindow und auch von Do_ZoomWindow aufgerufen, um die Position und Größe der Scrollbars an eine veränderte Fenstergröße anzupassen.

Zunächst wird in den Zeilen 5 bis 10 dafür gesorgt, daß der vertikale Scrollbar an eine neue Fenstergröße angepaßt wird. Dafür sind zwei Parameter interessant:

1. Die neue horizontale Position des Scrollbars, die sich in Zeile 5 aus der Fensterbreite (**portRect.right**) minus 15 Punkte (Scrollbar-Breite minus 1) ergibt.

2. Die neue Größe (Höhe) des Scrollbars, die sich in Zeile 6 aus der Höhe des Fensters (**portRect.bottom**) minus 13 Punkte (Scrollbar-Breite minus 3) ergibt.

Die etwas merkwürdig wirkenden Konstanten, die bei der Position bzw. der Höhe des Scrollbars abgezogen werden, ergeben sich daher, daß die Ränder eines Scrollbars, der am Fensterrand liegt, verdeckt werden sollen. Daher wird die Position des Scrollbars (der eigentlich 16 Punkte breit ist) einen Punkt zu weit nach rechts geschoben. Die Länge des Scrollbars entspricht der Höhe des Fensters minus 13 Punkte, da der vertikale Scrollbar unten Platz für die Grow-Box lassen muß.

Bevor die Position und Größe des Scrollbars verändert werden, wird der Scrollbar in Zeile 8 zunächst versteckt, indem **HideControl** aufgerufen wird. Dieses "Verstecken" des Scrollbars bewirkt, daß er bei der nachfolgenden Veränderung der Position bzw. der Höhe nicht hin- und herspringt und erzeugt damit einen harmonischeren Bildschirmaufbau.

In Zeile 9 wird der vertikale Scrollbar mit einem Aufruf von **MoveControl** an seine neue Position (linke obere Ecke des Controls) gebracht. Diese Position ergibt sich aus der berechneten neuen horizontalen Position (**newPos**) und der vertikalen Position (-1). Auch hier wird ein Rand des Scrollbars (der obere) durch eine entsprechende Positionierung (-1) verdeckt.

Der Aufruf von **SizeControl** in Zeile 10 sorgt dafür, daß der vertikale Scrollbar an die neue Fensterhöhe angepaßt wird. Diese Funktion ändert die Größe des Scrollbars auf die übergebene Breite

bzw. Höhe. Als neue Höhe wird die berechnete Höhe (**newSize**), als neue Breite die übliche Scrollbar-Breite (16 Punkte) übergeben.
Das beschriebene Verfahren wird in den Zeilen 12 bis 17 für den horizontalen Scrollbar wiederholt, um dessen neue Position und Größe zu bestimmen.
Die Zeilen 12 bis 17 bewirken die Positionierung bzw. Berechnung der neuen Breite des horizontalen Scrollbars.
In Zeile 19 wird die Funktion **Recalc_Scrollbars** aufgerufen, um die maximalen Werte der Scrollbars neu zu berechnen. Dies wird nötig, da durch eine Vergrößerung bzw. Verkleinerung des Fensters der verdeckte Bereich der Grafik verändert werden kann. Da die maximalen Werte der Scrollbars mit der Anzahl der verdeckten Punkte der Grafik übereinstimmen sollen (sie bilden die Grenzwerte beim Scrollen), ist diese Neuberechnung sehr wichtig.
In den Zeilen 21 bzw. 22 werden die beiden Scrollbars schließlich wieder sichtbar gemacht, indem die Funktion **ShowControl** aufgerufen wird.

Die neue Funktion Recalc_Scrollbars:

Recalc_Scrollbars berechnet die maximalen Werte der Scrollbars anhand der Fenstergröße bzw. anhand der aktuellen Scroll-Position. Diese Funktion sorgt auch dafür, daß die Scrollbars (nach einer Größenänderung des Fensters) aktiviert werden, wenn Teile der Grafik verdeckt sind.

```
 1: void Recalc_Scrollbars (WindowPtr theWindow)
 2: {
 3:    short  drawRectH, drawRectV,
 4:           contSizeH, contSizeV,
 5:           invisPoints;
 6:
 7:    drawRectH= theWindow->portRect.right-15;
 8:    drawRectV= theWindow->portRect.bottom-15;
 9:    Get_ContentSize (theWindow, &contSizeH,
         &contSizeV);
10:    invisPoints= GetCtlValue(gVertScrollbar);
11:    if (contSizeV - invisPoints > drawRectV)
12:      invisPoints += contSizeV - invisPoints
           - drawRectV;
13:
14:    if (invisPoints > 0)
15:    {
16:      HiliteControl (gVertScrollbar, 0);
17:      SetCtlMax (gVertScrollbar,invisPoints);
18:    }
19:    else
```

```
20:        HiliteControl (gVertScrollbar, 255);
21:
22:     invisPoints=GetCtlValue(gHorizScrollbar);
23:     if (contSizeH - invisPoints > drawRectH)
24:        invisPoints += contSizeH - invisPoints
              - drawRectH;
25:
26: if (invisPoints > 0)
27: {
28:        HiliteControl (gHorizScrollbar, 0);
29:        SetCtlMax(gHorizScrollbar,invisPoints);
30:     }
31:     else
32:        HiliteControl (gHorizScrollbar, 255);
33: }
```

Wenn die gesamte Grafik sichtbar ist, werden die Scrollbars deaktiviert.

Die Funktion Recalc_Scrollbars ist dafür zuständig, die maximalen Werte der Scrollbars mit der Anzahl der verdeckten Punkte der Grafik zu synchronisieren. Sie wird aufgerufen, wenn sich die Größe des Fensters geändert hat.

In den Zeilen 7 und 8 wird zunächst die Höhe bzw. die Breite des Zeichenbereiches (**drawRectV** bzw. **drawRectH**) berechnet. Die Höhe des Zeichenbereiches ergibt sich aus der Höhe des Fensters (**portRect.bottom**) minus 15 Punkte für den horizontalen Scrollbar. Die Breite errechnet sich aus der Breite des Fensters minus 15 Punkte für den vertikalen Scrollbar.

Um das Verhältnis zwischen Zeichenbereich und Grafik berechnen zu können, wird in Zeile 9 die neue Funktion **Get_ContentSize** aufgerufen, die die Höhe bzw. Breite der Grafik zurückgibt. Der Aufruf dieser (noch recht primitiven) Funktion sorgt dafür, daß Recalc_Scrollbars unabhängig von dem Fensterinhalt ist und somit auch für andere Projekte verwendet werden kann, ohne modifiziert zu werden. Ein Projekt, welches auf diesem Beispielprogramm aufsetzt, muß lediglich die Funktion **Get_ContentSize** so modifizieren, daß diese die Höhe bzw. Breite der Grafik zurückgibt.

In den folgenden Zeilen (10 bis 20) wird der neue maximale Wert des vertikalen Scrollbars berechnet und gesetzt.

Zunächst wird in den Zeilen 10 bis 12 die Anzahl der unsichtbaren Punkte berechnet und in der lokalen Variablen **invisPoints** abgelegt. Die Anzahl der verdeckten Punkte ergibt sich zunächst aus dem aktuellen Wert des vertikalen Scrollbars, der in Zeile 10 mit einem Aufruf von **GetCtlValue** abgefragt wird.

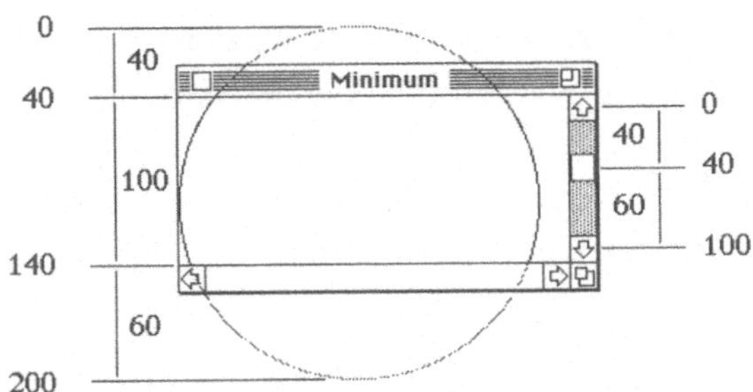

Abb. 12-15
Das Verhältnis zwischen aktueller Scroll-Position, den Scrollbar-Werten und der Fenstergröße. Da die Grafik um 40 Punkte nach unten gescrollt ist, liegt der Koordinatensystem-ursprung bei (0,40). Dieser Ursprung wird durch den aktuellen Wert der Scrollbars reflektiert. Da das Fenster zu klein ist, um die gesamte Grafik aufzunehmen (in vertikaler Richtung), entspricht die Differenz zwischen dem maximalen- und dem aktuellen Wert des vertikalen Scrollbars der Anzahl der Punkte, um die noch nach unten gescrollt werden kann.

Der aktuelle Wert des vertikalen Scrollbars (Position des Thumbs) entspricht der Anzahl der Punkte, um die die Grafik nach oben gescrollt ist. Dieser Wert entspricht also der Anzahl der Punkte, die durch Scrollen unsichtbar geworden sind.
Die wirkliche Anzahl der verdeckten Punkte (und damit der maximale Wert des Scrollbars) ergibt sich weiterhin aus der Anzahl der Punkte, die verdeckt werden, weil das Fenster nicht hoch genug ist. Ist das Fenster kleiner als die Grafik, so wird die Anzahl der verdeckten Punkte (**invisPoints**) um die Differenz zwischen Grafikhöhe (**contSizeV**) und der Zeichenbereichhöhe (**drawRectV**) erhöht. Bei dieser Berechnung muß auch die Verschiebung der Grafik mit einbezogen werden, die sich in der lokalen Variablen **invisPoints** befindet (Anzahl der Punkte, die durch Scrollen unsichtbar geworden sind).
Wenn Teile der Grafik unsichtbar sind (**invisPoints** > 0), so muß der Scrollbar aktiviert werden und das Maximum des Scrollbars auf die Anzahl der unsichtbaren Punkte gesetzt werden. Dies geschieht in Zeile 16, indem die Funktion **HiliteControl** aufgerufen wird und durch den Parameter 0 (active) spezifiziert wird, daß der Scrollbar aktiviert werden soll.
Zeile 17 setzt den maximalen Wert des Scrollbars durch einen Aufruf der Funktion **SetCtlMax** auf die Anzahl der unsichtbaren Punkte. Der Scrollbar-Thumb kann jetzt genau um die Anzahl der Punkte verschoben werden, die zur Zeit verdeckt sind, dadurch ist der Scrollbar mit den verdeckten Teilen der Grafik synchronisiert.
Ist die komplette Grafik in vertikaler Richtung sichtbar (**invisPoints** ist 0), so wird der Scrollbar in Zeile 20 disabled (Aufruf von

HiliteControl mit dem Wert 255). Diese Reaktion des Programms entspricht den "Human Interface Guidelines", die vorschreiben, daß die mit einer Grafik verbundenen Scrollbars daktiviert werden sollen, wenn die Grafik komplett sichtbar ist.
Die Zeilen 22 bis 32 wiederholen die Berechnungen für den horizontalen Scrollbar.

Die neue Funktion Get_ContentSize:

Get_ContentSize gibt die Ausdehnung der Grafik in den übergebenen Parametern zurück.

```
1: void Get_ContentSize (
           WindowPtr   theWindow,
           short       *horiz,
           short       *vert)
2: {
3:    *horiz = 200;
4:    *vert = 200;
5: }
```

Get_ContentSize setzt in dieser (primitiven) Version der Routine die Größe der Grafik (**horiz** und **vert**) auf die Größe des Kreises (200 mal 200 Punkte). Bei einem komplexeren Projekt würde hier die Größe der Grafik berechnet.

Die veränderte Version von Do_Activate:

Do_Activate versteckt die Scrollbars, wenn das Fenster deaktiviert wird, und macht sie wieder sichtbar, wenn das Fenster in den Vordergrund geholt wird.

```
 1: void Do_Activate (void)
 2: {
 3:    WindowPtr theWindow;
 4:
 5:    theWindow = (WindowPtr) gEvent.message;
 6:    DrawGrowIcon (theWindow);
 7:
 8:    if (gEvent.modifiers & activeFlag)
 9:    {
10:       ShowControl (gVertScrollbar);
11:       ShowControl (gHorizScrollbar);
12:    }
13:    else
14:    {
15:       HideControl (gVertScrollbar);
16:       HideControl (gHorizScrollbar);
17:    }
18: }
```

Die modifizierte Version von Do_Activate unterscheidet jetzt zwischen Activate- und DeActivate-Events, indem in Zeile 8 das **modifiers**-Feld des EventRecords untersucht wird. Ist das activate-Flag gesetzt (logisches "und" mit der Maske activateFlag = 1), so handelt es sich um einen Activate-Event (das Fenster wurde in den Vordergrund geholt). In diesem Fall werden die Scrollbars in den Zeilen 10 und 11 sichtbar gemacht.
Handelt es sich bei diesem Activate-Event eigentlich um einen DeActivate-Event (logisches "und" des **modifiers**-Feldes mit der Maske activateFlag = 0), so werden die Scrollbars in den Zeilen 15 und 16 durch den Aufruf von **HideControl** versteckt. Damit folgt das Beispielprogramm den "Human Interface Guidelines", die vorschreiben, daß die Scrollbars eines im Hintergrund liegenden Fensters versteckt werden sollen.

Die modifizierte Version von Do_Update:

Do_Update sorgt jetzt dafür, daß bei einem Update-Event auch die Scrollbars neu gezeichnet werden.

```
 1: void Do_Update (void)
 2: {
 3:    WindowPtr theWindow;
 4:
 5:    theWindow = (WindowPtr) gEvent.message;
 6:    Set_WindowEnv (theWindow);
 7:    BeginUpdate (theWindow);
 8:
 9:    DrawControls (theWindow);
10:    DrawGrowIcon (theWindow);
11:
12:    Set_DrawingEnv (theWindow);
13:    EraseRect (&theWindow->portRect);
14:    Draw_Graphics (theWindow);
15:    Set_WindowEnv (theWindow);
16:
17:    EndUpdate (theWindow);
18: }
```

Die modifizierte Version von Do_Update sorgt in Zeile 9 dafür, daß die beiden Scrollbars bei einem Update-Event neu gezeichnet werden, indem die Funktion **DrawControls** aufgerufen wird, die sämtliche Controls eines Fensters neu zeichnet.

Dialoge

Dieses Kapitel beschreibt die Erzeugung und Verwaltung von Dialogen auf dem Macintosh. Es beginnt mit einem Überblick über die verschiedenen Dialogtypen, einer Beschreibung der Dialogelemente, sowie einer Zusammenfassung der "Human Interface Guidelines" in bezug auf die Erstellung von Dialogen. Im zweiten und dritten Teil des Kapitels werden die Datenstrukturen und Routinen vorgestellt, die für die Erzeugung und Verwaltung von Dialogen eingesetzt werden. Der vierte Teil demonstriert die Anwendung der Dialog-Manager-Routinen anhand einer erweiterten Version des allseits beliebten Beispielprogramms "MINIMUM".

Ein Dialog ist ein spezielles Fenster, dessen Spezialisierung in der Dateneingabe bzw. Datenausgabe liegt. Dialoge werden häufig für die Parameterisierung komplexer Befehle eingesetzt. Eine solche Parameterisierung ist beispielsweise die Auswahl verschiedener Optionen (z.B. mit Radio-Buttons), oder die direkte Eingabe von Parametern mit Hilfe der Tastatur. Ein weiteres Anwendungsgebiet liegt in der Informationsausgabe und in der Entscheidungsabfrage. Dialoge werden oft für Warnmeldungen oder für Abfragen eingesetzt, die einfache Entscheidungen verlangen.

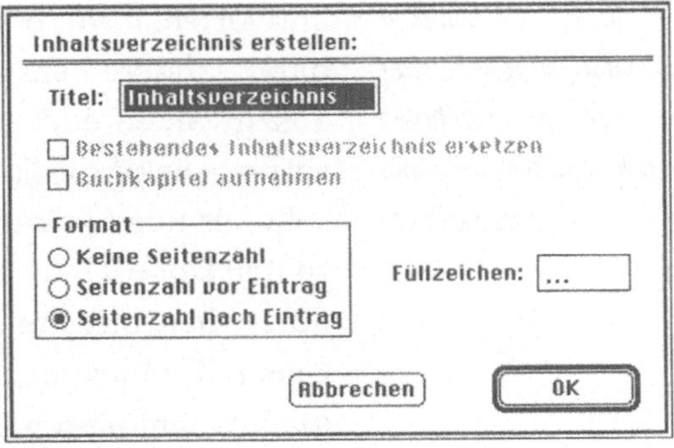

Abb. 13-1
Ein Dialog.

Auf dem Macintosh werden drei Arten von Dialogen verwendet. Diese drei verschiedenen Dialogtypen haben jeweils ein typisches Einsatzgebiet, für das sie verwendet werden:

1. Modale Dialoge (Modal-Dialogs)

Ein modaler Dialog wird oft als Reaktion auf einen Menübefehl erzeugt und bietet die Möglichkeit, einen Befehl zu parameterisieren. Ein Beispiel für einen solchen "Parameterisierungs-Dialog" ist der Dialog einer Grafikapplikation, in welchem die Vergrößerung eines Objektes eingegeben werden kann.

Ein weiteres Anwendungsgebiet für modale Dialoge liegt in den sogenannten "Zwangssituationen". Solche Situationen liegen vor, wenn der Benutzer zunächst eine Frage beantworten *muß*, bevor das Programm weiterarbeiten kann. Ein Beispiel für eine Zwangssituation ist u.a. beim Schließen eines Dokuments gegeben. Möchte der Benutzer ein Dokument schließen, dessen Daten verändert worden sind, so sollte das Programm einen modalen Dialog erzeugen. In diesem Dialog *muß* der Benutzer entscheiden, ob er das geänderte Dokument abspeichern, die Änderungen verwerfen oder die Aktion abbrechen möchte.

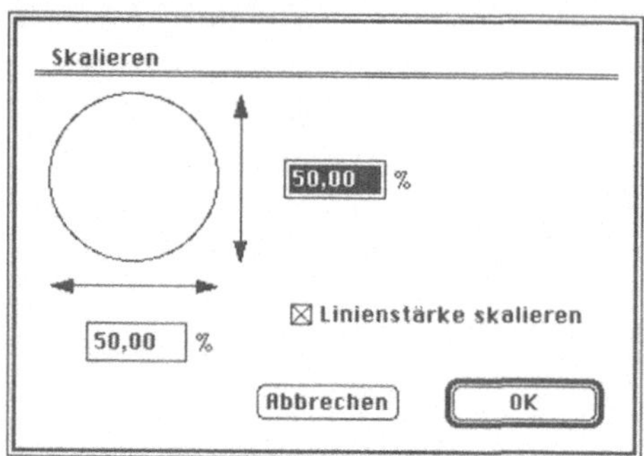

Abb. 13-2
Zwei modale Dialoge.

Ein modaler Dialog hindert den Benutzer daran, andere Fenster nach vorne zu holen oder einen Menüpunkt auszuwählen.

Ein modaler Dialog zwingt den Benutzer, diesen Dialog zu beantworten, bevor er andere Aktionen durchführt. Er hindert ihn daran, andere Fenster nach vorne zu holen, einen Menüpunkt auszuwählen oder in andere Programme zu wechseln. Da ein solcher Dialog die Funktionalität des Gesamtsystems einschränkt, sollte er nur für kurze Zeit auf dem Bildschirm erscheinen; es sollten keine langen "Abfrageketten" erstellt werden, die den Benutzer in seiner Freiheit beschneiden.

Generell sollten nichtmodale Befehlsstrukturen (wie z.B. direkte Menübefehle) vorgezogen werden, da ein stark modal strukturiertes Programm die Übersichtlichkeit verliert.

2. Nichtmodale Dialoge (Modeless Dialogs)

Nichtmodale Dialoge werden (fast) wie ein normales Fenster behandelt.

Diese Variante stellt eine Alternative zu den modalen Dialogen dar. Ein nichtmodaler Dialog bietet dem Benutzer die Möglichkeit, den Dialog (wie ein normales Fenster) in den Hintergrund zu schicken. Ein solcher Dialog wird beispielsweise häufig für den "Suchen und Ändern"-Dialog eines Textverarbeitungsprogramms verwendet. Der Benutzer kann (während der Dialog sichtbar ist) ein anderes Fenster nach vorne holen, oder einen Menüpunkt auswählen und anschließend wieder in den "Suchen und Ändern"-Dialog zurückkehren. Der Vorteil der nichtmodalen Dialoge liegt darin, daß der Benutzer in seiner "chaotischen" Arbeitsweise unterstützt wird. Er kann den laufenden Befehl jederzeit unterbrechen, um eine andere Aktion durchzuführen, und den angefangenen Befehl anschließend wieder aufnehmen.

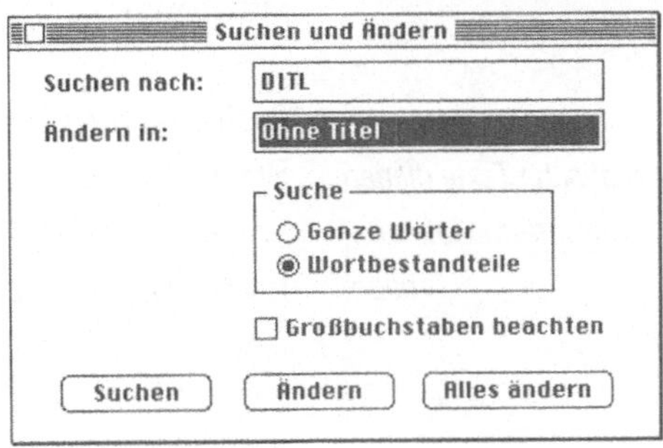

Abb. 13-3
Ein typischer Anwendungsfall für einen nichtmodalen Dialog ist der "Suchen und Ändern"-Dialog eines Textverarbeitungsprogramms.

3. Warndialoge (Alerts)
Alerts sind eine spezielle Art von modalen Dialogen, die ein hohes Maß an Integration und einige zusätzliche Möglichkeiten bieten. Alerts werden hauptsächlich für die Ausgabe von Fehlermeldungen oder die Darstellung einfacher Warn- und Entscheidungsdialoge verwendet. Ein Alert enthält neben einem standardisierten Warn-Icon und statischen Texten meist einen einzelnen Button, dessen Betätigung den Alert beendet (Bestätigungsfunktion).
Alerts sind sehr einfach zu programmieren, da ihre Erzeugung und Verwaltung weitgehend automatisiert ist. Die hohe Integration bewirkt jedoch auch gewisse Einschränkungen in bezug auf die Dialogelemente, die in einem Alert verwendet werden können. Daher wird diese Art von Dialogen nur für den einfachen Informationsaustausch (wie Fehlermeldungen und Warnungen) verwendet.

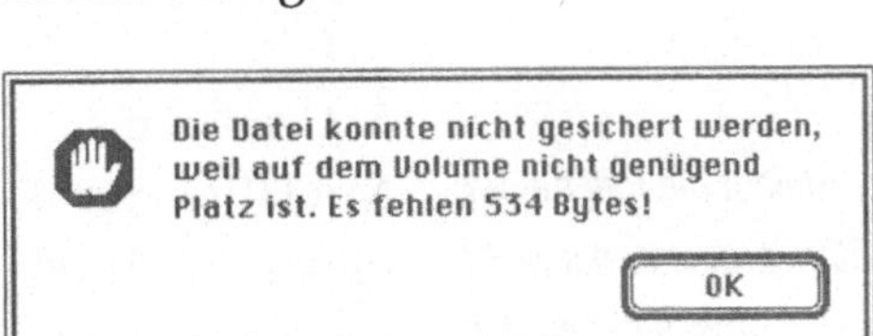

Abb. 13-4
Alerts werden für einfache Programmmeldungen verwendet.

Dialoge sind aus einzelnen Elementen zusammengesetzt, die jeweils ein spezielles Aufgabengebiet haben. Die verschiedenen Elementarten, die in einem Dialog eingesetzt werden können, sind:

1. Controls
Controls zählen zu den Bedienungselementen eines Dialogs. Mit ihnen werden Optionen für nachfolgende Befehle eingestellt

Controls sind die Bedienungselemente eines Dialogs.

(Radio-Buttons und Check-Boxes) oder Befehle ausgeführt (Buttons).

2. Statische Texte

Statische Texte dienen der Informationsausgabe.

Statische Texte sind die Informationselemente eines Dialogs. Sie werden zur Informationsausgabe, zur Beschriftung/Erklärung oder zur Gruppierung von anderen Dialogelementen verwendet.

3. Texteingabefelder

Texteingabefelder dienen der Informationseingabe (Zahlen- oder Texteingabe).

Diese Elemente eines Dialogs werden für die Eingabe von Text oder Zahlen verwendet und dienen der Parameterisierung nachfolgender Befehle. Ein Texteingabefeld ist eine kleine Textverarbeitung, die wichtige Grundfunktionalitäten (z.B. Selektion von Text oder Ausschneiden und Einsetzen) standardisiert. Diese Textverarbeitung wird von TextEdit (einem weiteren Manager) in Verbindung mit dem Dialog-Manager implementiert.

4. Bilder

Bilder werden für die Illustration bestimmter Vorgänge verwendet.

Bilder werden in vielen Dialogen zur Illustration bzw. als Alternative zu statischen Texten verwendet. Oft erklärt ein kleines Bild eine komplexe Funktionalität wesentlich besser als ein zeilenlanger Text.

5. User-Items

Reicht die Palette der Standardelemente nicht aus, so kann das Programm selbstdefinierte Dialogelemente verwenden.

Mit Hilfe von User-Items kann die Palette der Standard-Dialogelemente durch selbstdefinierte Elemente erweitert werden. Reichen die beschriebenen Standardelemente eines Dialogs nicht aus, um die gewünschte Oberfläche zu gestalten, so können User-Items verwendet werden. User-Items werden wie andere Dialogelemente behandelt, ihre Funktionalität (die grafische Darstellung und die Reaktion auf Mausklicks) wird jedoch vom Programm selbst bereitgestellt.

Da Dialoge eine zentrale Schnittstelle zwischen Programm und Benutzer bilden, ist eine gute Strukturierung von großer Wichtigkeit. Die Dialogstruktur eines Programms ist ein kritischer Punkt in bezug auf die Benutzerfreundlichkeit des Gesamtprogramms. Ist die Dialogstruktur unübersichtlich, oder entspricht das Design

nicht den auf dem Macintosh üblichen Standards, so ist das Programm oft als Ganzes schlecht zu bedienen. Eine übersichtliche und standardisierte Gestaltung der Dialoge ist daher eines der wichtigsten Ziele, die bei der Erstellung der Benutzerschnittstelle eines Macintosh-Programms angestrebt werden sollte.
Eine benutzerfreundliche Dialogstrukturierung kann erreicht werden, indem u.a. die folgenden Punkte beachtet werden:

1. Verwendung der standardisierten Eingabe- bzw. Befehlselemente des Macintosh (Buttons, Radio-Buttons und Check-Boxes etc.).
Die Verwendung dieser Standardelemente sichert ein einheitliches Aussehen der Elemente und bildet damit die Grundlage einer homogenen Bedienungsoberfläche.
Beim Einsatz dieser Elemente ist darauf zu achten, daß sie nur in ihrem üblichen Kontext eingesetzt werden dürfen. Zweckentfremdungen (z.B. einen Radio-Button wie einen normalen Button einzusetzen) sind unbedingt zu vermeiden.

Dialogelemente sollten stets in ihrem üblichen Kontext verwendet werden.

2. Exakte Einhaltung der gültigen Standards bei der Anordnung, Größe und Namensgebung der Dialogelemente.
Die akribische Einhaltung der gültigen Macintosh-Standards in bezug auf das Layout eines Dialogs bzw. seiner Elemente ist extrem wichtig für die Akzeptanz eines neuen Programms in der Welt des Macintosh. So sollte bei dem Design der Dialoge beispielsweise stets darauf geachtet werden, daß die Höhe und Breite der Buttons an dem Standard von 20 mal 80 Punkten (umschließendes Rechteck) ausgerichtet werden. Sehr kleine oder extrem große Buttons verhindern die intuitive Benutzung eines Programms, da ein harmonisches Layout unterlaufen wird.

Ein ausgereiftes und einheitliches Dialog-Layout trägt wesentlich zum harmonischen Erscheinungsbild einer Macintosh-Applikation bei.

3. Einheitliches Design.
Die Dialoge eines Macintosh-Programms sollten nicht nur an den gültigen Macintosh-Standards ausgerichtet werden, sondern auch innerhalb des Programms konsequent einheitlich gestaltet werden. So sollte auf konsistenten Sprachgebrauch, sowie auf Designaspekte (z.B. die Abstände zwischen Dialogelementen) geachtet werden.

Konsistenter Sprachgebrauch und exakte Positionierung der Dialogelemente bewirken eine harmonische Oberfläche.

Der Einsatz von Dialogen sollte stets mit etwas "Fingerspitzengefühl" auf die Benutzerfreundlichkeit hin überprüft werden. Abfrageketten sind in jedem Fall zu vermeiden.

4. Vermeidung von Abfrageketten.

Abfrageketten (eine Verkettung modaler Dialoge) wirken auf die meisten Benutzer verwirrend, da sie eine Art "Höhlensystem" darstellen, in dem man sich leicht verlaufen kann. Auch verschachtelte Dialoge (ein Dialog, über einem Dialog, über einem Dialog...) tragen zur Verwirrung bei, da viele Benutzer spätestens nach der zweiten Ebene nicht mehr wissen, wo sie hergekommen sind, noch reproduzieren können, wie sie zu diesem Dialog gekommen sind.

Anstelle dieser Abfrageketten sollten Dialoge in *direkter* Reaktion auf eine Benutzeraktion (z.B. eine Menüauswahl) erzeugt werden und nach Beantwortung *sofort* verschwinden.

13.1 Der Dialog-Manager

'DLOG'-Resources beschreiben die Position, Art und Größe des Dialogfensters.

'DITL'-Resources enthalten eine Liste der Dialogelemente, die in einem Dialog installiert werden sollen.

Der Dialog-Manager baut bei der Erzeugung und Verwaltung von Dialogen auf dem Window-Manager und dem Control-Manager auf. Ein Dialog besteht aus einem Fenster, welches mit Hilfe des Window-Managers erzeugt und verwaltet wird. Jeder Dialog wird durch eine Dialogbeschreibungs-Resource definiert. Diese 'DLOG'-Resources beschreiben die Position und Art des Dialogfensters und gleichen in ihrer Struktur einer 'WIND'-Resource. Eine 'DLOG'-Resource enthält zusätzlich die Resource-ID einer sogenannten "Dialog Item List". Diese 'DITL'-Resource enthält eine Liste von Elementbeschreibungen (Buttons, statische Texte etc...), die in dem Dialog installiert werden sollen. In dieser Liste ist beispielsweise beschrieben, an welcher Position und in welcher Größe ein Button erscheinen soll, sowie welchen Titel er bekommt.

'DLOG' und 'DITL'-Resources werden in der Regel mit Hilfe des Resource-Editors ResEdit erzeugt und anschließend durch den Resource-Decompiler DeRez in eine Resource-Description-Datei übersetzt.

ResEdit bietet für die Erstellung und Modifikation der Dialogbeschreibungs-Resources einen Dialogeditor, der (vergleichbar mit einem Zeichenprogramm) die Gestaltung eines Dialogs ermöglicht. Um beispielsweise einen neuen Button zu erzeugen, wird das Button-Werkzeug ausgewählt und der Button mit Hilfe der Maus im Dialog positioniert. Soll der Titel des Buttons modifiziert werden, so genügt ein Doppelklick, und ResEdit zeigt ein Fenster, in dem der Titel eingegeben werden kann.

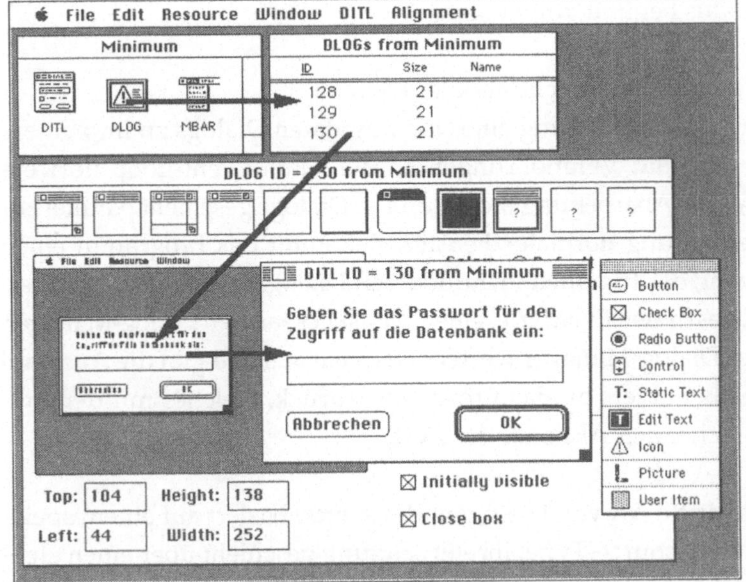

Abb. 13-5
Der DITL-Editor von ResEdit.
Dieser Editor erlaubt die interaktive Gestaltung des Dialogs bzw. der Dialogelemente.

Wenn das Programm einen modalen oder einen nichtmodalen Dialog erzeugen will, so übergibt es dem Dialog-Manager die Resource-ID einer 'DLOG'-Resource. Der Dialog-Manager lädt die 'DLOG'-Resource bzw. die korrespondierende 'DITL'-Resource in den Speicher und erzeugt auf deren Grundlage einen neuen Dialog bzw. die Dialogelemente.

Bei der Abarbeitung des Dialogs wird zwischen modalen und nichtmodalen Dialogen unterschieden.

1. Abarbeitung modaler Dialoge.

Um die Abarbeitung eines modalen Dialogs zu starten, gibt das Programm dem Dialog-Manager direkt nach der Erzeugung des Dialogs den Auftrag, auf Mausklicks bzw. Tastatureingaben zu reagieren. Der Dialog-Manager übernimmt die Kontrolle und wartet darauf, daß der Benutzer die Maustaste drückt oder die Tastatur betätigt. Hat der Benutzer ein aktives Dialogelement angeklickt, so wird die Kontrolle an das Programm zurückgege-

Die Abarbeitung eines modalen Dialogs entspricht einer Schleife, die solange läuft, bis der Benutzer das Terminationskriterium setzt.

ben, welches dann auf die Auswahl des Benutzers (z.B. einen Klick in einen Button) reagiert. Ist die Abarbeitung des Dialogs durch die Auswahl noch nicht abgeschlossen, so übergibt das Programm erneut die Kontrolle an den Dialog-Manager, und der Zyklus beginnt von neuem.

Die Abarbeitung eines nichtmodalen Dialogs gliedert sich an die Main-Event-Loop an.

2. Abarbeitung nichtmodaler Dialoge.
Um die Abarbeitung eines nichtmodalen Dialogs zu implementieren, sind Veränderungen an der Main-Event-Loop notwendig. Die Abarbeitung nichtmodaler Dialoge geschieht parallel zur Verwaltung normaler Fenster. Bekommt das Programm einen Event, der für einen nichtmodalen Dialog bestimmt ist, so übergibt es diesen Event (z.B. einen Mausklick) an den Dialog-Manager. Der Dialog-Manager wertet den Event aus und gibt die Auswahl des Benutzers an das Programm zurück, welches mit den entsprechenden Aktionen reagiert.

Die Abarbeitung von Alerts entspricht im Prinzip der eines modalen Dialogs.

Die dritte Art von Dialogen (die Alerts) basiert auf einem speziellen Resource-Type, ihre Erzeugung geschieht über einen eigenen Mechanismus. Die Verwaltung von Alerts entspricht im wesentlichen der eines modalen Dialogs. Alerts bieten jedoch einige Vereinfachungen und zusätzliche Optionen, die auf das spezielle Anwendungsgebiet zugeschnitten sind. Eine nähere Beschreibung der Alerts schließt sich den folgenden Beschreibungen in bezug auf Dialoge an.

13.2 Dialoge - Routinen und Datenstrukturen

Die für die Definition eines Dialogs verwendeten 'DLOG'-Resources entsprechen im Prinzip der Definition eines Fensters ('WIND'-Resource). Der einzige Unterschied besteht darin, daß ein zusätzliches Feld existiert, welches auf die zu diesem Dialog gehörende Dialog-Item-List ('DITL'-Resource) verweist.

```
1: resource 'DLOG' (128) {
2:    {100, 100, 270, 485},
3:    dBoxProc,
4:    visible,
5:    noGoAway,
```

```
6:    0x0,
7:    128,
8:    ""
9: };
```

Die 'DLOG'-Resource entspricht in den ersten Zeilen (1-6) der Definition einer 'WIND'-Resource. Sie beginnt mit der Spezifikation des umschließenden Rechtecks in Zeile 2.
Zeile 3 gibt den Fenstertyp dieses Dialogfensters (**dBoxProc**) an. Da diese Art von Fenstern keinen Platz für ein Schließfeld hat, wird in Zeile 5 die Konstante **noGoAway** verwendet.
Das RefCon wird in dieser Dialogbeschreibungs-Resource auf den Wert **0** gesetzt.
Das zusätzliche Feld (Zeile 7) gibt die Resource-ID der korrespondierenden 'DITL'-Resource (**128**) an.
Da ein Fenster vom Typ **dBoxProc** keine Titelleiste besitzt, bleibt der Titel-String in Zeile 8 leer.

Die zu einer 'DLOG'-Resource gehörende 'DITL'-Resource enthält eine Liste von Elementbeschreibungen, die die einzelnen Dialogelemente definieren. Jede dieser Elementbeschreibungen enthält einen Identifikationscode (Art des Elements), ein umschließendes Rechteck sowie elementspezifische Felder.

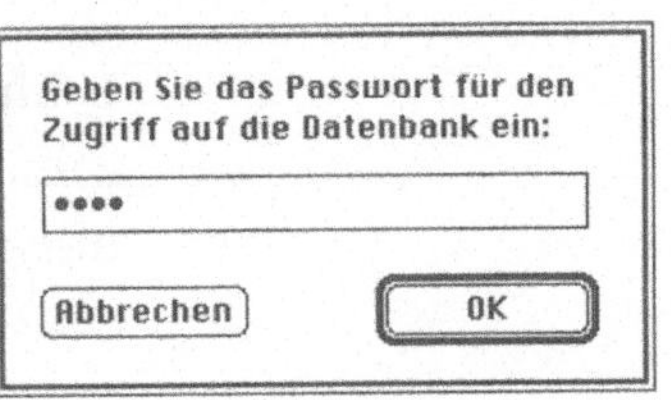

Abb. 13-6
Die nebenstehende 'DITL'-Resource definiert die Dialogelemente des in der Abbildung gezeigten Dialogs.

```
 1: resource 'DITL' (130) {
 2:    { /* array DITLarray: 5 elements */
 3:       /* [1] */
 4:       {99, 152, 119, 232},
 5:       Button {
 6:          enabled,
 7:          "OK"
 8:       },
 9:       /* [2] */
10:       {99, 18, 119, 98},
11:       Button {
12:          enabled,
13:          "Abbrechen"
14:       },
15:       /* [3] */
16:       {93, 146, 123, 236},
```

Jedes Dialogelement besitzt ein umschließendes Rechteck, sowie einen Identifikationscode für die Art des Elements. Die nachfolgenden Felder enthalten elementspezifische Informationen.

```
17:         Picture {
18:            disabled,
19:            129
20:         },
21:         /* [4] */
22:         {59, 22, 75, 229},
23:         EditText {
24:            enabled,
25:            ""
26:         },
27:         /* [5] */
28:         {14, 18, 47, 251},
29:         StaticText {
30:            disabled,
31:            "Geben Sie das Paßwort für den
Zugriff auf ^0 ein:"
33:         }
34:      }
35: };
```

Diese 'DITL'-Resource enthält die folgenden 5 Dialogelemente:

1. Einen OK-Button (Zeilen 4-8)
Zunächst wird in Zeile 4 (wie bei jedem Dialogelement) das umschließende Rechteck des Elements definiert. Dieses Rechteck definiert die Position und Größe des Buttons im lokalen Koordinatensystem des Fensters.
In Zeile 5 wird der Identifikationscode für einen Button durch die vordefinierte Konstante "**Button**" eingetragen. Durch diesen Identifikationscode erkennt der Dialog-Manager, welche Art von Dialogelement er erzeugen soll, bzw. wie die folgenden (Button-spezifischen) Felder zu interpretieren sind.
In Zeile 6 wird das Flag **enabled** verwendet, um den Button zu aktivieren (er kann angeklickt werden). Enthält dieses Feld den Wert disabled, so ist der Button inaktiv.
Zeile 7 definiert den Titel des Buttons (**"OK"**).
Dieser Button ist der Default-OK-Button, da er in der 'DITL'-Resource an erster Stelle steht. Der Default-OK-Button ist der Button, welcher ausgewählt wird, wenn der Benutzer die Return-Taste drückt. Die Betätigung des Default-OK-Buttons mit Hilfe der Return-Taste dient der schnellen Beantwortung eines Dialogs, dessen Inhalt dem Benutzer bereits bekannt ist. Die Ver-

wendung der Tastatur zur Bestätigung eines Dialoges wird oft von "Macintosh-Profis" verwendet, um die Bedienung eines Programms zu beschleunigen.

2. Einen Abbrechen-Button (Zeilen 10 - 14)
Die Definition des Buttons erfolgt analog zu der des OK-Buttons.

3. Ein Bild (Zeilen 16-20)
Dieses Dialogelement verweist auf ein Bild, welches die dreifache Umrandung des Default-OK-Buttons zeichnet. Es ist ein mit MacDraw gezeichnetes PICT, welches den üblichen dreifachen Rahmen eines Default-OK-Buttons enthält.
Die Definition des Picture-Dialogelements beginnt in Zeile 16 mit der üblichen Spezifikation des umschließenden Rechtecks des Elements.
In Zeile 17 folgt die Angabe des Elementtyps (**Picture**).
Zeile 18 deaktiviert (**disabled**) das Bild, so daß es nicht angeklickt werden kann.
In Zeile 19 wird die Resource-ID der (nicht aufgelisteten) PICT-Resource angegeben, die das Bild enthält. Eine solche PICT-Resource kann mit Hilfe von ResEdit angelegt werden, indem das Bild in einem Zeichenprogramm (wie z.B. MacDraw) gemalt, ausgeschnitten und anschließend in ResEdit eingesetzt wird.

Um die dreifache Umrandung des Default-Buttons zu erzeugen, kann ein Picture verwendet werden, welches in einer 'PICT'-Resource enthalten ist.

4. Ein Texteingabefeld (Zeilen 22-26)
Die Definition des Texteingabefeldes beginnt in Zeile 22 mit der Spezifikation des umschließenden Rechtecks dieses Feldes.
Zeile 23 enthält den Identifikationscode eines Texteingabefeldes (**editText**).
In Zeile 24 wird spezifiziert, daß dieses Element aktiv (**enabled**) ist.
Zeile 25 gibt den voreingestellten Text für dieses Texteingabefeld an. Wenn der Dialog erscheint, so enthält das Texteingabefeld diesen Text. Bei der Eingabe eines Paßwortes ist dieses Verhalten wahrscheinlich unerwünscht, daher ist der String leer.

5. Einen statischen Text (Zeilen 28-33)
Die Definition des statischen Textes beginnt mit dem üblichen umschließenden Rechteck des Dialogelements in Zeile 28.

Zeile 29 enthält den Identifikationscode (**StaticText**).
Zeile 30 kennzeichnet dieses Dialogelement als **disabled** (kann nicht angeklickt werden).
Der Inhalt des statischen Textes wird in Zeile 12 durch den Text **"Geben Sie das Paßwort für den Zugriff auf ^0 ein:"** definiert. Dieser Text enthält einen Platzhalter (**^0**), an dessen Stelle zur Laufzeit andere Texte eingefügt werden können. Auf diese Weise ist der Dialog universell einsetzbar; er kann (in Verbindung mit einer String-Resource) für die verschiedensten Paßworteingaben verwendet werden, indem die jeweilige String-Resource zur Laufzeit des Programms anstelle des Platzhalters eingesetzt wird.

Statische Texte können Platzhalter (^0 bis ^3) enthalten, an deren Stelle zur Laufzeit bestimmte Texte (z.B. Werte) eingefügt werden können.

Der Dialog-Manager baut (wie fast alle Manager) auf einer zentralen Datenstruktur auf. Diese Datenstruktur (der sogenannte "DialogRecord") wird vom Dialog-Manager zur Darstellung und Verwaltung eines Dialogs verwendet.

Der DialogRecord ist die zentrale Datenstruktur des Dialog-Managers. Ein DialogRecord enthält als erstes Feld einen WindowRecord; ein Dialog-Fenster kann daher wie ein normales Fenster behandelt werden.

```
1: struct DialogRecord {
2:     WindowRecord   window;
3:     Handle         items;
4:     TEHandle       textH;
5:     short          editField;
6:     short          editOpen;
7:     short          aDefItem;
8: };
```

Das wichtigste Feld eines DialogRecords ist das erste Feld (**window**). Anstelle dieses Feldes muß man sich einen kompletten WindowRecord mit all seinen Feldern vorstellen. Da dieses Feld an erster Stelle des structs steht, kann ein Pointer auf einen DialogRecord verwendet werden, als sei er ein Pointer auf einen WindowRecord. Sämtliche Window-Manager-Funktionen (die die Adresse eines WindowRecords erwarten), können also auch auf einen Dialog angewendet werden.
Das nächste Feld (**items**) enthält einen Handle auf die geladene 'DITL'-Resource. Der Dialog-Manager verwaltet diese Liste ausschließlich für den internen Gebrauch. Ein Macintosh-Programm sollte nie auf dieses Feld bzw. auf die durch diesen Handle ver-

walteten Daten zugreifen, sondern stattdessen spezielle Zugriffsroutinen verwenden.

Alle EditText-Felder teilen denselben TERecord.

Das Feld **textH** (Zeile 4) ist ein Handle auf eine Datenstruktur vom Typ TERecord, die von allen Texteingabefeldern des Dialogs verwendet wird. Diese Datenstruktur enthält u.a. Informationen über die Schriftart und den Schriftstil, in dem die Texteingabefelder gezeichnet werden. Normalerweise arbeitet man nicht direkt mit dieser Struktur, sie wird daher nicht näher beschrieben.

Die nächsten beiden Felder eines DialogRecords (**editField** und **editOpen**) sind für die interne Benutzung des Dialog-Managers reserviert und sollten nicht verändert werden.

Das letzte Feld des structs (**aDefItem**) ist die Nummer des Default-OK-Buttons. Normalerweise enthält das Feld **aDefItem** den Wert 1 und verweist damit auf das erste Element der Dialogelementliste (üblicherweise ein Button).

InitDialogs

Bevor die Routinen des Dialog-Manager verwendet werden können, müssen die Datenstrukturen dieses Managers initialisiert werden. Der Dialog-Manager stellt zu diesem Zweck die Funktion InitDialogs zur Verfügung.

```
pascal void InitDialogs (
                ResumeProcPtr  resumeProc);
```

InitDialogs kann optional die Adresse einer Routine übergeben werden, die vom System aufgerufen wird, wenn ein Systemfehler auftritt. Diese Routine kann dem Benutzer die Möglichkeit geben, geöffnete Dateien abzuspeichern, bevor das Programm automatisch beendet wird. Eine solche Funktion sollte einen Dialog erzeugen, der den Benutzer über den Systemfehler informiert bzw. in welchem er auswählen kann, ob er die Daten sichern will oder die Änderungen verwerfen möchte. Wird anstelle des Parameters **resumeProc** der Wert NULL übergeben, so wird das Programm automatisch beendet, sobald ein Systemfehler auftritt, ohne daß dem Benutzer die Möglichkeit gegeben wird, seine Daten zu retten.

Um einen Dialog zu erzeugen, stellt der Dialog-Manager die Funktion GetNewDialog zur Verfügung. Diese Funktion lädt die spezifizierte 'DLOG'-Resource bzw. die korrespondierende 'DITL'-Resource in den Speicher und erzeugt auf der Grundlage dieser Dialog-Templates einen neuen Dialog.

GetNewDialog

```
pascal DialogPtr GetNewDialog (
                        short       dialogID,
                        void        *dStorage,
                        WindowPtr   behind);
```

Als ersten Parameter (**dialogID**) erwartet GetNewDialog die Resource-ID der Dialogbeschreibungs-Resource ('DLOG'). Anstelle des zweiten Parameters (**dStorage**) kann die Adresse eines DialogRecords übergeben werden. Dieser DialogRecord wird dann verwendet, um den Dialog zu verwalten. Wenn bei diesem Parameter der Wert NULL übergeben wird, so legt GetNewDialog einen nonrelocatable-Block zur Verwaltung des Dialogs an. Wird der Dialog nur für kurze Zeit auf dem Bildschirm dargestellt, so kann anstelle von **dStorage** der Wert NULL übergeben werden. Soll der Dialog über längere Zeit bestehen bleiben (z.B. bei einem nichtmodalen Dialog), so sollte die Adresse einer globalen Variablen vom Typ DialogRecord übergeben werden, um eine permanente Fragmentierung des Speicherbereichs zu verhindern. Der letzte Parameter (**behind**) kann die Adresse eines bestehenden Fensters enthalten. Der neue Dialog würde dann hinter diesem Fenster erzeugt. In der Regel soll ein Dialog jedoch über allen anderen Fenstern dargestellt werden, was erreicht werden kann, indem anstelle von **behind** der Wert -1 übergeben wird. Wenn GetNewDialog den Dialog erzeugt und auf dem Bildschirm dargestellt hat, gibt diese Funktion die Adresse des DialogRecords zurück, mit dem dieser Dialog verwaltet wird. Dieser DialogPtr wird von anderen Dialog-Manager-Routinen als Eingabeparameter erwartet, um zu spezifizieren, mit welchem Dialog gearbeitet werden soll.

ModalDialog

Nachdem der Dialog mit Hilfe von GetNewDialog auf dem Bildschirm dargestellt wird, muß das Programm für die Abarbeitung des Dialogs sorgen. Wenn der Dialog ein modaler Dialog sein soll, so ruft das Programm die Funktion ModalDialog auf.

ModalDialog übernimmt die Kontrolle und wartet auf Benutzeraktionen. Hat der Benutzer auf einen aktiven Button, Radio-Button oder andere (aktive) Dialogelemente geklickt, so gibt ModalDialog die Kontrolle an das Programm zurück und spezifiziert die Nummer des getroffenen Dialogelements. Ein Macintosh-Programm reagiert dann, indem es die mit diesem Element verbundenen Aktionen durchführt (z.B. Einschalten eines Radio-Buttons oder einer Check-Box).
Hat die Auswahl des Benutzers nicht die Beendigung des Dialogs zur Folge, so ruft das Programm (nachdem die Aktion durchgeführt wurde) erneut ModalDialog auf, um auf die nächste Auswahl des Benutzers zu warten.
Die Abarbeitung eines modalen Dialogs ist also eine Schleife, in der ModalDialog solange aufgerufen wird, bis der Benutzer auf einen Button klickt, der den Dialog beenden soll. Ist der Dialog beendet, so läßt das Programm den Dialog vom Bildschirm verschwinden und kehrt in die Main-Event-Loop zurück.

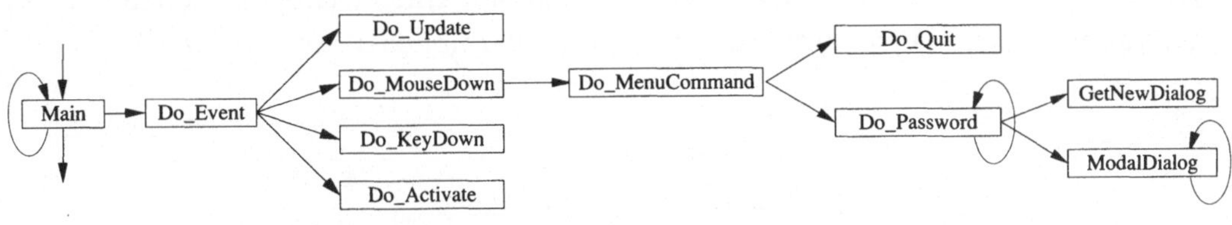


```
pascal void ModalDialog (
                ModalFilterProcPtr    filterProc,
                short                 *itemHit);
```

Abb. 13-7
Die Abarbeitung eines modalen Dialogs ist eine Schleife, die solange läuft, bis der Benutzer das Terminationskriterium setzt.

Wenn ModalDialog aufgerufen wird, so kann anstelle des Parameters **filterProc** die Adresse einer Event-Filter-Routine übergeben werden, die vom Dialog-Manager aufgerufen wird, bevor der Event (z.B. ein Mausklick) behandelt wird. Eine solche Filter-Funktion werden Sie am Anfang noch nicht benötigen, ihre Implementierung wird daher nicht näher beschrieben. Soll die Möglichkeit einer Filter-Funktion nicht genutzt werden, so kann der Wert NULL übergeben werden.
Wenn ModalDialog die Kontrolle an das Programm zurückgibt, so enthält die Variable, auf die **itemHit** zeigt, die Nummer des getroffenen Dialogelements. Diese Variable wird üblicherweise

verwendet, um zu entscheiden, welche Aktionen durchgeführt werden sollen.

DialogSelect

Um einen nichtmodalen Dialog zu verwalten, muß das Programm Änderungen in der Main-Event-Loop vornehmen. Da die volle Programmfunktionalität während der Abarbeitung eines nichtmodalen Dialogs zur Verfügung stehen soll, muß sich das Programm in der Main-Event-Loop befinden, um neben Mausklicks, die den Dialog betreffen, auch die normale Event-Verwaltung zu unterstützen. Um auf Events zu reagieren, die einen nichtmodalen Dialog betreffen, ruft das Programm (direkt nach WaitNextEvent) die Funktion DialogSelect auf.

DialogSelect überprüft, ob der Event für einen nichtmodalen Dialog bestimmt ist und gibt die Elementnummer des getroffenen Dialogelements bzw. die Adresse des zugehörigen DialogRecords an das Programm zurück.

DialogSelect überprüft, ob der vorliegende Event für einen nichtmodalen Dialog bestimmt ist. Falls der Event für einen Dialog bestimmt ist, sorgt DialogSelect für die Abarbeitung des Events, indem sie das getroffene Dialogelement an das Programm zurückgibt, welches dann die entsprechenden Aktionen durchführt. Bezieht sich der Event nicht auf einen Dialog, so behandelt das Programm diesen Event in der üblichen Art und Weise.

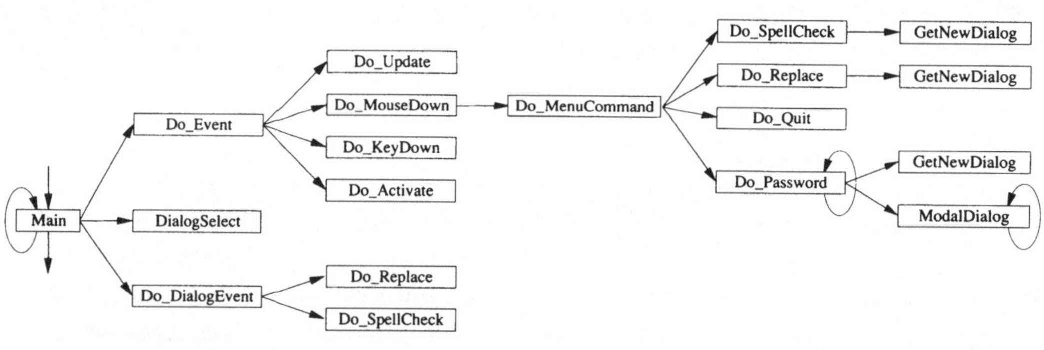

Abb. 13-8
Die Abarbeitung eines nichtmodalen Dialogs gliedert sich an die Main-Event-Loop an. Wenn der Event einen Dialog betrifft, so wird in die entsprechenden Behandlungsroutinen verzweigt.

```
pascal Boolean DialogSelect (
                    EventRecord     *theEvent,
                    DialogPtr       *theDialog,
                    short           *itemHit);
```

Wenn DialogSelect aufgerufen wird, so wird ihr in dem Parameter **theEvent** die Adresse des EventRecords übergeben, der den von WaitNextEvent zurückgelieferten Event enthält. Ist der Event nicht für einen Dialog bestimmt, so gibt DialogSelect false zurück. Das Programm fährt dann in der üblichen Abarbeitung des

Events fort. Wenn der Event für einen Dialog bestimmt ist, so gibt DialogSelect den Wert true zurück und spezifiziert in den zusätzlichen Ergebniswerten das getroffene Dialogelement und den zugehörigen Dialog.
Die Variable, auf die **theDialog** zeigt, enthält die Adresse des Dialogs, zu dem das getroffene Dialogelement gehört.
In der Variablen, deren Adresse bei **itemHit** übergeben wird, gibt DialogSelect (wie ModalDialog) die Nummer des getroffenen Dialogelements zurück.
Wenn DialogSelect den Wert true zurück gibt, so verzweigt das Programm üblicherweise in eine Behandlungsroutine, die für die Abarbeitung sämtlicher nichtmodaler Dialoge verantwortlich ist. Diese Behandlungsroutine entscheidet meist anhand des RefCon-Feldes des Dialogs, welcher Dialog getroffen wurde, und verzweigt in die zu diesem Dialog gehörende Behandlungsroutine. Das RefCon-Feld enthält bei nichtmodalen Dialogen üblicherweise einen Identifikationscode, durch den die verschiedenen nichtmodalen Dialoge unterschieden werden können.

DisposeDialog

Ist die Abarbeitung eines Dialogs beendet, so wird die Funktion DisposeDialog aufgerufen.

```
pascal void DisposeDialog (DialogPtr theDialog);
```

DisposeDialog sorgt dafür, daß der Dialog, der durch den Parameter **theDialog** spezifiziert wird, vom Bildschirm verschwindet. Ein Aufruf dieser Funktion gibt auch die mit dem Dialog verbundenen Datenstrukturen frei.

Um zur Laufzeit eines Dialogs Manipulationen an den Dialogelementen vorzunehmen oder auf deren Datenstrukturen zuzugreifen, stellt der Dialog-Manager mehrere Funktionen zur Verfügung. Diese Funktionen ermöglichen den Zugriff auf einzelne Dialogelemente. Mit ihnen ist es beispielsweise möglich, den Text eines Texteingabefeldes abzufragen oder in Kombination mit anderen Routinen eine Check-Box ein- oder auszuschalten.

GetDItem

Um Manipulationen an einem Dialogelement vorzunehmen, muß zunächst die Funktion GetDItem aufgerufen werden. Sie sucht ein Element aus der Liste der Dialogelemente heraus und gibt einen Handle auf dieses Element bzw. weitergehende Informationen an das Programm zurück. Der Handle auf das Element kann anschließend als Parameter an Manipulationsroutinen wie SetIText, aber auch an Control-Manager-Routinen wie SetCtlValue übergeben werden, um Manipulationen an dem Element vorzunehmen.

```
pascal void GetDItem (
                DialogPtr    theDialog,
                short        itemNo,
                short        *itemType,
                Handle       *item,
                Rect         *box);
```

GetDItem verlangt als ersten Parameter die Adresse des Dialogs, in dem nach einem Element gesucht werden soll.
Der zweite Parameter (**itemNo**) spezifiziert die Nummer des gesuchten Dialogelements (Reihenfolge wie in der 'DITL'-Resource).
Die nächsten drei Parameter sind Rückgabeparameter, in denen Informationen über das gefundene Element zurückgegeben werden.
In der Variablen, deren Adresse bei **itemType** übergeben wird, legt GetDItem den Identifikationscode des Dialogelements ab. Diese Variable enthält nach einem Aufruf von GetDItem beispielsweise den Identifikationscode für einen Button oder eine Check-Box.
In der Variablen, auf die **item** zeigt, wird der Handle auf das Dialogelement abgelegt. Dieser Handle kann anschließend an Manipulationsroutinen übergeben werden.
Das Rect, auf das **box** zeigt, enthält nach einem Aufruf von GetDItem das umschließende Rechteck des Dialogelements.

GetIText Um auf den Text eines Texteingabefeldes oder eines statischen Textes zuzugreifen, steht die Funktion GetIText zur Verfügung. Diese Funktion wird in der Regel verwendet, um nach der Abarbeitung eines Dialogs auf die Eingaben des Benutzers zuzugreifen.

```
pascal void GetIText (Handle item,Str255 *text);
```

GetIText erwartet als ersten Parameter (**item**) den Handle auf das Dialogelement, auf dessen Text zugegriffen werden soll. Dieser Handle entspricht in der Regel dem Ergebniswert der Funktion GetDItem.
Anstelle des Parameters **text** wird die Adresse eines Pascal-Strings übergeben, in welchem GetIText den Inhalt des Textfeldes ablegt. Enthält das Textfeld mehr als 255 Zeichen (ein Eingabefeld kann bis zu 32768 Zeichen enthalten), so werden nur die ersten 255 Zeichen zurückgegeben.
Soll auf mehr als 255 Zeichen zugegriffen werden, so kann der von GetDItem zurückgebene Handle verwendet werden, um mit Zugriffsroutinen des TextEdit-Managers auf den kompletten Text zuzugreifen.

SetIText

Um den Text eines Textfeldes zu ändern, steht die Funktion SetIText zur Verfügung. Diese Funktion wird oft verwendet, um den Inhalt eines Texteingabefeldes zur Laufzeit zu setzen.

```
pascal void SetIText (Handle item,Str255 *text);
```

SetIText erwartet (wie GetIText) den Handle auf das Dialogelement in dem Parameter **item**.
Der Text, der in das Textfeld eingesetzt werden soll, wird durch den Pascal-String **text** spezifiziert.

ParamText

Um die Platzhalter in statischen Textfeldern (^0, ^1, ^2, ^3) durch Strings zu ersetzen, stellt der Dialog-Manager die Funktion ParamText zur Verfügung. Diese Funktion wird aufgerufen, *bevor* der Dialog mit Hilfe von GetNewDialog auf den Bildschirm gebracht wird. Der *nächste* Aufruf von GetNewDialog führt dazu, daß die Texte, die an ParamText übergeben wurden, anstelle der entsprechenden Platzhalter eingesetzt werden.

```
pascal void ParamText ( Str255    *param0,
                        Str255    *param1,
                        Str255    *param2,
                        Str255    *param3);
```

Das Programm kann bei einem Aufruf dieser Funktion bis zu vier Pascal-Strings (**param0 - param3**) übergeben, die anstelle der entsprechenden Platzhalter (^0 - ^3) in statischen Texten eingesetzt werden. Soll ein Parameter nicht verwendet werden, so muß ein Leer-String ("\p") übergeben werden. Wichtig ist, daß hier *nicht* der Wert NULL übergeben werden darf (häufige Fehlerquelle !).

*Anstelle der String-Pointer darf **niemals** NULL übergeben werden.*

13.3 Alerts - Routinen und Datenstrukturen

Alerts basieren auf einem speziellen Resource-Type (den 'ALRT'-Resources), sowie einer korrespondierenden 'DITL'-Resource. Die 'ALRT'-Resource enthält Informationen über die Position und Größe des Alerts, sowie über die verschiedenen Alert-Stufen. Die korrespondierende 'DITL'-Resource enthält (wie bei einem Dialog) die Dialogelemente.

Eine 'ALRT'-Resource enthält Informationen über Position und Größe des Alerts, sowie Informationen über die verschiedenen Alert-Stages.

```
 1: resource 'ALRT' (129) {
 2:     {40, 40, 143, 379},
 3:     129,
 4:     { /* array: 4 elements */
 5:        /* [1] */
 6:        OK, visible, sound1,
 7:        /* [2] */
 8:        OK, visible, sound1,
 9:        /* [3] */
10:        OK, visible, sound1,
11:        /* [4] */
12:        OK, invisible, sound1
13:     }
14: };
```

Diese 'ALRT'-Resource enthält in Zeile 2 zunächst das umschließende Rechteck des Alert-Fensters in globalen Koordinaten. Weitere Informationen über das Fenster (wie bei einer 'DLOG'-Resource) existieren nicht, da alle Alerts den gleichen Fenstertyp (dBoxProc) verwenden.
In Zeile 3 wird auf die zu diesem Alert gehörige 'DITL'-Resource verwiesen. Diese 'DITL'-Resource enthält (wie bei einem normalen Dialog) die Dialogelemente.

Die Zeilen 4 bis 13 enthalten Informationen über die verschiedenen Alert-Stufen (Alert-Stages). Die verschiedenen Stufen eines Alerts werden von vielen Programmen verwendet, um bei mehrmaligem Auftreten desselben Fehlers mit unterschiedlichen Meldungen zu reagieren. Jede Alert-Stufe einer 'ALRT'-Resource enthält Optionen für die Abarbeitung des Alerts. Wird der Alert das erste Mal erzeugt, so werden die Informationen der untersten (der vierten) Alert-Stufe verwendet; bei dem zweiten Aufruf die Informationen der dritten und so weiter...

Die verschiedenen Alert-Stages können verwendet werden, um bei mehrmaligem Aufruf desselben Alerts unterschiedlich zu reagieren.

Der Default-Button eines Alerts wird (im Gegensatz zu normalen Dialogen) automatisch dreifach umrandet und dadurch als Default-Button gekennzeichnet. Jede Alert-Stufe enthält die Information, ob der erste Button der Dialogelementliste (**OK**-Button) oder der zweite (**Cancel**) als Default-Button gekennzeichnet wird. Jede Stufe kann durch diese Option einen unterschiedlichen Default-Button haben. Diese Technik wird hauptsächlich dann verwendet, wenn der Informations-Text eines Alerts variabel ist (ParamText) und die verschiedenen Stufen eines Alerts unterschiedliche Entscheidungsmöglichkeiten bieten.

Das zweite Feld einer Alert-Stufe gibt an, ob der Alert in dieser Stufe sichtbar (**visible**) oder unsichtbar (**invisible**) ist. Ist der Dialog unsichtbar, so wird nur der übliche Warnton ausgegeben, der Alert erscheint aber noch nicht auf dem Bildschirm. Diese Möglichkeit wird von vielen Programmen verwendet, um den Benutzer auf Fehlbedienungen hinzuweisen. Wenn der Benutzer beispielsweise versucht, eine Aktion durchzuführen, die unmöglich oder unsinnig ist, so geben viele Programme beim ersten Versuch nur einen Warnton aus. Versucht der Benutzer dann das zweite Mal, diese Aktion durchzuführen, so erscheint der Alert, in welchem erklärt wird, warum die Aktion nicht durchgeführt werden kann. Diese "intelligente" Verwaltung der Fehlermeldungen sorgt für ein angenehmes Verhalten des Programms. Hat der Benutzer den Befehl beispielsweise nur versehentlich ausgewählt, so wird er nicht durch den Alert "genervt", sondern durch den Warnton auf seinen Fehler hingewiesen. Ein Benutzer, der nicht weiß, daß die Aktion unsinnig ist, wird es garantiert ein zweites Mal versuchen, was dann zum Erscheinen des Alerts führt.

Viele Programme geben bei der ersten Fehlbedienung nur einen Warnton aus. Bei wiederholter Fehlbedienung wird dann der Alert sichtbar gemacht und informiert über den Fehler.

Das dritte Feld einer Alert-Stufe spezifiziert, ob und wieviele Warntöne (**sound0** bis **sound3**) beim Erscheinen des Alerts ausgegeben werden sollen. In der Regel wird nur **sound0** (kein Warnton) oder **sound1** (ein einzelner Warnton) verwendet.

Die 'DITL'-Resource eines Alerts entspricht in ihrem Aufbau der Definition einer normalen Dialogelementliste. Eine 'DITL'-Resource, die in einem Alert verwendet wird, enthält jedoch in der Regel nur einen statischen Text, ein oder zwei Buttons und eventuell ein Icon. Komplexere Elemente (wie z.B. Radio-Buttons oder Texteingabefelder) sollten in Alerts nicht verwendet werden.

Die 'DITL'-Resource eines Alerts definiert die Elemente, die in dem Alert installiert werden sollen. Eine solche Alert-'DITL'-Resource enthält in der Regel nur einen statischen Text und ein oder zwei Buttons.

```
 1: resource 'DITL' (129) {
 2:    { /* [1] */
 3:       {68, 241, 88, 321},
 4:       Button {
 5:          enabled,
 6:          "OK"
 7:       },
 8:       /* [2] */
 9:       {20, 67, 57, 322},
10:       StaticText {
11:          disabled,
12:          "Dieses Objekt ist geschützt und kann
daher nicht gelöscht werden!"
13:       }
14:    }
15: };
```

Diese 'DITL'-Resource ist eine typische Alert-'DITL'-Resource. Sie enthält einen Button (Zeilen 3 bis 7) und einen statischen Text (Zeilen 9 bis 13).

Um einen Alert zu erzeugen und für die Abarbeitung zu sorgen, stellt der Dialog-Manager vier verschiedene Funktionen zur Verfügung, die alle einen Alert auf der Grundlage einer 'ALRT'-Resource erzeugen. Diese Funktionen übernehmen die Kontrolle und sorgen für die Abarbeitung des Alerts. Sie umranden den Default-Button und erzeugen einen Warnton (je nach Spezifikation der jeweiligen Alert-Stufe). Hat der Benutzer auf einen der Buttons geklickt, so geben diese Funktionen die Elementnummer des getroffenen Buttons als Ergebniswert an das Programm zurück.

StopAlert

Die Funktion StopAlert erzeugt einen Alert auf der Grundlage einer 'ALRT'-Resource und übernimmt gleichzeitig die Kontrolle, um für die Abarbeitung des Alerts zu sorgen. StopAlert zeichnet zusätzlich ein standardisiertes Stop-Icon in der linken oberen Ecke des Alert-Fensters. Diese Art von Alerts wird ausschließlich für Fehlermeldungen oder Meldungen bei Fehlbedienung eingesetzt. Ein solcher Alert sollte nur einen statischen Text und einen einzelnen Button zur Bestätigung der Meldung enthalten, da diese Art von Meldungen in der Regel keine Entscheidungsmöglichkeiten zur Verfügung stellt.

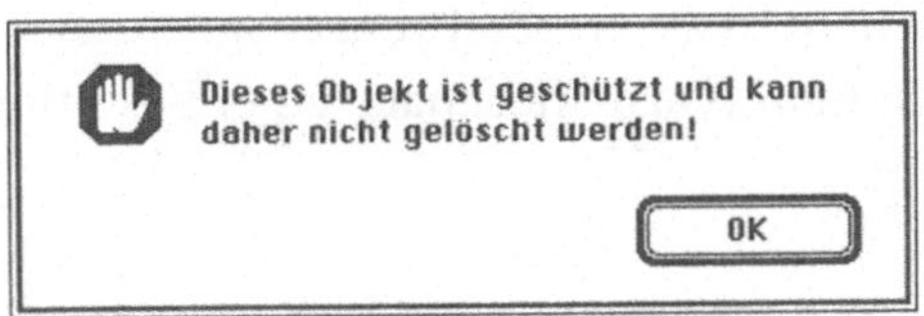

Abb. 13-9 StopAlert erzeugt ein Standard-Stop-Icon in der linken oberen Ecke des Fensters.

```
pascal short StopAlert (short         alertID,
                    ModalFilterProcPtr  filterProc);
```

Die Funktion StopAlert erwartet die Resource-ID der 'ALRT'-Resource in dem Parameter **alertID**.
Der Parameter **filterProc** kann die Adresse einer Event-Filter-Routine spezifizieren, die aufgerufen wird, bevor der Event (z.B. ein Mausklick) vom Dialog-Manager behandelt wird. In der Regel wird diese Möglichkeit nicht verwendet und stattdessen der Wert NULL übergeben.
Der Ergebniswert der Funktion entspricht dem getroffenen Button und wird als Entscheidungsgrundlage für nachfolgende Aktionen verwendet.

CautionAlert

Die Funktion CautionAlert arbeitet wie StopAlert, erzeugt jedoch ein standardisiertes Warn-Icon in der linken oberen Ecke des Alert-Fensters.

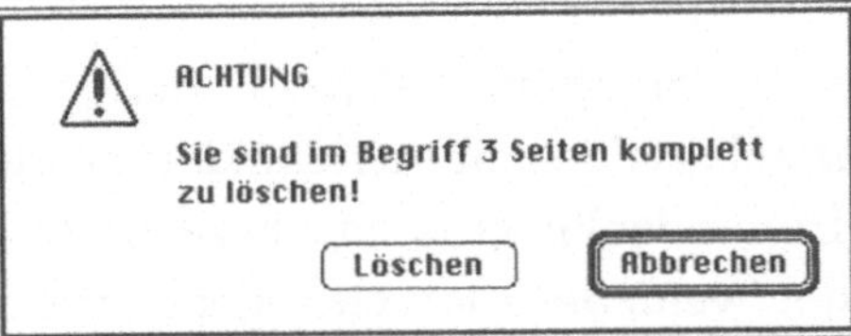

Abb 13-10 CautionAlert verwendet ein standardisiertes Warn-Icon.

```
pascal short CautionAlert (short             alertID,
                           ModalFilterProcPtr filterProc);
```

Diese Funktion wird dann verwendet, wenn der Benutzer im Begriff ist, eine gefährliche Aktion durchzuführen (um ihm die Möglichkeit zum Abbruch der Aktion zu geben). Ein solcher Alert enthält in der Regel zwei Buttons, die zur Bestätigung bzw. zum Abbrechen der Aktion verwendet werden können. Der defensive Button (in der Regel der Abbrechen-Button) muß hierbei der Default-Button sein. Eine Situation, in der ein solcher Warn-Alert verwendet wird, ist beispielsweise das Löschen einer kompletten Seite in einem Textverarbeitungsprogramm. Hier wird der Benutzer mit einem Warn-Alert nach einer Bestätigung für seine Aktion gefragt.

NoteAlert

Die Funktion NoteAlert arbeitet wie StopAlert, erzeugt jedoch zusätzlich ein Standard-Notiz-Icon in der linken oberen Ecke des Alert-Fensters.

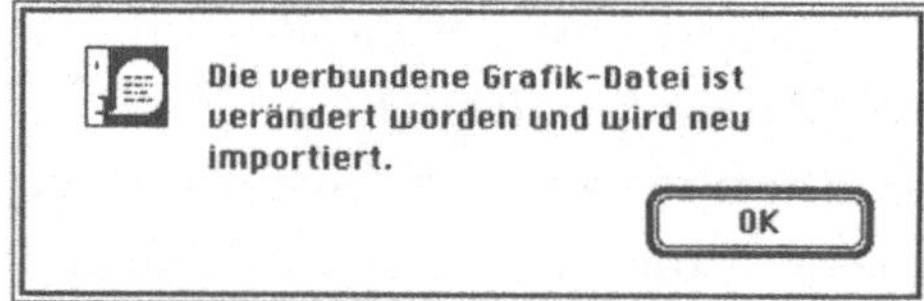

Abb. 13-11 NoteAlert erzeugt ein standardisiertes Notiz-Icon.

```
pascal short NoteAlert (short             alertID,
                        ModalFilterProcPtr filterProc);
```

Diese Art von Alerts wird verwendet, um den Benutzer über bestimmte Programmsituationen zu informieren, die nicht in den Bereich der Gefahren- oder Fehlermeldungen fallen. Ein Beispiel für einen solchen Notiz-Alert ist bei einer Textverarbeitung zu finden, wenn der Benutzer darüber informiert werden soll, daß eine eingebundene Grafikdatei verändert worden ist und daher aktualisiert wird.

Die letzte der vier Funktionen ist die Funktion "Alert". Sie erzeugt einen variablen Alert, ohne ein standardisiertes Warn- oder Informations-Icon in der linken oberen Ecke. Diese Funktion wird dann verwendet, wenn der Alert ein eigenes, spezielles Icon erhalten soll, welches dann in der 'DITL'-Resource spezifiziert werden muß.

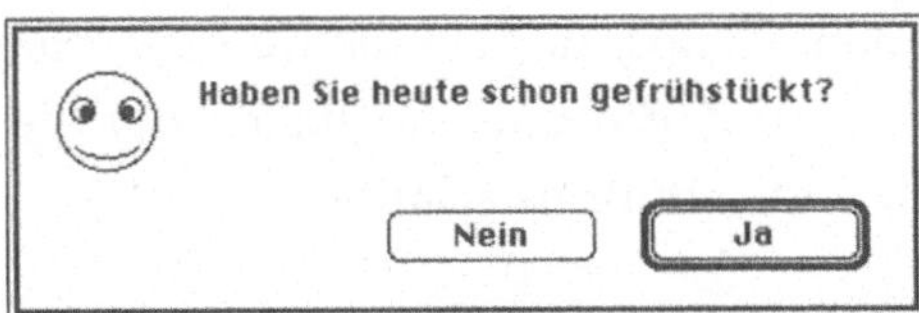

Abb. 13-12
*Die Funktion Alert erzeugt **kein** Standard-Icon. Sie wird verwendet, wenn der Alert ein ungewöhnliches Icon enthalten soll.*

```
pascal short Alert (short              alertID,
                   ModalFilterProcPtr  filterProc);
```

Die Funktion Alert arbeitet ansonsten wie die bereits beschriebenen Funktionen.

GetAlrtStage

Um die Alert-Stufe, in der sich der zuletzt erzeugte Alert befindet, zu erfahren, steht die Funktion GetAlrtStage zur Verfügung.

```
pascal short GetAlrtStage (void);
```

Wenn die verschiedenen Stufen eines Alerts unterschiedliche Meldungen enthalten sollen, so kann diese Funktion in Verbindung mit ParamText dazu verwendet werden, um die der Alert-Stufe entsprechenden Texte in Platzhaltern einzusetzen.

ResetAlrtStage

Um die Alert-Stufe des zuletzt erzeugten Alerts auf die erste Stufe zurückzusetzen, wird die Funktion ResetAlrtStage verwendet.

```
pascal void ResetAlrtStage (void);
```

Diese Funktion wird in der Regel verwendet, wenn ein Alert-Zyklus durchlaufen ist, um wieder bei der ersten Stufe zu beginnen.

13.4 MINIMUM5 - Ein Dialog

Das Beispiel-Programm "MINIMUM5" demonstriert die Verwendung von Dialogen anhand einer erweiterten Version von MINIMUM4. Wird der Menüpunkt "Über Minimum..." ausgewählt, so reagiert das Programm, indem es den in Abb. 13-13 gezeigten Dialog darstellt. Dieser "About-Me"-Dialog enthält typischerweise ein kleines Bild, einen statischen Text und einen Button zur Bestätigung des Dialogs. Um die Verwendung von Controls in einem Dialog zu demonstrieren, enthält dieser Dialog weiterhin einen Radio-Button-Cluster, der die Auswahl eines der beiden Radio-Buttons erlaubt.

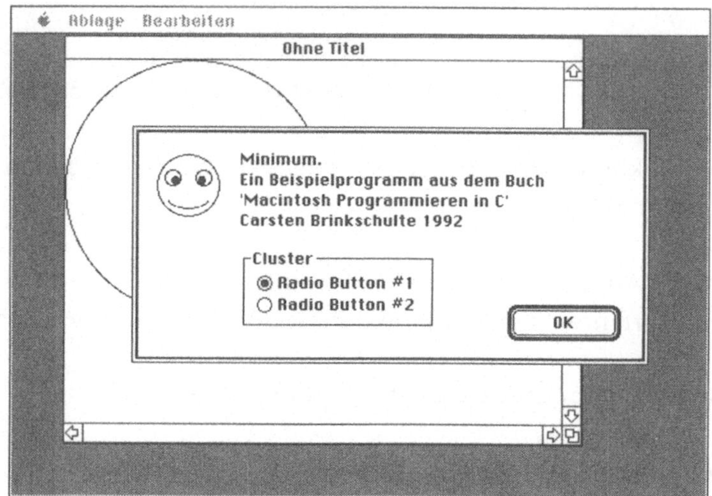

Abb. 13-13
Der "Über Minimum..."-Dialog demonstriert die Erzeugung und Verwaltung eines modalen Dialogs.

Die Demonstration von Alerts folgt im nächsten Kapitel anhand des Rahmenprogramms "SKELETON". Die Erzeugung nichtmodaler Dialoge wird im theoretischen Stadium belassen, da diese Art von Dialogen in der Regel erst in komplexeren Projekten zur Anwendung kommt.

Um die Erzeugung und Verwaltung des "Über Minimum..."-Dialogs zu ermöglichen, wurden die folgenden Routinen modifiziert bzw. neu in den Quelltext aufgenommen:

1. Die Funktion Init_ToolBox wurde um die Initialisierung des Dialog- bzw. des TextEdit-Managers erweitert.

2. Die Funktion Do_AppleMenu wurde so erweitert, daß sie die Funktion Do_About aufruft, wenn der Benutzer den "Über Minimum..."-Menüpunkt auswählt.

3. Die neue Funktion Do_About ist für die Erzeugung und Verwaltung des "Über-Minimum..."-Dialogs zuständig. Sie erzeugt einen modalen Dialog und reagiert auf Mausklicks in die Dialogelemente.

4. Die neue Funktion Set_ItemVal wird von Do_About aufgerufen, um einen Radio-Button ein- oder auszuschalten. Sie übernimmt die Suche nach dem Dialogelement und ruft die entsprechende Control-Manager-Funktion auf.

MINIMUM5 enthält einige neue Resources, die für den "Über Minimum..."-Dialog benötigt werden. Diese Resources sind:

1. Eine 'DLOG'-Resource, die die Position und Größe etc. des Dialogs spezifiziert:

Die 'DLOG'-Resource beschreibt u.a. die Größe und Position des Dialogfensters.

```
1: resource 'DLOG' (128) {
2:     {100, 100, 270, 485},  /* Rechteck      */
3:     dBoxProc,              /* Fenstertyp    */
4:     visible,               /* sichtbar?     */
5:     noGoAway,              /* Schließfeld?  */
6:     0x0,                   /* RefCon        */
7:     128,                   /* DITL-ID       */
8:     ""                     /* Fenstertitel  */
9: };
```

Diese 'DLOG'-Resource beginnt in Zeile 2 mit der Definition des umschließenden Rechtecks des Dialogfensters (in globalen Koordinaten).
Als Fenstertyp wurde (wie bei allen modalen Dialogen) der Typ **dBoxProc** gewählt.
Die Konstante **visible** in Zeile 4 bewirkt, daß dieser Dialog sofort nach der Erzeugung durch GetNewDialog sichtbar gemacht wird.
In Zeile 5 wird durch die vordefinierte Konstante **noGoAway** spezifiziert, daß das Fenster kein Schließfeld haben soll (ein Fenster vom Typ **dBoxProc** hat nie ein Schließfeld).
Das RefCon wird nicht verwendet, es wird daher auf den Wert **0** gesetzt.

In Zeile 7 wird die Resource-ID der 'DITL'-Resource spezifiziert, die zu diesem Dialog gehört.
Der Fenstertitel (Zeile 8) ist leer, da ein Fenster vom Typ **dBoxProc** keinen Fenstertitel hat.

2. Eine 'DITL'-Resource, die die Dialogelemente des Dialogs beschreibt:

Die 'DITL'-Resource beschreibt die einzelnen Elemente des "Über Minimum…"-Dialogs.

```
 1: resource 'DITL' (128) {
 2:    { /* [1] */    /* OK-Button              */
 3:      {135, 287, 155, 367},
 4:      Button {
 5:         enabled,
 6:         "OK"
 7:      },
 8:      /* [2] */    /* Über Minimum-Text     */
 9:      {10, 74, 76, 316},
10:      StaticText {
11:           disabled,
12:           "Minimum.\nEin Beispiel-Programm
aus dem Buch\n'Macintosh Programmieren in
C'\nCarsten Brinkschulte 1992"
13:      },
14:      /* [3] */    /* Smilie-Picture        */
15:      {13, 10, 63, 60},
16:      Picture {
17:         disabled,
18:         128
19:      },
20:      /* [4] */    /* Dreifache Umrandung  */
21:      {129, 281, 159, 371},
22:      Picture {
23:         disabled,
24:         129
25:      },
26:      /* [5] */    /* Radio 1                 */
27:      {106, 87, 124, 212},
28:      RadioButton {
29:         enabled,
30:         "Radio Button #1"
31:      },
32:      /* [6] */    /* Radio 2                 */
33:      {123, 87, 141, 215},
34:      RadioButton {
```

```
35:          enabled,
36:          "Radio Button #2"
37:        },
38:        /* [7] */    /* Cluster-Rahmen         */
39:        {93, 76, 148, 225},
40:        Picture {
41:          disabled,
42:          130
43:        },
44:        /* [8] */    /* Cluster-Titel          */
45:        {88, 84, 104, 135},
46:        StaticText {
47:          disabled,
48:          "Cluster "
49:        }
50:     }
51: };
```

Die Zeilen 3 bis 7 definieren den Default-OK-Button.

In den Zeilen 9 bis 13 wird der statische Informationstext definiert. Hier wird der Escape-Character "\" in Verbindung mit "n" verwendet, was einem Newline (Return) entspricht.

Die Zeilen 15 bis 19 definieren das Smilie-Picture (in der linken oberen Ecke des Dialogs). Dieses **Picture** wurde mit MacDraw erstellt und könnte bei "echten" Projekten das Firmenlogo beinhalten.

Durch die Zeilen 21 bis 25 wird die dreifache Umrahmung des OK-Buttons erzeugt. Dieses Bild wurde mit MacDraw gezeichnet und in ResEdit eingesetzt.

Die Zeilen 27 bis 31 definieren den ersten Radio-Button. Die Definition beginnt (wie üblich) mit der Spezifikation des umschließenden Rechtecks (Zeile 27) und der Angabe des Identifikationscodes (**RadioButton**) in Zeile 28.

Da der Benutzer diesen Radio-Button anklicken können soll, wird er in Zeile 29 durch die Verwendung der vordefinierten Konstanten **enabled** aktiviert.

Der Titel des Radio-Buttons wird in Zeile 30 durch den String "Radio Button #1" spezifiziert.

Die Definition des zweiten Radio-Buttons (Zeilen 32 - 37) erfolgt analog zur Definition des ersten.

Da die Radio-Buttons zu einer Gruppe gehören, wird ein umschließender Rahmen durch das Bild (Zeilen 39 bis 43) gezeich-

net. Auch diese 'PICT'-Resource wurde mit MacDraw gezeichnet und in ResEdit angelegt.
Der Cluster-Titel soll über dem Rahmen liegen, so daß er den darunterliegenden Cluster-Rahmen verdeckt, daher folgt die Definition des Titels (Zeilen 45 bis 49) nach der Definition des Rahmens.

3. Eine 'PICT'-Resource, die das Picture für die dreifache Umrandung des Default-OK-Buttons enthält:

Abb. 13-14 Die dreifache Umrahmung des Default-OK-Buttons ist durch die nebenstehende 'PICT'-Resource definiert.

```
 1: resource 'PICT' (129) {
 2:     98,
 3:     {-1, -1, 29, 89},
 4:     $"0011 02FF 0C00 FFFF FFFF FFFF"
...
 9:     $"0064 0008 6450 726F 0000 00FF"
10: };
```

Diese 'PICT'-Resource enthält in Zeile 2 zunächst die Anzahl an Bytes, die von diesem Picture belegt werden.
Es folgt in Zeile 3 das umschließende Rechteck des Original-Bildes.
Die nächsten Zeilen beinhalten den 'PICT'-Opcode, der für das Zeichnen der dreifachen Umrahmung zuständig ist (verkürzt dargestellt).

4. Eine zweite 'PICT'-Resource, die das Bild für den Cluster-Rahmen enthält.

Abb. 13-15 Die nebenstehende 'PICT'-Resource enthält den in der Abbildung gezeigten Cluster-Rahmen.

```
1: resource 'PICT' (130) {
2:     39,
3:     {-1, -1, 56, 164},
4:     $"1101 A000 8201 000A FFFF FFFF"
5:     $"0038 00A4 3000 0100 0100 3800 A4A0"
6:     $"0083 FF"
7: };
```

5. Eine dritte 'PICT'-Resource, welche das Bild des freundlichen Smilies beinhaltet (verkürzt dargestellt):

```
1: resource 'PICT' (128) {
2:    212,
3:    {-1, -1, 74, 74},
4:    $"1101 A000 8201 000A FFFF FFFF"
...
20:     $"5A00 5AA0 008D A000 83FF"
21:   };
```

Abb. 13-16
Das Smilie-PICT.

Um mit den Routinen und Datenstrukturen des Dialog-Managers arbeiten zu können, wurden zwei neue Header-Dateien in den Quelltext der Applikation aufgenommen:

*Die Liste der **#include**-Statements wurde um die Einbindung der Interface-Dateien des Dialog- und des TextEdit-Managers erweitert.*

```
 1: #include <Types.h>
 2: #include <Memory.h>
 3: #include <QuickDraw.h>
 4: #include <Fonts.h>
 5: #include <Windows.h>
 6: #include <Events.h>
 7: #include <ToolUtils.h>
 8: #include <Menus.h>
 9: #include <Desk.h>
10: #include <TextEdit.h>
11: #include <Dialogs.h>
```

Das **#include**-Statement in Zeile 10 gibt dem Compiler die Routinen des TextEdit-Managers bekannt, der zusätzlich zum Dialog-Manager initialisiert werden muß, da der Dialog-Manager auf Routinen und Datenstrukturen von TextEdit zurückgreift. Mit dem **#include**-Statement in Zeile 11 werden dem Compiler die Routinen und Datenstrukturen des Dialog-Managers bekannt gegeben.

Die modifizierte Version der Funktion Init_ToolBox:

Init_ToolBox initialisiert jetzt den TextEdit- und den Dialog-Manager.

```
1: void Init_ToolBox (void)
2: {
3:    InitGraf ((Ptr) &qd.thePort);
4:    InitFonts ();
5:    InitWindows ();
6:    InitMenus ();
7:    TEInit ();
8:    InitDialogs (NULL);
9: }
```

Die Funktion Init_ToolBox initialisiert in Zeile 7 durch den Aufruf der TextEdit-Manager-Funktion **TEInit** die Datenstrukturen dieses Managers.
In Zeile 8 wird der Dialog-Manager durch den Aufruf der Funktion **InitDialogs** initialisiert. Hier wird der Wert NULL anstelle des geforderten Funktions-Pointers übergeben, da die Möglichkeit einer "System-Error-Abfang-Routine" noch nicht verwendet wird.

Die modifizierte Version der Funktion Do_AppleMenu:

*Do_AppleMenu reagiert jetzt auf die Auswahl des Menüpunktes "Über Minimum…", indem die Funktion **Do_About** aufgerufen wird.*

```
 1: void Do_AppleMenu (short menuItem)
 2: {
 3:    short      daRefNum;
 4:    Str255     daName;
 5:
 6:    switch (menuItem)
 7:    {
 8:       case iAbout:
 9:          Do_About ();
10:          break;
11:
12:       default:
13:          GetItem (GetMHandle (mApple),
                   menuItem, daName);
14:          daRefNum = OpenDeskAcc (daName);
15:          break;
16:    }
17: }
```

Die erweiterte Version von Do_AppleMenu reagiert in den Zeilen 8 bis 10 auf die Auswahl des "Über Minimum…"-Menüpunktes, indem die Funktion **Do_About** aufgerufen wird. Diese Funktion ist für die Erzeugung und Verwaltung des "Über Minimum…"-Dialogs verantwortlich.

Die neue Funktion Do_About:

```
1: void Do_About (void)
2: {
3:    #define dOKButton   1
4:    #define dRadio1     5
```

```
 5:    #define dRadio2     6
 6:
 7:    short     itemHit;
 8:    DialogPtr theDialog;
 9:
10:    theDialog = GetNewDialog (128, NULL,
         (WindowPtr) -1);
11:    Set_ItemVal (theDialog, dRadio1, 1);
12:    do
13:    {
14:      ModalDialog (NULL, &itemHit);
15:      switch (itemHit)
16:      {
17:        case dRadio1:
18:          Set_ItemVal (theDialog,dRadio2,0);
19:          Set_ItemVal (theDialog,dRadio1,1);
20:          break;
21:
22:        case dRadio2:
23:          Set_ItemVal (theDialog,dRadio1,0);
24:          Set_ItemVal (theDialog,dRadio2,1);
25:          break;
26:      }
27:    }
28:    while (itemHit != dOKButton);
29:    DisposeDialog (theDialog);
30: }
```

Do_About erzeugt den Über Minimum..."-Dialog und reagiert auf die Auswahl der Radio-Buttons.

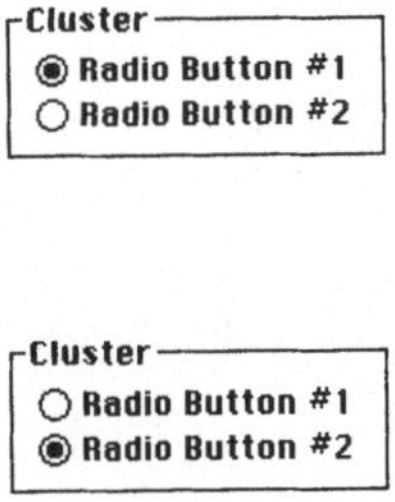

Cluster
◉ Radio Button #1
○ Radio Button #2

Cluster
○ Radio Button #1
◉ Radio Button #2

Abb. 13-17
Wird einer der beiden Radio-Buttons angeklickt, so wird dieser Radio-Button ein- und der andere ausgeschaltet.

Die Funktion beginnt mit der Definition von drei lokalen Konstanten (**dOKButton**, **dRadio1**, **dRadio2**), die den jeweiligen Nummern der Dialogelemente entsprechen und für den Zugriff auf die Elemente verwendet werden.

In Zeile 10 wird der Dialog erzeugt, indem **GetNewDialog** aufgerufen wird. Der Funktion **GetNewDialog** wird die Resource-ID der 'DLOG'-Resource übergeben, welche die Beschreibung des Dialogfensters und einen Verweis auf die zugehörige 'DITL'-Resource enthält. Da anstelle des Parameters **wStorage** der Wert NULL übergeben wird, legt **GetNewDialog** einen nonrelocatable-Block im Speicherbereich der Applikation an, um den Dialog zu verwalten. Dies ist bei einem modalen Dialog vertretbar, da der nonrelocatable-Block kurze Zeit später wieder freigegeben wird und daher nicht zu einer permanenten Fragmentierung des Speicherbereichs führt. Mit dem letzten Parameter, der an

GetNewDialog übergeben wird (-1), wird spezifiziert, daß das Dialogfenster über allen bereits bestehenden Fenstern erzeugt wird. Bei der Übergabe dieses Wertes wird Type-Casting verwendet, um die Zahl (-1) in den geforderten Typ (WindowPtr) umzuwandeln. Der Ergebniswert der Funktion **GetNewDialog** wird in der lokalen Variablen **theDialog** abgelegt, um für spätere Zugriffe auf den Dialog zur Verfügung zu stehen.

*Um die Werte der Radio-Buttons zu verändern, wird die Funktion **Set_ItemVal** aufgerufen.*

In Zeile 11 wird die neue Funktion **Set_ItemVal** verwendet, um den ersten Radio-Button initial einzuschalten. Diese Funktion sucht ein Dialogelement aus einem Dialog heraus und verwendet eine Control-Manager-Funktion, um den Wert des Controls zu setzen. Diese Funktion bekommt als ersten Parameter die Adresse des Dialogs, in welchem sich das zu verändernde Element befindet. Der zweite Parameter spezifiziert die Elementnummer des gesuchten Elements, der dritte Parameter gibt den Wert an, auf den das Element gesetzt werden soll.

Die Zeilen 12 bis 28 enthalten die Schleife, die für die Abarbeitung des modalen Dialogs zuständig ist. Diese Schleife läuft solange, bis der Benutzer den OK-Button auswählt, um den Dialog zu beenden.

In Zeile 14 wird in jedem Durchlauf zunächst die Funktion **ModalDialog** aufgerufen, um auf die Auswahl des Benutzers zu warten. Da in diesem einfachen Dialog keine Filterroutine verwendet wird, wird anstelle des Funktions-Pointers der Wert NULL übergeben. Der zweite Parameter, der an **ModalDialog** übergeben wird, ist die Adresse der lokalen Variablen **itemHit**, in welcher **ModalDialog** die Nummer des getroffenen Dialogelements spezifiziert.

Die Zeilen 15 bis 26 reagieren mit einer switch-Anweisung über den Wert von **itemHit** auf die Auswahl des Benutzers. Je nachdem, welcher Radio-Button angeklickt wurde, wird der eine aus-, der andere eingeschaltet.

Hat der Benutzer auf den Radio-Button #1 geklickt, so wird der Wert dieses Radio-Buttons auf 1, der Wert des anderen auf 0 gesetzt (Zeile 18 und 19).

Die Zeilen 23 und 24 reagieren auf die Auswahl des Radio-Buttons #2, indem der zweite Radio-Button ein- und der erste ausgeschaltet wird.

Wenn die Schleife terminiert (der Benutzer hat auf den OK-Button geklickt), so wird der Dialog in Zeile 29 durch den Aufruf der Funktion **DisposeDialog** geschlossen und der belegte Speicherplatz freigegeben.

Die neue Funktion Set_ItemVal:

```
1: void Set_ItemVal ( DialogPtr    theDialog,
                      short        itemNo,
                      short        value)
2: {
3:     short      itemType;
4:     Handle     item;
5:     Rect       box;
6:
7:     GetDItem (theDialog, itemNo, &itemType,
               &item, &box);
8:     SetCtlValue ((ControlHandle) item,value);
9: }
```

Set_ItemVal sucht ein Dialogelement aus einem Dialog heraus und setzt den Wert dieses Elements. Diese Funktion darf nur für Dialogelemente verwendet werden, die zum Control-Manager gehören (z.B. Radio-Buttons).

Die Funktion Set_ItemVal ist eine Utility-Routine, die verwendet werden kann, um den Wert eines Dialogelements zu verändern. Dabei wird vorausgesetzt, daß es sich bei diesem Element um einen Control (Radio-Button, Check-Box etc.) handelt. Diese Funktion darf also nicht für andere Dialogelemente aufgerufen werden (dies würde zu einem Programmabsturz führen).
Wenn die Funktion Set_ItemVal aufgerufen wird, so enthält der übergebene Parameter **theDialog** die Adresse des Dialogs, in welchem sich der gesuchte Control befindet. Der Parameter **itemNo** enthält die Nummer des Dialogelements (des Controls). Der Parameter **value** ist der Wert, auf den der Control gesetzt werden soll.
In Zeile 7 wird zunächst die Funktion **GetDItem** verwendet, um eine Referenz auf das Dialogelement (den Handle) zu erhalten. Dieser Funktion wird die Variable **theDialog** übergeben, um zu spezifizieren, in welchem Dialog sich das gesuchte Element befindet. Der zweite Parameter (**itemNo**) spezifiziert die Nummer des gesuchten Dialogelements. In den folgenden drei Parametern liefert **GetDItem** Ergebniswerte zurück. Der Elementtyp wird in **itemType** abgelegt, die Variable **item** enthält den Handle auf

das Dialogelement und die Variable **box** das umschließende Rechteck des Dialogelements.
Der Handle auf das Dialogelement (**item**) ist hier der einzig wichtige Ergebniswert. Er wird in Zeile 8 mit Hilfe von Type-Casting in einen ControlHandle verwandelt, um ihn an die Control-Manager-Funktion **SetCtlValue** zu übergeben. **SetCtlValue** verändert den Wert des übergebenen Controls und sorgt dafür, daß dieser Control neugezeichnet wird. Der neue Wert für diesen Control wird durch den Parameter **value** spezifiziert.

Das Programm SKELETON

Dieses Kapitel beschreibt und analysiert das Beispiel-Programm SKELETON, welches einen kompletten Rahmen für komplexere Projekte zur Verfügung stellt. Dieses Rahmenprogramm enthält nahezu alle wichtigen Funktionalitäten eines Macintosh-Programms und bildet daher eine solide Basis für "echte" Projekte. Zunächst wird ein Überblick über die neuen Konzepte bzw. Funktionalitäten des Programms gegeben. Der zweite Teil des Kapitels beschreibt das neue Datenverwaltungskonzept von Skeleton bzw. die Datenstrukturen, die für die Implementierung dieses Konzeptes verwendet werden. Der dritte Teil beschreibt die neuen und geänderten Funktionen, der vierte Teil enthält den kompletten Quelltext des Programms.

Skeleton baut (selbstverständlich) auf den vorangegangenen Beispiel-Programmen der MINIMUM-Serie auf. Es enthält jedoch einige konzeptionelle Verbesserungen sowie neue Funktionalitäten. Die neuen Funktionalitäten bzw. Verbesserungen von Skeleton sind:

1. Das Konzept "Dokument".
Bisher wurde nur die Verwaltung von Fenstern, Menüs und Dialogen erläutert - die Datenverwaltung wurde etwas vernachlässigt. Skeleton führt das Datenverwaltungskonzept der Dokumente ein, in welchem Fenster, Scrollbars und Daten zu einer Datenstruktur zusammengefaßt werden.

2. Mehrere Dokumente.

Skeleton kann (wie eine "echte" Macintosh-Applikation) mit mehreren Dokumenten bzw. Fenstern arbeiten. Wenn der Benutzer den Menüpunkt "Neu" aus dem "Ablage"-Menü auswählt, so erzeugt Skeleton ein neues Fenster.

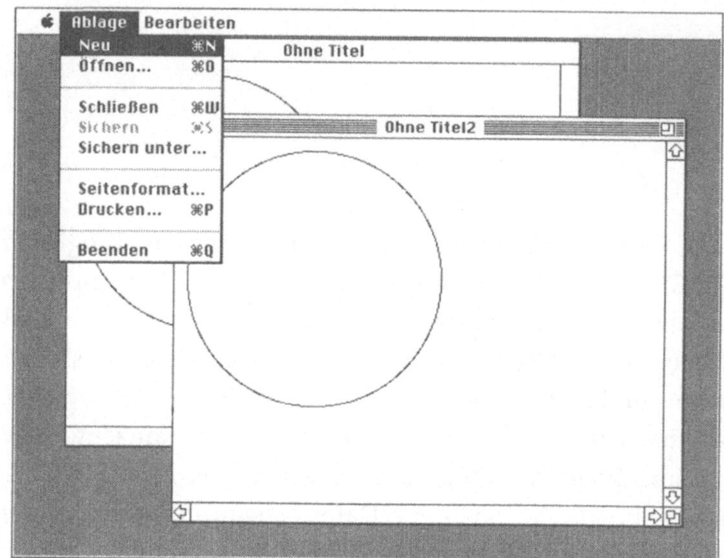

Abb. 14-1
Das Beispielprogramm Skeleton ist in der Lage, mit mehreren Fenstern bzw. Dokumenten zu arbeiten.

3. I/O-Schnittstelle.

Die Funktionalität des Programms wurde so erweitert, daß Dokumente gesichert bzw. wieder gelesen werden können. Skeleton reagiert auf die Auswahl des "Sichern unter..."-Menüpunktes aus dem "Ablage"-Menü, indem es den üblichen Sichern-Dialog erzeugt und anschließend die Daten des Dokuments in einer neu angelegten Datei ablegt. Wenn der "Öffnen..."-Menüpunkt ausgewählt wird, so kann der Benutzer in dem üblichen Öffnen-Dialog eine Datei auswählen, auf deren Grundlage ein neues Dokument erzeugt wird.

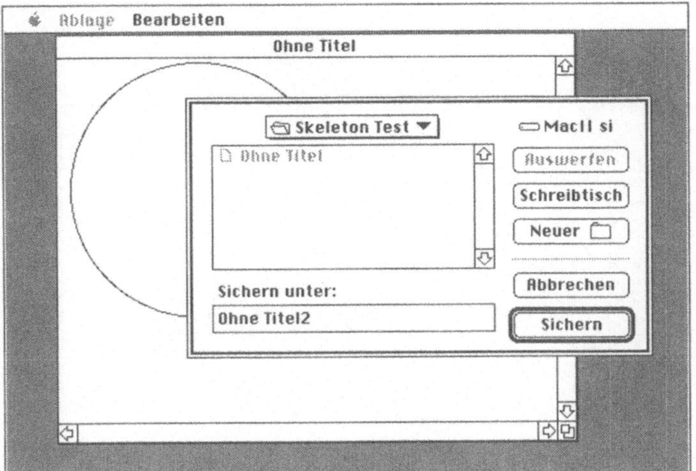

Abb. 14-2
Skeleton kann die Daten des Dokuments (die Position des Kreises) in eine Datei speichern bzw. aus einer Datei lesen.

4. User-Interaktion.
Skeleton bietet die Möglichkeit, die Daten des Dokuments (die Position des Kreises im Dokument) mit Hilfe der Maus zu verändern und demonstriert dabei die grundlegende Technik des Mouse-Trackings.

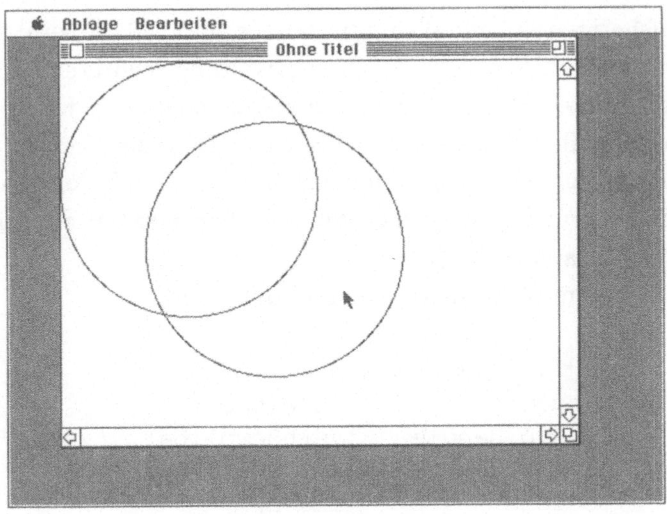

Abb. 14-3
Der Benutzer kann den Kreis verschieben, indem er in den Kreis klickt und die Mausposition bei gedrückter Maustaste verschiebt. Wenn die Mausposition verschoben wird, folgt Skeleton, indem der Kreis jeweils an der aktuellen Mausposition gezeichnet wird.

5. "Sichere" Datenverwaltung.
Wenn der Benutzer ein Dokument schließen will, dessen Daten verändert worden sind, so wird der Benutzer mit Hilfe eines Warn-Alerts gefragt, ob er die Änderungen sichern oder verwerfen möchte.

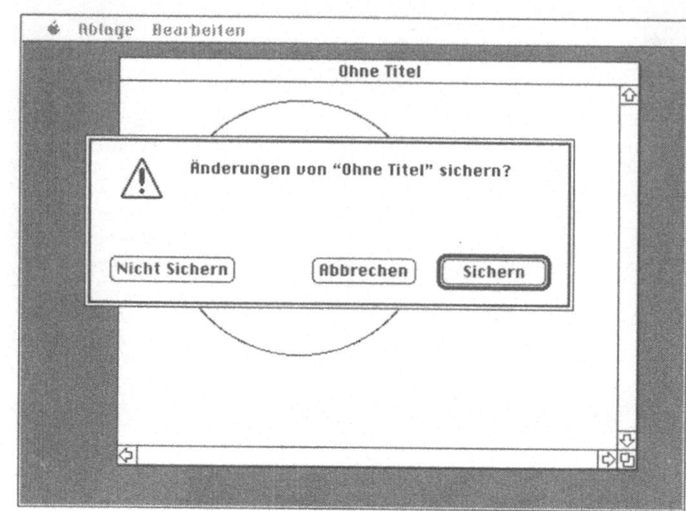

Abb. 14-4 Skeleton verwendet einen Alert, um den Benutzer zu warnen, wenn er ein Dokument schließen will, dessen Daten modifiziert worden sind.

14.1 Neue Datenstrukturen

Die bisherigen Beispiel-Programme der MINIMUM-Serie sind zwar (im Prinzip) bereits auf die Verwaltung mehrerer Fenster ausgelegt, dieser wichtigen Funktionalität standen jedoch noch konzeptionelle Mängel entgegen. Skeleton führt das Konzept der Dokumente ein, um diese Mängel zu beheben. Ein Dokument ist eine Datenstruktur, welche Fenster, Scrollbars und Daten zu einer Struktur zusammenfaßt.
Die Document-Struktur ist wie folgt deklariert:

*Die Datenstruktur **Document** stellt eine eindeutige Beziehung zwischen den Dokumentdaten, dem Fenster und den Fensterelementen her.*

```
 1: struct Document {
 2:    WindowRecord      theWindow;
 3:    ControlHandle     vertScrollbar,
 4:                      horizScrollbar;
 5:    Boolean           inUse,
 6:                      hasBeenChanged;
 7:                      hasBeenSaved;
 8:    SFReply           reply;
 9:    Rect              documentData;
10: };
11:
12: typedef struct Document Document;
```

```
13: typedef Document *DocumentPtr;
14:
15: #define kMaxDocuments  10
16:
17: Document      gDocuments [kMaxDocuments];
18: short         gCountDocuments;
```

Skeleton kann bis zu 10 Fenster gleichzeitig verwalten.

Das erste Feld eines Document-structs ist ein WindowRecord, welcher zur Verwaltung des Fensters verwendet wird. Skeleton legt den Datenblock, der zur Verwaltung eines Fensters benötigt wird, nicht mehr dynamisch an (indem ein nonrelocatable-Block erzeugt wird), sondern verwendet stattdessen den WindowRecord eines Document-structs. Dies wird nötig, da Skeleton in der Lage ist, Dokumente bzw. Fenster zur Laufzeit des Programms anzulegen bzw. wieder freizugeben, was zu einer Fragmentierung des Speicherbereichs führen würde, wenn der WindowRecord in einem nonrelocatable-Block angelegt würde.

Der WindowRecord steht an erster Stelle im Document-struct, damit ein WindowPtr (Adresse des WindowRecords) mit Hilfe von Type-Casting in einen DocumentPtr umgewandelt werden kann (und umgekehrt). Diese Strukturierung erleichtert die Arbeit mit Dokumenten bzw. Fenstern, da man oft von einem Fenster (WindowPtr) zu den Daten dieses Fensters (DocumentPtr) gelangen möchte.

Da das erste Feld des Document-structs ein WindowRecord ist, entspricht die Adresse eines Document-structs (DocumentPtr) der eines WindowRecords (WindowPtr).

Die zu dem Fenster gehörenden Scrollbars werden mit den beiden ControlHandles (**vertScrollbar** und **horizScrollbar**) verwaltet.

Jedes Dokument enthält einen Boolean (**inUse**), an welchem erkannt werden kann, ob der Document-struct benutzt wird, oder ob er für die Erzeugung eines neuen Dokuments verwendet werden kann.

Da der Benutzer die Daten eines Dokuments verändern kann (er kann den Kreis verschieben), muß Skeleton erkennen können, ob die Daten modifiziert worden sind. Dies wird dann wichtig, wenn der Benutzer das Dokument schließen möchte oder die Applikation beendet. Skeleton muß in diesen Situationen einen Dialog darstellen, in welchem der Benutzer gefragt wird, ob die Modifikationen gesichert oder verworfen werden sollen. Um zu erkennen, ob ein Dokument modifiziert worden ist, verwaltet

Die Informationen, ob die Dokumentdaten geändert worden sind, oder ob das Dokument selbst schon einmal gesichert worden ist, sind im Dokument selbst enthalten.

Das Dokument enthält einen Verweis auf die zugehörige Datei.

das Programm den Boolean **hasBeenChanged**, welcher den Wert true enthält, wenn das Dokument verändert worden ist.
Wenn der Benutzer den Menüpunkt "Sichern" aus dem "Ablage"-Menü auswählt, so untersucht Skeleton den Boolean **hasBeenSaved**, um festzustellen, ob das Dokument bereits gesichert worden ist oder nicht. Wurde das Dokument noch nie gesichert, so wird der übliche Sichern-Dialog erzeugt, in welchem der Benutzer den Dateinamen eingeben und die Position im Dateisystem auswählen kann. Hat er das Dokument schon einmal gesichert, so wird das Dokument (ohne den Dialog zu zeigen) erneut in die verbundene Datei gespeichert.
Wenn der Benutzer das Dokument schon einmal gesichert hat, so enthält das Feld **reply** in Zeile 8 Informationen über die zu diesem Dokument gehörende Datei (Dateinamen, Position im File-System etc...).
Die Dokumentdaten sind in dem Feld **documentData** enthalten. In diesem Rahmenprogramm enthält dieses Feld lediglich das umschließende Rechteck des Kreises, welcher im Fenster dargestellt wird. Bei "echten" Projekten könnte hier ein Array oder ein Handle auf weiter verzweigende Datenstrukturen existieren.

Skeleton ist (wie beschrieben) in der Lage, mehrere Dokumente zu verwalten. Die einzelnen Dokumente sind in einem globalen Array (**gDocuments**) enthalten, so daß jederzeit direkter Zugriff auf diese Datenstrukturen existiert. Die Anzahl der Dokumente, die gleichzeitig geöffnet sein können, ist durch diese Technik zwar auf eine maximale Zahl beschränkt, verhindert jedoch (wie beschrieben) eine permanente Fragmentierung des Speicherbereichs durch nonrelocatable-Blocks.

Die Anzahl der geöffneten Dokumente ist in der Variablen **gCountDocuments** enthalten. An dieser Variablen kann erkannt werden, ob noch ein weiteres Dokument erzeugt werden kann oder ob die maximale Anzahl bereits erreicht ist.

14.2 Neue und geänderte Funktionen

Um die neuen Konzepte und Funktionalitäten von Skeleton zu implementieren, wurden die folgenden Routinen modifiziert oder neu in den Quelltext aufgenommen:

1. Die neue Funktion Initialize faßt die Aufrufe von Init_ToolBox und Make_Menus (die bisher von main gemacht wurden) mit der Initialisierung der globalen Dokumentstrukturen zusammen. Initialize wird von main aufgerufen und übernimmt (neben der Initialisierung) die Erzeugung eines neuen Fensters.

2. Die Funktion Do_FileMenu, welche auf eine Menüpunktauswahl aus dem "Ablage"-Menü reagiert, wurde so erweitert, daß die Menüpunkte "Neu", "Öffnen...", "Sichern", "Sicher unter..." und "Schließen" unterstützt werden. Do_FileMenu ruft die entsprechenden Aktionsroutinen auf, wenn einer dieser Menüpunkte ausgewählt wird.

3. Die neue Funktion Do_Open wird aufgerufen, wenn der Benutzer den "Öffnen..."-Menüpunkt aus dem "Ablage"-Menü auswählt. Sie erzeugt den üblichen Öffnen-Dialog und läßt den Benutzer eine Datei auswählen, um anschließend ein neues Dokument auf der Basis dieser Datei zu erzeugen.

4. Die neue Funktion Do_New übernimmt die Erzeugung eines neuen Dokuments. Diese Routine erzeugt ein neues Fenster bzw. die zugehörigen Elemente (z.B. die Scrollbars). Sie wird aufgerufen, wenn der Benutzer den Menüpunkt "Neu" aus dem "Ablage"-Menü auswählt, oder ein Dokument von der Festplatte öffnet ("Ablage"-"Öffnen..."-Menüpunkt).

5. Do_SaveAs ist eine neue Funktion, die aufgerufen wird, wenn der Benutzer den Menüpunkt "Sichern unter..." auswählt. Sie erzeugt den üblichen Sichern-Dialog, und läßt den Benutzer einen Dateinamen eingeben bzw. den Pfad zum Speichern des Dokuments auswählen. Sie erzeugt eine neue Datei und ruft die Funktion Save_Document auf.

6. Die neue Funktion Save_Document wird aufgerufen, um die Dokumentdaten zu sichern. Sie speichert die Daten des Dokuments in die (bereits angelegte) Datei.

7. Die neue Funktion Do_Save wird aufgerufen, wenn der Benutzer den "Sichern"-Menüpunkt aus dem "Ablage"-Menü auswählt. Diese Funktion analysiert das Dokument des aktiven Fensters, um zu entscheiden, welche Aktionen durchgeführt werden sollen. Möchte der Benutzer ein Dokument sichern, welches noch nie gespeichert wurde, so ruft sie Do_SaveAs auf. Ist das Dokument schon einmal gesichert worden, so wird die Funktion Save_Document aufgerufen.

8. Die Funktion Do_CloseWindow wurde so modifiziert, daß sie Do_Close aufruft, wenn der Benutzer das Fenster schließen will.

9. Die neue Funktion Do_Close untersucht, ob die Daten des Dokuments modifiziert worden sind. Sind die Daten geändert worden, so erzeugt sie einen Alert, in welchem der Benutzer auswählen kann, ob er die Änderungen des Dokuments speichern oder verwerfen möchte. Je nach Auswahl des Benutzers bzw. Zustand des Dokuments ruft sie Do_SaveAs oder Save_Document auf oder schließt das Dokument, ohne die Daten zu sichern.

10. Die Funktion Do_Quit wurde so erweitert, daß sie vor Beendigung des Programms Do_Close für jedes geöffnete Dokument aufruft, um sicherzustellen, daß der Benutzer eventuell veränderte Dokumente sichern kann, bevor das Programm beendet wird.

11. Die neue Funktion Adjust_Menus wird immer dann aufgerufen, wenn der Benutzer in die Menüleiste klickt oder einen Menükurzbefehl ausführen will. Diese Funktion aktiviert oder deaktiviert die einzelnen Menüpunkte (je nach Programmzustand). Sind beispielsweise alle Document-structs belegt, so wird der "Neu"- und der "Öffnen..."-Menüpunkt aus dem "Ablage"-Menü deaktiviert, so daß der Benutzer diese Menüpunkte nicht auswählen kann.

12. Die Funktion Do_GraphicsClick wurde so erweitert, daß sie dem Benutzer die Möglichkeit gibt, den Kreis (der sich im Fenster befindet) zu verschieben. Sie stellt fest, ob der Mausklick im inneren Bereich des Kreises liegt und folgt dann den Mausbewegungen, um anschließend die Dokumentdaten entsprechend zu verändern.

13. Die neue Funktion Track_Oval wird von Do_GraphicsClick aufgerufen, um die Mausbewegungen zu verfolgen und so eine Verschiebung des Kreises zu ermöglichen.

14. Die Funktion Draw_Graphics wurde so modifiziert, daß sie den Kreis an der Position zeichnet, welche im Document-struct enthalten ist.

15. Die Funktion Get_ContentSize wurde so modifiziert, daß sie die Verschiebung des Kreises berücksichtigt. Durch die Änderungen werden die Scrollbars automatisch aktiviert, wenn der Benutzer den Kreis so verschiebt, daß Teile unsichtbar werden.

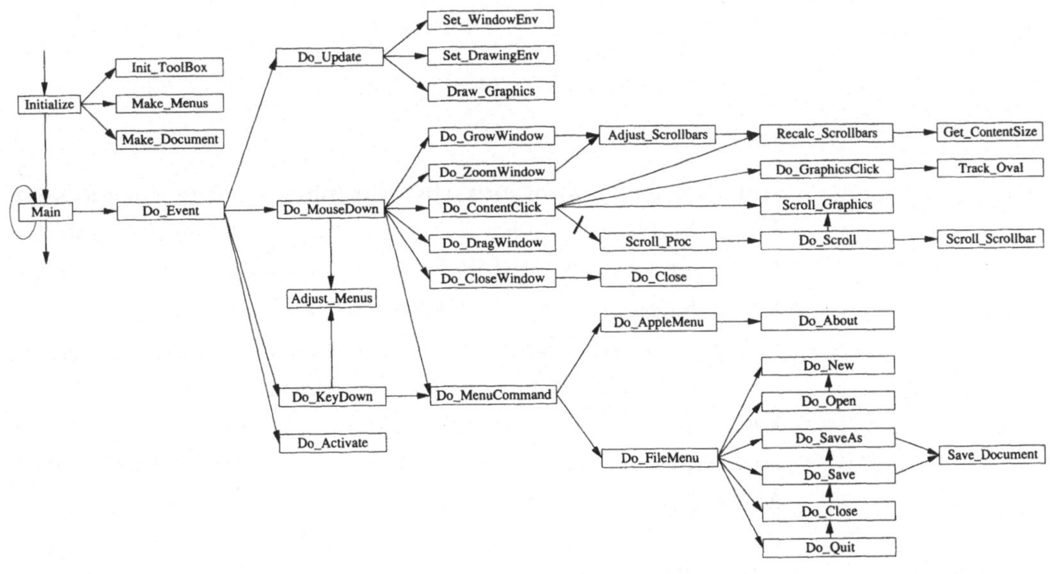

Abb. 14-5
Der interne Kontrollfluß von Skeleton.

Um die Selbstdokumentation des Quelltextes zu erhöhen, wurden Konstanten eingeführt, die anstelle der Resource-IDs bei Zugriffen auf Resources verwendet werden:

Die Resource-ID-Konstanten beginnen mit "r" (für "Resource").

```
#define rWindow              128
#define rHScrollbar          128
#define rVScrollbar          129
#define rMenuBar             128
#define rAboutDialog         128
#define rSaveChangesAlert    129
```

Die neue Funktion Initialize:

Initialize initialisiert die globalen Variablen und koordiniert den weiteren Initialisierungsprozeß.

```
 1: void Initialize (void)
 2: {
 3:    short i;
 4:
 5:    gQuit = false;
 6:    gCountDocuments = 0;
 7:    for (i = 0; i < kMaxDocuments; i++)
 8:      gDocuments[i].inUse = false;
 9:
10:    Init_ToolBox ();
11:    Make_Menus ();
12:    Do_New ();
13:    SetCursor (&qd.arrow);
14: }
```

Initialize übernimmt zunächst die Initialisierung der globalen Datenstrukturen (Zeilen 5 - 8). Die Initialisierung des globalen Document-Arrays wird in Zeile 7 bzw. 8 durch das Setzen des **inUse**-Flags erledigt. An diesem **inUse**-Flag erkennen andere Funktionen, ob der Document-struct belegt ist oder zur Erzeugung eines neuen Dokuments verwendet werden kann.
Die Zeilen 10 und 11 sorgen für die Initialisierung der ToolBox sowie für die Erzeugung der Menüs, indem **Init_ToolBox** bzw. **Make_Menus** aufgerufen wird.
In Zeile 12 wird die neue Funktion **Do_New** aufgerufen, um das initiale Dokument zu erzeugen.

Die neue Funktion Do_New:

Do_New erzeugt ein neues Dokument. Diese Funktion durchsucht die Liste der Dokumente nach einem Document-struct, welches noch nicht benutzt wird und verwendet diese Struktur, um ein neues Fenster bzw. die zugehörigen Fensterelemente zu verwalten.

```
 1: DocumentPtr Do_New (void)
 2: {
 3:    short        i = 0;
 4:    WindowPtr    theWindow;
 5:
 6:    for (i = 0; i < kMaxDocuments; i++)
 7:    {
 8:       if (gDocuments[i].inUse == false)
 9:       {
10:          theWindow = GetNewWindow (rWindow,
                  &gDocuments[i], (WindowPtr) -1);
11:          SetPort (theWindow);
12:          gDocuments[i].vertScrollbar =
                 GetNewControl (rVScrollbar,
                       theWindow);
13:          gDocuments[i].horizScrollbar =
                 GetNewControl (rHScrollbar,
                       theWindow);
14:          gDocuments[i].inUse = true;
15:          gDocuments[i].hasBeenChanged = false;
16:          gDocuments[i].hasBeenSaved = false;
17:          SetRect (&gDocuments[i].documentData,
                  10, 10, 210, 210);
18:          gCountDocuments++;
19:          return &gDocuments[i];
20:       }
21:    }
22:    return NULL;
23: }
```

Bei der Erzeugung des Fensters wird auf die Allozierung eines Nonrelocatable-Blocks verzichtet, um eine permanente Fragmentierung des Speicherbereiches zu verhindern.

Do_New durchsucht den globalen Document-Array nach einem Dokument, welches noch nicht in Gebrauch (**inUse**) ist. Dies geschieht, indem innerhalb der for-Schleife (Zeilen 6 bis 21) das **inUse**-Feld des aktuellen Document-structs untersucht wird, bis ein Dokument gefunden wird, welches noch nicht in Gebrauch ist. Ist ein unbenutztes Document-struct gefunden, so wird in Zeile 10 ein neues Fenster mit Hilfe der Funktion **GetNewWindow** erzeugt. Bei dem Aufruf dieser Funktion wird die Adresse des Document-structs übergeben, so daß **GetNewWindow** den WindowRecord des Document-structs verwendet, um das Fenster zu verwalten. Auf diese Weise wird vermieden, daß

GetNewWindow einen nonrelocatable-Block anlegt und damit den Speicherbereich fragmentiert.
In Zeile 11 wird die aktuelle Zeichenumgebung auf das neue Fenster geschaltet, da dieses nun das oberste Fenster ist.
In den Zeilen 12 und 13 werden die Scrollbars für das neue Fenster erzeugt, indem **GetNewControl** aufgerufen wird. Die ControlHandles der Scrollbars werden im Document-struct abgelegt, so daß eine eindeutige Zuordnung zwischen dem Fenster und den Scrollbars entsteht.
In den Zeilen 14 bis 16 werden die Flags des Document-structs auf ihren initialen Wert gesetzt.
Zeile 17 initialisiert die Daten des Dokuments (Koordinaten des Kreises). Hier würde bei komplexeren Projekten die Initialisierung der Datenstrukturen oder die Alloziierung eines Handles zur Verwaltung der Daten stattfinden.
Zeile 18 erhöht die globale Variable **gCountDocuments**, welche die Anzahl der benutzten Dokumente enthält.
In Zeile 19 wird die Adresse des Dokuments als Ergebniswert zurückgegeben.
Wenn die Suche nach einem unbenutzten Document-struct erfolglos war, so wird in Zeile 22 der Wert NULL als Ergebniswert zurückgegeben, um auf den Fehler hinzuweisen.

Die neue Funktion Adjust_Menus:

Adjust_Menus aktiviert bzw. deaktiviert die Menüpunkte des "Ablage"-Menüs, so daß nur die Menüpunkte zur Verfügung stehen, die in der aktuellen Programmsituation verwendet werden können.

```
 1: void Adjust_Menus (void)
 2: {
 3:    MenuHandle     theMenu;
 4:    WindowPtr      theWindow;
 5:    DocumentPtr    theDocument;
 6:
 7:    /* "Ablage"-Menüelemente */
 8:
 9:    theMenu = GetMHandle (mFile);
10:    if (gCountDocuments < kMaxDocuments)
11:    {
12:       EnableItem (theMenu, iNew);
13:       EnableItem (theMenu, iOpen);
14:    }
15:    else
16:    {
17:       DisableItem (theMenu, iNew);
```

```
18:       DisableItem (theMenu, iOpen);
19:    }
20:
21:    if (gCountDocuments > 0)
22:    {
23:       EnableItem (theMenu, iSaveAs);
24:       EnableItem (theMenu, iClose);
25:
26:       theWindow = FrontWindow ();
27:       theDocument = (DocumentPtr) theWindow;
28:       if (theDocument->hasBeenChanged ||
             (!theDocument->hasBeenChanged &&
             !theDocument->hasBeenSaved))
29:          EnableItem (theMenu, iSave);
30:       else
31:          DisableItem (theMenu, iSave);
32:    }
33:    else
34:    {
35:       DisableItem (theMenu, iSave);
36:       DisableItem (theMenu, iSaveAs);
37:       DisableItem (theMenu, iClose);
38:    }
39:
40:    if (Is_DAWindow (FrontWindow ()))
41:    {
42:       DisableItem (theMenu, iNew);
43:       DisableItem (theMenu, iOpen);
44:       EnableItem (theMenu, iClose);
45:       DisableItem (theMenu, iSave);
46:       DisableItem (theMenu, iSaveAs);
47:       DisableItem (theMenu, iSaveAs);
48:    }
49: }
```

Die Menüpunkte "Sichern unter...", "Schließen" und "Sichern" sind abhängig von der Anzahl der geöffneten Dokumente bzw. des Zustands des vordersten Dokuments.

Wenn das vorderste Fenster zu einem Schreibtischprogramm gehört, dann darf nur der Menüpunkt "Schließen" zur Verfügung stehen.

Diese Funktion wird aufgerufen, bevor der Benutzer einen Menüpunkt auswählen kann (beispielsweise von der Funktion Do_MouseCommand, wenn diese einen Klick in die Menüleiste feststellt). Ihre Aufgabe ist es, die Menüpunkte (den gegebenen Umständen entsprechend) zu aktivieren oder zu deaktivieren.
In der derzeitigen Version kümmert sich diese Funktion ausschließlich um die Menüpunkte des "Ablage"-Menüs. Bei einem "echten" Projekt müßte diese Funktion aufgesplittet werden, um auch andere Menüs (z.B. das "Bearbeiten"-Menü) zu unterstützen.

In Zeile 9 wird die Menu-Manager-Funktion **GetMHandle** verwendet, um einen Handle auf das "Ablage"-Menü zu erhalten. Dieser MenuHandle wird im Folgenden verwendet, um die einzelnen Menüpunkte zu aktivieren bzw. zu deaktivieren.
Wenn die maximale Anzahl der geöffneten Dokumente noch nicht erreicht ist, so werden die beiden Menüpunkte, mit denen ein neues Dokument erzeugt werden kann ("Neu" und "Öffnen"), in Zeile 12 und 13 aktiviert. Anderenfalls werden sie in den Zeilen 17 und 18 deaktiviert.
Die Zeilen 21 bis 38 kümmern sich um die Menüpunkte "Sichern", "Sichern unter..." und "Schließen". Wenn mindestens ein Dokument geöffnet ist, so können die Menüpunkte "Sichern unter..." und "Schließen" verwendet werden. Sie werden in Zeile 22 und 23 aktiviert.
Um herauszufinden, ob der "Sichern"-Menüpunkt aktiviert werden soll, muß der Zustand des Dokuments untersucht werden, welches zum obersten Fenster gehört. Zeile 26 fragt den Window-Manager zunächst nach dem obersten Fenster, indem die Funktion **FrontWindow** aufgerufen wird. Da ein WindowPtr (Adresse des WindowRecords) wie die Adresse des zugehörigen Documents behandelt werden kann, wird der WindowPtr **theWindow** in Zeile 27 mit Hilfe von Type-Casting in einen DocumentPtr verwandelt.
Ob der Menüpunkt "Sichern" aktiviert werden kann, hängt davon ab, ob das Dokument bereits gesichert wurde und ob die Daten dieses Dokuments verändert worden sind. Wenn das Dokument geändert wurde oder nicht geändert, aber noch nie gesichert wurde, so wird der Menüpunkt "Sichern" in Zeile 29 aktiviert. Anderenfalls wird der Menüpunkt in Zeile 31 deaktiviert.
Wenn kein Dokument geöffnet ist, so kann weder der "Sichern"-, noch der "Sichern unter..."-, noch der "Schließen"-Menüpunkt ausgewählt werden, diese Menüpunkte werden dann deaktiviert (Zeilen 35 -37).

Wenn das Programm unter System 6 im Single-Finder läuft und das oberste Fenster ein DA (Schreibtischprogramm)-Fenster ist, so sollten sämtliche Menüpunkte des "Ablage"-Menüs deaktiviert werden (Zeilen 42 - 47), da der Benutzer mit dem Schreibtischprogramm arbeiten möchte. Nur der Menüpunkt "Schließen" sollte aktiv bleiben, damit das DA über diesen Menüpunkt geschlossen werden kann. Um herauszufinden, ob das vorderste Fenster zu einem Schreibtischprogramm gehört, wird in Zeile 40 die Funktion **Is_DAWindow** aufgerufen. Gibt diese Funktion einen Ergebniswert ungleich 0 zurück, so gehört das Fenster zu einem Schreibtischprogramm.

Die neue Funktion Is_DAWindow;

*Is_DAWindow untersucht das Feld **windowKind** des WindowRecords, um festzustellen, ob das Fenster zu einem Schreibtischprogramm gehört.*

```
 1: short Is_DAWindow (WindowPtr theWindow)
 2: {
 3:    short daRefNum;
 4:
 5:    daRefNum =
          ((WindowPeek) theWindow)->windowKind;
 6:    if (daRefNum < 0)
 7:       return daRefNum;
 8:    else
 9:       return 0;
10: }
```

Is_DAWindow wird von Adjust_Menus und Do_Close aufgerufen, um herauszufinden, ob ein Fenster zu einem Schreibtischprogramm (DA) gehört.
Is_DAWindow untersucht zu diesem Zweck das **windowKind**-Feld des WindowRecords. Ist dieses Feld kleiner 0, so gehört das Fenster zu einem DA, und das Feld **windowKind** enthält eine Referenz-Nummer auf dieses Schreibtischprogramm. Wenn das Fenster zu einem Schreibtischprogramm gehört, so wird die Referenz-Nummer als Ergebniswert zurückgegeben, damit die aufrufende Funktion auf das DA zugreifen kann.

Die erweiterte Version der Funktion Do_FileMenu:

```
1: void Do_FileMenu (short menuItem)
2: {
3:    switch (menuItem)
4:    {
5:       case iNew:
6:          Do_New ();
7:          break;
8:
9:       case iOpen:
```

Do_FileMenu unterstützt jetzt die Menüpunkte "Neu", "Öffnen…", "Sichern", "Sichern unter…" und "Schließen", indem die entsprechenden Aktionsroutinen aufgerufen werden.

```
10:           Do_Open ();
11:           break;
12:
13:         case iClose:
14:           Do_Close ();
15:           break;
16:
17:         case iSave:
18:           Do_Save ();
19:           break;
20:
21:         case iSaveAs:
22:           Do_SaveAs ();
23:           break;
24:
25:         case iQuit:
26:           Do_Quit ();
27:           break;
28:     }
29: }
```

Die Funktion Do_FileMenu wurde so erweitert, daß sie zusätzlich auf die Auswahl der Menüpunkte "Neu", "Öffnen...", "Sichern", "Sichern unter..." und "Schließen" reagiert, indem die entsprechenden Aktionsroutinen aufgerufen werden.

In Zeile 6 wird auf die Auswahl des Menüpunktes "Neu" reagiert, indem die Funktion **Do_New** aufgerufen wird, um ein neues Dokument zu erzeugen.

Wenn der Benutzer den "Öffnen..."-Menüpunkt auswählt, so wird in Zeile 10 die Funktion **Do_Open** aufgerufen, welche den Standard-Öffnen-Dialog erzeugt und ein neues Dokument auf der Basis der ausgewählten Datei erzeugt.

In Zeile 18 wird die Funktion **Do_Save** aufgerufen, wenn der Benutzer den "Sichern"-Menüpunkt ausgewählt hat. Diese Funktion kümmert sich um das Abspeichern einer geänderten oder neuen Datei.

In Zeile 22 wird auf die Auswahl des "Sicher unter..."-Menüpunktes reagiert, indem die Funktion **Do_SaveAs** aufgerufen wird. Diese Funktion erzeugt den Standard-Sichern-Dialog und ruft anschließend die Funktion Save_Document auf, um die Daten in die angelegte Datei zu schreiben.

Die neue Funktion Do_SaveAs:

Do_SaveAs reagiert auf die Auswahl des Menüpunktes "Sichern unter…". Diese Funktion präsentiert dem Benutzer den Standard-Sichern-Dialog, erzeugt eine neue Datei und sorgt anschließend dafür, daß die Daten des Dokuments in diese Datei gesichert werden.

```
 1: Boolean Do_SaveAs (void)
 2: {
 3:    Boolean        documentSaved = false;
 4:    SFReply        reply;
 5:    Point          where;
 6:    OSErr          err;
 7:    DocumentPtr    theDocument;
 8:    WindowPtr      theWindow;
 9:    Str255         defaultName;
10:
11:    SetPt (&where, 100, 100);
12:    theWindow = FrontWindow ();
13:    GetWTitle (theWindow, defaultName);
14:    SFPutFile (where, "\pSichern unter:",
          defaultName, NULL, &reply);
15:    if (reply.good)16:    {
17:       err = FSDelete (reply.fName,
               reply.vRefNum);
18:       err = Create (reply.fName,
               reply.vRefNum, 'XP1U', 'OVAL');
19:
20:       theDocument = (DocumentPtr) theWindow;
21:       theDocument->reply = reply;
22:
23:       Save_Document ();
24:       theDocument->hasBeenSaved = true;
25:       SetWTitle (theWindow, reply.fName);
26:    }
27:    return reply.good;
28: }
```

Do_SaveAs fragt in Zeile 12 zunächst mit der Window-Manager-Funktion **FrontWindow** nach dem vordersten Fenster. Dieses Fenster ist gleichzeitig der Verweis auf das Dokument, auf welches sich der Menübefehl bezieht.

Die Funktion Do_SaveAs verwendet in Zeile 14 **SFPutFile**, um dem Benutzer den üblichen Sichern-Dialog zu präsentieren, in welchem er einen Dateinamen eingeben und die Position der neuen Datei im Dateisystem auswählen kann. Dieser Funktion wird als Default-Dateiname der Titel des vordersten Fensters übergeben, welcher in Zeile 13 durch die Funktion **GetWTitle** erfragt wird.

Bevor eine neue Datei angelegt wird, sollte unbedingt dafür gesorgt werden, daß keine Datei mit gleichem Namen in dem selben Directory existiert.

Wenn der Benutzer die Datei sichern möchte (**reply.good** = true), so wird dafür gesorgt, daß eine eventuell existierende Datei in Zeile 17 gelöscht und eine neue in Zeile 18 angelegt wird. Bei der Erzeugung der Datei wird der ungewöhnliche Creator-Type 'XP1U' verwendet, um einen Konflikt mit bestehenden Creator-Types zu vermeiden (obwohl *keine* Garantie besteht, daß dieser Creator-Type von keiner anderen Applikation verwendet wird). Bei der Erstellung einer professionellen Applikation sollte ein Creator-Type bei Apple Computer beantragt werden. Als File-Type wird hier ein privater File-Type verwendet, was bedeutet, daß die angelegte Datei von keiner anderen Applikation gelesen werden kann.

In Zeile 20 wird Type-Casting verwendet, um die Variable **theWindow** in einen DocumentPtr zu verwandeln, da im Folgenden auf den Document-struct zugegriffen werden soll.

Der Verweis auf die verbundene Datei wird im Dokument abgelegt.

Zeile 21 legt die Antworten des Benutzers (Dateiname, Volume-Reference-Number etc...) im Document-struct ab, so daß die Referenz auf die Datei für ein erneutes Sichern erhalten bleibt.

In Zeile 23 wird schließlich die Funktion **Save_Document** aufgerufen, um die Daten des Dokuments in die Datei zu schreiben.

Zeile 24 sorgt dafür, daß andere Programmteile erkennen, daß die Datei bereits gesichert wurde, indem das Flag **hasBeenSaved** auf den Wert true gesetzt wird.

Nachdem die Datei gespeichert wurde, wird der Titel des Fensters in Zeile 25 durch den Aufruf der Window-Manager-Funktion **SetWTitle** dem Dateinamen gleichgesetzt.

In Zeile 27 wird true oder false zurückgegeben, je nachdem, ob der Benutzer die Datei speichern wollte oder nicht.

Die neue Funktion Save_Document :

```
 1: void Save_Document (void)
 2: {
 3:    OSErr          err;
 4:    DocumentPtr    theDocument;
 5:    long           count;
 6:    short          fRefNum;
 7:    SFReply        reply;
 8:
 9:    theDocument= (DocumentPtr) FrontWindow();
10:    reply = theDocument->reply;
```

```
11:
12:     count = sizeof (Rect);
13:     err = FSOpen (reply.fName, reply.vRefNum,
            &fRefNum);
14:     err = FSWrite (fRefNum, &count,
            (Ptr)&theDocument->documentData);
15:     err = FSClose (fRefNum);
16:
17:     err = FlushVol (NULL, reply.vRefNum);
18:     theDocument->hasBeenChanged = false;
19: }
```

Save_Document sichert die Dokumentdaten in die zugehörige Datei.

Die Funktion Save_Document übernimmt das Abspeichern eines Dokuments in eine bereits angelegte Datei. Sie wird von Do_SaveAs oder Do_Save aufgerufen.

Die Funktion verwandelt in Zeile 9 den Ergebniswert von **FrontWindow** mit Hilfe von Type-Casting in einen DocumentPtr, da der Document-struct des vordersten Fensters für die folgenden Zeilen benötigt wird.

In Zeile 10 wird die lokale Variable **reply** dem Feld **reply** aus dem Document-struct gleichgesetzt, um in den folgenden Aufrufen die Dereferenzierung zu sparen. Dies macht den Quelltext übersichtlicher und beugt Fehlern vor.

In Zeile 12 wird die lokale Variable **count** auf die Anzahl der zu schreibenden Bytes gesetzt (Größe der Dokumentdaten = Anzahl der Bytes, die von einem Rect belegt werden).

Die Dokumentdaten bestehen aus dem umschließenden Rechteck des Ovals.

Der Aufruf von **FSOpen** in Zeile 13 öffnet die Datei, die durch die Felder des **reply**-structs spezifiziert wird, zum Schreiben.

In Zeile 14 werden die Daten des Dokuments (das Rect des Ovals) mit Hilfe der Funktion **FSWrite** in die Datei geschrieben.

Zeile 15 schließt die Datei durch den Aufruf der Funktion **FSClose**.

Nachdem die Datei gesichert worden ist, sollte der Volume-Cache "geflusht" werden.

In Zeile 17 wird der Volume-Cache "entleert", so daß die Datei auch wirklich auf die Festplatte (und nicht nur in den RAM-Puffer) geschrieben wird. Dies beugt Datenverlusten bei einem Systemabsturz vor.

In Zeile 18 wird das **hasBeenChanged**-Flag auf false gesetzt, so daß der "Sichern"-Menüpunkt deaktiviert wird, solange der Benutzer die Daten des Dokuments nicht geändert hat.

Die neue Funktion Do_Save:

Do_Save reagiert auf die Auswahl des "Sichern"-Menüpunktes und entscheidet, ob der Standard-Sichern-Dialog erzeugt werden muß, oder ob die Datei nur aktualisiert werden soll.

```
 1: void Do_Save (void)
 2: {
 3:    DocumentPtr theDocument;
 4:
 5:    theDocument = (DocumentPtr)FrontWindow();
 6:    if (theDocument->hasBeenSaved == false)
 7:       Do_SaveAs ();
 8:    else
 9:       Save_Document ();
10: }
```

Die Funktion Do_Save wird von Do_FileMenu aufgerufen, wenn der Benutzer den "Sichern"-Menüpunkt ausgewählt hat. Diese Funktion entscheidet, ob der Sichern-Dialog erzeugt werden muß oder ob die Datei direkt gesichert werden kann.
Wenn der Benutzer ein Dokument sichern möchte, welches noch nie gesichert worden ist, so sollte der Sichern-Dialog erzeugt werden, um dem Benutzer die Möglichkeit zu geben, einen Dateinamen einzugeben und die Position der Datei im Dateisystem zu spezifizieren. Dies geschieht in Zeile 7 durch den Aufruf der Funktion **Do_SaveAs**, wenn das **hasBeenSaved**-Flag des Document-Structs auf false steht (Dokument ist noch nie gesichert worden).
Wenn die Datei schon einmal gesichert worden ist, so wird die Funktion **Save_Document** aufgerufen, welche die Daten der Datei in die bereits existierende Datei schreibt, ohne den Sichern-Dialog zu erzeugen.

Die modifizierte Version der Funktion Do_CloseWindow:

*Do_CloseWindow ruft jetzt **Do_Close** auf, um das Dokument zu schließen.*

```
void Do_CloseWindow (WindowPtr theWindow)
{
   if (TrackGoAway (theWindow, gEvent.where))
     Do_Close ();
}
```

Wenn der Benutzer ein Fenster mit Hilfe des Schließfeldes schließen will, so ruft Do_CloseWindow jetzt **Do_Close** auf, um das Dokument zu schließen. Do_Close erzeugt einen Alert, wenn die

Daten des Dokuments verändert worden sind. In diesem Alert kann der Benutzer auswählen, ob er die Daten sichern oder die Änderungen verwerfen will.

Do_Close verwendet für die Erzeugung des Alerts eine 'ALRT'-Resource, die in Verbindung mit der entsprechenden 'DITL'-Resource das Layout des Alerts definiert:

Die 'ALRT'-Resource des "Änderungen sichern ?"-Alerts.

```
1: resource 'ALRT' (129) {
2:    {100, 56, 219, 418},
3:    129,
4:    { OK, visible, sound1,
5:      OK, visible, sound1,
6:      OK, visible, sound1,
7:      OK, visible, sound1
8:    }
9: };
```

Diese Alert-Resource spezifiziert, daß in jeder Alert-Stufe ein Warnton ausgegeben werden soll, und daß der OK-Button (das erste Element der 'DITL'-Resource) der Default-Button sein soll.

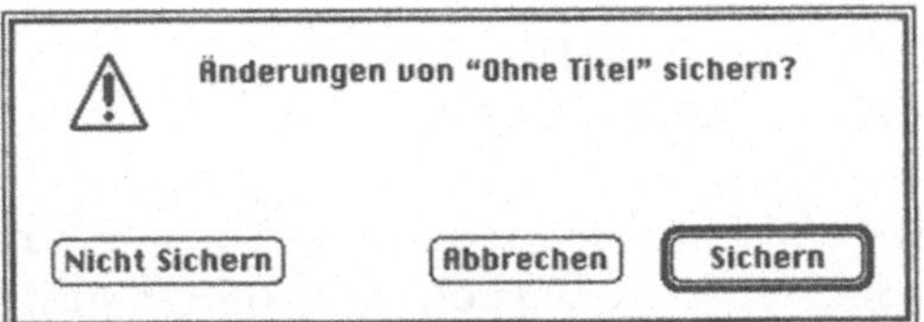

Abb. 14-6 Do_Close erzeugt einen Alert, wenn die Daten des Dokuments geändert worden sind.

Die korrespondierende 'DITL'-Resource:

Die 'DITL'-Resource definiert die Dialogelemente des "Änderungen sichern ?"-Alerts. Der Sichern-Button ist der Default-Button, da er in der Dialogelementliste an erster Stelle steht.

```
 1: resource 'DITL' (129) {
 2:    {
 3:       {87, 268, 107, 348},
 4:       Button {
 5:          enabled,
 6:          "Sichern"
 7:       },
 8:       {87, 168, 107, 248},
 9:       Button {
10:          enabled,
11:          "Abbrechen"
12:       },
13:       {87, 12, 107, 108},
```

```
14:       Button {
15:          enabled,
16:          "Nicht Sichern"
17:       },
18:       {10, 72, 76, 344},
19:       StaticText {
20:          disabled,
21:          "Änderungen von "^0" sichern?"
22:       }
23:    }
24: };
```

Diese 'DITL'-Resource spezifiziert die Dialogelemente des in Abb. 14-6 dargestellten Alerts. Das statische Textfeld (Zeilen 18 - 22) enthält einen Platzhalter (^0), an dessen Stelle mit Hilfe der Dialog-Manager-Funktion ParamText der Name des Fensters eingesetzt wird.

Die neue Funktion Do_Close:

Do_Close wird aufgerufen, wenn der Benutzer ein Dokument schließen möchte (Schließfeld des Fensters oder Menüpunkt "Schließen").

```
 1: Boolean Do_Close ()
 2: {
 3:    #define dSave          1
 4:    #define dCancel        2
 5:    #define dDontSave      3
 6:
 7:    Boolean          closeDocument = true;
 8:    short            itemHit, daRefNum;
 9:    DocumentPtr      theDocument;
10:    WindowPtr        theWindow;
11:    Str255           title;
12:
13:    theWindow = FrontWindow ();
14:    daRefNum = Is_DAWindow (theWindow);
15:    if (daRefNum)
16:    {
17:       CloseDeskAcc (daRefNum);
18:       return true;
19:    }
20:
21:    theDocument = (DocumentPtr) theWindow;
22:
23:    if (theDocument->hasBeenChanged)
24:    {
```

Wenn das zu schließende Fenster zu einem Schreibtischprogramm gehört, so wird das DA beendet.

```
25:       GetWTitle (theWindow, title);
26:       ParamText (title, "\p", "\p", "\p");
27:       itemHit = CautionAlert
              (rSaveChangesAlert, NULL);
28:       switch (itemHit)
29:       {
30:          case dSave:
31:             if (theDocument->hasBeenSaved ==
                    false)
32:                closeDocument = Do_SaveAs ();
33:             else
34:                Save_Document ();
35:             break;
36:
37:          case dCancel:
38:             closeDocument = false;
39:             break;
40:       }
41:    }
42:
43:    if (closeDocument)
44:    {
45:       CloseWindow (theWindow);
46:       theDocument->inUse = false;
47:       gCountDocuments--;
48:    }
49:    return closeDocument;
50: }
```

Do_Close erzeugt den "Änderungen sichern ?"-Alert, wenn die Daten des Dokuments geändert worden sind, und gibt dem Benutzer die Möglichkeit, die Änderungen zu sichern, zu verwerfen oder die Aktion abzubrechen.

Do_Close wird aufgerufen, wenn der Benutzer ein Dokument bzw. ein Fenster schließen will. Sie wird von Do_CloseWindow aufgerufen, wenn der Benutzer in das Schließfeld des Fensters klickt, oder von Do_FileMenu, wenn der Benutzer den "Schließen"-Menüpunkt auswählt.

Wenn der Benutzer den "Schließen"-Menüpunkt auswählt, während ein Schreibtischprogramm im Vordergrund ist, so möchte er das Schreibtischprogramm (DA) beenden. Um herauszufinden, ob das vorderste Fenster zu einem Schreibtischprogramm gehört, wird in Zeile 14 die Funktion **Is_DAWindow** aufgerufen. Wenn der Ergebniswert dieser Funktion ungleich 0 ist, so gehört das vorderste Fenster zu einem DA. In diesem Fall wird in Zeile 18 die Desk-Manager-Funktion **CloseDeskAcc** aufgerufen, um das Schreibtischprogramm zu schließen. Bei dem Aufruf von

*Aus Kompatibilitätsgründen zu System 6 + Single-Tasking-Finder wird die Funktion **CloseDeskAcc** aufgerufen, wenn das vorderste Fenster zu einem Schreibtischprogramm gehört.*

CloseDeskAcc wird die Referenz-Nummer des Schreibtischprogramms (Ergebniswert von **Is_DAWindow**) übergeben, um das zu schließende Schreibtischprogramm zu spezifizieren.

Do_Close überprüft in Zeile 23, ob die Daten des Dokuments geändert worden sind, indem das **hasBeenChanged**-Flag des Document-structs getestet wird. Ist das Dokument geändert worden, so erzeugt Do_Close einen Alert, in welchem der Benutzer auswählen kann, ob er die Änderungen sichern oder verwerfen möchte, oder ob er den Vorgang (des Schließens) abbrechen möchte.

In Zeile 25 wird zunächst mit Hilfe der Window-Manager-Funktion **GetWTitle** der aktuelle Fenstertitel abgefragt, um ihn in Zeile 26 an die Dialog-Manager-Funktion **ParamText** zu übergeben. Der Fenstertitel wird so anstelle des Platzhalters (^0) im statischen Textfeld des Alerts eingesetzt.

In Zeile 27 wird der Alert mit Hilfe der Dialog-Manager-Funktion **CautionAlert** erzeugt, welche das standardisierte Warn-Icon in der linken oberen Ecke des Alerts zeichnet, um den Benutzer über eine Gefahrensituation zu informieren.

Anhand des von **CautionAlert** zurückgegebenen Wertes (die Dialogelementnummer des getroffenen Buttons) entscheidet Do_Close, ob der Benutzer das Dokument speichern, die Änderungen verwerfen oder den Vorgang abbrechen möchte. Hat der Benutzer den "Sichern"-Button angeklickt, so wird in Zeile 31 überprüft, ob das Dokument schon einmal gespeichert worden ist, indem das **hasBeenSaved**-Flag des Document-structs abgefragt wird. Wenn das Dokument noch nie gesichert worden ist, so wird die Funktion **Do_SaveAs** aufgerufen, welche den Standard-Sichern-Dialog erzeugt. Die lokale Variable **closeDocument** wird auf den Ergebniswert der Funktion **Do_SaveAs** gesetzt, so daß dem Benutzer auch in dem Sichern-Dialog die Möglichkeit zum Abbruch der gesamten Aktion offensteht. Hat er in dem Sichern-Dialog auf den "Abbrechen"-Button geklickt, so wird das Dokument nicht geschlossen, da **closeDocument** auf false gesetzt wird. Ist das Dokument bereits gesichert worden, so wird die Funktion **Save_Document** aufgerufen, welche die Daten des Dokuments in die zugehörige Datei schreibt.

Auch im Standard-Sichern-Dialog steht dem Benutzer die Möglichkeit offen, die Aktion des Fensterschließens abzubrechen.

Wenn der Benutzer in dem Alert den "Abbrechen"-Button ausgewählt hat, so wird die lokale Variable **closeDocument** in Zeile

38 auf false gesetzt, was dazu führt, daß das Dokument weder geschlossen noch gesichert wird.
Wenn der Benutzer den "Nicht Sichern"-Button angeklickt hat, so wird das Dokument geschlossen, ohne daß die Änderungen gesichert werden, da die lokale Variable **closeDocument** in Zeile 7 initial auf true gesetzt wurde.
Soll das Dokument geschlossen werden (der Benutzer hat das Dokument gesichert oder möchte die Änderungen verwerfen), so wird in Zeile 45 das Fenster geschlossen, indem die Window-Manager-Funktion **CloseWindow** aufgerufen wird. Hier wird **CloseWindow** anstelle von DisposeWindow verwendet, weil bei der Erzeugung des Fensters durch GetNewWindow *kein* nonrelocatable-Block angelegt wurde, welchen DisposeWindow freigeben würde. **CloseWindow** gibt nur die weitergehenden Datenstrukturen (z.B. die Region-Handles der Zeichenumgebung) frei.

*Beim Schließen des Fensters wird **CloseWindow** anstelle der (bisher verwendeten) Funktion DisposeWindow aufgerufen, da der WindowRecord **nicht** mit einem nonrelocatable-Block verwaltet wird.*

In Zeile 46 wird der Document-struct als unbenutzt gekennzeichnet, indem das **inUse**-Flag auf false gesetzt wird. Dieser struct steht nun wieder bereit, um ein neues Dokument aufzunehmen.
Zeile 47 zählt die globale Variable **gCountDocuments** um 1 herunter, da nun ein Dokument weniger existiert.
In Zeile 49 wird die lokale Variable **closeDocument** als Ergebniswert zurückgegeben. Der Ergebniswert der Funktion gibt also an, ob das Fenster geschlossen wurde, oder ob die Aktion abgebrochen wurde.

Die erweiterte Version von Do_Quit:

*Do_Quit ruft **Do_Close** für jedes geöffnete Dokument auf, um dem Benutzer die Möglichkeit zu geben, geänderte Dokumente zu sichern, bevor das Programm beendet wird.*

```
 1: void Do_Quit (void)
 2: {
 3:    Boolean   windowClosed;
 4:
 5:    gQuit = true;
 6:
 7:    while (gCountDocuments > 0)
 8:    {
 9:       windowClosed = Do_Close ();
10:       if (windowClosed == false)
11:       {
12:          gQuit = false;
```

```
13:         break;
14:      }
15:   }
16: }
```

Die Funktion Do_Quit wird aufgerufen, wenn der Benutzer den Menüpunkt "Beenden" aus dem "Ablage"-Menü auswählt.
In der neuen Version dieser Funktion werden zunächst die geöffneten Dokumente geschlossen, bevor die Applikation beendet wird.
In Zeile 7 beginnt die while-Schleife, welche solange läuft, bis keine Dokumente mehr geöffnet sind, oder der Benutzer die Beenden-Aktion abgebrochen hat. In Zeile 9 wird die Funktion **Do_Close** aufgerufen, um das vorderste Fenster zu schließen. Diese Funktion gibt dem Benutzer die Möglichkeit des Abspeicherns oder des Abbruchs, wenn die Daten des zugehörigen Dokuments verändert worden sind. Wenn der Benutzer die Aktion abbrechen möchte (**Do_Close** hat false zurückgegeben), so wird die globale Variable **gQuit** in Zeile 12 wieder auf false gesetzt und anschließend die while-Schleife mit Hilfe des break-Statements verlassen. Dies führt dazu, daß keine weiteren Dokumente geschlossen werden und die Applikation *nicht* beendet wird.

Wenn der Benutzer in dem "Änderungen sichern ?"-Alert von Do_Close den Abbrechen-Button angeklickt hat, wird das Programm nicht beendet.

Die neue Funktion Do_Open:

Do_Open erzeugt den Standard-Öffnen-Dialog und läßt den Benutzer eine Datei auswählen.

```
 1: void Do_Open (void)
 2: {
 3:    SFReply        reply;
 4:    SFTypeList     typeList;
 5:    Point          where;
 6:    OSErr          err;
 7:    short          fRefNum;
 8:    long           count;
 9:    DocumentPtr    theDocument;
10:
11:    SetPt (&where, 100, 100);
12:    typeList[0] = 'OVAL';
13:    SFGetFile (where, "\pDokument öffnen:",
              NULL, 1, typeList, NULL, &reply);
14:    if (reply.good)
15:    {
16:       theDocument = Do_New ();
```

```
17:       if (theDocument)
18:       {
19:          err = FSOpen (reply.fName,
               reply.vRefNum, &fRefNum);
20:          count = sizeof (Rect);
21:          err = FSRead (fRefNum, &count,
               (Ptr) &theDocument->documentData);
22:          err = FSClose (fRefNum);
23:          SetWTitle ((WindowPtr) theDocument,
               reply.fName);
24:          theDocument->hasBeenSaved = true;
25:          theDocument->reply = reply;
26:       }
27:    }
28: }
```

Do_Close erzeugt ein neues Dokument und liest die Daten der ausgewählten Datei in das Dokument ein.

Do_Open wird von Do_FileMenu aufgerufen, wenn der Benutzer den "Öffnen..."-Menüpunkt aus dem "Ablage"-Menü ausgewählt hat. Diese Funktion läßt den Benutzer mit dem gewohnten Öffnen-Dialog eine Datei auswählen, liest die Daten aus dieser Datei und erzeugt ein neues Dokument auf der Basis dieser Daten.
Zunächst erzeugt Do_Open den Standard-Öffnen-Dialog, indem in Zeile 13 die Funktion **SFGetFile** aufgerufen wird. Damit dem Benutzer nur die Dateien zur Auswahl gestellt werden, die Skeleton auch lesen kann, wird das erste Feld der File-Type-Liste **typeList** auf den File-Type 'OVAL' gesetzt. Beim Aufruf von **SFGetFile** wird weiterhin angegeben, daß nur ein File-Type in der Liste enthalten ist; dem Benutzer stehen also nur die Dateien zur Auswahl, die von Skeleton geschrieben worden sind (File-Type ='OVAL').

Im Standard-Öffnen-Dialog stehen dem Benutzer nur die Dateien zur Auswahl, die von Skeleton erzeugt worden sind.

Wenn der Benutzer eine Datei ausgewählt hat und auf den "Öffnen"-Button geklickt hat (**reply.good** == true), so wird in Zeile 16 zunächst ein leeres Dokument erzeugt. Wenn der Speicherplatz ausgereicht hat, um ein neues Dokument zu erzeugen (**theDocument** != NULL), so wird die Datei im folgenden Programmabschnitt geöffnet und eingelesen.
In Zeile 19 wird die Datei mit Hilfe der File-Manager-Funktion **FSOpen** geöffnet. Die zu öffnende Datei wird bei diesem Aufruf durch die Ergebniswerte von **SFGetFile** spezifiziert.
In Zeile 20 wird die lokale Variable **count** durch das sizeof-Statement auf die Anzahl der Bytes gesetzt, die gelesen werden sollen (ein Rect hat 8 Bytes).

Die Variable **count** wird in Zeile 21 zusammen mit der Adresse, an der die Daten abgelegt werden sollen, an **FSRead** übergeben. **FSRead** liest nun 8 Bytes aus der Datei in das **documentData**-Feld des Document-structs.

In Zeile 22 wird die Datei mit Hilfe von **FSClose** wieder geschlossen.

Zeile 23 sorgt mit einem Aufruf von **SetWTitle** dafür, daß der Fenstertitel den Namen der geöffneten Datei erhält.

In Zeile 24 wird das **hasBeenSaved**-Flag des Document-structs auf true gesetzt, da ja bereits eine Datei existiert, welche mit dem Dokument in Verbindung steht. Wenn der Benutzer den "Sichern"-Menüpunkt aus dem "Ablage"-Menü auswählt, so werden die Daten gesichert, ohne den Standard-Sichern-Dialog zu erzeugen. Die Informationen über die gelesene Datei (Dateiname, Position im Dateisystem etc...) werden in Zeile 25 im **reply**-Feld des Document-structs abgelegt. Andere Funktionen (wie z.B. Save_Document) können dieses Feld nutzen, um auf die verbundene Datei zuzugreifen.

Die erweiterte Funktion Do_GraphicsClick:

Do_GraphicsClick reagiert auf einen Mausklick in den Grafikbereich des Fensters. Diese Funktion stellt fest, ob der Benutzer in den inneren Bereich des Kreises geklickt hat und gibt ihm die Möglichkeit, den Kreis zu verschieben.

```
 1: void Do_GraphicsClick (WindowPtr theWindow)
 2: {
 3:    RgnHandle       ovalRgn;
 4:    Point           locMouse;
 5:    DocumentPtr     theDocument;
 6:    Rect            ovalRect;
 7:
 8:    theDocument = (DocumentPtr) theWindow;
 9:
10:    Set_DrawingEnv (theWindow);
11:    ovalRect = theDocument->documentData;
12:    ovalRgn = NewRgn ();
13:    OpenRgn ();
14:    FrameOval (&ovalRect);
15:    CloseRgn (ovalRgn);
16:
17:    locMouse = gEvent.where;
18:    GlobalToLocal (&locMouse);
19:
20:    if (PtInRgn (locMouse, ovalRgn))
21:    {
```

```
22:       ovalRect = Track_Oval (ovalRect,
              locMouse);
23:       theDocument->documentData = ovalRect;
24:       theDocument->hasBeenChanged = true;
25:    }
26:    DisposeRgn (ovalRgn);
27:    Set_WindowEnv (theWindow);
28:    Recalc_Scrollbars (theWindow);
29: }
```

Do_GraphicsClick wird von Do_ContentClick aufgerufen, wenn der Benutzer in den Fensterinhalt (die Grafik) klickt. Diese Funktion überprüft, ob der Mausklick innerhalb des Kreises liegt, und gibt dem Benutzer die Möglichkeit, den Kreis zu verschieben.

Um festzustellen, ob die Mausklickkoordinaten innerhalb des Kreises liegen, wird in Zeile 10 zunächst das Koordinatensystem durch den Aufruf der Funktion **Set_DrawingEnv** an die (eventuell) verschobene Grafik angepaßt.

In den Zeilen 12 bis 15 wird eine Region erzeugt, welche die Fläche des Kreises beschreibt. Diese Region wird später dazu verwendet, um festzustellen, ob die Mausklickkoordinaten in dieser Region (und damit im Kreis) liegen.

In Zeile 18 werden die Mausklickkoordinaten (die ja in globalen Koordinaten mit dem Event geliefert werden) auf das Koordinatensystem der Grafik umgerechnet, indem die QuickDraw-Funktion **GlobalToLocal** aufgerufen wird.

Die globalen Mausklickkoordinaten müssen auf das lokale Koordinatensystem des Fensters umgerechnet werden.

Zeile 20 überprüft schließlich, ob die Koordinaten innerhalb des Kreises liegen, indem die QuickDraw-Funktion **PtInRgn** aufgerufen wird. Diese Funktion liefert den Wert true zurück, wenn die Koordinaten innerhalb der übergebenen Region liegen.

Liegen die Koordinaten innerhalb des Kreises, so wird in Zeile 22 die neue Funktion **Track_Oval** aufgerufen, welche den Kreis der jeweils aktuellen Mausposition "hinterherzieht". Dieser Funktion werden die Ausgangskoordinaten des Kreises, sowie die Startkoordinaten des Mausklicks übergeben. Wenn **Track_Oval** zurückkehrt, so gibt sie die neue Position des Kreises als Ergebniswert zurück.

In Zeile 23 werden die Daten des Dokuments (Position des Kreises) aktualisiert, indem das Feld **documentData** an die veränderte Kreisposition angepaßt wird.

Da die Daten des Dokuments durch diese Aktion verändert worden sind, wird das **hasBeenChanged**-Flag des Document-structs auf true gesetzt. Wenn der Benutzer das Dokument nun schließen möchte, so wird er gefragt, ob er die Änderungen sichern möchte.
In Zeile 26 wird dafür gesorgt, daß die alloziierte Region wieder freigegeben wird.
Zeile 27 setzt das Koordinatensystem wieder auf den normalen Ursprung zurück, indem **Set_WindowEnv** aufgerufen wird.
In Zeile 28 wird **Recalc_Scrollbars** aufgerufen, damit die Scrollbars aktiviert werden, wenn Teile des Kreises durch das Verschieben unsichtbar geworden sind.

Die neue Funktion Track_Oval:

Track_Oval ist für das Mouse-Tracking zuständig; diese Funktion gibt dem Benutzer das Gefühl, den Kreis zu verschieben. Dieses "Feedback" wird erzeugt, indem der Kreis jeweils an der aktuellen Mausposition gezeichnet wird.

```
 1: Rect Track_Oval (Rect       startRect,
                     Point      startMouse)
 2: {
 3:    Point     oldMouse, newMouse, diffMouse;
 4:    Rect      ovalRect;
 5:
 6:    PenMode (patXor);
 7:    FrameOval (&startRect);
 8:    ovalRect = startRect;
 9:    newMouse = startMouse;
10:    oldMouse = startMouse;
11:    while (Button ())
12:    {
13:       GetMouse (&newMouse);
14:       if (!EqualPt (oldMouse, newMouse))
15:       {
16:          diffMouse = newMouse;
17:          SubPt (startMouse, &diffMouse);
18:          FrameOval (&ovalRect);
19:
20:          ovalRect = startRect;
21:          OffsetRect (&ovalRect, diffMouse.h,
               diffMouse.v);
22:          if (ovalRect.left < 0)
23:          {
24:             ovalRect.left = 0;
25:             ovalRect.right =
                   startRect.right-startRect.left;
26:          }
```

```
27:
28:         if (ovalRect.top < 0)
29:         {
30:           ovalRect.top = 0;
31:           ovalRect.bottom =
                startRect.bottom-startRect.top;
32:         }
33:
34:         FrameOval (&ovalRect);
35:         oldMouse = newMouse;
36:       }
37:     }
38:     FrameOval (&startRect);
39:     PenNormal ();
40:     return ovalRect;
41: }
```

Die Funktion Track_Oval wird von Do_GraphicsClick aufgerufen, wenn der Benutzer in den Inhalt des Kreises klickt, um ihm die Möglichkeit zu geben, den Kreis zu verschieben. Track_Oval übernimmt die Kontrolle und verfolgt die Mausposition, wobei der Kreis jeweils an der aktuellen Mausposition neu gezeichnet wird, um ein sogenanntes "Feedback" (Rückmeldung) zu erzeugen.

Die Funktion verwendet vier lokale Variablen:

1. Der Point **oldMouse** enthält die *letzte* Mausposition.
2. Der Point **newMouse** enthält die *aktuelle* Mausposition.
3. Der Point **diffMouse** enthält die **Differenz** zwischen Start- und aktueller Mausposition.
4. Das Rect **ovalRect** enthält die aktuelle Position des Kreises.

In Zeile 6 wird der Zeichen-Modus auf invertierend geschaltet, indem die QuickDraw-Funktion **PenMode** mit patXor aufgerufen wird. Sämtliche nachfolgenden Zeichenoperationen malen jetzt invertierend, was die Implementierung des Mouse-Trackings wesentlich vereinfacht.

In Zeile 7 wird das Oval zunächst gelöscht, indem **FrameOval** aufgerufen wird, damit die nachfolgenden Zeichenoperationen keine Ovale stehen lassen.

Die Zeilen 8 bis 10 setzen die lokalen Variablen auf ihre initialen Werte.

Die while-Schleife (Zeilen 11 - 37) läuft solange, bis der Benutzer die Maustaste losläßt.
In Zeile 13 wird die aktuelle Mausposition durch den Aufruf der Funktion **GetMouse** abgefragt, um sie in Zeile 14 mit der letzten Mausposition zu vergleichen.
Hat sich die Position geändert (die QuickDraw-Funktion **EqualPt** hat false zurückgegeben), so wird der Kreis in den nachfolgenden Programmzeilen zur neuen Position geschoben.
Zunächst wird in Zeile 16 bzw. 17 die Differenz zwischen der Start- und der aktuellen Mausposition ausgerechnet, indem die QuickDraw-Funktion **SubPt** aufgerufen wird.
Zeile 18 sorgt dafür, daß der Kreis an der zuletzt gezeichneten Stelle gelöscht wird, indem **FrameOval** für die aktuelle Kreisposition aufgerufen wird.

Wenn der Benutzer die Mausposition während des Mouse-Trackings aus dem Fenster "herauszieht", so bleibt der Kreis am Fensterrand "kleben".

In den Zeilen 20 bis 32 wird die neue Position des Kreises ausgerechnet. Diese Berechnung gestaltet sich deshalb so komplex, weil verhindert werden soll, daß der Benutzer den Kreis in negative Koordinatenbereiche verschiebt (zu weit nach links oder nach oben).
Zunächst wird der Kreis auf die Position gebracht, die der aktuellen Mausposition entspricht, indem die lokale Variable **ovalRect** auf das Startrechteck gesetzt und danach um die Differenz der Start- und aktuellen Mausposition verschoben wird (Zeilen 20 und 21).
Wenn die neue horizontale Position des Kreises im negativen Bereich liegt, so wird die horizontale Position auf 0 gesetzt.
Das gleiche Kontrollverfahren wird in den Zeilen 28 bis 32 für die vertikalen Koordinaten des Kreises wiederholt.
In Zeile 34 wird der Kreis an der neuen Position gezeichnet und die alte Mausposition der neuen gleichgesetzt, so daß erneutes Zeichnen erst dann stattfindet, wenn sich die Mausposition verändert hat.
In Zeile 38 wird der alte Kreis endgültig gelöscht, indem **FrameOval** mit den Startkoordinaten aufgerufen wird.
Zeile 39 gibt den Ergebniswert (die neuen Koordinaten des Kreises) zurück.

Die modifizierte Version von Draw_Graphics:

Draw_Graphics berücksichtigt jetzt die variable Position des Kreises.

```
1: void Draw_Graphics (WindowPtr    theWindow)
2: {
3:    DocumentPtr    theDocument;
4:    Rect           ovalRect;
5:
6:    theDocument = (DocumentPtr) theWindow;
7:    ovalRect = theDocument->documentData;
8:    FrameOval (&ovalRect);
9: }
```

Draw_Graphics zeichnet den Kreis jetzt an der Stelle, an die er vom Benutzer verschoben wurde, indem in Zeile 7 die Koordinaten des Kreises aus den Dokumentdaten abgefragt werden.

Die modifizierte Version von Get_ContentSize:

Get_ContentSize berechnet die Größe der Gesamtgrafik aus der aktuellen Position des Kreises.

```
 1: void Get_ContentSize (WindowPtr  theWindow,
                          short      *horiz,
                          short      *vert)
 2: {
 3:    DocumentPtr    theDocument;
 4:    Rect           ovalRect;
 5:
 6:    theDocument = (DocumentPtr) theWindow;
 7:    ovalRect = theDocument->documentData;
 8:    *horiz = ovalRect.right;
 9:    *vert = ovalRect.bottom;
10: }
```

Die neue Version von Get_ContentSize setzt die Höhe bzw. Breite der Grafik der rechten bzw. unteren Koordinate des Kreises gleich. Auf diese Weise werden die Scrollbars von Recalc_Scrollbars aktiviert, wenn der Benutzer den Kreis mit der Maus so weit verschiebt, daß ein Teil unsichtbar wird. Wenn er den Kreis wieder zurück schiebt, so werden die Scrollbars wieder deaktiviert.

14.3 Quelltext: "Skeleton.r"

Zum Abschluß dieses Kapitels (und der Serie der Beispiel-Programme) wird hier der komplette Quelltext von Skeleton aufgelistet. Zunächst wird die Resource-Beschreibungsdatei "Skeleton.r" vorgestellt, der eigentliche Quelltext "Skeleton.c" folgt anschließend.

Auf der Grundlage dieser 'WIND'-Resource werden neue Fenster erzeugt.

Diese 'CNTL'-Resource wird bei der Erzeugung des vertikalen Scrollbars verwendet.

Diese 'CNTL'-Resource dient als Template für den horizontalen Scrollbar.

```
 1: /* Typendeklarationen*/
 2:
 3: #include "Types.r"
 4:
 5: /* Window-Template */
 6:
 7: resource 'WIND' (128) {
 8:     {40, 40, 340, 440},
 9:     zoomDocProc,
10:     visible,
11:     GoAway,
12:     0x0,
13:     "Ohne Titel"
14: };
15:
16: /* Vertikaler Scrollbar */
17:
18: resource 'CNTL' (128) {
19:     {-1, 385, 286, 401},
20:     0,
21:     visible,
22:     0,
23:     0,
24:     scrollBarProc,
25:     0,
26:     ""
27: };
28:
29: /* Horizontaler Scrollbar */
30:
31: resource 'CNTL' (129) {
32:     {285, -1, 301, 386},
33:     0,
34:     visible,
35:     0,
36:     0,
```

```
37:    scrollBarProc,
38:    0,
39:    ""
40: };
41:
42: /* Menüleiste */
43:
44: resource 'MBAR' (128) {
45:    {
46:       128, /*"Apple"      */
47:       129, /*"Ablage"     */
48:       130  /*"Bearbeiten" */
49:    }
50: };
51:
52: /* "Apple"-Menü */
53:
54: resource 'MENU' (128) {
55:    128,
56:    textMenuProc,
57:    allEnabled,
58:    enabled,
59:    apple,
60:    {
61:       "Über Skeleton…", noIcon, noKey,
62:             noMark, plain,
63:       "-", noIcon, noKey, noMark, plain
64:    }
65: };
66:
67: /* "Ablage"-Menü */
68:
69: resource 'MENU' (129) {
70:    129,
71:    textMenuProc,
72:    allEnabled,
73:    enabled,
74:    "Ablage",
75:    {
76:       "Neu", noIcon, "N", noMark, plain,
77:       "Öffnen…", noIcon, "O", noMark, plain,
78:       "-", noIcon, noKey, noMark, plain,
79:       "Schließen", noIcon,"W", noMark, plain,
80:       "Sichern", noIcon, "S", noMark, plain,
81:       "Sichern unter…", noIcon, noKey,
            noMark, plain,
```

Die 'MBAR'-Resource enthält die Resoure-IDs der 'MENU'-Resources, welche in der Menüleiste zusammengefaßt sind.

Diese 'MENU'-Resource definiert das "Apple"-Menü. Die Namen der Schreibtischprogramme werden erst zur Laufzeit eingetragen.

Das "Ablage"-Menü.

```
82:       "-", noIcon, noKey, noMark, plain,
83:       "Seitenformat…", noIcon, noKey, noMark,
              plain,
84:       "Drucken…", noIcon, "P", noMark, plain,
85:       "-", noIcon, noKey, noMark, plain,
86:       "Beenden", noIcon, "Q", noMark, plain
87:    }
88: };
89:
90: /* "Bearbeiten"-Menü */
91:
92: resource 'MENU' (130) {
93:    130,
94:    textMenuProc,
95:    allEnabled,
96:    enabled,
97:    "Bearbeiten",
98:    {
99:       "Widerrufen",noIcon,"Z",noMark,plain,
100:         "-", noIcon, noKey, noMark, plain,
101:         "Ausschneiden", noIcon, "X", noMark,
              plain,
102:         "Kopieren",noIcon,"C",noMark,plain,
103:         "Einsetzen",noIcon,"V",noMark,plain,
104:         "Löschen",noIcon,noKey,noMark,plain,
105:         "-", noIcon, noKey, noMark, plain,
106:         "Zwischenablage", noIcon, noKey,
107:              noMark, plain
108:      }
109:   };
110:
111:   /* Smilie-Bild (verkürzt) */
112:
113:   resource 'PICT' (128) {
114:      293,
115:      {-1, -1, 74, 74},
116:      $"1101 A000 8201 000A"
117:      $"000A FFFF FFFF 004A"
118:      $"1223 0900 0083 FF"
119:   };
120:
121:   /* Dreifache Umrandung (verkürzt) */
122:
```

Das standardisierte "Bearbeiten"-Menü.

Dieses Picture wird in dem "Über Skeleton…"-Dialog verwendet.

```
123:   resource 'PICT' (129) {
124:      98,
125:      {-1, -1, 29, 89},
126:      $"1101 A000 8201 000A"
127:      $"0003 000B 0010 0010"
128:      $"0059 00A0 0083 FF"
129:   };
130:
131:   /* Cluster-Rahmen (verkürzt) */
132:
133:   resource 'PICT' (130) {
134:      39,
135:      {-1, -1, 56, 164},
136:      $"1101 A000 8201 000A"
137:      $"0083 000B 8201 0900 "
138:      $"3000 A4A0 0083 FF"
139:   };
140:
141:   /* Über Skeleton-DITL  */
142:
143:   resource 'DITL' (128) {
144:      {
145:         {135, 287, 155, 367},
146:         Button {
147:            enabled,
148:            "OK"
149:         },
150:         {10, 74, 76, 316},
151:         StaticText {
152:            disabled,
153:            "Skeleton.\nEin Beispiel-Programm
aus dem Buch\nMacintosh Programmieren in
C\nCarsten Brinkschulte 1992"
154:         },
155:         {13, 10, 63, 60},
156:         Picture {
157:            disabled,
158:            128
159:         },
160:         {129, 281, 159, 371},
161:         Picture {
162:            disabled,
163:            129
164:         },
165:         {106, 87, 124, 212},
166:         RadioButton {
```

Dieses Picture enthält die dreifache Umrahmung eines Default-Buttons.

Diese 'PICT'-Resource enthält den Cluster-Rahmen der Radio-Buttons.

Die 'DITL'-Resource enthält die Dialogelemente des "Über Skeleton..."-Dialogs.

```
167:          enabled,
168:          "Radio Button #1"
169:        },
170:        {123, 87, 141, 215},
171:        RadioButton {
172:          enabled,
173:          "Radio Button #2"
174:        },
175:        {93, 76, 148, 225},
176:        Picture {
177:          disabled,
178:          130
179:        },
180:        {88, 84, 104, 135},
181:        StaticText {
182:          disabled,
183:          "Cluster "
184:        }
185:      }
186:    };
187:
188:    /* Über Skeleton-Dialog  */
189:
190:    resource 'DLOG' (128) {
191:      {100, 100, 270, 485},
192:      dBoxProc,
193:      visible,
194:      noGoAway,
195:      0x0,
196:      128,
197:      ""
198:    };
199:
200:    /* Sichern?-DITL  */
201:
202:    resource 'DITL' (129) {
203:      {
204:        {87, 268, 107, 348},
205:        Button {
206:          enabled,
207:          "Sichern"
208:        },
209:        {87, 168, 107, 248},
210:        Button {
211:          enabled,
212:          "Abbrechen"
```

Diese 'DLOG'-Resource definiert u.a. die Position und Größe des Dialogfensters.

Diese Dialog-Item-List ('DITL')-Resource enthält die Dialogelementliste des "Änderungen sichern ?"-Alerts.

```
213:        },
214:        {87, 12, 107, 108},
215:        Button {
216:          enabled,
217:          "Nicht Sichern"
218:        },
219:        {10, 72, 76, 344},
220:        StaticText {
221:          disabled,
222:          "Änderungen von “^0” sichern?"
223:        }
224:      }
225:    };
226:
227:    /* Sichern?-Alert  */
228:
229:    resource 'ALRT' (129) {
230:      {100, 56, 219, 418},
231:      129,
232:      {
233:        OK, visible, sound1,
234:        OK, visible, sound1,
235:        OK, visible, sound1,
236:        OK, visible, sound1
237:      }
238:    };
```

Die 'ALRT'-Resource enthält die Alert-spezifischen Informationen des "Änderungen sichern ?"-Alerts.

14.4 Quelltext: "Skeleton.c"

```
 1: #include <Types.h>
 2: #include <Memory.h>
 3: #include <QuickDraw.h>
 4: #include <Fonts.h>
 5: #include <Windows.h>
 6: #include <Events.h>
 7: #include <ToolUtils.h>
 8: #include <Menus.h>
 9: #include <Desk.h>
10: #include <OSUtils.h>
11: #include <Dialogs.h>
12:
13: // --------------------------------------
14:
```

Die Einbindung der Interface-Dateien der benötigten Manager bewirkt die Bekanntgabe der Datenstrukturen und Funktionsdeklarationen dieser Manager.

Diese Konstanten dienen dem Zugriff auf die Resource-Templates.

Menu-ID-Konstanten beginnen mit "m".

Die Konstanten für die Menüpunktnummern beginnen mit "i" (item).

```
15: #define rWindow            128
16: #define rHScrollbar        128
17: #define rVScrollbar        129
18: #define rMenuBar           128
19: #define rAboutDialog       128
20: #define rSaveChangesAlert  129
21:
22: // -------------------------------------
23:
24: #define mApple             128
25: #define mFile              129
26: #define mEdit              130
27:
28: // -------------------------------------
29:
30: #define iAbout             1
31:
32: // -------------------------------------
33:
34: #define iNew               1
35: #define iOpen              2
36: #define iClose             4
37: #define iSave              5
38: #define iSaveAs            6
39: #define iPageSetup         7
40: #define iPrint             9
41: #define iQuit              11
42:
43: // -------------------------------------
44:
45: #define iUndo              1
46: #define iCut               3
47: #define iCopy              4
48: #define iPaste             5
49: #define iClear             6
50: #define iClipBoard         8
51:
52: // -------------------------------------
53:
54: #define kMaxDocuments      10
55:
56: // -------------------------------------
57:
```

```
58: struct Document {
59:    WindowRecord       theWindow;
60:    ControlHandle      vertScrollbar,
                          horizScrollbar;
62:    Boolean            inUse, hasBeenChanged,
                          hasBeenSaved;
64:    SFReply            reply;
65:    Rect               documentData;
66: };
67:
68: typedef struct Document Document;
69: typedef Document *DocumentPtr;
70:
71: // ------------------------------------
72:
73: Document        gDocuments[kMaxDocuments];
74: short           gCountDocuments;
75: EventRecord     gEvent;
76: Boolean         gQuit, gGotEvent;
77:
78: // ------------------------------------
79:
80: void Draw_Graphics (WindowPtr theWindow);
81: void Set_WindowEnv (WindowPtr theWindow);
82: void Set_DrawingEnv (WindowPtr theWindow);
83: DocumentPtr Do_New (void);
84:
85: // ------------------------------------
86:
87: void Get_ContentSize (WindowPtr  theWindow,
                          short      *horiz,
                          short      *vert)
88: {
89:    DocumentPtr    theDocument;
90:    Rect           ovalRect;
91:
92:    theDocument = (DocumentPtr) theWindow;
93:    ovalRect = theDocument->documentData;
94:    *horiz = ovalRect.right;
95:    *vert = ovalRect.bottom;
96: }
97:
98: // ------------------------------------
99:
```

Ein Document-struct faßt Dokumentdaten bzw. das Fenster und seine Elemente in einer Datenstruktur zusammen.

Forward-Declarations

Die Funktion Get_ContentSize berechnet die Größe der Grafik in Abhängigkeit von der Position des Kreises.

Recalc_Scrollbars überprüft, ob Teile der Grafik verdeckt sind, weil das Fenster zu klein oder die Grafik verschoben ist. Wenn Teile der Grafik verdeckt sind, werden die Scrollbars aktiviert und die maximalen Werte der Scrollbars der Anzahl der verdeckten Punkte gleichgesetzt.

```
100: void Recalc_Scrollbars (
                 WindowPtr theWindow)
101: {
102:   short           drawRectH, drawRectV,
                       contSizeH, contSizeV,
                       invisPoints;
105:   DocumentPtr     theDocument;
106:
107:   drawRectH= theWindow->portRect.right- 15;
108:   drawRectV= theWindow->portRect.bottom-15;
109:   Get_ContentSize (theWindow, &contSizeH,
           &contSizeV);
110:   theDocument = (DocumentPtr) theWindow;
111:
112:   invisPoints = GetCtlValue (
           theDocument->vertScrollbar);
113:   if (contSizeV - invisPoints > drawRectV)
114:     invisPoints += contSizeV- invisPoints-
             drawRectV;
115:
116:   if (invisPoints > 0)
117:   {
118:     HiliteControl (
             theDocument->vertScrollbar, 0);
119:     SetCtlMax (theDocument->vertScrollbar,
             invisPoints);
120:   }
121:   else
122:     HiliteControl (
             theDocument->vertScrollbar, 255);
123:
124:   invisPoints = GetCtlValue (
           theDocument->horizScrollbar);
125:   if (contSizeH - invisPoints > drawRectH)
126:     invisPoints += contSizeH -
             invisPoints - drawRectH;
127:
128:   if (invisPoints > 0)
129:   {
130:     HiliteControl (
             theDocument->horizScrollbar, 0);
131:     SetCtlMax (theDocument->horizScrollbar,
             invisPoints);
132:   }
```

```
133:   else
134:     HiliteControl (
           theDocument->horizScrollbar,255);
135: }
136:
137: // ---------------------------------------
138:
139: void Adjust_Scrollbars (
                WindowPtr    theWindow)
140: {
141:   short               newPos, newSize;
142:   DocumentPtr         theDocument;
143:   ControlHandle       horizScrollbar,
                           vertScrollBar;
145:
146:   theDocument = (DocumentPtr) theWindow;
147:   vertScrollBar =
           theDocument->vertScrollbar;
148:   horizScrollbar =
           theDocument->horizScrollbar;
149:
150:   newPos = theWindow->portRect.right - 15;
151:   newSize = theWindow->portRect.bottom -13;
152:
153:   HideControl (vertScrollBar);
154:   MoveControl (vertScrollBar, newPos, - 1);
155:   SizeControl (vertScrollBar, 16, newSize);
156:
157:   newPos = theWindow->portRect.bottom - 15;
158:   newSize = theWindow->portRect.right - 13;
159:
160:   HideControl (horizScrollbar);
161:   MoveControl (horizScrollbar, -1, newPos);
162:   SizeControl (horizScrollbar, newSize,16);
163:
164:   Recalc_Scrollbars (theWindow);
165:
166:   ShowControl (vertScrollBar);
167:   ShowControl (horizScrollbar);
168: }
169:
170: // ---------------------------------------
171:
```

Adjust_Scrollbars wird aufgerufen, wenn die Fenstergröße verändert worden ist. Diese Funktion paßt die Position und Größe der Scrollbars an die neue Fenstergröße an.

Die Funktion Track_Oval gibt dem Benutzer das "Feedback", wenn er den Kreis verschieben möchte. Track_Oval "verfolgt" die Mausposition und zeichnet den Kreis jeweils an der Stelle, welche der aktuellen Mausposition entspricht.

```
172: Rect Track_Oval ( Rect    startRect,
                       Point   startMouse)
173: {
174:   Point     oldMouse, newMouse, diffMouse;
175:   Rect      ovalRect;
176:
177:   PenMode (patXor);
178:   FrameOval (&startRect);
179:   ovalRect = startRect;
180:   newMouse = startMouse;
181:   oldMouse = startMouse;
182:   while (Button ())
183:   {
184:     GetMouse (&newMouse);
185:     if (!EqualPt (oldMouse, newMouse))
186:     {
187:       diffMouse = newMouse;
188:       SubPt (startMouse, &diffMouse);
189:       FrameOval (&ovalRect);
190:
191:       ovalRect = startRect;
192:       OffsetRect (&ovalRect, diffMouse.h,
               diffMouse.v);
193:       if (ovalRect.left < 0)
194:       {
195:         ovalRect.left = 0;
196:         ovalRect.right = startRect.right -
                 startRect.left;
197:       }
198:
199:       if (ovalRect.top < 0)
200:       {
201:         ovalRect.top = 0;
202:         ovalRect.bottom =
               startRect.bottom- startRect.top;
203:       }
204:       FrameOval (&ovalRect);
205:       oldMouse = newMouse;
206:     }
207:   }
208:   FrameOval (&startRect);
209:   PenNormal ();
210:   return ovalRect;
211: }
212:
213: // ----------------------------------
```

```
214:
215: void Do_GraphicsClick (WindowPtr theWindow)
216: {
217:   RgnHandle      ovalRgn;
218:   Point          locMouse;
219:   DocumentPtr    theDocument;
220:   Rect           ovalRect;
221:
222:   theDocument = (DocumentPtr) theWindow;
223:
224:   Set_DrawingEnv (theWindow);
225:   ovalRect = theDocument->documentData;
226:   ovalRgn = NewRgn ();
227:   OpenRgn ();
228:   FrameOval (&ovalRect);
229:   CloseRgn (ovalRgn);
230:
231:   locMouse = gEvent.where;
232:   GlobalToLocal (&locMouse);
233:
234:   if (PtInRgn (locMouse, ovalRgn))
235:   {
236:     ovalRect = Track_Oval (ovalRect,
            locMouse);
237:     theDocument->documentData = ovalRect;
238:     theDocument->hasBeenChanged = true;
239:   }
240:   DisposeRgn (ovalRgn);
241:   Set_WindowEnv (theWindow);
242:   Recalc_Scrollbars (theWindow);
243: }
244:
245: // --------------------------------------
246:
247: void Scroll_Graphics (
            WindowPtr    theWindow,
            short        amountH,
            short        amountV)
248: {
249:   Rect         rect2Scroll;
250:   RgnHandle    updateRgn;
251:
252:   Set_DrawingEnv (theWindow);
253:   rect2Scroll = theWindow->portRect;
254:   rect2Scroll.bottom -= 15;
255:   rect2Scroll.right -= 15;
```

Do_GraphicsClick wird aufgerufen, wenn der Benutzer in den Grafikbereich des Fensters klickt. Diese Funktion überprüft, ob der Mausklick im inneren Bereich des Kreises liegt und sorgt dafür, daß der Benutzer den Kreis verschieben kann.

Scroll_Graphics übernimmt den "sichtbaren" Teil des Scrollens; diese Funktion verschiebt die Grafik und sorgt dafür, daß freigelegte Bereiche neu gezeichnet werden.

```
256:   updateRgn = NewRgn ();
257:   ScrollRect (&rect2Scroll, amountH,
            amountV, updateRgn);
258:   SetClip (updateRgn);
259:   Draw_Graphics (theWindow);
260:   Set_WindowEnv (theWindow);
261:   DisposeRgn (updateRgn);
262: }
263:
264: // -------------------------------------
265:
```

Scroll_Scrollbar setzt den Wert des Scrollbars (die Position des Thumbs). Diese Funktion hat gleichzeitig eine Kontroll-funktionalität; sie überprüft, ob und um wieviele Punkte in die gewünschte Richtung gescrollt werden kann.

```
266: short Scroll_Scrollbar (
                ControlHandle    theControl,
                short            amount)
267: {
268:   short     value, maxValue;
269:
270:   value = GetCtlValue (theControl);
271:   maxValue = GetCtlMax (theControl);
272:
273:   if (value + amount > maxValue)
274:     amount = maxValue - value;
275:
276:   if (value + amount < 0)
277:     amount = -value;
278:
279:   SetCtlValue (theControl, amount + value);
280:
281:   return amount;
282: }
283:
284: // -------------------------------------
285:
```

Do_Scroll übernimmt die Koordination des Scrollens; diese Funktion sorgt dafür, daß die Position der Scrollbar-Thumbs aktualisiert und die Grafik gescrollt wird.

```
286: void Do_Scroll (WindowPtr   theWindow,
                     short       amountH,
                     short       amountV)
287: {
288:   DocumentPtr theDocument;
289:
290:   theDocument = (DocumentPtr) theWindow;
291:
292:   amountH = Scroll_Scrollbar (
         theDocument->horizScrollbar, amountH);
293:   amountV = Scroll_Scrollbar (
         theDocument->vertScrollbar, amountV);
```

```
294:
295:  Scroll_Graphics (theWindow, -amountH,
          -amountV);
296: }
297:
298: // --------------------------------------
299:
300: pascal void Scroll_Proc (
                  ControlHandle   theControl,
                  short           part)
301: {
302:   short           amount = 0;
303:   WindowPtr       theWindow;
304:   DocumentPtr     theDocument;
305:
306:   theWindow = (**theControl).contrlOwner;
307:   theDocument = (DocumentPtr) theWindow;
308:
309:   switch (part)
310:   {
311:     case inPageUp:
312:       amount =
            -(theWindow->portRect.bottom- 20);
313:       break;
314:
315:     case inPageDown:
316:       amount=theWindow->portRect.bottom-20;
317:       break;
318:
319:     case inUpButton:
320:       amount = -20;
321:       break;
322:
323:     case inDownButton:
324:       amount = 20;
325:       break;
326:   }
327:
328:   if (theControl ==
          theDocument->vertScrollbar)
329:     Do_Scroll (theWindow, 0, amount);
330:   else
331:     Do_Scroll (theWindow, amount, 0);
332: }
333:
334: // --------------------------------------
```

Scroll_Proc ist eine Call-Back-Routine, die von TrackControl aufgerufen wird, solange der Benutzer z.B. auf den "Pfeil nach oben" drückt. Scrollproc untersucht, in welchen Teil des Scrollbars geklickt wurde und sorgt dafür, daß die Grafik gescrollt wird.

Do_ContentClick reagiert auf einen Klick in den inneren Bereich des Fensters. Diese Funktion überprüft, in welchem Bereich der Mausklick liegt (Scrollbars oder Grafik) und reagiert entsprechend.
Wenn der Benutzer in die Grafik geklickt hat, wird ihm die Möglichkeit gegeben, den Kreis zu verschieben. Hat er die Scrollbars angeklickt, so sorgt Do_ContentClick dafür, daß die Grafik verschoben wird.

```
335:
336: void Do_ContentClick (WindowPtr theWindow)
337: {
338:   short           part, oldValue, newValue;
339:   Point           locMouse;
340:   ControlHandle   theControl;
341:   DocumentPtr     theDocument;
342:
343:   if (theWindow != FrontWindow ())
344:   {
345:     SelectWindow (theWindow);
346:     return;
347:   }
348:
349:   SetPort (theWindow);
350:   theDocument = (DocumentPtr) theWindow;
351:   locMouse = gEvent.where;
352:   GlobalToLocal (&locMouse);
353:   part = FindControl (locMouse, theWindow,
           &theControl);
354:
355:   switch (part)
356:   {
357:     case 0:
358:       Do_GraphicsClick (theWindow);
359:       break;
360:
361:     case inThumb:
362:       oldValue = GetCtlValue (theControl);
363:       TrackControl (theControl, locMouse,
               NULL);
364:       newValue = GetCtlValue (theControl);
365:       if (oldValue != newValue)
366:       {
367:         if (theControl ==
                 theDocument->vertScrollbar)
368:           Scroll_Graphics (theWindow, 0,
                   oldValue - newValue);
369:         else
370:           Scroll_Graphics (theWindow,
                   oldValue - newValue, 0);
371:         Recalc_Scrollbars (theWindow);
372:       }
373:       break;
374:
375:     default:
```

```
376:        TrackControl (theControl, locMouse,
                 (ProcPtr) &Scroll_Proc);
377:        Recalc_Scrollbars (theWindow);
378:        break;
379:   }
380: }
381:
382: // ---------------------------------------
383:
384: void Do_DragWindow (WindowPtr theWindow)
385: {
386:   if (theWindow != FrontWindow ())
387:     SelectWindow (theWindow);
388:
389:   SetPort (theWindow);
390:   DragWindow (theWindow, gEvent.where,
          &qd.screenBits.bounds);
391: }
392:
393: // ---------------------------------------
394:
395: void Do_ZoomWindow (
             WindowPtr   theWindow,
             short       partCode)
396: {
397:   SetPort (theWindow);
398:   EraseRect (&theWindow->portRect);
399:   if (TrackBox (theWindow, gEvent.where,
          partCode))
400:   {
401:     ZoomWindow (theWindow, partCode, true);
402:     Adjust_Scrollbars (theWindow);
403:   }
404: }
405:
406: // ---------------------------------------
407:
408: void Do_GrowWindow (WindowPtr theWindow)
409: {
410:   long   newSize;
411:   short  newWidth, newHeight;
412:   Rect   minMaxSize;
413:
414:   SetPort (theWindow);
415:
416:   minMaxSize.top = 80;
```

Do_DragWindow ermöglicht es dem Benutzer, die Grafik zu verschieben.

Do_ZoomWindow reagiert auf einen Mausklick in die Zoom-Box des Fensters.

Do_GrowWindow erlaubt es dem Benutzer, das Fenster zu vergrößern.

```
417:   minMaxSize.left = 160;
418:   minMaxSize.right =
             qd.screenBits.bounds.right;
419:   minMaxSize.bottom =
             qd.screenBits.bounds.bottom;
420:
421:   newSize = GrowWindow (theWindow,
             gEvent.where, &minMaxSize);
422:   if (newSize != 0)
423:   {
424:      newWidth = LoWord (newSize);
425:      newHeight = HiWord (newSize);
427:      SizeWindow (theWindow, newWidth,
              newHeight, true);
428:      Adjust_Scrollbars (theWindow);
429:      InvalRect (&theWindow->portRect);
430:   }
431: }
432:
433: // ---------------------------------------
434:
435: void Save_Document (void)
436: {
437:   OSErr           err;
438:   DocumentPtr     theDocument;
439:   long            count;
440:   short           fRefNum;
441:   SFReply         reply;
442:
443:   theDocument= (DocumentPtr)FrontWindow ();
444:   reply = theDocument->reply;
445:
446:   count = sizeof (Rect);
447:   err = FSOpen (reply.fName, reply.vRefNum,
             &fRefNum);
448:   err = FSWrite (fRefNum, &count,
             (Ptr)&theDocument->documentData);
449:   err = FSClose (fRefNum);
450:
451:   err = FlushVol (NULL, reply.vRefNum);
452:   theDocument->hasBeenChanged = false;
453: }
454:
455: // ---------------------------------------
456:
```

Save_Document aktualisiert die Datei, welche mit dem aktuellen Dokument (dem vorderen Fenster) verbunden ist.

```
457: Boolean Do_SaveAs (void)
458: {
459:   Boolean         documentSaved = false;
460:   SFReply         reply;
461:   Point           where;
462:   OSErr           err;
463:   DocumentPtr     theDocument;
464:   WindowPtr       theWindow;
465:   Str255          defaultName;
466:
467:   SetPt (&where, 100, 100);
468:   theWindow = FrontWindow ();
469:   GetWTitle (theWindow, defaultName);
470:   SFPutFile (where, "\pSichern unter:",
           defaultName, NULL, &reply);
471:   if (reply.good)
472:   {
473:     err = FSDelete (reply.fName,
             reply.vRefNum);
474:     err = Create (reply.fName,
             reply.vRefNum, 'XP1U', 'OVAL');
475:
476:     theDocument = (DocumentPtr) theWindow;
477:     theDocument->reply = reply;
478:
479:     Save_Document ();
480:     theDocument->hasBeenSaved = true;
481:     SetWTitle (theWindow, reply.fName);
482:   }
483:   return reply.good;
484: }
485:
486: // ---------------------------------------
487:
488: short Is_DAWindow (WindowPtr theWindow)
489: {
490:   short daRefNum;
491:
492:   daRefNum =
          ((WindowPeek) theWindow)->windowKind;
493:   if (daRefNum < 0)
494:     return daRefNum;
495:   else
496:     return 0;
497: }
498:
```

Do_SaveAs erzeugt den Standard-Sichern-Dialog, in welchem der Benutzer einen Dateinamen eingeben bzw. die Position der Datei im Dateisystem festlegen kann. Diese Funktion erzeugt eine neue Datei und sorgt anschließend dafür, daß die Daten des Dokuments in dieser Datei gesichert werden.

Is_DAWindow überprüft, ob ein Fenster zu einem Schreibtischprogramm gehört.

Do_Close wird aufgerufen, wenn der Benutzer das aktuelle (vordere) Fenster schließen möchte. Sind die Daten des zugehörigen Dokuments verändert worden, dann erzeugt die Funktion einen Alert, in welchem der Benutzer entscheiden kann, ob er die Änderungen sichern, verwerfen oder die Aktion abbrechen möchte.

```
499: // ------------------------------------
500:
501: Boolean Do_Close (void)
502: {
503:   #define dSave        1
504:   #define dCancel      2
505:   #define dDontSave    3
506:
507:   Boolean         closeDocument = true;
508:   short           itemHit,
509:                   daRefNum;
510:   DocumentPtr     theDocument;
511:   WindowPtr       theWindow;
512:   Str255          title;
513:
514:   theWindow = FrontWindow ();
515:   daRefNum = Is_DAWindow (theWindow);
516:   if (daRefNum)
517:   {
518:     CloseDeskAcc (daRefNum);
519:     return true;
520:   }
521:
522:   theDocument = (DocumentPtr) theWindow;
523:
524:   if (theDocument->hasBeenChanged)
525:   {
526:     GetWTitle (theWindow, title);
527:     ParamText (title, "\p", "\p", "\p");
528:     itemHit = CautionAlert
              (rSaveChangesAlert, NULL);
529:     switch (itemHit)
530:     {
531:       case dSave:
532:         if (theDocument->hasBeenSaved ==
                false)
533:           closeDocument = Do_SaveAs ();
534:         else
535:           Save_Document ();
536:         break;
537:
538:       case dCancel:
539:         closeDocument = false;
540:         break;
541:     }
542:   }
```

```
543:
544:   if (closeDocument)
545:   {
546:      CloseWindow (theWindow);
547:      theDocument->inUse = false;
548:      gCountDocuments--;
549:   }
550:   return closeDocument;
551: }
552:
553: // ------------------------------------
554:
555: void Do_CloseWindow (WindowPtr theWindow)
556: {
557:   if (TrackGoAway (theWindow,gEvent.where))
558:      Do_Close ();
559: }
560:
561: // ------------------------------------
562:
563: void Set_ItemVal ( DialogPtr  theDialog,
                             short      itemNo,
                             short      value)
564: {
565:   short     itemType;
566:   Handle    item;
567:   Rect      box;
568:
569:   GetDItem (theDialog, itemNo, &itemType,
           &item, &box);
570:   SetCtlValue ((ControlHandle)item,value);
571: }
572:
573: // ------------------------------------
574:
575: void Do_About (void)
576: {
577:   #define dOK          1
578:   #define dRadio1      5
579:   #define dRadio2      6
580:
581:   short        itemHit;
582:   DialogPtr    theDialog;
583:
584:   theDialog = GetNewDialog (rAboutDialog,
           NULL, (WindowPtr) -1);
```

Do_CloseWindow reagiert auf einen Mausklick in die Close-Box des Fensters.

Set_ItemVal ist eine Utility-Funktion, mit deren Hilfe der Wert eines Dialogelements (Controls) verändert werden kann.

Do_About wird aufgerufen, wenn der Benutzer den "Über Skeleton…"-Menüpunkt aus dem "Apple"-Menü auswählt.

Do_About erzeugt einen modalen Dialog und reagiert auf Mausklicks, bis der Benutzer den OK-Button anklickt.

Do_AppleMenu reagiert auf die Auswahl eines Menüpunktes aus dem "Apple"-Menü, indem entweder der "Über Skeleton..."-Dialog erzeugt oder das ausgewählte Schreibtischprogramm gestartet wird.

```
585:   Set_ItemVal (theDialog, dRadio1, 1);
586:   do
587:   {
588:     ModalDialog (NULL, &itemHit);
589:     switch (itemHit)
590:     {
591:       case dRadio1:
592:        Set_ItemVal (theDialog, Radio2,0);
593:        Set_ItemVal (theDialog,dRadio1,1);
594:         break;
595:
596:       case dRadio2:
597:        Set_ItemVal (theDialog,dRadio1,0);
598:        Set_ItemVal (theDialog,dRadio2,1);
599:         break;
600:     }
601:   }
602:   while (itemHit != dOK);
603:   DisposeDialog (theDialog);
604: }
605:
606: // --------------------------------------
607:
608: void Do_AppleMenu (short menuItem)
609: {
610:   short     daRefNum;
611:   Str255    daName;
612:
613:   switch (menuItem)
614:   {
615:     case iAbout:
616:       Do_About ();
617:       break;
618:
619:     default:
620:       GetItem (GetMHandle (mApple),
               menuItem, daName);
621:       daRefNum = OpenDeskAcc (daName);
622:       break;
623:   }
624: }
625:
626: // --------------------------------------
627:
```

```
628: void Do_Open (void)
629: {
630:   SFReply         reply;
631:   SFTypeList      typeList;
632:   Point           where;
633:   OSErr           err;
634:   short           fRefNum;
635:   long            count;
636:   DocumentPtr     theDocument;
637:
638:   SetPt (&where, 100, 100);
639:   typeList[0] = 'OVAL';
640:   SFGetFile (where, "\pDokument öffnen:",
           NULL, 1, typeList, NULL, &reply);
641:   if (reply.good)
642:   {
643:     theDocument = Do_New ();
644:     if (theDocument)
645:     {
646:       err = FSOpen (reply.fName,
             reply.vRefNum, &fRefNum);
647:       count = sizeof (Rect);
648:       err = FSRead (fRefNum, &count,
             (Ptr)&theDocument->documentData);
649:       err = FSClose (fRefNum);
650:
651:       SetWTitle ((WindowPtr) theDocument,
             reply.fName);
652:       theDocument->hasBeenSaved = true;
653:       theDocument->reply = reply;
654:
655:     }
656:   }
657: }
658:
659: // ---------------------------------------
660:
661: void Do_Quit (void)
662: {
663:   Boolean   windowClosed;
664:
665:   gQuit = true;
666:
667:   while (gCountDocuments > 0)
668:   {
669:     windowClosed = Do_Close ();
```

Do_Open wird aufgerufen, wenn der Benutzer den Menüpunkt "Öffnen…" aus dem "Ablage"-Menü ausgewählt hat. Diese Funktion erzeugt den Standard-Öffnen-Dialog, legt ein neues Dokument an und liest die Daten der ausgewählten Datei ein.

Do_Quit reagiert auf die Auswahl des "Beenden"-Menüpunktes, indem alle noch geöffneten Fenster geschlossen werden und das Terminationskriterium gesetzt wird.

```
670:       if (windowClosed == false)
671:       {
672:          gQuit = false;
673:          break;
674:       }
675:    }
676: }
677:
678: // ----------------------------------------
679:
680: void Do_Save (void)
681: {
682:  DocumentPtr theDocument;
683:
684:  theDocument= (DocumentPtr)FrontWindow ();
685:  if (theDocument->hasBeenSaved == false)
686:     Do_SaveAs ();
687:  else
688:     Save_Document ();
689: }
690:
691: // ----------------------------------------
692:
693: void Do_FileMenu (short menuItem)
694: {
695:  switch (menuItem)
696:  {
697:     case iNew:
698:        Do_New ();
699:        break;
700:
701:     case iOpen:
702:        Do_Open ();
703:        break;
704:
705:     case iClose:
706:        Do_Close ();
707:        break;
708:
709:     case iSave:
710:        Do_Save ();
711:        break;
712:
713:     case iSaveAs:
714:        Do_SaveAs ();
715:        break;
```

Do_Save reagiert auf die Auswahl des "Sichern"-Menüpunktes, indem überprüft wird, ob das Dokument schon einmal gesichert wurde und entsprechend verzweigt wird.

Do_FileMenu koordiniert die Reaktion auf die Auswahl eines Menüpunktes aus dem "Ablage"-Menü.

```
716:
717:      case iQuit:
718:        Do_Quit ();
719:        break;
720:    }
721: }
722:
723: // -------------------------------------
724:
725: void Do_MenuCommand (long choice)
726: {
727:   short     menuID, menuItem;
728:
729:   menuID = HiWord (choice);
730:   menuItem = LoWord (choice);
731:
732:   switch (menuID)
733:   {
734:      case mApple:
735:        Do_AppleMenu (menuItem);
736:        break;
737:
738:      case mFile:
739:        Do_FileMenu (menuItem);
740:        break;
741:
742:      case mEdit:
743:        SystemEdit (menuItem -1);
744:        break;
745:   }
746:   HiliteMenu (0);
747: }
748:
749:   // -------------------------------------
750:
751:   void Adjust_Menus (void)
752:   {
753:     MenuHandle     theMenu;
754:     WindowPtr      theWindow;
755:     DocumentPtr    theDocument;
756:
757:     theMenu = GetMHandle (mFile);
758:     if (gCountDocuments < kMaxDocuments)
759:     {
760:       EnableItem (theMenu, iNew);
761:       EnableItem (theMenu, iOpen);
```

Do_MenuCommand wird aufgerufen, wenn der Benutzer einen Menüpunkt ausgewählt hat. Anhängig vom Menü, zu dem der ausgewählte Menüpunkt gehört, werden die entsprechenden Behandlungsroutinen aufgerufen.

*Adjust_Menus wird aufgerufen, **bevor** der Benutzer einen Menüpunkt auswählen kann.*

Adjust_Menus sorgt dafür, daß dem Benutzer nur die Menüpunkte zur Verfügung stehen, die in der aktuellen Programmsituation verwendet werden können.

```
762:      }
763:      else
764:      {
765:         DisableItem (theMenu, iNew);
766:         DisableItem (theMenu, iOpen);
767:      }
768:
769:      if (gCountDocuments > 0)
770:      {
771:         EnableItem (theMenu, iSaveAs);
772:         EnableItem (theMenu, iClose);
773:
774:         theWindow = FrontWindow ();
775:         theDocument = (DocumentPtr)theWindow;
776:         if (theDocument->hasBeenChanged ||
                  (!theDocument->hasBeenChanged &&
                   !theDocument->hasBeenSaved))
777:            EnableItem (theMenu, iSave);
778:         else
779:            DisableItem (theMenu, iSave);
780:      }
781:      else
782:      {
783:         DisableItem (theMenu, iSave);
784:         DisableItem (theMenu, iSaveAs);
785:         DisableItem (theMenu, iClose);
786:      }
787:
788:      if (Is_DAWindow (FrontWindow ()))
789:      {
790:         DisableItem (theMenu, iNew);
791:         DisableItem (theMenu, iOpen);
792:         EnableItem (theMenu, iClose);
793:         DisableItem (theMenu, iSave);
794:         DisableItem (theMenu, iSaveAs);
795:         DisableItem (theMenu, iSaveAs);
796:      }
797:   }
798:
799:   // ------------------------------------
800:
801:   void Do_MouseDown (void)
802:   {
803:      short        part;
804:      WindowPtr    theWindow;
805:
```

```
806:     part = FindWindow (gEvent.where,
             &theWindow);
807:     switch (part)
808:     {
809:     case inSysWindow:
810:         SystemClick (&gEvent, theWindow);
811:         break;
812:
813:       case inContent:
814:         Do_ContentClick (theWindow);
815:         break;
816:
817:       case inDrag:
818:         Do_DragWindow (theWindow);
819:       break;
820:
821:       case inZoomIn:
822:       case inZoomOut:
823:         Do_ZoomWindow (theWindow, part);
824:         break;
825:
826:       case inGrow:
827:         Do_GrowWindow (theWindow);
828:         break;
829:
830:       case inGoAway:
831:         Do_CloseWindow (theWindow);
832:         break;
833:
834:       case inMenuBar:
835:         Adjust_Menus ();
836:         Do_MenuCommand (
             MenuSelect (gEvent.where));
837:         break;
838:     }
839:   }
840:
841:   // ------------------------------------
842:
843:   void Do_KeyDown (void)
844:   {
845:     char       key;
846:
847:     if (gEvent.modifiers & cmdKey)
848:     {
849:       key = gEvent.message & charCodeMask;
```

Do_MouseDown wird aufgerufen, wenn das Programm einen MouseDown-Event erhält, und koordiniert die Reaktion auf diese Art von Event.

Do_KeyDown reagiert auf einen KeyDown-Event und unterstützt Menükurzbefehle.

```
850:        Adjust_Menus ();
851:        Do_MenuCommand (MenuKey (key));
852:      }
853:  }
854:
855:  // -----------------------------------------
856:
857:  void Draw_Graphics (WindowPtr theWindow)
858:  {
859:    DocumentPtr    theDocument;
860:    Rect           ovalRect;
861:
862:    theDocument = (DocumentPtr) theWindow;
863:    ovalRect = theDocument->documentData;
864:    FrameOval (&ovalRect);
865:  }
866:
867:  // -----------------------------------------
868:
869:  void Set_DrawingEnv (
            WindowPtr   theWindow)
870:  {
871:    Rect           drawableRect;
872:    Point          origin;
873:    DocumentPtr    theDocument;
874:
875:    theDocument = (DocumentPtr) theWindow;
876:    SetPort (theWindow);
877:
878:    origin.h = GetCtlValue (
            theDocument->horizScrollbar);
879:    origin.v = GetCtlValue (
            theDocument->vertScrollbar);
880:    SetOrigin (origin.h, origin.v);
881:
882:    drawableRect = theWindow->portRect;
883:    drawableRect.right -= 15;
884:    drawableRect.bottom -= 15;
885:    ClipRect (&drawableRect);
886:  }
887:
888:  // -----------------------------------------
889:
```

Draw_Graphics ist für das Zeichnen der Grafik verantwortlich. Diese Funktion wird aufgerufen, wenn das Programm einen Update-Event erhält.

Set_DrawingEnv setzt den Koordinatensystemursprung so, daß er mit der aktuellen Scrollposition übereinstimmt. Weiterhin sorgt diese Funktion dafür, daß die Clipping-Region so gesetzt ist, daß die für die Scrollbars reservierten Bereiche geschützt sind.

```
890:  void Set_WindowEnv (WindowPtr theWindow)
891:  {
892:     SetPort (theWindow);
893:     SetOrigin (0, 0);
894:     ClipRect (&theWindow->portRect);
895:  }
896:
897:  // -------------------------------------
898:
899:  void Do_Update (void)
900:  {
901:     WindowPtr   theWindow;
902:
903:     theWindow = (WindowPtr) gEvent.message;
904:     Set_WindowEnv (theWindow);
905:     BeginUpdate (theWindow);
906:
907:     DrawGrowIcon (theWindow);
908:     DrawControls (theWindow);
909:
910:     Set_DrawingEnv (theWindow);
911:     EraseRect (&theWindow->portRect);
912:     Draw_Graphics (theWindow);
913:     Set_WindowEnv (theWindow);
914:
915:     EndUpdate (theWindow);
916:  }
917:
918:  // -------------------------------------
919:
920:  void Do_Activate (void)
921:  {
922:     WindowPtr      theWindow;
923:     DocumentPtr    theDocument;
924:
925:     theWindow = (WindowPtr) gEvent.message;
926:     theDocument = (DocumentPtr) theWindow;
927:     SetPort (theWindow);
928:
929:     if (gEvent.modifiers & activeFlag)
930:     {
931:        DrawGrowIcon (theWindow);
932:        ShowControl (
               theDocument->vertScrollbar);
933:        ShowControl (
               theDocument->horizScrollbar);
```

Set_WindowEnv setzt den Koordinatensystemursprung bzw. die Clipping-Region auf den "Normalzustand".

Do_Update reagiert auf einen Update-Event, indem die Fensterelemente und die Grafik neugezeichnet werden.

Do_Activate wird aufgerufen, wenn das Programm einen Activate-Event erhält. Wird das Fenster aktiviert, so werden die Scrollbars sichtbar gemacht. Wird das Fenster deaktiviert, werden die Scrollbars versteckt.

```
934:         SetCursor (&qd.arrow);
935:      }
936:      else
937:      {
938:         HideControl (
                   theDocument->vertScrollbar);
939:         HideControl (
                   theDocument->horizScrollbar);
940:         DrawGrowIcon (theWindow);
941:      }
942:   }
943:
944:   // -------------------------------------
945:
946:   void Do_Event (void)
947:   {
948:      switch (gEvent.what)
949:      {
950:         case mouseDown:
951:            Do_MouseDown ();
952:            break;
953:
954:         case keyDown:
955:         case autoKey:
956:            Do_KeyDown ();
957:            break;
958:
959:         case updateEvt:
960:            Do_Update ();
961:            break;
962:
963:         case activateEvt:
964:            Do_Activate ();
965:            break;
966:      }
967:   }
968:
969:   // -------------------------------------
970:
971:   void Init_ToolBox (void)
972:   {
973:      InitGraf ((Ptr) &qd.thePort);
974:      InitFonts ();
975:      InitWindows ();
```

Do_Event ist die "Schaltzentrale" der Eventverwaltung. Hier wird anhand des Event-Typs entschieden, welche Event-Behandlungsroutine aufgerufen wird.

Init_ToolBox übernimmt die Initialisierung der benötigten Manager.

```
976:      InitMenus ();
977:      TEInit ();
978:      InitDialogs (NULL);
979:    }
980:
981:    // ---------------------------------------
982:
983:    void Make_Menus (void)
984:    {
985:      Handle menuBar;
986:
987:      menuBar = GetNewMBar (rMenuBar);
988:      SetMenuBar (menuBar);
989:      DisposHandle (menuBar);
990:      AddResMenu (GetMHandle(mApple),'DRVR');
991:      DrawMenuBar ();
992:    }
993:
994:    // ---------------------------------------
995:
996:    DocumentPtr Do_New (void)
997:    {
998:      short     i = 0;
999:      WindowPtr theWindow;
1000:
1001:     for (i = 0; i < kMaxDocuments; i++)
1002:     {
1003:       if (gDocuments[i].inUse == false)
1004:       {
1005:         theWindow = GetNewWindow (rWindow,
                &gDocuments[i], (WindowPtr) -1);
1006:         SetPort (theWindow);
1007:         gDocuments[i].vertScrollbar =
               GetNewControl (rVScrollbar,
                 theWindow);
1008:         gDocuments[i].horizScrollbar =
               GetNewControl (rHScrollbar,
                 theWindow);
1009:         gDocuments[i].inUse = true;
1010:        gDocuments[i].hasBeenChanged=false;
1011:         gDocuments[i].hasBeenSaved= false;
1012:         SetRect (
                 &gDocuments[i].documentData,
                 10, 10, 210, 210);
1013:         gCountDocuments++;
1014:         return &gDocuments[i];
```

Make_Menus installiert die Menüleiste und trägt die Namen der Schreibtischprogramme im "Apple"-Menü ein.

Do_New übernimmt die Erzeugung eines neuen Dokuments. Diese Funktion durchsucht die Liste der Dokumente nach einem unbenutzten Document-struct und verwendet dieses zur Verwaltung des neuen Dokuments.

```
1015:           }
1016:       }
1017:       return NULL;
1018:   }
1019:
1020:   // ---------------------------------------
1021:
1022:   void Initialize (void)
1023:   {
1024:       short i;
1025:
1026:       gQuit = false;
1027:       gCountDocuments = 0;
1028:       for (i = 0; i < kMaxDocuments; i++)
1029:           gDocuments[i].inUse = false;
1030:
1031:       Init_ToolBox ();
1032:       Make_Menus ();
1033:       Do_New ();
1034:       SetCursor (&qd.arrow);
1035:   }
1036:
1037:   // ---------------------------------------
1038:
1039:   void main (void)
1040:
1041:   {
1042:       Initialize ();
1043:
1044:       while (!gQuit)
1045:       {
1046:           gGotEvent = WaitNextEvent (
                        everyEvent, &gEvent, 15, NULL);
1047:           if (gGotEvent)
1048:               Do_Event ();
1049:       }
1050:   }
```

Initialize setzt die globalen Variablen auf ihre Anfangswerte und koordiniert den weiteren Initialisierungsprozeß.

Das Hauptprogramm enthält die Main-Event-Loop.

14.5 Anmerkungen

Skeleton bildet eine solide Basis für Ihre ersten Projekte. Dieses Rahmenprogramm hat jedoch noch einige Schwächen, die bewußt in Kauf genommen wurden, um die Übersichtlichkeit des

Quelltextes zu wahren. Im Folgenden werden die Schwächen bzw. fehlenden Funktionalitäten beschrieben:

1. Fehlerverwaltung.
Das Programm überprüft keine Fehlermeldungen bei Dateizugriffen, was zu Datenverlusten führen kann. Wenn der Benutzer ein Dokument sichern möchte und das Volume nicht genügend Platz bietet, so wird der Benutzer nicht davon informiert, daß die Daten nicht gesichert wurden (Save_Document).
Beim Anlegen von Speicherbereich werden die Ergebniswerte der Funktionen nicht auf NULL überprüft, was zu Programmabstürzen in kritischen Situationen führt. Ist nicht genügend Speicherplatz vorhanden, um z.B. eine neue Region anzulegen (NewRgn), so greift das Programm auf undefinierte Speicherstellen zu.
Ein "echtes" Macintosh-Programm sollte unbedingt *sämtliche* Fehlermeldungen abfangen und entsprechend reagieren. Dies ist insbesondere beim Anlegen von Speicherbereich extrem wichtig, da der Macintosh bisher keine Memory-Protection bietet. Das bedeutet, daß ein Programm "versehentlich" in den Speicherbereich anderer Applikationen oder des Systems schreiben kann, was zu einem Systemabsturz führt.

*Ein "echtes" Macintosh-Programm sollte unbedingt **sämtliche** Fehlermeldungen von ToolBox- und Betriebssystemroutinen überprüfen.*

2. Drucken.
Jedes Macintosh-Programm sollte drucken können. Die Funktionalität des Druckens läßt sich mit Hilfe des Printing-Managers implementieren, der eine universelle Schnittstelle zu allen Druckern bietet. Dieser Bereich ist eine gute Aufgabe für erste selbständige Gehversuche bei der Programmierung des Macintosh und wurde daher ausgelassen.

3. Kopieren und Einsetzen.
Diese Standardfunktionalität eines jeden Macintosh-Programms wird mit Hilfe des Scrap-Managers implementiert. Da die Implementierung von Kopieren und Einsetzen (je nach Programm) unterschiedlich ausfällt, konnte diese Funktionalität nicht in das Rahmenprogramm aufgenommen werden.

4. Widerrufen.

Jede Aktion, die die Daten eines Dokuments verändert, sollte widerrufbar sein. Auch diese Funktionalität ist je nach Programm unterschiedlich zu implementieren und konnte daher nicht anhand des Rahmenprogramms demonstriert werden.

Dokumentation

Dieses Kapitel bildet den Abschluß des Buches. Es gibt zunächst einen Überblick über die "Bibel" der Macintosh-Programmierer, das "Inside Macintosh". Im ersten Teil des Kapitels wird die evolutionäre Entwicklung des Macintosh, seiner Systemsoftware und damit auch des "Inside Macintosh" erläutert. Es werden Hinweise gegeben, welche Kapitel des sechsbändigen Standardwerkes für den weiteren Einstieg in die Macintosh-Programmierung wichtig sind und welche erst für fortgeschrittene Projekte benötigt werden.
Im zweiten Abschnitt dieses Kapitels wird auf bestimmte Teile von "Inside Macintosh" verwiesen, die durch die Weiterentwicklung des Macintosh inzwischen veraltet sind.
Der dritte Teil gibt einen Überblick über weitere Dokumentation bzw. Informationsquellen, die für die professionelle Softwareentwicklung auf dem Macintosh wichtig sind.

15.1 "Inside Macintosh"

Das "Inside Macintosh" ist eine sechsbändige Publikation von Apple Computer, die eine Beschreibung der Routinen und Datenstrukturen von QuickDraw, ToolBox und Betriebssystem enthält. Dieses Nachschlagewerk ist die "Bibel" der Macintosh-Programmierer und unverzichtbar für die Erstellung einer komplexeren Applikation. Da ein Macintosh-Programm hauptsächlich aus einer Aneinanderreihung von ToolBox- bzw. Betriebssystemaufrufen besteht, ist das "Inside Macintosh" der ständige Begleiter eines Macintosh-Programmierers. Eine gute Kenntnis dieser umfassenden Dokumentation ist sehr wichtig, da sonst die Gefahr besteht, "das Rad noch einmal zu erfinden".

Jeder Band des "Inside Macintosh" ist in einzelne Kapitel unterteilt, die jeweils einen Manager beschreiben. Ein solches Kapitel ist wiederum in die folgenden Abschnitte unterteilt:

1. "About the XXX Manager".
Dieser Teil eines "Inside Macintosh"-Kapitels beschreibt die Einsatzgebiete, für die dieser Manager zuständig ist. Es wird ein Überblick über die Funktionalität und Datenstrukturen gegeben, die dieser Manager zur Verfügung stellt. Dieser Abschnitt sollte vor dem Einsatz eines neuen Managers gelesen werden, um einen Überblick über die Konzeption und das Einsatzgebiet des Managers zu erhalten.

2. "Using the XXX Manager".
Dieser Teil eines Kapitel beschreibt den Einsatz des Managers und seiner Routinen. Er verdeutlicht die Zusammenhänge zwischen den wichtigsten Routinen und den zentralen Datenstrukturen. Hier werden die typischen Einsatzgebiete der einzelnen Funktionen beschrieben, sowie Querverweise auf andere Manager hergestellt. Die in diesem Abschnitt enthaltenen Informationen können viele Stunden bei der Fehlersuche ersparen, da sie Richtlinien und Beispiele für die Verwendung der Routinen und Datenstrukturen geben. Dieser Teil eines Kapitels sollte unbedingt gelesen werden, bevor Routinen eines Managers verwendet werden.

3. "XXX Manager Routines"
Dieser Abschnitt eines "Inside Macintosh"-Kapitels beschreibt die Routinen, die der Manager zur Verfügung stellt und dient als Nachschlagewerk. Die einzelnen Routinen werden (nach ihrer Funktionalität) geordnet vorgestellt.

Die einzelnen Bände der "Inside Macintosh"-Serie bauen aufeinander auf. Die ersten drei Bände bilden den Grundstock, die nachfolgenden Bände enthalten Erweiterungen und Neuentwicklungen. Das "Inside Macintosh" spiegelt die evolutionäre Entwicklung der Macintosh-Linie wieder. Die einzelnen Bände sind im Laufe der Jahre jeweils bei größeren Systemumstellungen bzw. Erweiterungen erschienen. Das Erscheinungsdatum der einzelnen Bände von "Inside Macintosh" deckt sich mit den Meilensteinen der Macintosh-Produktlinie:

"Inside Macintosh" Vol. I, II, III (1984)
Die ersten drei Bände stellen die Standarddokumentation dar; sie sind sozusagen das "alte Testament". Diese Bände sind zeitgleich mit der Einführung des ersten Macintosh (Macintosh 128K) erschienen und beschreiben die wichtigsten Manager des Macintosh-Gesamtsystems.

Volume I : QuickDraw und ToolBox.
Volume II : Betriebssystem.
Volume III : Hardware des Macintosh 128K.

Fast alle Informationen, die in den ersten drei Bänden enthalten sind, haben auch heute auf den neuesten Geräten und Betriebssystemversionen uneingeschränkte Gültigkeit. Diese Bände bilden den Grundstock des Gesamtsystems, auf dem auch die neuesten Betriebssystemversionen aufbauen. Die Modifikationen und Erweiterungen dieses Grundstocks sind in den folgenden Bänden des "Inside Macintosh" dokumentiert. Um den gegenwärtigen Stand eines Managers zu erfahren, muß zunächst im "Inside Macintosh" (I-III) nachgesehen werden und anschließend die (eventuellen) Erweiterungen und Modifikationen in den nachfolgenden Bänden nachgeschlagen werden.

Die ersten drei Bände bilden den Grundstock des Gesamtwerkes. Die Informationen aus diesen Bänden sind auch heute noch gültig.

"Inside Macintosh" Vol. IV (1986)
Dieser Band der "Inside Macintosh"-Serie ist parallel zur Einführung des Macintosh Plus erschienen. Die Erweiterungen, die in diesem Band enthalten sind, beziehen sich im wesentlichen auf die Hardware und das Dateisystem, welches auf die hierarchische Dateiverwaltung umgestellt wurde.

Vol.IV enthält Informationen über das hierarchische Dateisystem.

"Inside Macintosh" Vol. V (1987)
Dieser Teil des "Inside Macintosh"-Gesamtwerks erschien parallel zur Einführung des Macintosh II. Er enthält Erweiterungen für nahezu jeden Manager der ToolBox. Im wesentlichen beziehen sich diese Erweiterungen auf die Einführung von Color-QuickDraw und auf ToolBox-Manager, die um die Farbfähig-

Vol. V enthält im wesentlichen die Erweiterungen von QuickDraw zu Color-QuickDraw.

keit erweitert wurden. Dieser Band stellt einen Bruch in der Kompatibilitätslinie des Macintosh dar. Waren bis zu diesem Zeitpunkt nahezu alle Erweiterungen auch auf älteren Macintosh-Rechnern einsatzfähig, so ist Color-QuickDraw bzw. die Farbfähigkeit der ToolBox-Manager nur auf Macintosh-Rechnern mit 68020, 68030 oder 68040 Prozessor (zur Zeit Macintosh SE/30, Classic II, II, IIx, IIcx, IIci, IIfx, Quadra 700, Quadra 900, PowerBook 140, PowerBook 170) vorhanden.

"Inside Macintosh" Vol. VI (1991)

Vol. VI enthält die Neuerungen von System 7

Dieser (vorläufig letzte) Band der "Inside Macintosh"-Reihe enthält die Neuerungen von System-7. System-7 enthält einige Erweiterungen zu bestehenden Managern, jedoch hauptsächlich komplette Neuentwicklungen. Diese sehr umfangreichen Neuentwicklungen reichen von virtueller Speicherverwaltung über die Interprozeßkommunikation bis hin zu völlig neuen Konzepten wie dem Help-Manager. Der Inhalt dieses Bandes ist in der Regel für Macintosh-Neulinge zu weit gefaßt. Die in diesem umfangreichen Werk vorgestellten Funktionalitäten sollten zunächst lediglich überflogen werden, um einen Überblick zu bekommen.

15.1.1 "Inside Macintosh" - Wichtige Kapitel

Das hier vorliegende Buch hat Ihnen eine Einführung in die wichtigsten Teile des Macintosh-Gesamtsystems gegeben. Bei der Beschreibung der einzelnen Manager wurden jedoch nur die *essentiellen* Routinen und Datenstrukturen beschrieben. Viele Manager bieten weitergehende Funktionalitäten, die hier nicht beschrieben wurden. Auch existieren einige Manager, die bisher nur am Rande angesprochen oder überhaupt nicht erwähnt wurden. Diese Erweiterungen wurden absichtlich *nicht* beschrieben, da das hier vorliegende Buch als Einführung konzipiert ist und sich daher auf die wichtigsten Bereiche des Gesamtsystems beschränkt.
Im Folgenden sind eine Reihe von Kapiteln des "Inside Macintosh"-Gesamtwerkes aufgelistet, die wichtige (weitergehende) Informationen enthalten und eventuell vor Beginn eines Projektes gelesen werden sollten:

Volume I, Kapitel 6: QuickDraw.

Volume I

Die wichtigsten Routinen von QuickDraw wurden auch in dem hier vorliegenden Buch vorgestellt, QuickDraw bietet jedoch einige Abwandlungen von bisher beschriebenen Routinen bzw. nützliche Utility-Funktionen, die häufig benötigt werden. Das Kapitel 6 von "Inside Macintosh" Volume I sollte noch einmal quergelesen werden, um einen Überblick über die weitergehenden Routinen zu erhalten.

Volume I, Kapitel 12: TextEdit.
Dieses Kapitel beschreibt den TextEdit-Manager, welcher die Texteingabefelder in Dialogen verwaltet. Die Routinen und Datenstrukturen dieses Managers können auch für eine einfache Textverarbeitung verwendet werden. TextEdit wird in vielen Projekten verwendet, da es eine hohe Integration bietet und die Texteingabe standardisiert. Wenn Sie in Ihrem Projekt Texteingabefelder intensiv nutzen wollen, so sollten Sie dieses Kapitel lesen.

Volume I, Kapitel 15: Scrap-Manager.
In diesem Kapitel wird der Teil der ToolBox beschrieben, welcher sich mit der Implementierung von "Kopieren und Einsetzen" beschäftigt. Da diese Funktionalität in nahezu jeder Macintosh-Applikation zu finden ist, gehört der Scrap-Manager zur Pflichtlektüre.

Volume II, Kapitel 4: File-Manager.

Volume II

Dieses Kapitel des "Inside Macintosh" enthält, neben den bisher beschriebenen Routinen des File-Managers, weitere Möglichkeiten, die für bestimmte Projekte sehr interessant sein können (z.B. asynchroner Dateizugriff). Dieses Kapitel gehört nicht unbedingt zur Pflichtlektüre. Wenn Sie jedoch intensiv mit dem Dateisystem arbeiten wollen, so sollten Sie dieses Kapitel des "Inside Macintosh" lesen.

Volume II, Kapitel 5: Printing-Manager.
Hier wird die Technik der Druckeransteuerung auf dem Macintosh beschrieben. Der Printing-Manager ist recht einfach zu benutzen, da eine universelle Schnittstelle zu allen Druckern existiert.

Dieses Kapitel gehört zur Pflichtlektüre, da die Funktionalität des Druckens in fast allen Macintosh-Applikationen zu finden ist.

Volume II, Kapitel 9: The Serial Drivers.
Wenn Ihr Projekt die Ansteuerung serieller Geräte beinhaltet, so wird dies über diese Treiber geschehen. Wenn Sie im Bereich DFÜ arbeiten, so sollten Sie die Communication-ToolBox verwenden, welche in einer Zusatzdokumentation beschrieben wird. Die Communication-ToolBox beinhaltet Standardisierungen für die Datenfernübertragung in bezug auf Protokolle und Dateitransfer.

Volume II, Kapitel 10: AppleTalk.
Wenn Sie im Bereich Netzkommunikation arbeiten wollen, so sollten Sie dieses Kapitel lesen, da es die Beschreibung des Hardware-unabhängigen Netzprotokolls AppleTalk enthält.

Volume IV

Volume IV, Kapitel 19: File-Manager.
Dieses Kapitel beschreibt Erweiterungen des File-Managers, die für die Implementierung des hierarchischen Dateisystems vorgenommen wurden. Es ist damit eine Fortsetzung von Volume II, Kapitel 4.

Volume IV, Kapitel 30: List-Manager.
Der List-Manager bietet sehr flexible Möglichkeiten, Listen oder Tabellen zu erstellen. List-Manager-Listen standardisieren die Benutzerschnittstelle in bezug auf die Darstellung und Selektion einzelner Zellen und bilden einen wichtigen Bestandteil vieler Macintosh-Programme. Wenn Sie dem Benutzer beispielsweise die Möglichkeit geben wollen, in einem Dialog einen Namen aus einer Liste auszuwählen, so sollten Sie den List-Manager verwenden. Dieses Kapitel gehört für die meisten Programmierer zur Pflichtlektüre.

Volume V

Volume V, Kapitel 4: Color-QuickDraw.
Dieses Kapitel beinhaltet die wesentlichen Erweiterungen von QuickDraw zu Color-QuickDraw. Wenn in Ihrem Projekt Farbe

eingesetzt werden soll, so sollten Sie dieses Kapitel aufmerksam studieren.

Volume V, Kapitel 7: Palette-Manager.
Wenn ihr Projekt intensiv die Farbfähigkeiten der neueren Macintosh-Rechner nutzen soll (Color-QuickDraw), so sollte dieser Manager verwendet werden, um eine einheitliche Farbumgebung für das Programm zu schaffen. Der Palette-Manager ermöglicht die automatische Modifikation der Color-LookUp-Table (CLUT), welche die Farbumgebung (die Farben, die zur Auswahl stehen) definiert.

Volume V, Kapitel 13: Menu-Manager.
Hier werden einige wichtige Erweiterungen des Menu-Managers vorgestellt, die für die meisten Projekte interessant sind. Zu diesen Erweiterungen zählen beispielsweise die hierarchischen und die PopUp-Menüs. Da die Erweiterungen in dem vorliegenden Buch nicht beschrieben sind, sollten Sie dieses Kapitel des "Inside Macintosh" lesen, um sämtliche Funktionalitäten des Menu-Managers nutzen zu können.

Volume VI

Volume VI, Kapitel 1-3.
Diese Kapitel der System-7-Dokumentation beinhalten eine Einführung in die neuen Möglichkeiten von System 7. Sie geben weiterhin Kompatibilitätsrichtlinien für die Erstellung System-7-kompatibler Programme. Diese Kapitel sollten gelesen werden, um für den späteren Einsatz der System-7-Fähigkeiten vorbereitet zu sein.

Volume VI, Kapitel 6: AppleEvent-Manager.
Dieses Kapitel beschreibt die obere Schicht der Interprozeßkommunikation unter System-7. Diese Kommunikation geschieht über eine Erweiterung der Main-Event-Loop und stellt eine moderne Form der Interprozeßkommunikation dar. Dieses Kapitel ist interessant, wenn mehrere Programme miteinander kommunizieren bzw. einander steuern sollen.

Volume VI, Kapitel 32: AppleTalk-Manager.
Dieses Kapitel enthält wesentliche Erweiterungen für die Netzkommunikation, wie z.B. ADSP (AppleTalk Data Stream Protocol), und ist eine Erweiterung zu Volume II, Kapitel 10.

15.1.2 "Inside Macintosh" - Problematische Kapitel

In diesem Abschnitt werden die Kapitel des "Inside Macintosh" aufgelistet, deren Inhalt mit Vorsicht zu genießen ist, da an den Bereichen, die sie beschreiben, starke Veränderungen vorgenommen worden sind. Diese Kapitel beinhalten Informationen, die nur in Verbindung mit späteren Ergänzungen dem heutigen Stand entsprechen.

Volume I, Kapitel 3: Memory Management.
Dieses Kapitel beschreibt die Konzepte der Macintosh-Speicherverwaltung, die seit der Einführung des Macintosh 128K (Volume I-III) stark verändert worden ist. Zwar stimmen die Informationen dieses Kapitel im Prinzip immer noch, Apple hat jedoch einige einschneidende Weiterentwicklungen in diesem wichtigen Teil des Macintosh-Gesamtsystems vorgenommen. Da die Dokumentation von Volume I immer noch auf dem Stand von 1984 ist, können Fehleinschätzungen aus der Lektüre dieses Kapitels entstehen.

Volume I, Kapitel 7: Font-Manager.
Der Font-Manager wurde mit der Einführung des Macintosh Plus (Volume IV) stark modifiziert. Sollte Ihr Projekt starken Gebrauch von Schriften machen (z.B. eigene Laufweitenberechnungen von Texten), so sollte unbedingt Volume IV, Kapitel 5 sowie Volume VI, Kapitel 12 hinzugezogen werden.

Volume II Kapitel 1: Memory-Manager.
Obwohl die Routinen des Memory-Managers heute genauso funktionieren, wie in diesem Kapitel beschrieben, haben sich die Datenstrukturen (Block-Header und Trailer) stark verändert. *Die Informationen über diese Datenstrukturen sind teilweise ungültig!*

Die in dem vorliegenden Buch vorgestellten Routinen und Datenstrukturen des Memory-Managers entsprechen dem neuesten Stand. Sollten dennoch weitergehende Informationen benötigt werden, so sollten die Kapitel der "Inside Macintosh"-Bände IV und VI zum Thema Memory-Management gelesen werden, da sie auf die Veränderungen des Memory-Managements hinweisen bzw. die neuesten Techniken beschreiben.

Volume II, Kapitel 7: Disk-Driver.
Dieses Kapitel enthält Hardware-abhängige Informationen über das Diskettenformat, die teilweise ungültig sind bzw. stark erweitert wurden.

15.2 Weitere Informationsquellen

Es existieren (neben dem "Inside Macintosh") viele Zusatz- bzw. Spezialdokumentationen, die Informationen über Hardware oder spezielle Systemsoftwareteile enthält. Diese Dokumentationen enthalten beispielsweise Hardware-Informationen über das Design einer NuBus-Karte oder Dokumentation über zusätzliche Betriebssystemteile (wie z.B. der Communication-ToolBox).
Die zusätzlichen Dokumentationen können von registrierten Apple-Entwicklern direkt bei Apple Computer bestellt werden. Apple bietet ein Entwicklerprogramm an, das aus Telefon-Service, Schulungen, Informationsveranstaltungen und einem regelmäßigen Mailing besteht. In diesem Mailing ist u.a. eine CD-ROM (Developer-CD) enthalten, die von der US-Entwicklerunterstützung produziert wird. Diese Developer-CD-Serie enthält eine elektronische Version der "Inside Macintosh"-Bücher, sowie viele Beispiel-Programme (mit Quelltext), die sich mit den verschiedensten Themenbereichen der ToolBox beschäftigen und ständig aktualisiert werden. Weiterhin ist auf diesen CDs eine elektronische Version der sogenannten "Technotes" vorhanden. Die Technotes enthalten wichtige Tips und Tricks, die bei der Programmierung des Macintosh beachtet werden sollten. Diese Technotes werden regelmäßig aktualisiert und erweitert, so daß sie eine wichtige Informationsquelle darstellen.

Die Developer-CDs stellen eine wichtige Informationsquelle dar.

Die Technotes enthalten wichtige Tips und weisen auf Probleme bzw. deren Lösung hin.

Eine weitere Möglichkeit, Dokumentation bzw. neue Informationen zu bekommen, besteht durch die Verwendung von AppleLink. AppleLink ist eine Art weltweiter "Mailbox", in der ein Bereich für Entwickler reserviert ist. In diesem Bereich existieren "Schwarze Bretter", in denen Diskussionen über neue Entwicklungen und Problemlösungen geführt werden. Apple versorgt die Entwickler über diesen elektronischen Kanal stets mit den neuesten Informationen über die Entwicklung neuer ToolBox- oder Betriebssystemteile und stellt einige weitergehende Informationen zur Verfügung.

Schlußwort

Durch die Lektüre dieses Buches haben Sie sich selbst einen Grundstein für die Programmierung des Macintosh gelegt. Es ist der erste Schritt zur Entwicklung einer professionellen Macintosh-Applikation. Der Weg zu einem Macintosh-Profi steht Ihnen jetzt offen - auch wenn dazu noch etwas Erfahrung und einige Vokabeln (Manager) fehlen.
Im Laufe der nächsten Zeit sollten Sie sich *intensiv* mit der Macintosh-Programmierung befassen, da die hier vorgestellten Informationen nur zu echtem *Wissen* werden, wenn sie angewendet werden.
Zunächst sollten Sie die im vorangegangenen Kapitel vorgestellten Abschnitte des "Inside Macintosh" überfliegen, um sich mit Ihrem neuen Begleiter vertraut zu machen. Wenn Sie sich für die MPW-Shell als Entwicklerwerkzeug entscheiden, so beschäftigen Sie sich nicht allzulange mit der Dokumentation der Entwicklungsumgebung, sondern starten Sie möglichst bald die ersten Experimente.
Bevor dann schließlich mit dem ersten ernsthaften Projekt begonnen wird, sollten Sie eine intensive Planungsphase voranstellen. Unüberlegte Konstruktionen können sich bei der Macintosh-Programmierung fatal auswirken. Insbesondere sollten Sie die Oberfläche des Programms grob definiert haben, bevor Sie die erste Zeile in C programmieren - es lohnt sich auch, die Oberfläche mit potentiellen Benutzern (erfahrenen Macintosh-Benutzern) zu besprechen, da so Fehlentwicklungen vorgebeugt werden kann.

Viel Spaß und Erfolg bei den ersten Projekten!

Carsten Brinkschulte

Sachverzeichnis

H

I

K

L

M

N

O

P

Q

R

X

Z